高等数学职业教育版

数学课程改革创新系列新形态教材

数学基础（工程类）

邢斐斐　于雪梅　王冬琳　主　编

孔祥铭　王　楠　俞　玫　路小燕　田小强　副主编

電子工業出版社

Publishing House of Electronics Industry

北京 · BEIJING

内 容 简 介

为加强数学课程的基础地位，夯实高职人才培养的基石，推动数学课程教学质量的提升，在总结多年实践探索经验的基础上，将高职数学课程设置为四个模块，即数学基础、数学建模、数学技术、数学文化。本书定位于数学基础模块，主要内容包括函数、极限与连续、导数与微分、导数的应用、不定积分及其应用、定积分与反常积分、定积分与反常积分的应用、微分方程、多元微积分基础、Fourier 级数、积分变换、线性代数基础和概率论基础。

本书可作为职业院校数学课程教材。

图书在版编目（CIP）数据

数学基础：工程类 / 邢斐斐，于雪梅，王冬琳主编. —北京：电子工业出版社，2023.9

ISBN 978-7-121-42525-7

Ⅰ. ①数⋯ Ⅱ. ①邢⋯ ②于⋯ ③王⋯ Ⅲ. ①高等数学—高等学校—教材 Ⅳ. ①O13

中国版本图书馆 CIP 数据核字（2021）第 265996 号

责任编辑：朱怀永
印　　刷：三河市鑫金马印装有限公司
装　　订：三河市鑫金马印装有限公司
出版发行：电子工业出版社
　　　　　北京市海淀区万寿路 173 信箱　　邮编：100036
开　　本：787×1092　1/16　印张：19.25　字数：492.8 千字
版　　次：2023 年 9 月第 1 版
印　　次：2023 年 9 月第 1 次印刷
定　　价：58.00 元

凡所购买电子工业出版社图书有缺损问题，请向购买书店调换。若书店售缺，请与本社发行部联系，联系及邮购电话：（010）88254888，88258888。

质量投诉请发邮件至 zlts@phei.com.cn，盗版侵权举报请发邮件至 dbqq@phei.com.cn。

本书咨询联系方式：（010）88254608 或 zhy@phei.com.cn。

前言

一、高职数学课程改革的基本思路

教育部发布的《关于职业院校专业人才培养方案制订与实施工作的指导意见》文件明确指出了公共基础课程的重要地位和作用，职业院校必须保证学生修完公共基础必修课程的内容和总学时数。公共基础课程服务于职业教育，支撑职业教育，更是学生们可持续发展的奠基石，也直接影响职业教育的教学质量。“高等数学”又是高职公共基础课程中一门很重要的课程。

一段时间以来，“高等数学”课程教学存在学生学习动力不足、内容难度大、学习效果差、在整个专业教学中不受重视、教师教学吃力、课程教学改革较慢等现状和问题。面对现状和问题，联合一批院校启动“‘双高’进程中高职院校数学教学改革与实践”研究项目，经过三年研究并总结教学实践经验，对高职数学课程教学形成以下教改建议：

1. 加强数学课程的基础地位，夯实高职人才培养的基石，推动数学课程作为高职所有专业的必修课程。

2. 系统科学设计数学课程，将高职数学课程设置为四个模块：数学基础、数学建模、数学技术、数学文化。

3. 数学基础模块，增加数学知识的广度，降低数学理论的难度，规避大量和复杂的数学计算，丰富专业类应用案例，适当设置练习题的数量和难度。

4. 数学建模模块，以实用性任务或题目为导向，突出建模方法的训练，培养学生解决问题的能力。

5. 数学技术模块，以现有典型的数学软件为载体，通过具体题目、案例、任务等解答过程的训练，培养学生利用数学软件解答题目和解决问题的能力。

6. 数学文化模块，以综合素质提升为导向，面向学生普及数学发展史、数学家奋斗事迹、重大数学事件、重要数学猜想、数学各分支最新研究方向及成果等知识。

二、教材编写特色

1. 基于职业院校数学课程改革的最新理念，突出数学在人才培养中的基础性地位，适应职业院校学生的现状，激发学生学习积极性，体现教学方法的变革。

2. 面向职业院校的实际教学拓宽数学知识面的广度和宽度，降低理论学习的难度和深度，侧重应用性，侧重服务专业学习的定位，侧重学生素质的培养。

3. 教材内容有效融合课程思政元素，培养学生养成正确的价值观和学习观。

4. 配套丰富的数字化学习资源，助力教师教学和学生自学。

三、编写团队

参加本套教材编写的院校包括北京电子科技职业学院、深圳大学、长沙民政职业技术学院、深圳职业技术学院、广东科学技术职业学院、山东轻工职业学院等，编写团队全部是各院校数学课程骨干教师，包括多位数学博士。在本套教材编写过程中还邀请多位教育专家给予了指导。

四、教学建议

为推动高职数学课程改革，有效提升教学与学习质量，增强高职层次学生的数学功底和素养，面向高职专业大类，采用本套丛书进行教学，相关建议如下：

1. 在数学基础模块，共包含《数学基础（通识版）》《数学基础（工程类）》《数学基础（信息类）》《数学基础（财贸类）》《数学基础（文科类）》5种教材，院校可针对不同专业大类，有选择性地开展针对性教学。同时，该模块推荐为必修模块。

2. 数学建模模块侧重数学知识和建模思维的培养，培养学生解决问题的能力，建议有条件的院校，可列入必修模块。

3. 数学技术模块突出数学软件的应用，特别是大数据统计、分析等方面的应用，同未来的职业发展紧密相关，建议列入选修模块。

4. 数学文化模块侧重数学素质的培养，为终身学习和发展奠定基础，建议列为选修模块。

本套丛书在编写中借鉴了大量已出版的书籍或正式发表的文章，同时得到了多位职教专家、多所院校领导和教师的帮助和支持，在此一并表示感谢。由于编者水平有限，书中难免存在不足和疏漏，恳请广大老师和同学们批评指正。

本书共13个单元，全书的整体框架由王冬琳、邢斐斐统筹设计，孔祥铭负责全书的配套资源规范设计，于雪梅负责本书的思政聚焦内容编写。俞玫编写单元1和单元2；王楠编写单元3和单元4；于雪梅编写单元5和单元6；孔祥铭编写单元7；邢斐斐编写单元8至单元11；田小强编写单元12；路小燕编写单元13；邢斐斐、孔祥铭负责全书内容审核，并对于大纲的制定提出了宝贵意见；王冬琳负责调研企业需求并且提供数据；邢斐斐、王楠、俞玫、路小燕、田小强五位老师参与完成本书配套的线上课程资源开发。

编　者

2021年6月

目　录

导论 数学基础简介

0.1 数学的模型化方法

用数学方法建立模型去解决一类问题，是数学模型化的基本思想. 数学模型化不是一个新概念，它作为一种思维模式、一种数学体系、一种成果表达方式，存在于古今，并一直在发展、创新，迸发出耀眼的光辉.

0.1.1 应用数学的研究对象

1876—1877 年间，恩格斯为莱比锡《前进报》撰稿，谈到数学概念的产生时曾讲道："纯数学的对象是现实世界的空间形式和数量关系，所以是非常现实的材料."

函数，即一个实数集对应到另一个实数集的数量关系. 在一个平面直角坐标系中，当自变量在横轴上连续变化时，因变量作为自变量的函数是否也能不间断地变化呢？这就产生连续函数的概念. 连续函数是高等数学的研究对象.

作为现实的材料，例如，一根非均匀的直杆，求其上某一点的密度；或者一个质点在一条直线上做变速运动，求某一位置的瞬时速度，这就产生微分的概念. 反之，求密度非均匀的直杆的质量，或者质点做直线变速运动时在某一时段内运行的距离，这就产生积分的概念，而极限运算是讨论连续、微分、积分的基础.

所以，极限、连续、微分、积分是高等数学的基本概念.

1669 年，英国数学家牛顿写出了关于微积分的第一篇论文——《运用无限多项方程的分析》. 1684 年，德国数学家莱布尼茨在莱比锡发表了第一篇关于微积分算法的 6 页短文——《关于求极大极小及切线问题的新方法，对有理量及无理量均可通用，且对这类运算特别适用者》. 自此，发祥于微积分的分析学科正式诞生，一百多年（近两百年）后，清朝数学家李善兰将其介绍到中国.

0.1.2 数学模型化

中国古代对数与图形的研究走了一条面向问题、模型化、算法化、机械化的道路，其典型代表是《九章算术》.

吴文俊教授曾指出："以《九章算术》为代表的中国古代传统数学，与以欧几里得《几何原本》为代表的西方数学，代表着两种不同的体系，其思想与方法各具特色．前者着重应用与计算，其成果往往以算法的形式表达，后者着重概念与推理，其成果一般以定理的形式表达．前者的思维方式是构造性与机械化的，而后者则往往侧重于存在唯一及概念之间相互关系等非构造性的逻辑思维．

数学问题大体上可以分为两类，一类是计算题，另一类是证明题，即求解与求证．能不能将许多几何命题的证明分门别类，变成有章可循的计算工作呢？

这个愿望由来已久．17 世纪，法国数学家笛卡儿（R.Descartes）在其著作《方法论》中提出一个设想，其意思是将一切问题化为数学问题，一切数学问题化为代数问题，一切代数问题化为代数方程求解问题．

在数理逻辑上，模型被严格定义为满足一组非逻辑公理的代数结构，但在应用上，徐利治教授通俗地指出："数学模型乃是针对或参照某种事物系统的特征或数量相依关系，采用形式化数学语言，概括地或近似地表述出来的一种数学结构．"这种从实际问题出发的模型化方法可用图 0-1 表示．

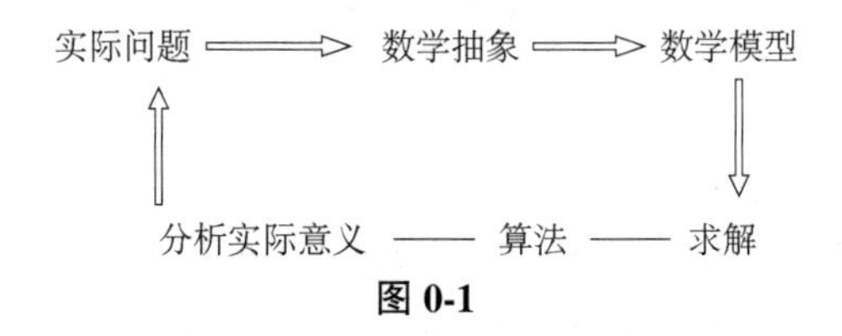

图 0-1

这种模型化方法的基本特点是构造性的和可计算求解的．从本质上讲，计算机是一个符号处理系统．因而，数值计算与符号计算的共同点是代数的，或者说是离散的，面对的模型是结构化的．

0.2　数学中的微积分哲学

数学是研究现实世界的空间形式与数量关系的科学，揭示的是自然、社会、思维在众多具体领域的规律和奥秘．哲学是系统化、理论化的世界观和方法论，对具体科学提供世界观和方法论的指导，所研究的是超经验的对象．

历史上数学和哲学相互影响、相互促进、共同发展．数学是一种公理化的演绎体系，它的一系列原理都可以从"最基本"的几个不证自明的"公理"推断出来．用数学的演绎体系构建哲学体系是许多西方哲学家的一个梦想，数学在自然科学和社会科学中的作用，就像哲学在整个科学体系中的作用一样——研究整个世界，得出普遍规律，指导自然科学和社会科学的发展．

在数学发展的历史上，微积分出现之前的数学有代数、几何和三角，分别以数、形和角为研究对象，所考虑的量一般都是不变的，因此通常又称为常量数学．

微积分所考虑的量是变化的，它以函数为研究对象，用"无限逼近"的思想并通过“无限细分”和“无限求和”的方式展开，充分展现了数学从静止走向运动和变化的哲学思想.

微积分的创建及其在逻辑上的严密性和在形式上的严谨性，不仅为数学乃至整个科学的发展增加了新的动力，也使哲学找到了更多新的用以描述和论证世界的工具，同时又推动哲学产生更多新的问题. 微积分学的产生和发展对一门新的哲学学科——数学哲学的产生具有极大的推动作用. 因此，学习微积分绝不能只满足于会解题，也不能只满足于应用，而应该从了解它产生和发展的历史及它对数学和哲学的发展所做出的巨大贡献开始，只有这样才能真正领悟人类智慧的这一最伟大的结晶，感悟它所阐释的伟大思想，展现它作为解决现实问题的方法论的意义.

0.2.1 微积分文化

微积分文化形成的历史，是人类突破传统观念，在思想、理念、方式、方法上不断开拓、进取、完善的创新史.

17 世纪初，由代数、几何、三角所构成的初等数学已基本形成，这种由古希腊几何演变而来的数学基本都是静态的. 17 世纪中叶，坐标几何的建立开辟了变量数学的时代. 随着函数概念的采用，也就出现了微积分.

对微积分的探讨，主要是围绕速度、切线、最值和求积这四类问题展开的. 许多数学家、物理学家、天文学家都进行过探讨，也积累了大量的知识，但却大都局限于特殊的例子或具体问题的“细节”之中，其普遍适用的方法由两位数学天才牛顿和莱布尼茨独立提出.

物理学家牛顿（Newton，英国，1643—1727）以物理问题为背景，用“流数术”对微积分进行研究；受牛顿的导师巴罗（Barrow，英国，1630—1677）的“微分三角形”的影响，作为外交官的莱布尼茨（Leibniz，德国，1646—1716）则是从几何的角度探讨微积分.

牛顿、莱布尼茨的主要贡献在于，他们将速度问题、切线问题、最值问题和求积问题全部归结为微分和反微分（积分），并通过“微积分学基本定理”揭示了微分与反微分之间的关系，从而使前人研究的所有微积分“细节”成为一个知识体系，不再是古希腊几何的附庸或延展.

微积分的创立，使科学研究有了强有力的数学工具，整个 18 世纪，科学家们都忙于应用微积分去解决众多的实际问题，并在其理论完全没有逻辑支持的情况下极端地相信结论，创造出了更多的新的分支.

然而，自从引进求速度、切线、最值等新方法开始，微积分的证明就被攻击为是不可靠的. 19 世纪，新数学中直观的、不严密的论证所导致的局限性和矛盾则愈发显著.

1821 年，柯西（Cauchy，法国，1789—1857）在他的《分析教程》一书中从定义变量开始，对函数概念引进了变量之间的对应关系，用他所建立的极限理论给出了无穷大、无穷小、极限、连续、定积分的确切定义，并第一次证明了微积分学的基本定理.

随着康托（Cantor，德国，1829—1920）的严格的实数理论的建立，极限理论有了牢固的基础，微积分才有了自己严密的科学理论体系.

具有严密科学理论体系的微积分称为数学分析. 拓扑学、实变函数论和泛函分析则是这种微积分的延伸.

哈佛大学《经理人培训大全》中写道：在时间管理上，一个优秀的经理人绝对是能够合理有效地支配自己的时间的，看似杂乱繁多的事务，都可以安排和处理得井井有条且件件出色. 这里所运用的就是时间的微积分.

一段时间，哪怕再短，都可以将其细分（微分）. 将在每一段细分后的时间里所做的事情累加（积分），一件事情的效果也就显现出来.

有的人平时不怎么学习，但其成绩总能名列前茅，除了天分，明显就是利用了微积分，也就是高效地微分了某一小段时间，并积分（归纳、总结）所学的相关知识点.

上面例子所阐释的是学习微积分的方法论的指导意义，也呈现出学习微积分提升的是人的文化素质，但却不是学习微积分的核心. 学习微积分，首先要学习的是看待事物的角度和方法的改变，也就是创新.

在微积分出现之前，人们能计算与直边规则图形相关的一些量，对曲线基本是束手无策的. 但当有人拓宽视野，试图“以直代曲”时，微积分的思想也就初露端倪.

茫茫宇宙，时空无极，地球与太阳系，乃至银河系，只是沧海一粟. 可当把视角微化到它的内部时，却又是一番妙不可言的景象，以此类推深入到了分子、原子，进而到电子、质子、夸克等，真是别有洞天。学习微积分就是要感悟其思想的建立，体验那奇妙的“洞天”.

0.2.2 微积分思想

思想，又称为“观念”，是思维活动的结果，属于理性认识范畴. 符合客观事实的思想对客观事物的发展起促进作用. 思想决定文化，文化影响思想.

现实世界的空间形式和数量关系反映到人的意识中，经过思维活动而产生的结果即为数学思想. 数学思想是数学知识的精髓，是知识转化为能力的桥梁.

微积分学是微分学和积分学的总称. 微积分思想主要包括极限思想、无限微分和积分思想。其中，极限思想对应的知识点主要有极限、导数和微分，无限微分和积分思想对应的知识点主要有积分和级数.

下面用经典案例来直观阐述微积分的主要思想.

1. 极限思想

极限思想可以追溯到古代，庄子（公元前 369—公元前 286）的《天下篇》中便著有“一尺之棰，日取其半，万世不竭”，刘徽（公元 225—295）的《割圆术》也记载着“割之弥细，所失弥少，割之又割以至于不可割，则与圆合体而无所失矣”.

下面先描述“割圆术”.

案例 1（割圆术）设圆的半径为 R，n 为大于 1 的整数，用下面方式作圆的内接正 2^n 边形：

（1）过圆心用直尺作一直径，用圆规和直尺作该直径的垂直平分线，该直径及其垂直平分线与圆的四个交点构成圆内接正 4 边形；

（2）对 $n=3$，4，…，用圆规和直尺依次作圆的内接正 2^{n-1} 边形每一条边的垂直平分线，将其与圆的交点和圆的内接正 2^{n-1} 边形的两相邻顶点相连，便构成了圆的内接正 2^n 边形.

假设圆的内接正 2^n 边形的面积为 S_n，于是圆的内接正 4，8，…，2^n，…边形的面积便构成数列

S_2，S_3，…，S_n，….

易见，当 n 无限增大（记为 $n \to \infty$）时，S_n 也就无限地逼近圆的面积 S.

案例 1 中的“无限逼近”就是极限.

“极限”的英文为“limit”. 如果将“a 无限逼近 b”记为“$a \to b$”，那么由案例 1，当 $n \to \infty$ 时，有 $S_n \to S$，简记为

$$\lim_{n\to\infty} S_n = S$$

案例 1 描述的是离散变量的“无限逼近”，再来看一个连续变量的“无限逼近”的例子.

案例 2（瞬时速度）已知公路上行驶的汽车的路程（单位：千米）与时间（单位：小时）的关系为 $s=s(t)$，求汽车在 t 时刻的瞬时速度 $v(t)$.

先在 t 时刻附加改变量 h（单位：小时），当 h 充分小时，从 t 时刻到 $t+h$ 时刻的运动因其速度变化很小可近似地视为匀速运动. 速度分析图如图 0-2 所示，在 t 到 $t+h$ 时段内，汽车行驶的时间为 h（小时），路程为 $s(t+h)-s(t)$（千米）.

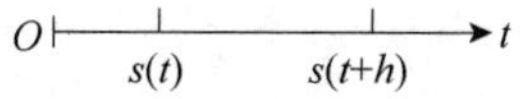

图 0-2

根据匀速运动的计算公式：

速度=路程/时间

可得汽车在 t 到 $t+h$ 时段内的平均速度

$$\bar{v} = \frac{s(t+h)-s(t)}{h} \text{（千米/小时）}$$

当 $h \to 0$ 时，这个平均速度应无限地接近于瞬时速度，于是汽车在 t 时刻的瞬时速度

$$v(t) = \lim_{h\to 0}\frac{s(t+h)-s(t)}{h} \text{（千米/小时）}$$

数学上，称 $v(t)$ 为 $s=s(t)$ 的导数，记为 $v=s'(t)=\dfrac{\mathrm{d}s}{\mathrm{d}t}$.

案例 1 所采用的是用“直边图形”无限逼近“曲边图形”的极限思想，而案例 2 则是将“变速运动”归结为“匀速运动”的极限过程，即路程的改变量与时间的改变

量比的极限，若将其与方程的思想相结合，便可得到莱布尼茨所建立的微分：

$$\mathrm{d}s = s'(t)\mathrm{d}t\,.$$

2. 无限微分和积分思想

在中学数学里，许多规则的直边图形的面积的计算公式已被给出. 然而，对于曲边图形如何计算它的面积呢？看一个例子.

案例 3（曲边三角形的面积）众所周知，三角形的面积=底×高÷2. 而对于斜边为抛物线 $y=x^2$、两直角边分别为 $x=1$ 和 x 轴的“曲边三角形”（见图 0-3），简单地应用三角形的面积公式计算其面积显然已不可行.

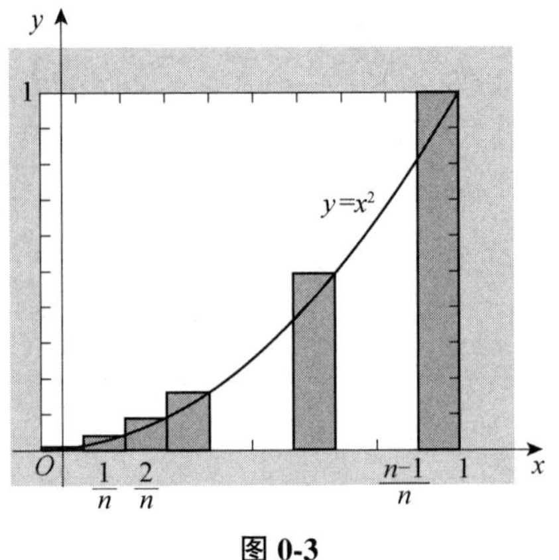

图 0-3

下面采用“以直代曲”的思想.

（1）分割：用直线 $x=\dfrac{k}{n}$（$k=1,\cdots,n-1$）将曲边三角形分成 n 块；

（2）求和：用 $x_k=\dfrac{k}{n}$（$k=1,\cdots,n$）的函数值 $\left(\dfrac{k}{n}\right)^2$ 作为矩形的高，分别计算出 x_k 左边的每个小矩形的面积值后再求和，得曲边三角形面积的近似值

$$\frac{1}{n}\cdot\left[\left(\frac{1}{n}\right)^2+\left(\frac{2}{n}\right)^2+\cdots+\left(\frac{n}{n}\right)^2\right];$$

（3）取极限：令 $n\to\infty$ 即得曲边三角形的面积

$$S=\lim_{n\to\infty}\frac{1}{n^3}(1^2+2^2+\cdots+n^2).$$

案例 3 中的分割所采用的是无限微分思想，其求和、取极限的积分思想所描述的实际上是无穷多个项的求和，引出的是定积分和级数的概念. 在积分理论中，案例 3 中的曲边三角形的面积还可用定积分表示为

$$S=\int_0^1 x^2\mathrm{d}x$$

其中，1 为积分上限，0 为积分下限，x^2 叫作被积函数，x 叫作积分变量.

简化案例 3 中的无限微分和积分思想，可得到一种广泛应用于自然科学和工程技术的微积分计算方法——微元法.

单元 1 函数

1. 教学目的

1）知识目标

★ 理解集合的概念和意义，掌握函数的概念和相关计算、作图；

★ 掌握反函数、复合函数、分段函数等的定义和性质；

★ 掌握函数的性质（有界性、单调性、奇偶性、周期性）；

★ 掌握五类基本初等函数的性质和图像；

★ 理解隐函数、参数方程所确定的函数与极坐标方程所确定的函数的定义，并知道它们各自的意义.

2）素质目标

★ 通过对函数的学习，找到生活中的函数例子，主动观察和了解实际生活，明白数学是自然学科，取之于生活，用之于生活，踏实认真学好数学知识，为未来做好充足储备.

★ 培养数学思想，在掌握必要的基础知识的同时，具备主动探索并善于抓住数学问题的背景和数学本质的能力；培养计算能力，利用数形结合解决问题的能力.

★ 具备端正的学习态度、严谨的工作态度和较强的责任心，具有崇尚科学、实事求是、做事严谨、尊重客观规律的品质.

2. 教学内容

★ 集合的概念、表示方法和基本关系、基本运算；

★ 变量与常量的概念；

★ 函数的定义，函数的表示方法，函数的性质（有界性、单调性、奇偶性、周期性）；

★ 反函数、复合函数、分段函数的概念；

★ 基本初等函数的类型、解析式、性质和图像，初等函数的概念；

★ 隐函数的概念及隐式方程，参数方程确定的函数与极坐标方程确定的函数.

3. 数学词汇

① 常量—constant，变量—variable，区间—interval；

② 函数—function，

③ 初等—elementary，复合—compound，建模—modeling；

④ 定义—definition，计算—calculate，性质—property.

1.1 集合

1.1.1 集合的概念

一般地，我们把研究对象统称为元素，把一些元素组成的总体叫作集合（简称集）. 集合具有确定性（给定集合的元素必须是确定的）和互异性（给定集合中的元素是互不相同的）. 例如，“身材较高的人”不能构成集合，因为它的元素不是确定的.

我们通常用大写拉丁字母 A、B、C 等表示集合，用小写拉丁字母 a、b、c 等表示集合中的元素. 如果 a 是集合 A 中的元素，就说 a 属于 A，记作 $a \in A$，否则就说 a 不属于 A，记作 $a \notin A$.

（1）全体非负整数组成的集合叫作非负整数集（或自然数集），记作 **N**.

（2）全体整数组成的集合叫作整数集，记作 **Z**.

（3）所有正整数组成的集合叫作正整数集，记作 **N**+或 **Z**+.

（4）全体有理数组成的集合叫作有理数集，记作 **Q**.

（5）全体实数组成的集合叫作实数集，记作 **R**.

1. 集合的表示方法

（1）列举法：把集合的元素一一列举出来，并用“{ }”括起来表示集合.

（2）描述法：用集合所有元素的共同特征来表示集合.

2. 集合间的基本关系

（1）子集. 一般地，对于两个集合 A、B，如果集合 A 中的任意一个元素都是集合 B 的元素，我们就说集合 A、B 有包含关系，称集合 A 为集合 B 的子集，记作 $A \subseteq B$（或 $B \supseteq A$）.

（2）相等. 如果集合 A 是集合 B 的子集，且集合 B 是集合 A 的子集，此时集合 A 中的元素与集合 B 中的元素完全一样，因此集合 A 与集合 B 相等，记作 $A=B$.

（3）真子集. 如果集合 A 是集合 B 的子集，至少存在一个元素属于 B 但不属于 A，我们称集合 A 是集合 B 的真子集.

（4）空集. 我们把不含任何元素的集合叫作空集，记作 $\varnothing$，并规定，空集是任何集合的子集.

由上述集合之间的基本关系，可以得到下面的结论：

① 任何一个集合是它本身的子集，即 $A \subseteq A$.

② 对于集合 A、B、C，如果 A 是 B 的子集，B 是 C 的子集，则 A 是 C 的子集.

③ 我们可以把相等的集合叫作“等集”，则子集包括“真子集”和“等集”.

3. 集合的基本运算

（1）并集. 一般地，由所有属于集合 A 或属于集合 B 的元素组成的集合称为 A 与 B 的并集，记作 $A\cup B$（在求并集时，它们的公共元素在并集中只能出现一次），即 $A\cup B=\{x|x\in A，或 x\in B\}$.

（2）交集. 一般地，由所有属于集合 A 且属于集合 B 的元素组成的集合称为 A 与 B 的交集，记作 $A\cap B$，即 $A\cap B=\{x|x\in A，且 x\in B\}$.

（3）补集.

① 全集. 一般地，如果一个集合含有我们所研究问题中所涉及的所有元素，那么就称这个集合为全集，通常记作 U.

② 补集. 对于一个集合 A，由全集 U 中不属于集合 A 的所有元素组成的集合称为集合 A 相对于全集 U 的补集，简称为集合 A 的补集，记作 $C\cup A$，即 $C\cup A=\{x|x\in U，且 x\notin A\}$.

4. 集合中元素的个数

（1）有限集. 我们把含有有限个元素的集合叫作有限集，含有无限个元素的集合叫作无限集.

（2）用 card 表示有限集中元素的个数. 例如 $A=\{a，b，c\}$，则 card(A)=3.

（3）一般地，对任意两个集合 A、B，有

$$\text{card}(A)+\text{card}(B)=\text{card}(A\cup B)+\text{card}(A\cap B)$$

5. 案例

例 1 学校开运动会，设 $A=\{x|x$ 是参加一百米跑的同学$\}$，$B=\{x|x$ 是参加二百米跑的同学$\}$，$C=\{x|x$ 是参加四百米跑的同学$\}$. 学校规定，每个参加上述比赛的同学最多只能参加两项.（1）请用集合的运算说明这项规定；（2）解释以下集合运算的含义：$A\cup B$，$A\cap B$.

解答：（1）因为 $A\cap B\cap C$ 表示同时参加 3 项运动的同学，因为学校规定，每个参加上述比赛的同学最多只能参加两项，所以 $A\cap B\cap C=\varnothing$.

（2）$A\cup B$ 表示所有参加一百米跑或者参加二百米跑的同学；$A\cap B$ 表示既参加一百米跑又参加二百米跑的同学.

例 2 某职业学院汽车工程学院全体学生构成的整体，可以构成集合吗？

解答：由明确的对象所构成的整体可以构成集合，因此某职业学院汽车工程学院全体学生构成的整体可以构成集合. 集合中的元素具有确定性.

1.1.2 常量与变量

1. 常量与变量的定义

我们在观察某一现象的过程时，常常会遇到各种不同的量，其中有的量在过程中是不变的，我们称之为常量；有的量在过程中是变化的，也就是可以取不同的数值，我们称之为变量. 注：在过程中还有一种量，它虽然是变化的，但是它的变化相对于

所研究的对象是极其微小的，我们也把它看作常量.

2. 变量的表示

如果变量的变化是连续的，则常用区间来表示其变化范围. 在数轴上，区间是指介于某两点之间的线段上点的全体. 区间的类型见表 1-1.

表 1-1

区间的名称	区间满足的不等式	区间的记号	区间在数轴上的表示
闭区间	$a \leqslant x \leqslant b$	$[a, b]$	$[a, b]$ a b x
开区间	$a < x < b$	(a, b)	(a, b) a b x
半开区间	$a < x \leqslant b$ 或 $a \leqslant x < b$	$(a, b]$或$[a, b)$	$(a, b]$ a b x $[a, b)$ a b x

以上所述的都是有限区间，除此之外，还有无限区间.

$[a, +\infty)$：表示不小于 a 的实数的全体，也可记为 $a \leqslant x < +\infty$；

$(-\infty, b)$：表示小于 b 的实数的全体，也可记为$-\infty < x < b$；

$(-\infty, +\infty)$：表示全体实数，也可记为$-\infty < x < +\infty$.

注：其中$-\infty$和$+\infty$，分别读作“负无穷大”和“正无穷大”，它们不是数，仅仅是记号.

3. 邻域

设 α 与 δ 是两个实数，且 $\delta > 0$.满足不等式 $|x-\alpha| < \delta$ 的实数 x 的全体称为点 α 的 δ 邻域，点 α 称为此邻域的中心，δ 称为此邻域的半径.

1.2 函数

1.2.1 函数的概念

一、函数

1. 引例

在讨论自然现象或工程问题时，常常有几个量同时变化，它们的变化往往不是彼此独立，而是相互联系着的，下面通过几个例子进行说明.

引例 1[自由落体运动] 设物体下降时间为 t，落下的距离为 s，假设开始下落的时刻 t=0，那么 s 与 t 之间的对应关系由公式

$$s=\frac{1}{2}gt^2$$

给定，其中 g 为重力加速度. 假设物体着陆的时刻 $t=T$，那么当时间 t 在闭区间 $[0, T]$ 上任意取定一个数值时，按上式 s 就有一个确定的数值与其对应.

引例 2 [新能源汽车保有量] 新能源汽车采用非燃油动力装置，不需要燃烧汽油、柴油等，而是采用清洁能源，减少了二氧化碳等气体的排放，从而达到保护环境的目的.更多的家庭选择购买新能源汽车，表 1-2 给出了从 2012 年到 2020 年，截至每年底我国新能源汽车的保有量.

表 1-2

年　度	2012	2013	2014	2015	2016	2017	2018	2019	2020
新能源汽车保有量/万辆	11.7	12.9	14.6	42	91	153	261	381	492

引例 3[股票行情曲线] 股票在某月的价格和成交量随时间的变化常用图形表示，图 1-1 为某一股票在某月的走势图.

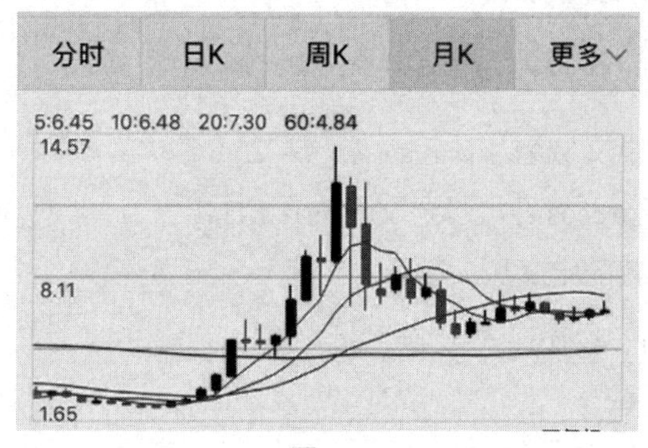

图 1-1

以上各引例都体现了在某一特定过程中，两个变量之间的依赖关系（对应法则），并且当其中一个变量在某一范围内取值时，另一个变量按照对应法则就有唯一确定的值与之对应. 两个变量的这种对应关系实质上就是函数关系.

2. 函数的概念

定义 1 设 x 和 y 是两个变量，D 是一个给定的非空数集.若对于任意的 $x\in D$，按照某种对应法则 f，变量 y 都有唯一确定的实数和它对应，则称 y 是 x 的**函数**，记作 $y=f(x)$. 其中 x 称为**自变量**，y 称为**因变量**，数集 D 称为这个函数的定义域.

当 x 取值 $x_0\in D$ 时，与 x_0 对应的 y 的值称为函数 $y=f(x)$ 在点 x_0 处的**函数值**，记作 $f(x_0)$ 或 $y|_{x=x_0}$. 当 x 取遍 D 中的所有值时，对应的函数值的集合称为函数的**值域**，记作 M，即 $M=\{y\,|\,y=f(x),\ x\in D\}$.

函数 $y=f(x)$ 中表示对应法则的符号 f 也可以改用其他字母，如拉丁字母 "g" "F"，或希腊字母 "ϕ" "ψ" 等，这时函数就记作 $y=g(x)$、$y=F(x)$、$y=\phi(x)$、$y=\psi(x)$

等.

例 3 已知函数 $f(x)=x^2-2x+5$， $g(x)=x\cos x$.

求 $f(-3)$， $g(\pi)$， $f(a)$， $g(b^2)$， $f(x+3)$， $g(-x)$.

解： $f(-3)=(-3)^2-2\times(-3)+5=20$， $g(\pi)=\pi\cos\pi=\pi\times(-1)=-\pi$，

$f(a)=a^2-2a+5$， $g(b^2)=b^2\cos(b^2)$，

$f(x+3)=(x+3)^2-2(x+3)+5=x^2+6x+9-2x-6+5=x^2+4x+8$，

$g(-x)=(-x)\cos(-x)=-x\cos x$.

3. 函数的定义域

研究任何函数都要首先考虑其定义域，在实际问题中，函数的定义域应根据问题的实际意义来确定. 对于用解析式表示的函数，如果不考虑其实际意义，则函数的定义域就是使其解析式有意义的自变量的取值范围. 常见几种函数的定义域如下：

① $y=\dfrac{1}{x}$ 定义域为 $(-\infty,0)\cup(0,+\infty)$；

② $y=\sqrt[2n]{x}$ 定义域为 $[0,+\infty)$；

③ $y=\log_a x$ 定义域为 $(0,+\infty)$；

④ $y=\tan x$ 定义域为 $\left\{x\middle|x\neq\dfrac{\pi}{2}+k\pi,k\in\mathbf{Z}\right\}$；

⑤ $y=\cot x$ 定义域为 $\left\{x\middle|x\neq\pi+k\pi,k\in\mathbf{Z}\right\}$；

⑥ $y=\arcsin x(或\arccos x)$ 定义域为 $[-1,1]$，

例 4 求下列函数的定义域.

（1） $y=\ln(1-x)$；（2） $y=\arcsin\dfrac{x+1}{2}$；（3） $y=\sqrt{16-x^2}+\dfrac{3-x}{x-2}$.

解：

（1）因为对数式中的真数要大于零，即 $1-x>0$，则 $x<1$，所以函数的定义域为 $(-\infty,1)$；

（2）因为反正弦函数自变量的绝对值不大于 1，所以有 $-1\leqslant\dfrac{x+1}{2}\leqslant1$，则 $-3\leqslant x\leqslant1$，所以函数的定义域为 $[-3,1]$；

（3）因为偶次方根中被开方数要大于等于零及分式中分母不为零，所以有

$$\begin{cases}x-2\neq0\\16-x^2\geqslant0\end{cases}，即\begin{cases}x\neq2\\-4\leqslant x\leqslant4\end{cases}，$$

因此，函数的定义域为 $[-4,2)\cup(2,4]$.

由函数的定义可知，函数由定义域和对应法则所确定. 给定了定义域和两个变量之间的对应法则，这两个变量之间就构成了一个确定的函数关系，从而函数的值域也就随之被完全确定. 所以，确定函数的要素就是定义域和对应法则. 因此，两个函数，只要它们的定义域和对应法则完全相同，那么这两个函数就是同一个函数，否则便是不同的两个函数.

例 5 判断下列各对函数是否相同，并说明理由.

（1）$f(x)=\sqrt{x^2}$，$g(x)=x$；

（2）$f(x)=\ln x^2$，$g(x)=2\ln x$；

（3）$f(x)=\sin^2 x+\cos^2 x$，$g(t)=1$.

解：

（1）不是同一函数，因为它们的对应法则不相同，$g(x)$ 的对应法则是“自变量本身”，而 $f(x)$ 的对应法则等价于“自变量的绝对值”；

（2）不是同一函数，因为它们的定义域不相同，$f(x)$ 的定义域为 $(-\infty,0)\cup(0,+\infty)$，而 $g(x)$ 的定义域为 $(0,+\infty)$；

（3）是同一函数，因为它们的定义域与对应法则都相同，仅仅是变量所取字母不同而已.

二、函数的表示法

函数的表示法就是把一个函数的定义域和对应法则表示清楚的方法，最常用的方法有公式法、图像法和表格法.

1. 公式法

公式法是指用数学表达式表示自变量与因变量的对应关系. 其特点是对应规则明晰、函数值的计算方便，优点是便于数学上的分析和计算，缺点是不易看出其变化规律.

1）显函数与隐函数

我们熟悉的函数大多是 $y=f(x)$ 的形式，即 y 是由 x 的表达式来表示的，这种形式的函数称为**显函数**，形如 $y=1-x^2$、$y=\ln(2x+3)$ 等.

如果将 $y=f(x)$ 看作是一个含有两个变量的二元方程 $y-f(x)=0$，那么对于任意的 x，按照“使方程成立”这一规则，有唯一一个 y 与之对应，因此这个方程就确定了一个函数.

由二元方程 $F(x,y)=0$ 所确定的函数称为**隐函数**. 即函数关系隐藏在 $F(x,y)=0$ 中，形如 $\mathrm{e}^{x+y}-xy=0$ 等.

2）由参数方程所确定的函数

有些函数通过变量 t 确定了 y 与 x 之间的函数关系，得到一个参数方程

$$\begin{cases} x=x(t) \\ y=y(t) \end{cases}$$

则称此函数为**由参数方程所确定的函数**.

3）分段函数

有些函数在自变量不同的取值范围内用不同的式子分段来表示，称为**分段函数**.

例 6 绝对值函数如图 1-2 所示，其表达式为

$$y=|x|=\begin{cases} x & x\geqslant 0 \\ -x & x<0 \end{cases}$$

定义域 $D=(-\infty,+\infty)$，值域 $M=[0,+\infty)$.

图 1-2　　　　图 1-3

例 7　符号函数如图 1-3 所示，其表达式为

$$y=\operatorname{sgn}x=\begin{cases}1 & x>0\\ 0 & x=0\\ -1 & x<0\end{cases}$$

定义域 $D=(-\infty,+\infty)$，值域 $M=\{-1,0,1\}$.

例 8　取整函数 $y=[x]$ 如图 1-4 所示.

设 x 为任一实数，不超过 x 的最大整数称为 x 的整数部分，记为 $[x]$，如 $\left[\dfrac{5}{6}\right]=0$、$[\sqrt{2}]=1$、$[-1]=-1$、$[-\mathrm{e}]=-3$. $y=[x]$ 的定义域 $D=\mathbf{R}$，值域 $M=\mathbf{Z}$.

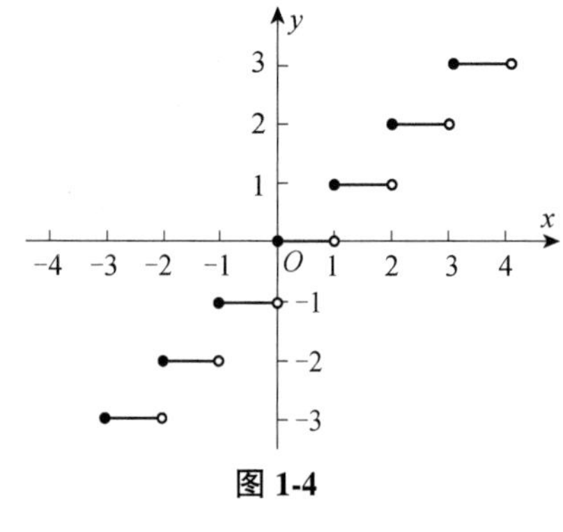

图 1-4

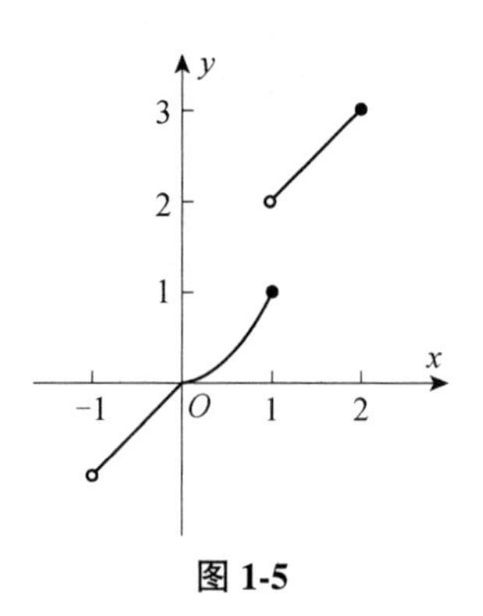

图 1-5

例 9　设分段函数 $y=f(x)=\begin{cases}x & -1<x\leqslant 0\\ x^2 & 0<x\leqslant 1\\ x+1 & 1<x\leqslant 2\end{cases}$.

（1）画出函数图像；（2）求函数的定义域；（3）求 $f\left(-\dfrac{1}{2}\right)$、$f\left(\dfrac{1}{2}\right)$、$f\left(\dfrac{3}{2}\right)$ 的值.

解：（1）函数图像如图 1-5 所示；

（2）函数的定义域为 $(-1,2]$；

（3）$f\left(-\dfrac{1}{2}\right)=-\dfrac{1}{2}$，$f\left(\dfrac{1}{2}\right)=\dfrac{1}{4}$，$f\left(\dfrac{3}{2}\right)=\dfrac{5}{2}$.

2. *图像法*

图像法是指用二维坐标平面上的图形表示自变量与因变量的对应关系. 其特点

及优点是易于观察函数的变化规律和变化趋势，缺点是对应规律不明显，且不易计算函数值.

3. 表格法

表格法是指用表格列出自变量与因变量的对应数值. 其特点是自变量与函数值对应明显，但不易得出对应法则，且大部分情况只能表示有限个点的函数值.

三、函数的性质

1. 函数的奇偶性

研究函数的奇偶性可了解函数图形（关于原点或坐标轴）的对称性.

设函数 $f(x)$ 的定义域 D 关于原点对称，如果对于任意 $x\in D$，都有 $f(-x)=-f(x)$，则称 $f(x)$ 为**奇函数**；如果对于任意 $x\in D$，都有 $f(-x)=f(x)$，则称 $f(x)$ 为**偶函数**.

显然，奇函数的图形关于原点对称（见图 1-6），偶函数的图形关于 y 轴对称（见图 1-7）.

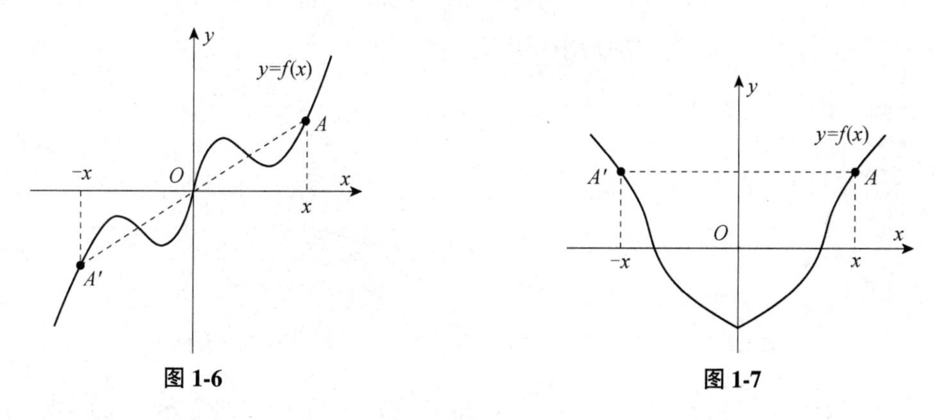

图 1-6　　图 1-7

2. 函数的单调性

函数的单调性也称为增减性，它研究的是当自变量增加时，对应的函数值是增加还是减少的性质.

如果函数 $y=f(x)$ 在区间 $(a,\ b)$ 内的任意两点 x_1 和 x_2，当 $x_1<x_2$ 时，恒有 $f(x_1)<f(x_2)$，则称函数 $f(x)$ 在区间 $(a,\ b)$ 内是**单调增加**的；当 $x_1<x_2$ 时，恒有 $f(x_1)>f(x_2)$，则称函数 $f(x)$ 在区间 $(a,\ b)$ 内是**单调减少**的.单调增加和单调减少的函数统称为**单调函数**.

单调增加函数的图形沿 x 轴正向逐渐上升（见图 1-8），单调减少函数的图形沿 x 轴正向逐渐下降（见图 1-9）.

要注意，函数可能在其定义域的一部分区间是单调增加的，而在另一部分区间内是单调减少的，这时函数在整个定义域内不是单调的. 例如，$y=x^2$ 在定义区间 $(-\infty,+\infty)$ 上不是单调的.

3. 函数的周期性

函数的周期性是考察随着自变量的不断变化，函数出现规律性重复的性质.

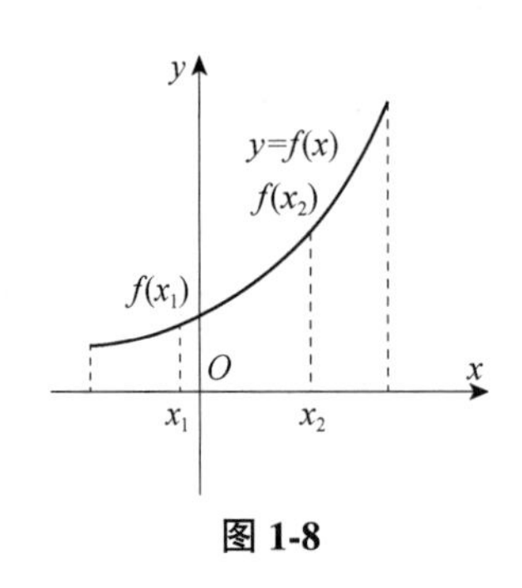

图 1-8

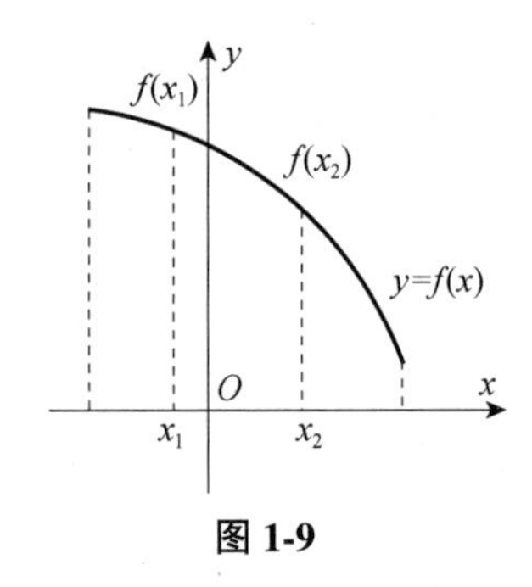

图 1-9

设函数 $f(x)$ 的定义域为 D，如果存在一个正数 T，使得对于任意 $x\in D$，都有 $f(x+T)=f(x)$ 成立，则称 $f(x)$ 为**周期函数**，T 称为 $f(x)$ 的**周期**. 满足这个条件的最小正数 T 称为 $f(x)$ 的**最小正周期**，通常所说的周期函数的周期是指最小正周期.

周期为 T 的函数图形，在函数的定义域内，每个长度为 T 的区间上，函数的图形有相同的形状，如图 1-10 所示.

如图 1-11 所示，$y=\sin x$ 是周期函数，因为 $\sin(x+2n\pi)=\sin x(n\in \mathbf{Z})$，所以 $2n\pi$ 都是它的周期，其中 2π 是它的最小正周期.

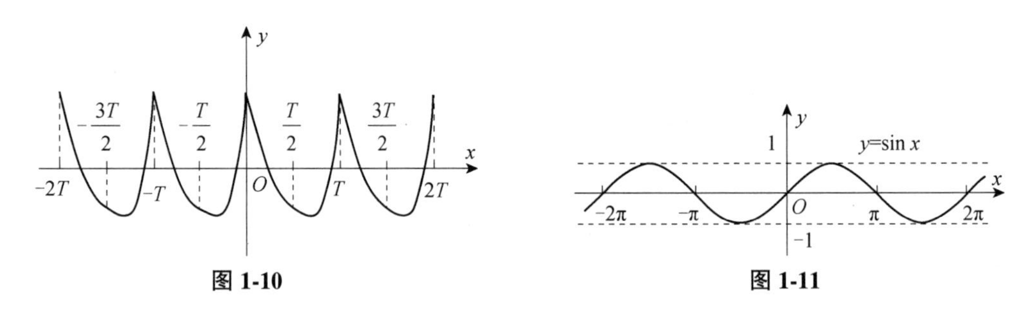

图 1-10

图 1-11

周期函数的应用是比较广泛的，许多现象都呈现出明显的周期性特征，如季节、月、星期等时间和气候的更替，再如家用电路的电压和电流、潮汐的涨落、行星的运行等.

4. 函数的有界性

函数的有界性刻画的是自变量在一定范围内变化时，相应的函数值是否有限的性质.

设函数 $f(x)$ 在区间 D 上有定义，如果存在一个正数 M，使得对于任意 $x\in D$，恒有 $|f(x)|\leqslant M$. 则称函数 $f(x)$ 在区间 D 上**有界**. 如果这样的 M 不存在，就称函数 $f(x)$ 在区间 D 上**无界**.

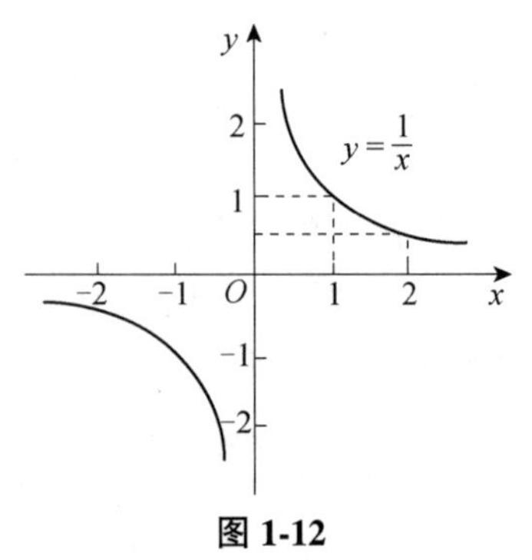

图 1-12

例如，函数 $y=\sin x$ 在 $(-\infty, +\infty)$ 上有 $|\sin x|\leqslant 1$，所以 $y=\sin x$ 在 $(-\infty, +\infty)$ 上有界；而函数 $y=\dfrac{1}{x}$ 在 $(0, 1)$ 内是无界的，如图 1-12 所示，因为不存在这样的正数 M，使得 $\left|\dfrac{1}{x}\right|\leqslant M$ 对于 $(0, 1)$ 内的一切 x 都成立.

例 10 判断下列函数的奇偶性.

（1）$f(x)=x\sin x+\cos x$；（2）$f(x)=\ln(\sqrt{x^2+1}+x)$；（3）$f(x)=2x^3+3x^2+1$.

解：（1）函数的定义域是 $(-\infty,\ +\infty)$，对任意 $x\in(-\infty,\ +\infty)$，由于

$$f(-x)=(-x)\sin(-x)+\cos(-x)=x\sin x+\cos x=f(x),$$

所以 $f(x)$ 是偶函数.

（2）函数的定义域是 $(-\infty,\ +\infty)$，对任意 $x\in(-\infty,\ +\infty)$，由于

$$f(-x)=\ln[\sqrt{(-x)^2+1}+(-x)]=\ln(\sqrt{x^2+1}-x)=\ln\frac{1}{\sqrt{x^2+1}+x}=-\ln(\sqrt{x^2+1}+x)$$

$$=-f(x),$$

所以 $f(x)$ 是奇函数.

（3）函数的定义域是 $(-\infty,\ +\infty)$，对任意 $x\in(-\infty,\ +\infty)$，有

$$f(-x)=2(-x)^3+3(-x)^2+1=-2x^3+3x^2+1,$$

由于 $f(-x)\neq -f(x)$，且 $f(-x)\neq f(x)$，所以 $f(x)$ 既不是奇函数，也不是偶函数（一般称之为**非奇非偶函数**）.

四、反函数

引例 4[自由落体运动] 在研究两个变量之间的函数关系时，可以根据问题的需要，选定其中一个为自变量，则另一个就是因变量. 例如，在研究自由落体运动的路程 s 随时间 t 变化的规律时，选定时间 t 为自变量，路程 s 为因变量，则 s 与 t 的函数关系式为

$$s=\frac{1}{2}gt^2$$

如果问题是研究由物体下落的距离 s 来确定所需要的时间 t，这时就可以把 s 取作自变量，t 为因变量，t 与 s 的函数关系式可由 $s=\frac{1}{2}gt^2$ 确定为

$$t=\sqrt{\frac{2s}{g}}$$

我们把函数 $t=\sqrt{\frac{2s}{g}}$ 称为函数 $s=\frac{1}{2}gt^2$ 的反函数.

设函数 $y=f(x)$ 是定义在 D 上的函数，值域为 M，若对于每一个 $y\in M$，都可以由关系式 $y=f(x)$ 确定唯一的 x 值与之对应，这就在数集 M 上定义了一个关于 y 函数，这个函数称为函数 $y=f(x)$ 的**反函数**，记作 $x=f^{-1}(y)$（$y\in M$，$x\in D$）. 相对于反函数来说，原来的函数称为**直接函数**.

习惯上 x 表示自变量，y 表示函数，所以将 $x=f^{-1}(y)$ 中的 x 和 y 互换，得到 $y=f^{-1}(x)$，于是，函数 $y=f(x)$ 的反函数就记作 $y=f^{-1}(x)$（$x\in M$，$y\in D$）. 函数 $y=f(x)$ 的定义域就是其反函数 $y=f^{-1}(x)$ 的值域，函数 $y=f(x)$ 的值域就是其反函数 $y=f^{-1}(x)$ 的定义域.

函数 $y=f(x)$ 的图形与其反函数 $y=f^{-1}(x)$ 的图形关于直线 $y=x$ 对称. 如图 1-13

所示，如果 $P(a,b)$ 是曲线 $y=f(x)$ 上的任意一个点，则有 $b=f(a)$．按反函数的定义，有 $a=f^{-1}(b)$，所以 $Q(b,a)$ 是曲线 $y=f^{-1}(x)$ 上的点，反之亦然.而 $P(a,b)$ 和 $Q(b,a)$ 是关于直线 $y=x$ 对称的，故得结论.

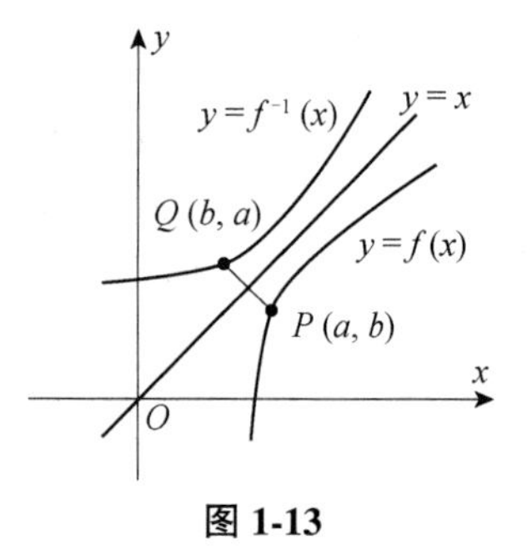

图 1-13

例 11 求下列函数的反函数.

（1）$y=\dfrac{3x+1}{x-2}$；（2）$y=2^x+1$.

解：（1）函数的定义域是 $(-\infty,\ 2)\cup(2,\ +\infty)$，由于

$y=\dfrac{3x+1}{x-2}=\dfrac{3(x-2)+7}{x-2}=3+\dfrac{7}{x-2}\neq 3$，因此函数的值域为 $(-\infty,\ 3)\cup(3,\ +\infty)$.

由 $y=\dfrac{3x+1}{x-2}$，有 $y(x-2)=3x+1$，解得

$$x=\frac{2y+1}{y-3},$$

将字母 x 与 y 互换，则函数 $y=\dfrac{3x+1}{x-2}$ 的反函数为 $y=\dfrac{2x+1}{x-3}$，$x\in(-\infty,3)\cup(3,+\infty)$.

（2）函数的定义域为 $(-\infty,+\infty)$，值域为 $(1,+\infty)$.

由 $y=2^x+1$ 解得 $2^x=y-1$，化成对数式，得 $x=\log_2(y-1)$，

将字母 x 与 y 互换，则函数 $y=2^x+1$ 的反函数为 $y=\log_2(x-1)$，$x\in(1,+\infty)$.

1.3 初等函数

1.3.1 基本初等函数

我们最常用的有五种基本初等函数分别是指数函数、对数函数、幂函数、三角函数及反三角函数. 下面我们用表格来把它们总结一下，见表 1-2.

表 1-2 基本初等函数

函数名称	函数的记号	函数的图形	函数的性质
指数函数	$y=a^x(a>0,a\neq 1)$	$y=a^{-x}$，$y=a^x$，$a>1$	① 不论 x 为何值，y 总为正数； ② 当 x=0 时，y=1
对数函数	$y=\log_a x(a>0,a\neq 1)$	$a>1$，$y=\log_a x$，$y=\log_{\frac{1}{a}} x$	① 其图形总位于 y 轴右侧，并过（1，0）点 ② 当 a>1 时，在区间（0，1）内的值为负；在区间（1，+∞）的值为正；在定义域内单调增

续表

函数名称	函数的记号	函数的图形	函数的性质
幂函数	$y=x^a$，a 为任意实数	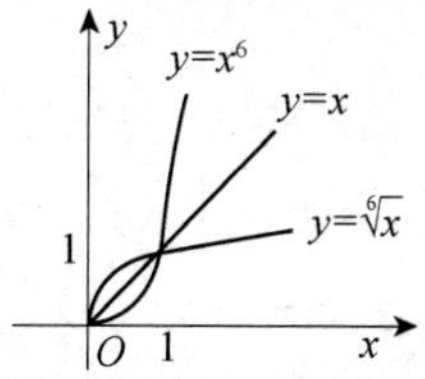 $y=x^6$　$y=x$　$y=\sqrt[6]{x}$ 这里只画出部分函数图形的一部分	令 $a=m/n$ ① 当 m 为偶数、n 为奇数时，y 是偶函数 ② 当 m、n 都是奇数时，y 是奇函数； ③ 当 m 奇 n 偶时，y 在 $(-\infty, 0)$ 内无意义
三角函数	$y=\sin x$（正弦函数） 这里只写出了正弦函数	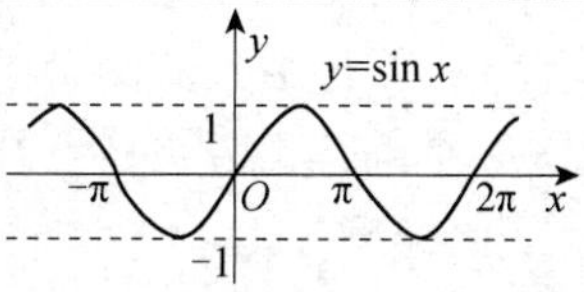 $y=\sin x$	① 正弦函数是以 2π 为周期的周期函数 ② 正弦函数是奇函数且 $\lvert\sin x\rvert\leqslant 1$
反三角函数	$y=\arcsin x$（反正弦函数） 这里只写出了反正弦函数	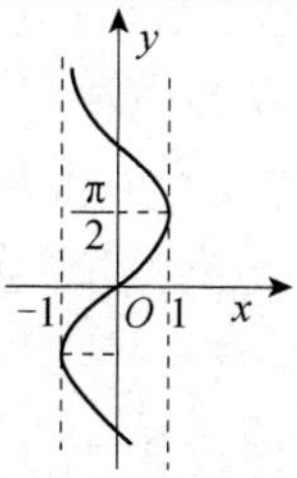	由于此函数为多值函数，因此让函数值限制在 $[-\pi/2, \pi/2]$ 内，并称其为反正弦函数的主值

1.3.2　复合函数

在实际问题中，经常会遇到一个函数和另一个函数发生联系.

引例 5 [自由落体运动的动能]　在自由落体运动中，设物体的质量为 m，物体下落的速度为 v，物体的动能为 E，由物理学知识可知，物体的动能 E 是速度 v 的函数 $E=\frac{1}{2}mv^2$，而速度 v 又可表示为时间 t 的函数 $v=gt$，因而，动能 E 通过速度 v，构成关于 t 的函数关系式 $E=\frac{1}{2}m(gt)^2$. 这种将一个函数代入另一个函数而得到的函数称为上述两个函数的复合函数.

1. 复合函数的定义

设 y 是 u 的函数 $y=f(u)$，而 u 又是 x 的函数 $u=\phi(x)$，并且 $\phi(x)$ 的函数值的全部或部分使 $f(u)$ 有定义，那么，y 通过 u 的联系而成为 x 的函数，我们称这样的函数是由 $y=f(u)$ 和 $u=\phi(x)$ 复合而成的函数，简称**复合函数**，记作

$$y=f[\phi(x)],$$

其中，u 称作中间变量.通常称 $\phi(x)$ 为内层函数，$f(u)$ 为外层函数.

注意：

(1) 不是任何两个函数都可以复合成一个函数，只有外层函数的定义域与内层函数的值域有公共的部分，复合函数才能存在.

例如，函数 $y=\arcsin u$ 和 $u=x^2+2$，因为 $y=\arcsin u$ 的定义域为 $u\in[-1,\ 1]$，$u=x^2+2$ 的值域为 $u\in[2,\ +\infty)$，而两者没有公共部分，所以这两个函数不能构成复合函数.

（2）复合函数的概念可以推广到两个以上函数复合的情况.例如，$y=\ln u$，$u=3+v^2$，$v=\cos x$ 构成的复合函数是 $y=\ln(3+\cos^2 x)$

例 12 设 $f(x)=x^2$，$g(x)=\cos x$，求 $f[g(x)]$，$g[f(x)]$.

解： 将 $f(x)=x^2$ 中的 x 用 $\cos x$ 替代，有 $f[g(x)]=(\cos x)^2$，即 $f[g(x)]=\cos^2 x$，

将 $g(x)=\cos x$ 中的 x 用 x^2 替代，有 $g[f(x)]=\cos(x^2)$.

由上面的例子可以看出，复合函数的两个函数复合次序是不可以任意颠倒的. 一般地，两个函数复合的次序不同，其结果是不同的，甚至结果可能是其中一个有意义而另一个没有意义.

2. 复合函数的分解

复合函数的分解就是由外到内把复合函数拆分成若干个相互衔接的简单函数. 这里的简单函数是指基本初等函数或由基本初等函数进行四则运算构成的函数.

例 13 指出下列函数是由哪些简单函数复合而成的.

（1）$y=(2x+4)^3$；（2）$y=\sqrt{\cos 2x}$；（3）$y=\mathrm{e}^{\sin^2 x}$.

解：（1）$y=(2x+4)^3$ 是由函数 $y=u^3$，$u=2x+4$ 复合而成的.

（2）$y=\sqrt{\cos 2x}$ 是由函数 $y=\sqrt{u}$，$u=\cos v$，$v=2x$ 复合而成的.

（3）$y=\mathrm{e}^{\sin^2 x}$ 是由函数 $y=\mathrm{e}^u$，$u=v^2$，$v=\sin x$ 复合而成的.

复合函数的分解过程可以总结为：由外向内，逐层展开，彻底分解，直至最简.

1.3.3 初等函数

由基本初等函数经过有限次四则运算或有限次复合所构成并可用一个式子表示的函数，称为**初等函数**.

例如，$y=(3-4x^2)^5$、$y=\sqrt{1-\mathrm{e}^x}$、$y=4\arcsin(3x+2)$、$y=x\mathrm{e}^x+\ln\sqrt{\frac{1}{x}}-6$ 等都是初等函数.

微积分研究的对象是函数，确切地说，主要是研究初等函数. 在微积分运算中，常把一个初等函数进行分解，分析它是由哪些基本初等函数经过怎样的四则运算和复合运算而组成的.

分段函数一般不是初等函数，如符号函数和取整函数等. 注意，绝对值函数 $y=|x|$ 虽可写成分段函数的形式，但由于 $|x|=\sqrt{x^2}$，所以仍是初等函数.

1.3.4 函数模型及其建立

数学是从现实世界中发现问题、研究问题和解决问题的过程中发展起来的. 用数学解决实际问题时，往往要将该问题量化，找出问题中变量之间的关系，建立数学模

型. 函数模型是应用最广泛的数学模型之一，是一种涉及变量较少、关系较为简单的数学模型.

1. 依据题意建立函数关系

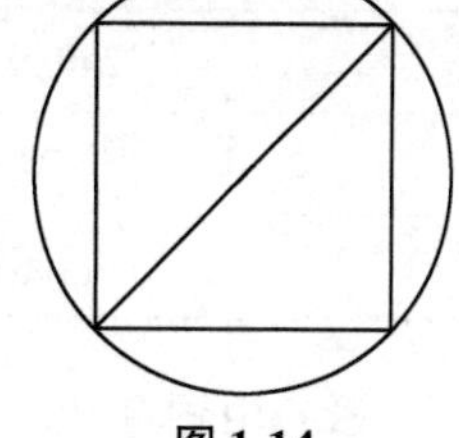
图 1-14

例 14 将直径为 d 的圆木料锯成截面为矩形的木材（见图 1-14），试列出矩形截面两边之间的函数关系.

解： 设矩形截面的一条边长为 x，另一条边长为 y，由勾股定理，得

$$x^2+y^2=d^2$$

解出 y，得

$$y=\pm\sqrt{d^2-x^2},$$

由于 $y>0$，所以

$$y=\sqrt{d^2-x^2},\quad x\in(0,d).$$

例 15 某商品的价格为 6 元时，可以卖出 800 件，价格每提高 0.5 元，则就少卖出 40 件. 假设该商品的销售量随价格的变化是均匀的，求销售量 y 与价格 x $(x\geqslant 6)$ 之间的函数关系.

解： 由于当价格提高 $x-6$ 元时，将少卖 $\dfrac{x-6}{0.5}\times 40=80x-480$（件），所以销售量为

$$y=800-(80x-480)，即 y=1280-80x(x\geqslant 6).$$

例 16 当干燥的空气上升时会膨胀、冷却. 在地面温度是 25℃，而 3km 高度的气温是 7℃，并假设温度随高度的变化满足线性关系的条件下：

（1）将气温 T（单位：℃）表示为高度 h（单位：km）的函数；

（2）画出（1）中函数的图像，并说明斜率的含义；

（3）计算 2.5km 高度的气温.

解：（1）因为假设 T 是 h 的一次函数，所以设 $T=kh+b$.

已知当 $h=0$ 时，$T=25$；当 $h=3$ 时，$T=7$；故有

$$\begin{cases}25=0\cdot k+b\\ 7=3\cdot k+b\end{cases}$$

解得 $k=-6$，$b=25$，即 $T=-6h+25$.

（2）图像见图 1-15.

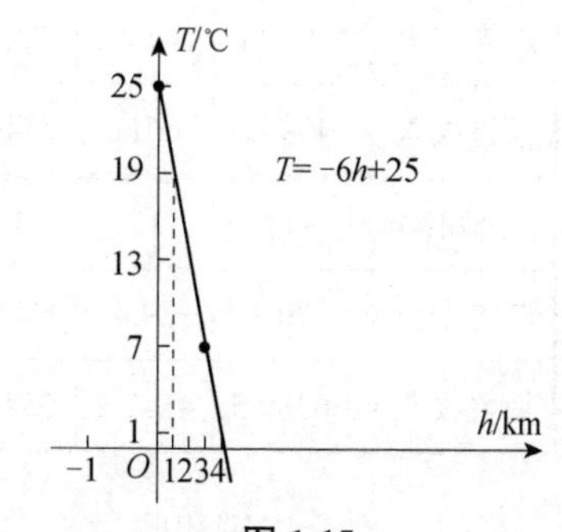

图 1-15

斜率 $k=-6$ ℃/km，表示温度关于高度的变化速度，即每升高 1km，温度降低 6℃.

（3）在 h=2.5km 的高度时，气温为 $T=-6\times 2.5+25=10$℃.

例 17 为了鼓励大家节约用电，珍惜宝贵资源，全国许多城市都开始实行阶梯电价制. 表 1-3 是北京居民（电压不满 1 千伏）的月度用电阶梯价格，试写出北京居民月度用电的费用函数.

表 1-3

月用电量/千瓦时	电价/元/千瓦时
240 及以下部分	0.4883
240～400	0.5383
超过 400	0.7883

解： 由题意知，北京居民月度用电应缴的电费是电量的分段函数，设某居民某月的用电量为 x，应缴费用为 y，则有

当 $x \leqslant 240$ 时， $y = 0.4883x$；

当 $240 < x \leqslant 400$ 时， $y = (x-240)\times 0.5383 + 240\times 0.4883 = 0.5383x - 12$；

当 $x > 400$ 时，$y = (x-400)\times 0.7883 + (400-240)\times 0.5383 + 240\times 0.4883 = 0.7883x - 112$.

统一表示为

$$y = f(x) = \begin{cases} 0.4883x & x \leqslant 240 \\ 0.5383x - 12 & 240 < x \leqslant 400 \\ 0.7883x - 112 & x > 400 \end{cases}$$

2. 依据经验数据建立近似函数关系

例 18 很多商家为吸引更多的消费者注意，提高产品的知名度，利用广告来宣传产品，以达到增加产品销售量的目的. 表 1-4 是某集团下属 20 个分公司近一年内的广告支出及销售收入（单位：万元）.

表 1-4

分公司编号	1	2	3	4	5	6	7	8	9	10
广告支出 x	33.86	81.1	72.35	51.4	42.64	42.63	67.9	84.73	47.09	39.38
销售收入 y	4597.5	6611	7349.3	5525.7	4675.9	4418.6	5845.4	7313	5035.4	4322.6
分公司编号	11	12	13	14	15	16	17	18	19	20
广告支出 x	70.1	29.4	44.26	63.5	26.05	30.5	62.47	60	29.96	64.6
销售收入 y	6389.5	4152.2	5544.8	6095.1	3626.2	3745.4	5121.8	5674.5	4256.6	5803.7

（1）拟合出销售收入 y 关于广告支出 x 的函数表达式;

（2）试预测若投入广告为 100 万元时销售收入是多少？

解：

采用 Excel 软件可以拟合出收入与支出的函数表达式，操作过程如下.

（1）先画出数据的散点图

将表 1-4 中数据表复制到 Excel，选中表中“广告支出”与“销售收入”数据，单击“插入”菜单中的“图表”子菜单，选择“XY 散点图”命令，单击完成就创建

了收入与支出数据的散点图

从图中可以看出，随着广告支出费用的增加，销售收入也呈现上升趋势，图中的点大部分分布在一条向右上方延伸的直线附近，由此可见销售收入 y 与广告支出 x 大致为线性关系.

（2）拟合出需求函数表达式

选中散点图中任一个数据点，右击“添加趋势线”，在弹出的快捷菜单“类型”中选择“线性”命令，在弹出的对话框中勾选“显示公式”复选框，最后单击“确定”按钮，这样就在散点图上显示拟合出的函数表达式，得到回归直线方程 $y=56.735x+2343.9$，如图 1-16 所示.

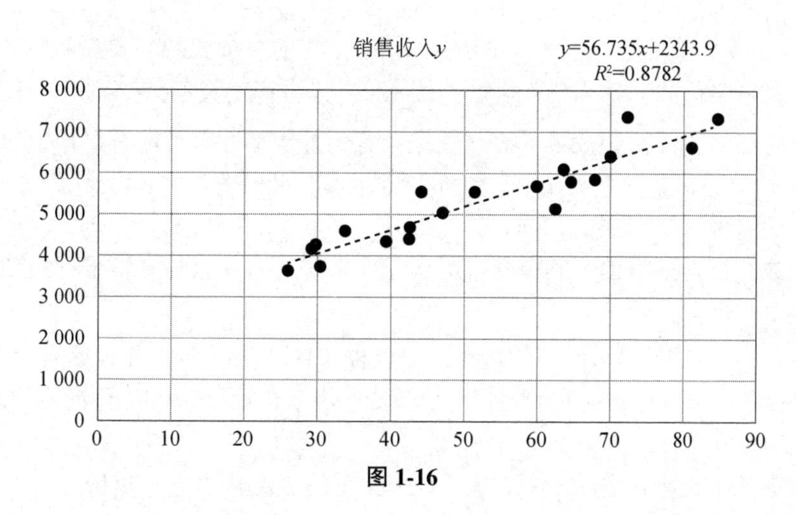

图 1-16

（3）利用拟合曲线进行预测

根据拟合出来的回归直线方程，将 $x=100$ 代入，得到 $y=56.735\times100+2343.9=8017.4$. 即预测当投入广告费用为 100 万元时，销售收入8017.4万元.

1.4 常用函数

1.4.1 隐函数

一元隐函数的概念：把具有变量 x、y 的方程所有项皆移至方程左边，则得到一个给定在某区域上的二元函数方程的一般形式：

$$F(x,y)=0 \tag{1-1}$$

例如，函数 $y=f(x)$，可以表示成 $y-f(x)=0$.

对于定义在集合 X 上的函数 $y=f(x)$（单值或多值），下式

$$F(x,f(x))=0 \tag{1-2}$$

则对变量 x 成恒等式.

例如，方程

$$\frac{x^2}{a^2}+\frac{y^2}{b^2}=1 \tag{1-3}$$

y 为 x（$x\in[-a,\ a]$）的一个双值函数，$y=\pm\frac{b}{a}\sqrt{a^2-x^2}$，将其带入式（1-3），即得到一恒等式.

定义 2 函数 $y=f(x)$ 表示成方程 $F(x,y)=0$ 的形式（未对 y 解出），称为**隐函数**；而以 $y=f(x)$ 解析式表示，则称为**显函数**.

注意：隐函数只是函数 y 的一种表达方式，其自变量仍是 x. 其实用性更广泛，因为不是所有的函数都可以用关于 x 的简单解析式表示.

当式（1-1）是代数方程时（即 $F(x,y)$ 为 x、y 的多项式时），其确定的 x 的隐函数 y（一般是多值的）称为代数函数. 对 y 而言，方程次数不高于 4，y 可以表示为根式形式的显函数；次数高于 4 时，往往只有例外情形才有可能有显函数的形式.

方程（1-1）在某些条件下表示一条平面曲线，此时方程（1-1）称为该曲线的隐式方程.

隐函数往往是多值的，其单值（对于平面曲线而言，只与 y 轴平行线交于一点）有如下定义：

通常，如果在区间 (a,b) 内的每一点上方程（1-1）有一个，并且也只一个在区间 (c,d) 内的根 $y=f(x)$，则可简单地认为方程（1-1）在矩形 $(a,b;c,d)$ 内将 y 确定为 x 的单值函数 $y=f(x)$.

在此条件下，方程 $F(x,y)=0$ 与 $y=f(x)$ 在 $(a,b;c,d)$ 内完全等价.

1.4.2 参数方程确定的函数

1. 参数的概念

联系变量 x、y 之间关系的变量叫作**参变数**，简称**参数**.

2. 参数的实际定义

一般常用时间、有向线段的数量、旋转角、直线的斜率等作参数，但有时也可以用没有明显意义的变数作参数. 用有实际意义的变数作参数，应注意参数的取值范围.

3. 参数方程的概念

一般地，在确定的坐标系中，如果曲线上任意一点的坐标（x，y）是某个变数 t 的函数

$$\begin{cases} x=f(t) \\ y=g(t) \end{cases} \tag{1-4}$$

并且对于 t 的每一个允许值，由方程组（1-4）确定的点 $P(x,y)$ 都在这条曲线上，那么方程组（1-4）叫作这条曲线的参数方程.

1.4.3 极坐标方程确定的函数

1. 极坐标系的建立

在平面内取一个定点O，称作极点，引一条射线OX，称作极轴，再选定一个长度单位和一个角度单位（通常取弧度）及其正方向（通常取逆时针方向），这样建立的坐标系叫作极坐标系.

对于平面内任意一点M，用ρ表示线段OM的长度，θ表示从OX到OM的角度，ρ叫作点M的极径，θ叫作点M的极角，有序数对(ρ,θ)就叫作点M的极坐标，记作$M\ (\rho,\theta)$，如图 1-17 所示. 若点M在极点，则其极坐标为$\rho=0$，θ可以取任意值.

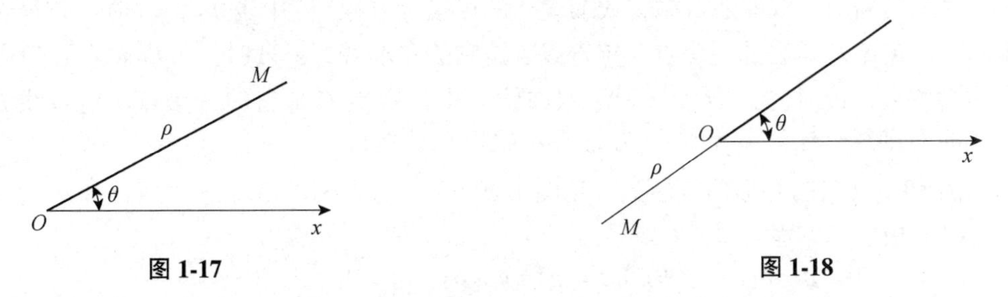

图 1-17　　图 1-18

如图 1-18 所示，此时点M的极坐标可以有两种表示方法：

（1）$\rho>0$，$M\ (\rho,\pi+\theta)$；

（2）$\rho>0$，$M\ (-\rho,\theta)$.

同理，(ρ,θ)与$(-\rho,\pi+\theta)$也是同一个点的坐标.

又由于一个角加$2n\pi\ (n\in\mathbf{Z})$后都是和原角终边相同的角，所以一个点的极坐标不唯一. 但若限定$\rho>0$，$0\leqslant\theta<2\pi$或$-\pi<\theta\leqslant\pi$，那么除极点外，平面内的点和极坐标就可以一一对应了.

2. 曲线的极坐标方程

在极坐标系中，曲线可以用含有ρ和θ这两个变量的方程$\varphi(\rho,\theta)=0$来表示，这种方程叫作曲线的极坐标方程.

求曲线的极坐标方程的方法与步骤：

（1）建立适当的极坐标系，并设动点M的坐标为(ρ,θ)；

（2）写出适合条件的点M的集合；

（3）列方程$\phi(\rho,\theta)=0$；

（4）化简所得方程；

（5）证明得到的方程就是所求曲线的方程.

三种圆锥曲线统一的极坐标方程：

过点F作准线L（y轴）的垂线，垂足为K，以焦点F为极点，以FK的反向延长线FX为极轴，建立极坐标系. 设$M(\rho,\theta)$是曲线上任意一点，连接MF，作

$MA \perp L$，$MB \perp FX$，垂足分别为 A、B，如图 1-19 所示. 那么，曲线就是集合 $p=\left\{M\left|\frac{MF}{MA}=e\right.\right\}$.

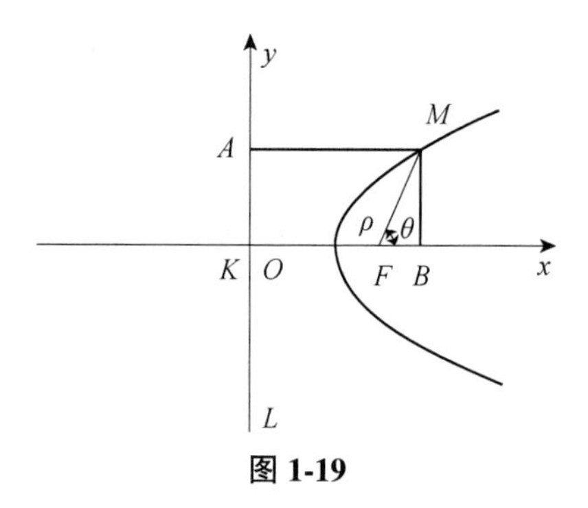

图 1-19

设焦点 F 到准线 L 的距离 $|FK|=p$，由 $|MF|=\rho$，$|MA|=|BK|=p+\rho\cos\theta$，得

$$\frac{\rho}{p+\rho\cos\theta}=e$$

即

$$\rho=\frac{ep}{1-e\cos\theta}$$

这就是椭圆、双曲线、抛物线的统一的极坐标方程. 其中当 $0<e<1$ 时，方程表示椭圆，定点 F 是它的左焦点，定直线 L 是它的左准线. $e=1$ 时，方程表示开口向右的抛物线. $e>1$ 时，方程只表示双曲线右支，定点 F 是它的右焦点，定直线 L 是它的右准线. 若允许 $\rho<0$，方程表示整个双曲线.

例 19 著名的心形曲线函数（见图 1-20）.

（1）极坐标方程为：

水平方向：$\rho=a(1-\cos\theta)$或$\rho=a(1+\cos\theta)\quad(a>0)$.

垂直方向：$\rho=a(1-\sin\theta)$或$\rho=a(1+\sin\theta)\quad(a>0)$.

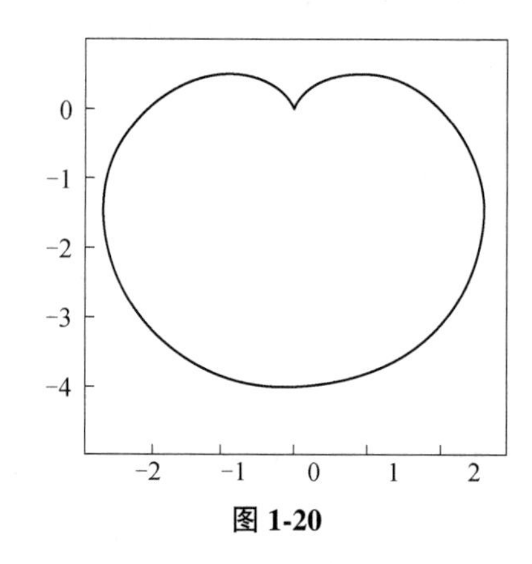

图 1-20

（2）直角坐标方程：

心形曲线的平面直角坐标系方程表达式为：

$$x^2+y^2+ax=a\sqrt{x^2+y^2}$$

或

$$x^2+y^2-ax=a\sqrt{x^2+y^2}$$

（3）参数方程：

$$x=a(2\cos t-\cos(2t))$$
$$y=a(2\sin t-\sin(2t))$$

综合训练1

1. 设$f(x)=x^2-3x$，求$f(0)$，$f(2)$，$f[f(2)]$，$f(-x)$，$f\left(\frac{1}{x}\right)$.

2. 设$g(x)=\begin{cases}2x & -2<x<0\\ 2 & 0\leqslant x<1\\ x^2-1 & 1\leqslant x<3\end{cases}$，

（1）求函数的定义域；

（2）求$g(-1)$，$g(0)$，$g(2)$，$g\left[g\left(\frac{1}{2}\right)\right]$；

（3）画出函数的图像.

3. 下列各对函数是否相同，为什么？

（1）$f(x)=\frac{x^2-4}{x-2}$　$g(x)=x+2$；

（2）$f(x)=\sqrt{x^2}$　$g(x)=|x|$；

（3）$f(x)=\ln(x+1)+\ln(x-1)$　$g(x)=\ln(x^2-1)$；

（4）$f(x)=\lg x^3$　$g(x)=3\lg x$.

4. 求下列函数的定义域.

（1）$y=\sqrt{2-|x|}$；（2）$y=\frac{2x}{x^2-3x+2}$；

（3）$y=\arcsin\frac{x+1}{2}$；（4）$f(x)=\ln(x-4)+\sqrt{x^2-9}$.

5. 判断下列函数的奇偶性.

（1）$f(x)=\frac{\cos x}{x}$；（2）$f(x)=1+x^4$；（3）$f(x)=x-\tan x$；（4）$f(x)=x\mathrm{e}^{-x}$；

（5）$f(x)=\frac{\mathrm{e}^x-\mathrm{e}^{-x}}{2}$（双曲正弦，常记为sh$x$）；

（6）$f(x)=\frac{\mathrm{e}^x+\mathrm{e}^{-x}}{2}$（双曲余弦，常记为ch$x$）.

6. 判断下列函数的有界性.

（1）$f(x)=2\sin x-5$；（2）$f(x)=4\cos(3x+6)$；（3）$f(x)=\arctan x+\frac{\pi}{2}$；

（4）$f(x)=\frac{2x}{x^2+1}$；（5）$f(x)=x-[x]$.

7. 求下列函数的反函数.

（1）$f(x)=2x-1$；（2）$f(x)=10^x$；（3）$f(x)=\ln x$；（4）$f(x)=\frac{2-3x}{1+x}$.

8. 求由下列函数复合而成的函数.

（1）$y=\frac{1}{u}$，$u=\ln x$；（2）$y=u^3$，$u=\cos x$；（3）$y=\sqrt{u}$，$u=\sin v$，$v=3x^2-4$；

（4）$y=\tan u$，$u=e^v$，$v=2x+1$；（5）$y=\ln u$，$u=\arcsin v$，$v=1-x^2$.

9. 指出下面复合函数的复合过程.

（1）$y=\tan x^2$；（2）$y=(2x-1)^3$；（3）$y=\sin^3 x$；（4）$y=\ln(\tan 5x)$；

（5）$y=e^{\sin 3x}$；（6）$y=\sqrt{\arcsin(4x+1)}$；（7）$y=\cos^2(2-3x)$；（8）$y=5^{\lg(x^2+1)}$.

10. 某玩具厂每天生产 600 个玩具的成本为 3000 元，每天生产 800 个玩具的成本为 3400 元，求其线性成本函数. 问每天的固定成本和生产一个玩具的可变成本各为多少？

11. 设有容量为 10m^3 的无盖圆柱形桶，桶底用铜制作，侧壁用铁制，已知铜价是铁价的 5 倍，试建立制作此桶所需费用与桶的底面半径 r 之间的函数关系.

12. 某企业采购钢材，钢材价格随采购数量而变动. 若采购量不超过 1000t，其价格为 5000 元/t，当采购量超过 1000t 而不超过 3000t 时，超过 1000t 部分的价格为 4700 元/t，当超过 3000t 时，超过部分的价格为 4400 元/t，试写出采购费用关于采购量的函数关系式.

思政聚焦

心形曲线小故事

百岁山矿泉水广告的情景是以心形曲线故事为背景而创作的. 从美丽的心形曲线可以看出，数学不仅是严谨的，也可以是浪漫的. 广大青年要注重知识的积累，将来才可能书写出更浪漫的爱情故事.

【数学家小故事】——笛卡儿

17 世纪一个宁静的午后，52 岁仍然过着乞讨生活的笛卡儿，照例坐在斯德哥尔摩的街头，沐浴在阳光下研究数学问题.

他完全沉醉于数学世界中，以致于身边过往的人群，喧闹的车马队伍，都无法对他造成干扰．突然，有人来到他旁边，拍了拍他的肩膀："你在干什么呢？"扭过头，笛卡儿看到一张年轻美丽的脸庞，一双清澈的眼睛如湛蓝的湖水，身姿楚楚动人，长长的睫毛一眨一眨地，期待着他的回应．笛卡儿不知道她就是瑞典的小公主，国王宠爱的女儿，18岁的克里斯汀．她蹲下身，拿过笛卡儿的数学书和草稿纸，和他交谈起来．言谈中，他发现，这个小女孩思维敏捷，对数学有着浓厚的兴趣．和女孩道别后，笛卡儿渐渐忘记了这件事，每天依旧坐在街头写写画画．

几天后，他意外地接到通知，国王聘请他做小公主的数学老师．在笛卡儿的悉心指导下公主的数学水平突飞猛进，他们之间的关系也开始变得亲密起来．笛卡儿向她介绍了他研究的新领域——直角坐标系．通过直角坐标系可以将代数与几何结合起来，这就是日后笛卡儿创立的解析几何学的雏形．在笛卡儿的引领下，克里斯汀走进奇妙的坐标世界，她对曲线着了迷．在瑞典这个浪漫的国度里，一段纯粹而又美好的爱情悄然萌发．然而，没过多久，他们的恋情传到国王的耳朵里．国王大怒，将笛卡儿驱逐回国，公主被软禁在宫中．身体孱弱的笛卡儿回到法国后不久，便染上重病．在生命进入倒计时的那段日子，他日夜思念的还是街头偶遇的那张温暖的笑脸．他每天坚持给她写信，盼望着她的回音．然而，这些信都被国王拦截下来，公主一直没有收到他的任何消息．在笛卡儿给克里斯汀寄出第十三封信后，他永远地离开了这个世界．此时，被软禁在宫中的小公主依然徘徊在皇宫的走廊里，思念着远方的爱人．最后一封信中没有写一句话，只有一个方程式 $r=a(1-\sin\theta)$．国王看不懂，这条曲线就是著名的"心形曲线"．国王去世后，克里斯汀继承了王位，登基后，她便立刻派人去法国寻找心上人的下落，等到的却是笛卡儿去世的消息，留下了一个永远的遗憾．这封享誉世界的情书，至今还保存在欧洲笛卡儿的纪念馆里．

单元 2 极限与连续

1. 教学目的

1）知识目标

★ 理解极限的概念，能够利用函数图像和极限的定义计算简单函数的极限；

★ 掌握极限的四则运算法则，了解两个重要极限，会求解函数极限；

★ 理解无穷小与无穷大的概念，掌握它们之间的关系，以及无穷小的比较；

★ 理解函数连续性与间断点的概念，并会判别间断点的类型，会求简单函数的连续区间，了解闭区间上连续函数的性质；

★ 运用极限知识计算连续复利和其他实际问题中的极限.

2）素质目标

★ 通过观察函数图像得到函数的极限，提高总结事物变化规律的思维能力；

★ 通过对极限运算法则的学习，会计算包括两个重要极限在内的一些常见类型的极限，并借助数学软件提高计算函数极限的能力；

★ 通过利用极限知识对生活事件的变化规律进行分析，提高解决问题的能力.

2. 教学内容

★ 数列极限的概念，函数极限的概念，左极限与右极限；

★ 极限运算法则，两个重要极限；

★ 无穷小与无穷大的概念，无穷小的性质，无穷小与无穷大的关系；

★ 无穷小的比较，等价无穷小的替换；

★ 函数的增量，函数在一点的连续性，间断点的类型；

★ 初等函数的连续性，闭区间上连续函数的性质（最值、介值、零点）.

3. 数学词汇

① 极限—limit，收敛—convergence，发散—divergence；

② 左极限—left limit，右极限—right limit；

③ 无穷小—infinitesimal，无穷大—infinity；

④ 增量—increment，连续—continuity，间断—discontinuity.

2.1 极限的概念

2.1.1 数列的极限

引例 1 庄子在《天下篇》中有记载："一尺之棰，日取其半，万世不竭"；意思是说，一个长度为 1 尺的木棰，第一天取一半，第二天再取第一天的一半，依次下去，每一天都取前一天的一半，则第 n 天后余下的木棰的长度可以表示成数列

$$\frac{1}{2},\frac{1}{4},\frac{1}{8},\cdots,\frac{1}{2^n},\cdots$$

随着 n 的无限增大，剩下的木棰越来越短，甚至接近于 0，而"万世不竭"的意思是木棰的长度永远不是 0.

引例 2 观察下面两个数列的变化趋势.

$$1,\frac{1}{2},\frac{1}{3},\frac{1}{4},\cdots,\frac{1}{n},\cdots \qquad 2,\frac{1}{2},\frac{4}{3},\frac{3}{4},\cdots,\frac{n+(-1)^{n+1}}{n},\cdots$$

为了便于观察，在平面直角坐标系中，我们先在 x 轴上取项数 n，再在 y 轴上取对应的项 a_n，所得到的点 (n,a_n)，$n=1,2,3,\cdots$，可以看作数列 $\{a_n\}$ 的图像.从图像中可以直观地看出数列的变化趋势. 图 2-1 中数列随着项数 n 的增大，通项 a_n 的值逐渐减小，点 (n,a_n) 从横轴上方无限接近于横轴.这表明，当 n 无限增大时，数列的通项 $a_n=\frac{1}{n}$ 的值无限趋近于零. 图 2-2 中数列随着项数 n 的增大，通项 a_n 的值围绕直线 $a_n=1$ 做越来越小的上下摆动，点 (n,a_n) 从上下两侧无限接近于直线 $a_n=1$. 这表明，当 n 无限增大时，数列的通项 $a_n=\frac{n+(-1)^{n+1}}{n}$ 的值无限趋近于常数 1.

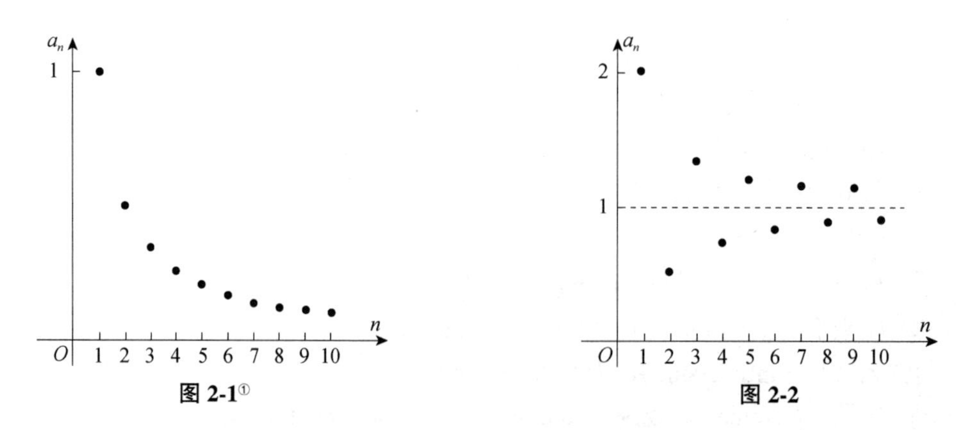

图 2-1[①]　　**图 2-2**

以上例子说明，对于数列的项 a_n，它在项数 n 无限增大的变化过程中，逐渐趋于

① 图 2-1 中，为了突出显示 $a_n=\frac{1}{n}$ 的变化趋势，刻意对坐标系的纵横坐标刻度进行区分，放大了纵坐标刻度。下文中图 2-2、图 2-3 的情况同图 2-1 类同。

一个稳定的状态，即趋近于某一常量，这个过程称为极限过程，相应的常量称为数列的极限.

定义 1 设数列$\{a_n\}$，如果当n无限增大时，数列的通项a_n无限趋近于一个确定的常数A，则称常数A是数列$\{a_n\}$的极限，或称数列$\{a_n\}$收敛于A，记作$\lim\limits_{n\to+\infty} a_n = A$或$a_n \to A$（当$n\to\infty$时），读作"当$n$趋向于无穷大时，数列$\{a_n\}$的极限等于$A$".

根据上述定义，以上三个数列的极限记作

$$\lim_{n\to+\infty}\frac{1}{2^n}=0,\quad \lim_{n\to+\infty}\frac{1}{n}=0,\quad \lim_{n\to+\infty}\frac{n+(-1)^{n+1}}{n}=1$$

凡是有极限的数列称为收敛数列，没有极限的数列称为发散数列.

例 1 判断下列数列是否有极限，如果有，写出它的极限.

（1）$3,3,3,3,\cdots,3,\cdots$

（2）$\frac{1}{2},\frac{2}{3},\frac{3}{4},\cdots,\frac{n}{n+1},\cdots$

（3）$1,-\frac{1}{2},\frac{1}{4},-\frac{1}{8},\cdots,\left(-\frac{1}{2}\right)^{n-1},\cdots$

（4）$1,2,3,4,\cdots,n,\cdots$

解： 画出数列的图像，如图 2-3 所示.

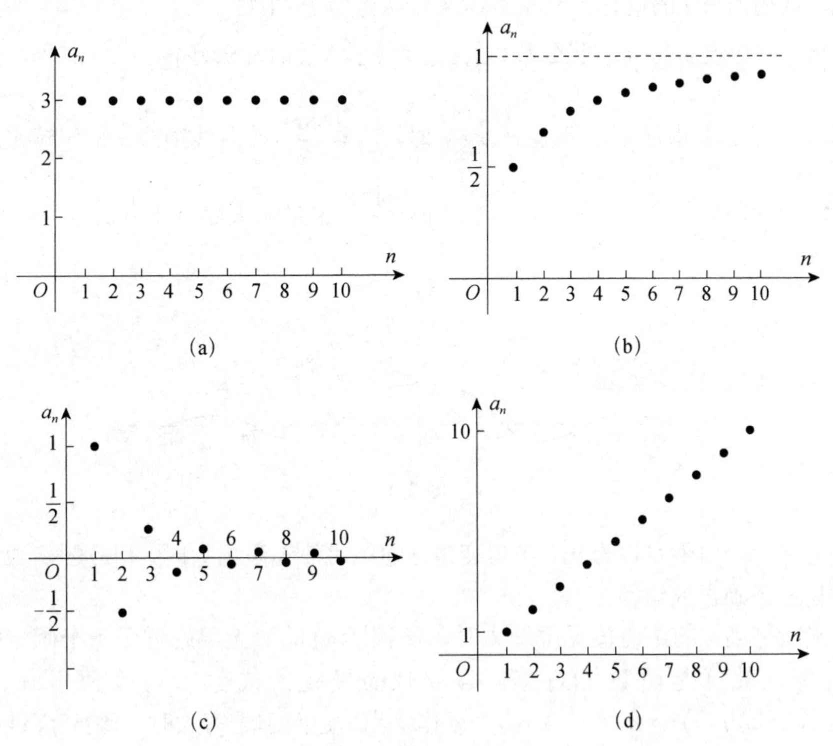

图 2-3

（1）这个数列是常数列，它的每一项均为常数 3，当n无限增大时，它永远等于 3，所以数列的极限是 3，即$\lim\limits_{n\to+\infty} 3 = 3$.

（2）当n无限增大时，数列的项a_n的值逐渐增大，而且越来越趋近于1，所以数列的极限是1，即$\lim\limits_{n\to+\infty}\dfrac{n}{n+1}=1$.

（3）这个数列是公比为$q=-\dfrac{1}{2}$的等比数列，当n无限增大时，数列的项a_n的值围绕着0上下摆动，而且越来越趋近于0，所以数列的极限是0，即$\lim\limits_{n\to+\infty}\left(-\dfrac{1}{2}\right)^{n-1}=0$.

（4）当n无限增大时，数列的项a_n的值逐渐增大，不能趋近于一个确定的常数，因此这个数列是发散的，没有极限.

2.1.2 函数的极限

数列$\{a_n\}$可以看成是自变量为正整数n的函数$a_n=f(n)$，其中n无限增大的过程是“离散型”的，而我们研究函数时，更多是要涉及“连续型”的无限变化过程，即函数的极限.

1. 当$x\to\infty$时，函数$f(x)$的极限

引例 3 将一盆80℃的热水放在一间室温恒为20℃的房间里，水的温度T将逐渐降低，随着时间t的推移，水温会越来越接近室温20℃.

引例 4 观察函数$y=\dfrac{\sin x}{x}$在$x\to+\infty$和$x\to-\infty$时的变化情况.

可以从图2-4中观察出：当$x\to+\infty$时，$y=\dfrac{\sin x}{x}$的曲线围绕x轴作越来越小的上下摆动而无限趋于0；当$x\to-\infty$时，$y=\dfrac{\sin x}{x}$也是无限趋近于0的.

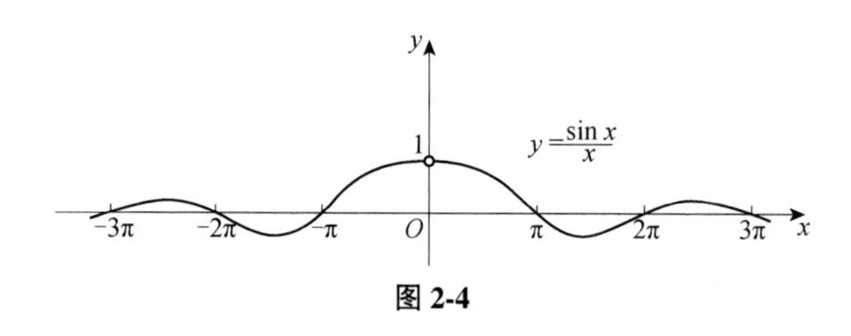

图 2-4

由上述两个引例可以看出：当自变量x的绝对值无限增大时，相应的函数值无限趋近于某一个确定的常数.

定义 2 当x的绝对值无限增大时，函数$f(x)$的值无限趋近于一个确定的常数A，则称常数A是函数$f(x)$当$x\to\infty$时的极限，或称$f(x)$收敛于A，记作$\lim\limits_{x\to\infty}f(x)=A$或$f(x)\to A$（$x\to\infty$），读作“当$x$趋向于无穷大时，函数$f(x)$的极限等于$A$”；否则，称$x\to\infty$时$f(x)$没有极限或发散，记作$\lim\limits_{x\to\infty}f(x)$不存在.

根据定义2，引例4中当$x\to\infty$时，函数$f(x)=\dfrac{\sin x}{x}$的极限是0，可记作

$$\lim_{x\to\infty}\frac{\sin x}{x}=0 \text{ 或 } \frac{\sin x}{x}\to 0,(x\to\infty)$$

例 2　讨论 $f(x)=\dfrac{1}{x}$ 当 $x\to\infty$ 时的极限.

解：由图 2-5 可以看出，当 x 的绝对值无限增大时，函数图像与 x 轴无限接近，$f(x)$ 的值无限趋近于 0. 即当 $x\to\infty$ 时，函数 $f(x)=\dfrac{1}{x}$ 的极限是 0，可写成 $\lim\limits_{x\to\infty}\dfrac{1}{x}=0$.

例 3　设有一电阻值为 R_0（Ω）的固定电阻与一电阻值为 r（Ω）的可变电阻并联于某一电路中（见图 2-6），则电路中总电阻 R 满足关系：

$$\frac{1}{R}=\frac{1}{R_0}+\frac{1}{r}\text{，即 } R=\frac{R_0 r}{R_0+r}.$$

当可变电阻值 r 无限增大时，即 $r\to\infty$ 时，其所在的支路会形成断路，即 $\dfrac{1}{r}\to 0$，电路中只有电阻值为 R_0 的电阻，因此，总电阻 R 会无限接近 R_0.

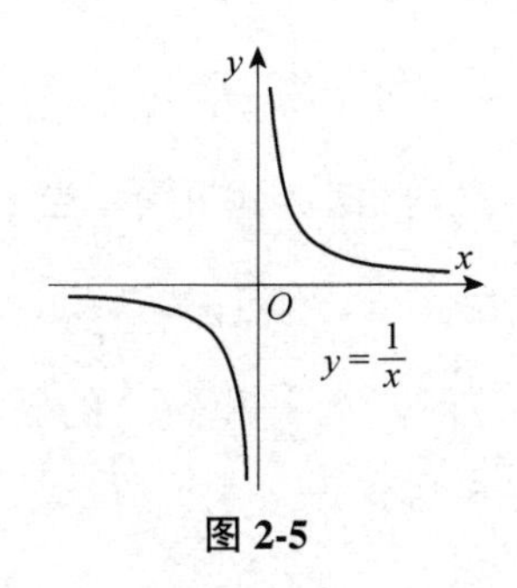

图 2-5

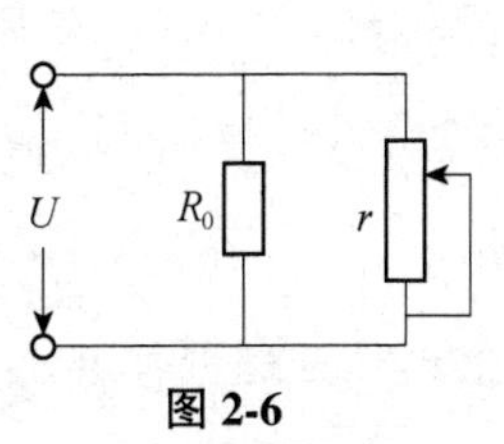

图 2-6

在上述定义 2 中，$x\to\infty$ 指的是 x 既取正值无限增大（记作 $x\to+\infty$，读作 x 趋向于正无穷大），同时也可取负值而绝对值无限增大（记作 $x\to-\infty$，读作 x 趋向于负无穷大）. 但有时 x 的变化趋势只能或只需是这两种变化趋势中的一种情形.

例 4　考察函数 $y=\arctan x$ 当 $x\to+\infty$、$x\to-\infty$ 及 $x\to\infty$ 时的极限.

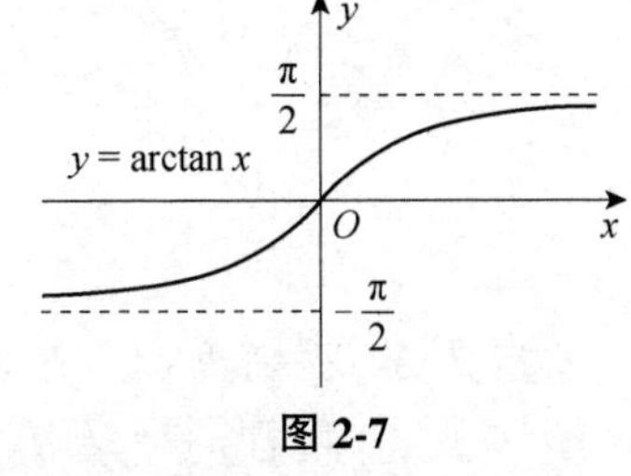

图 2-7

解：如图 2-7 所示，有 $\lim\limits_{x\to+\infty}\arctan x=\dfrac{\pi}{2}$ 及 $\lim\limits_{x\to-\infty}\arctan x=-\dfrac{\pi}{2}$.

因为当 $x\to+\infty$ 和 $x\to-\infty$ 时，函数 $y=\arctan x$ 不是无限趋近于同一个确定的常数，所以 $\lim\limits_{x\to\infty}\arctan x$ 不存在.

由以上的例子可以得出如下结论：

$\lim\limits_{x\to\infty}f(x)$ 存在的充分且必要条件是 $\lim\limits_{x\to+\infty}f(x)$ 与 $\lim\limits_{x\to-\infty}f(x)$ 都存在并且相等.

$$\lim_{x\to\infty}f(x)=A \Leftrightarrow \lim_{x\to+\infty}f(x)=A=\lim_{x\to-\infty}f(x)$$

例 5　考察函数 $y=2^x$ 当 $x\to\infty$ 时的极限.

解：由函数图像（见图 2-8）可知，$\lim\limits_{x\to-\infty}2^x=0$，$\lim\limits_{x\to+\infty}2^x$ 不存在，因此 $\lim\limits_{x\to\infty}2^x$ 不存在.

2. 当 $x\to x_0$ 时，函数 $f(x)$ 的极限

引例 5　考察一个人沿直线走向路灯（见图 2-9）的正下方时其影子的长度时，由生活常识可知，人越接近路灯，被灯光照射而形成的影子的长度就越短，当人越来越接近目标（即 $x\to0$）时，其影子的长度越来越短，逐渐趋于 0（即 $y\to0$）.

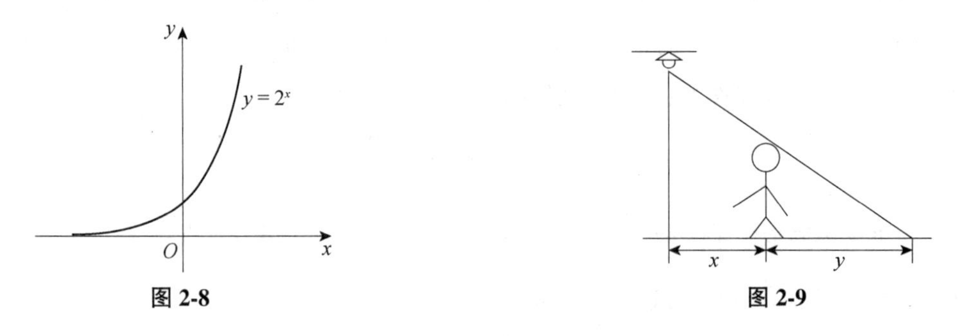

图 2-8　　　　图 2-9

引例 6　观察 $x\to1$ 时，函数 $f(x)=x+1$ 和 $g(x)=\dfrac{x^2-1}{x-1}$ 的变化趋势.

函数 $f(x)$ 在 $x_0=1$ 处有定义，而 $g(x)$ 在 $x_0=1$ 处无定义，如图 2-10 所示，当 $x\to1$ 时，函数 $f(x)=x+1$ 与 $g(x)=\dfrac{x^2-1}{x-1}$ 的函数值都无限趋近于一个确定的常数 2，故当 $x\to1$ 时，$f(x)$ 和 $g(x)$ 的极限都是 2. 也就是说，当 $x\to1$ 时，$f(x)$ 和 $g(x)$ 的极限与它们在 $x=1$ 处是否有定义无关.

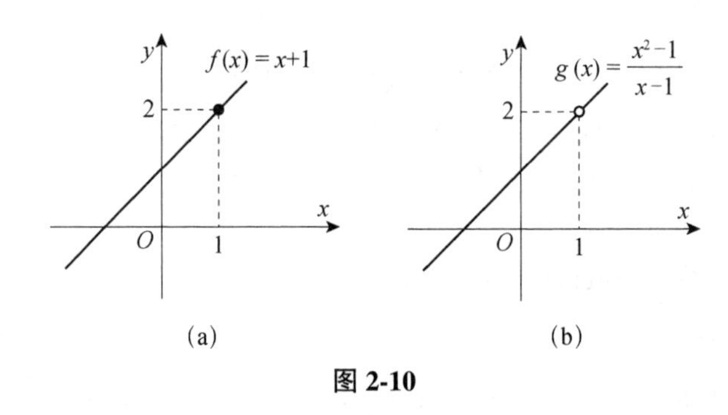

图 2-10

定义 3　设函数 $f(x)$ 在点 x_0 的左右近旁有定义，如果在 $x\to x_0$ 的变化过程中，函数 $f(x)$ 无限趋近于一个确定的常数 A，那么 A 就叫作函数 $f(x)$ 当 $x\to x_0$ 时的极限，记作 $\lim\limits_{x\to x_0}f(x)=A$ 或 $f(x)\to A$（$x\to x_0$），读作“当 x 趋向于 x_0 时，函数 $f(x)$ 的极限等于 A”.

根据定义，引例 6 中当 $x\to1$ 时，函数 $f(x)=x+1$ 和 $g(x)=\dfrac{x^2-1}{x-1}$ 的极限都是 2，可记作 $\lim\limits_{x\to1}(x+1)=2$，$\lim\limits_{x\to1}\dfrac{x^2-1}{x-1}=2$.

例 6　考察并写出下列函数的极限.

（1）$\lim\limits_{x \to x_0} C$（$C$为常数）；（2）$\lim\limits_{x \to x_0} x$.

解：（1）观察图 2-11（a）可知，当$x \to x_0$时，y的值恒等于C，规定

$$\lim_{x \to x_0} C = C$$

（2）观察图 2-11（b）可知，当$x \to x_0$时，y的值无限趋近于x_0，即

$$\lim_{x \to x_0} x = x_0$$

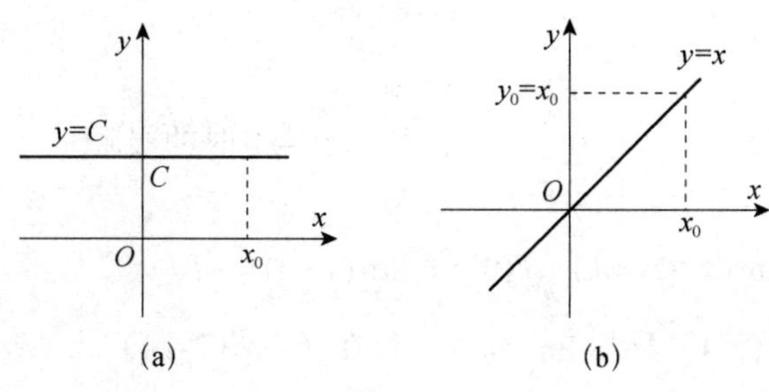

图 2-11

在上述定义中，$x \to x_0$指的是x既从x_0的左侧趋近于x_0（记作$x \to x_0^-$），同时从x_0的右侧趋近于x_0（记作$x \to x_0^+$），但有时x只需讨论单侧的情形.

在定义中，如果只考虑$x \to x_0^-$的情形，称为函数$f(x)$在点x_0处的左极限，记作

$$\lim_{x \to x_0^-} f(x) = A \quad 或 \quad f(x_0^-) = A$$

如果只考虑$x \to x_0^+$的情形，称为函数$f(x)$在点x_0处的右极限，记作

$$\lim_{x \to x_0^+} f(x) = A \quad 或 \quad f(x_0^+) = A$$

左、右极限统称为单侧极限.

例 7 函数$f(x)$的图像（见图 2-12）是周期为2π的方波信号，它在$[-\pi, \pi)$上的表达式为

$$f(x) = \begin{cases} -1 & -\pi \leqslant x < 0 \\ 1 & 0 \leqslant x < \pi \end{cases}$$

考察函数当$x \to 0$时的变化趋势.

解：（1）当x从 0 的左侧无限趋近于 0 时，$f(x)$的函数值越来越接近−1. 即$f(x)$在 0 点的左极限为−1，记为$\lim\limits_{x \to 0^-} f(x) = -1$.

（2）当x从 0 的右侧无限趋近于 0 时，$f(x)$的函数值越来越接近 1，即$f(x)$在 0 点的右极限为 1，记为$\lim\limits_{x \to 0^+} f(x) = 1$，

也就是说当$x \to 0$时，$f(x)$的函数值没有固定的变化趋势，即当$x \to 0$时，函数$f(x)$没有极限.

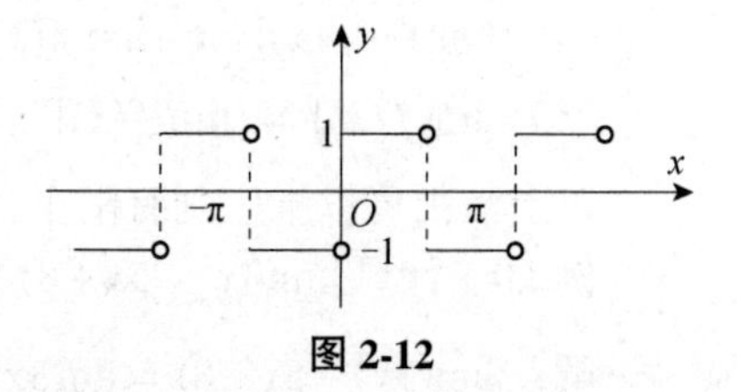

图 2-12

由此可见，当$x \to x_0$时，要想函数$f(x)$的极限存在，$f(x)$必须在点x_0处左、右两侧的变化趋势相同，即$\lim\limits_{x \to x_0} f(x)$存在的充分且必要条件是

$\lim\limits_{x\to x_0^-} f(x)$ 与 $\lim\limits_{x\to x_0^+} f(x)$ 都存在并且相等，亦即

$$\lim_{x\to x_0} f(x)=A \Leftrightarrow \lim_{x\to x_0^-} f(x)=\lim_{x\to x_0^+} f(x)=A$$

例 8　考察函数 $f(x)=\begin{cases}2x & x<1\\ 3-x & x>1\end{cases}$ 当 $x\to 1$ 时的极限.

解：由于 $f(1^-)=f(1^+)=2$，所以 $\lim\limits_{x\to 1} f(x)=2$（见图 2-13）.

例 9　考察函数 $f(x)=\begin{cases}x+1 & x<0\\ 0 & x=0\\ x-1 & x>0\end{cases}$ 当 $x\to 0$ 时的极限.

解：$f(0^-)=\lim\limits_{x\to 0^-}(x+1)=1$，$f(0^+)=\lim\limits_{x\to 0^+}(x-1)=-1$.

由于 $f(0^-)\neq f(0^+)$，所以 $\lim\limits_{x\to 0} f(x)$ 不存在（见图 2-14）.

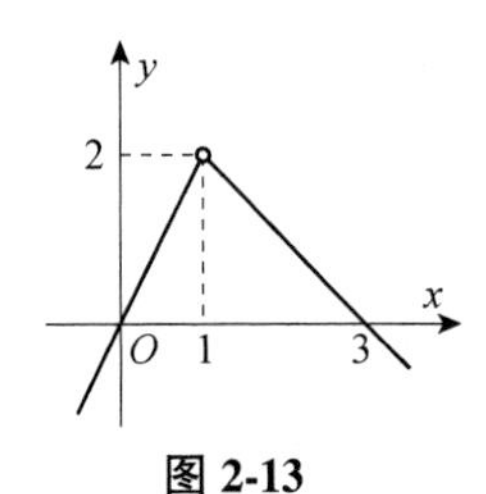

图 2-13

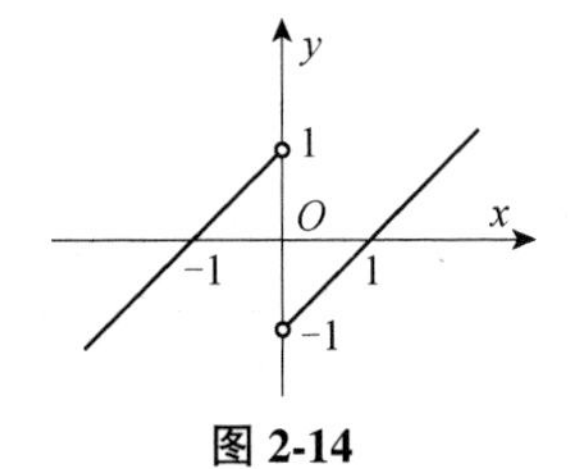

图 2-14

2.2　极限的运算

2.2.1　极限的四则运算

极限是非常重要的概念，单纯用定义或列表与图像分析法求极限，对于较复杂的函数来说很麻烦甚至很困难，因此要想求出极限，我们需要研究函数极限的运算法则.

如果 $\lim f(x)=A$，$\lim g(x)=B$，则有以下运算法则：

（1）$\lim[f(x)\pm g(x)]=\lim f(x)\pm\lim g(x)=A\pm B$；

（2）$\lim[f(x)\cdot g(x)]=\lim f(x)\cdot\lim g(x)=A\cdot B$；

（3）$\lim\dfrac{f(x)}{g(x)}=\dfrac{\lim f(x)}{\lim g(x)}=\dfrac{A}{B}(B\neq 0)$；

（4）$\lim[C\cdot f(x)]=C\cdot\lim f(x)=C\cdot A$；

（5）$\lim[f(x)]^n=[\lim f(x)]^n=A^n, n\in\mathbf{N}^+$.

以上法则可以推广到有限个具有极限的函数的情形.

例 10　计算 $\lim\limits_{x\to 2}(3x^2-5x+8)$.

解：$\lim\limits_{x\to 2}(3x^2-5x+8)=\lim\limits_{x\to 2}3x^2-\lim\limits_{x\to 2}5x+\lim\limits_{x\to 2}8$

$$=3(\lim_{x\to 2}x)^2-5\lim_{x\to 2}x+8=3\times 2^2-5\times 2+8=12-10+8=10.$$

例 11 计算 $\lim\limits_{x\to 3}\dfrac{2x^2-3}{5x^2-7x+6}$.

解：因为 $\lim\limits_{x\to 3}(5x^2-7x+6)=5\times 3^2-7\times 3+6=30\neq 0$，

所以 $\lim\limits_{x\to 3}\dfrac{2x^2-3}{5x^2-7x+6}=\dfrac{\lim\limits_{x\to 3}(2x^2-3)}{\lim\limits_{x\to 3}(5x^2-7x+6)}=\dfrac{15}{30}=\dfrac{1}{2}$.

例 12 计算 $\lim\limits_{x\to \pi}\dfrac{\sin x}{1+\cos^2 x}$.

解：因为 $\lim\limits_{x\to \pi}\sin x=0$，$\lim\limits_{x\to \pi}\cos x=-1$，

所以 $\lim\limits_{x\to \pi}\dfrac{\sin x}{1+\cos^2 x}=\dfrac{\lim\limits_{x\to \pi}\sin x}{\lim\limits_{x\to \pi}(1+\cos^2 x)}=\dfrac{0}{1+(-1)^2}=0$.

通过以上几个例题，能够看到当所求极限函数的每一个组成部分的极限都存在，且分母的极限不等于 0 时，就可以使用极限的四则运算法则，效果等同于将 x_0 直接代入到 x 的位置上进行计算，以得到极限 $\lim\limits_{x\to x_0}f(x)$ 的值.有时候将这种计算极限的方法称为“直接代入法”或“代值法”.

即对于有理分式函数 $\dfrac{P(x)}{Q(x)}$，其中 $P(x)$和$Q(x)$ 为多项式，当分母 $Q(x_0)\neq 0$ 时，依据商式极限运算法则有

$$\lim_{x\to x_0}\frac{P(x)}{Q(x)}=\frac{\lim\limits_{x\to x_0}P(x)}{\lim\limits_{x\to x_0}Q(x)}=\frac{P(x_0)}{Q(x_0)}$$

例 13 计算 $\lim\limits_{x\to +\infty}\dfrac{\arctan x}{2+e^{-x}}$.

解：因为 $\lim\limits_{x\to +\infty}\arctan x=\dfrac{\pi}{2}$，$\lim\limits_{x\to +\infty}e^{-x}=0$，

所以 $\lim\limits_{x\to +\infty}\dfrac{\arctan x}{2+e^{-x}}=\dfrac{\lim\limits_{x\to +\infty}\arctan x}{\lim\limits_{x\to +\infty}2+\lim\limits_{x\to +\infty}e^{-x}}=\dfrac{\frac{\pi}{2}}{2+0}=\dfrac{\pi}{4}$.

2.2.2 有理分式和根式的 $\dfrac{0}{0}$ 型极限

例 14 计算 $\lim\limits_{x\to 1}\dfrac{x^2-1}{x^2+2x-3}$.

解：分析所给函数的特点，当 $x\to 1$时，分子、分母的极限都为零，因此不能直接运用商的极限运算法则. 但它们都有趋向 0 的公因子 $x-1$，当 $x\to 1$时，$x\neq 1$，即 $x-1\neq 0$，可约去这个为零的公因子.

$$\lim_{x\to 1}\frac{x^2-1}{x^2+2x-3}=\lim_{x\to 1}\frac{(x+1)(x-1)}{(x+3)(x-1)}=\lim_{x\to 1}\frac{x+1}{x+3}=\frac{1}{2}$$

例 14 中分子、分母的极限都是 0 的情形，称为$\frac{0}{0}$型极限，此类极限可能存在，也可能不存在，因此这种极限称为未定式.

例 15 计算 $\lim\limits_{x\to 4}\frac{x-4}{\sqrt{x+5}-3}$.

解：分析所给函数的特点，当$x\to 4$时，分子、分母的极限都为零，因此不能直接运用商的极限运算法则，但可以采用分母有理化消去分母中趋向于零的因子.

$$\lim_{x\to 4}\frac{x-4}{\sqrt{x+5}-3}=\lim_{x\to 4}\frac{(x-4)(\sqrt{x+5}+3)}{(\sqrt{x+5}-3)(\sqrt{x+5}+3)}=\lim_{x\to 4}\frac{(x-4)\cdot(\sqrt{x+5}+3)}{x-4}$$
$$=\lim_{x\to 4}(\sqrt{x+5}+3)=\sqrt{4+5}+3=6$$

通过以上两个例子可以看到，当所求极限的函数是有理分式或根式，并且分子与分母的极限都等于 0 时，无法使用极限的商式运算法则，需要通过因式分解或分母有理化等方法，将分子与分母所含有的趋于零的因子$x-x_0$显化出来并进行约分，从而得到极限$\lim\limits_{x\to x_0}f(x)$的值.有时候将这种计算极限的方法称为“消零因子法”.

2.2.3 $x\to\infty$时有理分式的$\frac{\infty}{\infty}$型极限

例 16 计算 $\lim\limits_{x\to\infty}\frac{3x^3+2x+5}{5x^3+4x^2-1}$.

解：所给函数的特点，当$x\to\infty$时，分子、分母都趋于无穷大，也就是极限都不存在，因此不能直接运用商的极限运算法则. 对于这类题目先用最高次幂x^3同除分子及分母，然后再利用 $\lim\limits_{x\to\infty}\frac{1}{x^n}=\left(\lim\limits_{x\to\infty}\frac{1}{x}\right)^n=0$ 求极限.

$$\lim_{x\to\infty}\frac{3x^3+2x+5}{5x^3+4x^2-1}=\lim_{x\to\infty}\frac{3+\frac{2}{x^2}+\frac{5}{x^3}}{5+\frac{4}{x}-\frac{1}{x^3}}=\frac{3+0+0}{5+0-0}=\frac{3}{5}$$

此例中分子与分母的极限都不存在，可以记作是∞的情形，称为$\frac{\infty}{\infty}$型未定式.

例 17 计算 $\lim\limits_{x\to\infty}\frac{3x^2-2x-1}{2x^3-x^2+4}$.

解：与例 16 相仿，也是$\frac{\infty}{\infty}$型未定式，先用最高次幂x^3同除分子及分母，然后再求极限.

$$\lim_{x\to\infty}\frac{3x^2-2x-1}{2x^3-x^2+4}=\lim_{x\to\infty}\frac{\frac{3}{x}-\frac{2}{x^2}-\frac{1}{x^3}}{2-\frac{1}{x}+\frac{4}{x^3}}=\frac{0-0-0}{2-0+0}=0$$

例 18 计算 $\lim\limits_{x\to\infty}\dfrac{3x^3-4x+1}{6x^2+2x-5}$.

解：仍然是$\dfrac{\infty}{\infty}$型未定式，与例 16、例 17 不同，本例子分子的最高次幂次数大于分母的最高次幂，若先用最高次幂 x^3 同除分子及分母，分母的极限是 0，仍然不能运用商的极限运算法则. 所以先求 $\lim\limits_{x\to\infty}\dfrac{6x^2+2x-5}{3x^3-4x+1}$，类似于例 17，

$$\lim_{x\to\infty}\frac{6x^2+2x-5}{3x^3-4x+1}=\lim_{x\to\infty}\frac{\dfrac{6}{x}+\dfrac{2}{x^2}-\dfrac{5}{x^3}}{3-\dfrac{4}{x^2}+\dfrac{1}{x^3}}=\frac{0+0-0}{3-0+0}=0$$

根据无穷大与无穷小的关系得 $\lim\limits_{x\to\infty}\dfrac{3x^3-4x+1}{6x^2+2x-5}=\infty$.

上述三个函数，当自变量趋于无穷大时，其分子、分母都趋于无穷大，这类极限称为“$\dfrac{\infty}{\infty}$”型极限，对于它们不能直接运用商式的运算法则，而应采用分子与分母同除以自变量 x 的最高次的方法，从而得到极限 $\lim\limits_{x\to x_0}f(x)$ 的值.有时候将这种计算极限的方法称为“除最高次幂法”.

一般地，当 $a_0\neq0$，$b_0\neq0$，m 和 n 为非负整数时，有

$$\lim_{x\to\infty}\frac{a_0x^m+a_1x^{m-1}+\cdots+a_m}{b_0x^n+b_1x^{n-1}+\cdots+b_n}=\begin{cases}\infty & m>n\\ \dfrac{a_0}{b_0} & m=n\\ 0 & m<n\end{cases}$$

此结果可作为公式使用，但要注意只适用于 $x\to+\infty$、$x\to-\infty$ 和 $x\to\infty$ 的情形.

注：无穷小与无穷大的概念及其相互关系将在 2.4.1 节详细讨论，鉴于求极限运算的系统性，读者可预习并了解有关概念.

2.3 两个重要极限

2.3.1 第一个重要极限 $\lim\limits_{x\to0}\dfrac{\sin x}{x}=1$

函数 $\dfrac{\sin x}{x}$ 在 $x=0$ 处没有定义，当 $x\to0$ 时，列出函数的数值见表 2-1.

表 2-1

x/弧度	±1.00	±0.100	±0.010	±0.001	…
$\dfrac{\sin x}{x}$	0.84147098	0.99833417	0.99998334	0.99999984	…

另外作出函数的图形，如图 2-15 所示.

由表 2-1 和图 2-15 可以看出，当 $x \to 0$ 时，函数 $\dfrac{\sin x}{x}$ 的值无限趋近于1，即

$$\lim_{x\to 0}\frac{\sin x}{x}=1$$

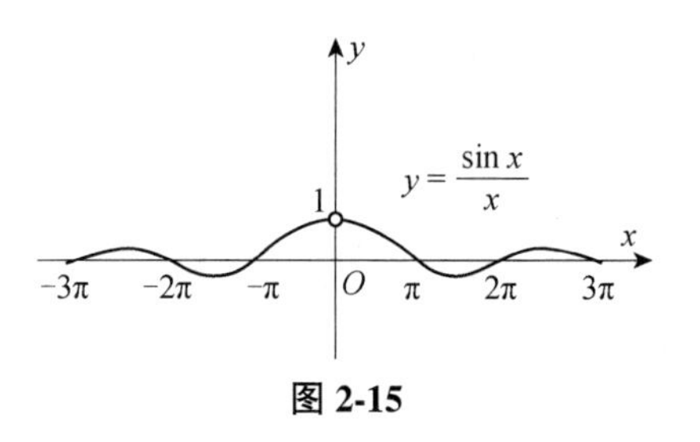

图 2-15

我们称之为第一个重要极限，显然属于 $\dfrac{0}{0}$ 型未定式，利用这个重要极限，可以求出与之相关的一类极限，做如下变形：

当 $\lim \varphi(x)=0$ 时，有 $\lim\limits_{\varphi(x)\to 0}\dfrac{\sin[\varphi(x)]}{\varphi(x)}=1$.

此极限的特点是，在自变量的变化趋势下，分子和分母中一个是无穷小，一个是无穷小的正弦值，它们比值的极限为 1.

例 19 下列各式是否成立？

（1）$\lim\limits_{x\to 0}\dfrac{\sin 3x}{3x}=1$；（2）$\lim\limits_{x\to 0}\dfrac{2x}{\sin 2x}=1$；（3）$\lim\limits_{x\to \infty}\dfrac{\sin x}{x}=1$.

解：（1）成立；（2）成立；（3）不成立.

例 20 计算 $\lim\limits_{x\to 0}\dfrac{\sin 3x}{2x}$.

解： $\lim\limits_{x\to 0}\dfrac{\sin 3x}{2x}=\dfrac{3}{2}\lim\limits_{x\to 0}\dfrac{\sin 3x}{3x}=\dfrac{3}{2}$.

例 21 计算 $\lim\limits_{x\to 0}\dfrac{\tan x}{x}$.

解： $\lim\limits_{x\to 0}\dfrac{\tan x}{x}=\lim\limits_{x\to 0}\left(\dfrac{\sin x}{x}\cdot\dfrac{1}{\cos x}\right)=\lim\limits_{x\to 0}\dfrac{\sin x}{x}\cdot\lim\limits_{x\to 0}\dfrac{1}{\cos x}=1$.

例 22 计算 $\lim\limits_{x\to 0}\dfrac{\sin 5x}{\sin 3x}$.

解： $\lim\limits_{x\to 0}\dfrac{\sin 5x}{\sin 3x}=\lim\limits_{x\to 0}\left(\dfrac{\sin 5x}{\sin 3x}\cdot\dfrac{3x}{5x}\cdot\dfrac{5}{3}\right)=\dfrac{5}{3}\lim\limits_{5x\to 0}\dfrac{\sin 5x}{5x}\cdot\lim\limits_{3x\to 0}\dfrac{3x}{\sin 3x}=\dfrac{5}{3}$.

例 23 计算 $\lim\limits_{x\to 0}\dfrac{1-\cos x}{x^2}$.

解： $\lim\limits_{x\to 0}\dfrac{1-\cos x}{x^2}=\lim\limits_{x\to 0}\dfrac{2\sin^2\dfrac{x}{2}}{x^2}=\dfrac{1}{2}\lim\limits_{x\to 0}\dfrac{\sin^2\dfrac{x}{2}}{\left(\dfrac{x}{2}\right)^2}=\dfrac{1}{2}\lim\limits_{\frac{x}{2}\to 0}\left(\dfrac{\sin\dfrac{x}{2}}{\dfrac{x}{2}}\right)^2=\dfrac{1}{2}\times 1=\dfrac{1}{2}$.

例 24 计算 $\lim\limits_{x\to\infty}x\sin\dfrac{1}{x}$.

解： $\lim\limits_{x\to\infty}x\sin\dfrac{1}{x}=\lim\limits_{x\to\infty}\dfrac{\sin\dfrac{1}{x}}{\dfrac{1}{x}}=\lim\limits_{\frac{1}{x}\to 0}\dfrac{\sin\dfrac{1}{x}}{\dfrac{1}{x}}=1$.

2.3.2 第二个重要极限 $\lim\limits_{x\to+\infty}\left(1+\dfrac{1}{x}\right)^x=\mathrm{e}$

我们通过观察表 2-2 和图 2-16，考察 $x\to+\infty$ 和 $x\to-\infty$ 时，函数 $\left(1+\dfrac{1}{x}\right)^x$ 的值的变化趋势.

表 2-2

x	-10	-10^2	-10^3	-10^4	-10^5	-10^6	$\cdots\to-\infty$
$\left(1+\dfrac{1}{x}\right)^x$	2.86797	2.73199	2.71964	2.71842	2.71829	2.71828	$\cdots\to\mathrm{e}$
x	10	10^2	10^3	10^4	10^5	10^6	$\cdots\to+\infty$
$\left(1+\dfrac{1}{x}\right)^x$	2.59374	2.70481	2.71692	2.71815	2.71826	2.81828	$\cdots\to\mathrm{e}$

可以证明，当 $x\to+\infty$ 或 $x\to-\infty$ 时，函数 $\left(1+\dfrac{1}{x}\right)^x$ 的值都无限趋近于一个确定的常数，这个常数是无理数 2.718281828459045，就是自然对数的底数，记作 e，即

$$\lim_{x\to\infty}\left(1+\frac{1}{x}\right)^x=\mathrm{e}$$

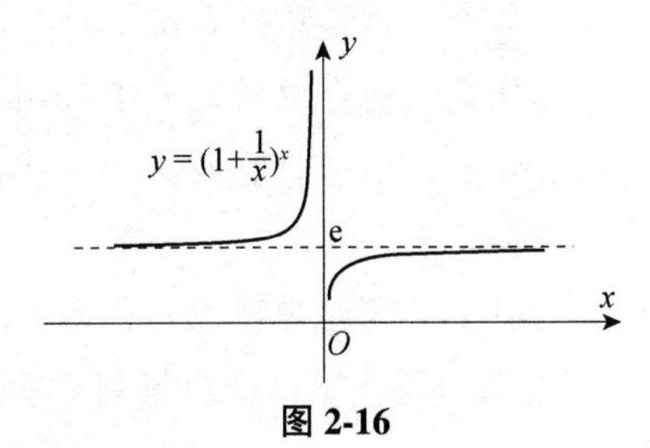

图 2-16

我们称之为第二个重要极限.

在上式中，若设 $z=\dfrac{1}{x}$，则当 $x\to\infty$ 时，$z\to0$，于是又有

$$\lim_{z\to0}(1+z)^{\frac{1}{z}}=\mathrm{e}$$

显然都属于 $(1+0)^\infty$ 型未定式.

例 25 下列各式是否成立？

（1）$\lim\limits_{x\to\infty}\left(1+\dfrac{3}{x}\right)^x=\mathrm{e}$；（2）$\lim\limits_{x\to\infty}\left(1-\dfrac{1}{x}\right)^x=\mathrm{e}$；

（3）$\lim\limits_{x\to0}\left(1+\dfrac{1}{x}\right)^x=\mathrm{e}$；（4）$\lim\limits_{x\to0}(1+\tan x)^{\cot x}=\mathrm{e}$.

解：（1）不成立；（2）不成立；（3）不成立；（4）成立.

例 26 计算 $\lim\limits_{x\to\infty}\left(1+\dfrac{3}{x}\right)^x$.

解： $\lim\limits_{x\to\infty}\left(1+\dfrac{3}{x}\right)^x=\lim\limits_{x\to\infty}\left(1+\dfrac{3}{x}\right)^{\frac{x}{3}\times3}=\lim\limits_{x\to\infty}\left[\left(1+\dfrac{3}{x}\right)^{\frac{x}{3}}\right]^3=\mathrm{e}^3$.

例 27 计算$\lim\limits_{x\to 0}(1-2x)^{\frac{1}{x}}$.

解：$\lim\limits_{x\to 0}(1-2x)^{\frac{1}{x}}=\lim\limits_{x\to 0}[1+(-2x)]^{\frac{1}{x}}=\lim\limits_{-2x\to 0}[1+(-2x)]^{\frac{1}{-2x}\times(-2)}=\mathrm{e}^{-2}$.

例 28 计算$\lim\limits_{x\to\infty}\left(\dfrac{x}{1+x}\right)^x$.

解：$\lim\limits_{x\to\infty}\left(\dfrac{x}{1+x}\right)^x=\lim\limits_{x\to\infty}\left[\dfrac{\frac{x}{x}}{1+\frac{1}{x}}\right]^x=\dfrac{1}{\lim\limits_{x\to\infty}\left(1+\dfrac{1}{x}\right)^x}=\dfrac{1}{\mathrm{e}}$.

例 29 设某人以本金a_0元进行一项投资，投资的年利率为r，求n年后的资金总额.

解：如果以年为单位计算复利（即每年计息一次，并把利息加入下年的本金，重复计息）.

1 年后，资金总额为$a_0+a_0\cdot r=a_0(1+r)$；

2 年后，资金总额为$a_0(1+r)+a_0(1+r)\cdot r=a_0(1+r)^2$；

3 年后，资金总额为$a_0(1+r)^2+a_0(1+r)^2\cdot r=a_0(1+r)^3$；

……

n年后，资金总额为$a_0(1+r)^n$.

而若以月为单位计算复利（即每月计息一次，并把利息加入下月的本金，重复计息），则每期利率为$\dfrac{r}{12}$，一年计息 12 次，n年共计息$12n$次，n年后，资金总额为$a_0\left(1+\dfrac{r}{12}\right)^{12n}$.

而若以天为单位计算复利，则每期利率为$\dfrac{r}{365}$，一年计息 365 次，n年共计息$365n$次，n年后，资金总额为$a_0\left(1+\dfrac{r}{365}\right)^{365n}$.

一般地，设每年结算m次，则每个结算周期的利率为$\dfrac{r}{m}$，n年后资金总额为$a_0\cdot\left(1+\dfrac{r}{m}\right)^{m\cdot n}$.

当m越来越大时，结算周期变得越来越小，相同本金对应的终值也会增加，但增长的速度会越来越慢，当m无限增大即$m\to\infty$时，

$$\lim_{m\to\infty}a_0\cdot\left(1+\frac{r}{m}\right)^{m\cdot n}=\lim_{m\to\infty}a_0\cdot\left(1+\frac{r}{m}\right)^{\frac{m}{r}\cdot rn}=a_0\cdot\left[\lim_{m\to\infty}\left(1+\frac{r}{m}\right)^{\frac{m}{r}}\right]^{rn}=a_0\cdot\mathrm{e}^{rn}.$$

这种每时每刻计算复利的方式叫作连续复利，从上式可知它并不会无限增长，其中 e 在金融界被称为银行家常数. 理由是：假设你有 1 元钱，若存入银行的年利率是

10%，10 年后的本利和恰巧为 e，即 $A=a_0\mathrm{e}^{rn}=1\times\mathrm{e}^{0.1\times10}=\mathrm{e}$.

例 30 某人用 50 万元投资，设年利率为 4%，试分别按单利、年计复利、月计复利、日计复利和连续复利计算，15 年后他应得的本利和分别是多少？

解：本金 $a_0=50$，年利率为 $r=4\%$，存期年数为 $n=15$.

（1）按单利计算，

$$A=50+50\times4\%\times15=80\text{ 万元}$$

（2）按年计复利计算，

$$A=50(1+4\%)^{15}\approx90.047175\text{ 万元}$$

（3）按月计复利计算，

$$A=50\left(1+\frac{4\%}{12}\right)^{12\times15}\approx91.015081\text{ 万元}$$

（4）按日计复利计算，

$$A=50\left(1+\frac{4\%}{365}\right)^{365\times15}\approx91.102945\text{ 万元}$$

（5）按连续复利计算，

$$A=50\times\mathrm{e}^{4\%\times15}\approx91.105940\text{ 万元}$$

2.4 无穷大和无穷小

2.4.1 无穷大和无穷小的定义和性质

1. 无穷小

引例 7 一个篮球从距地面 2m 高处自由下落，受地心引力及空气阻力作用，每次触地后篮球又反弹到前次高度的 $\frac{2}{3}$ 处，这样一直运动下去，篮球最终会停止在地面上，这说明，随着反弹次数 n 的无限增大，反弹高度的值越来越小且趋于零.

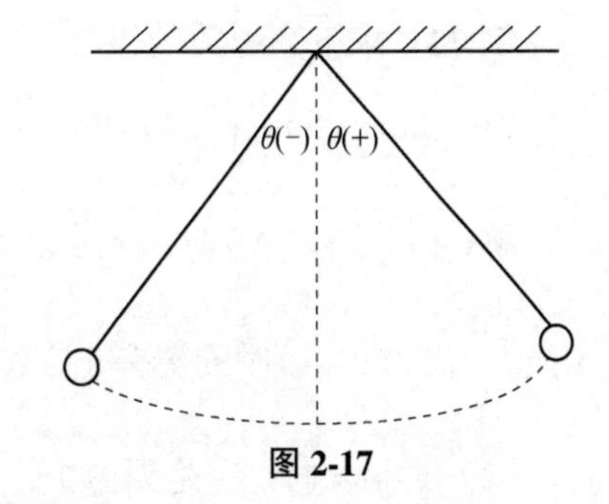

图 2-17

引例 8 在单摆实验中，由于空气阻力的影响，单摆的偏角 θ 虽然时正时负，如图 2-17 所示，但随着时间的延长，$|\theta|$ 越来越小，如果“时间 t 足够长”，$|\theta|$ 将变至 0. 即

$$\lim_{t\to+\infty}\theta(t)=0$$

定义 4 若函数 $f(x)$ 在自变量 x 的某个变化过程中以零为极限，则称在该变化过程中 $f(x)$ 为无穷小量，简称无穷小.

我们经常用希腊字母 α、β、γ 等来表示无穷小.

要注意无穷小是极限为 0 的变量，不要把绝对值很小的非零常数误认为是无穷小；常数 0 是唯一可作为无穷小的常量.

例 31 指出自变量 x 在怎样的变化过程中，下列函数为无穷小.

（1）$y=\frac{1}{x-2}$；（2）$y=3x+2$；（3）$y=3^x$.

解：（1）因为 $\lim\limits_{x\to\infty}\frac{1}{x-2}=0$，所以当 $x\to\infty$ 时，$\frac{1}{x-2}$ 是无穷小.

（2）因为 $\lim\limits_{x\to-\frac{2}{3}}(3x+2)=0$，所以当 $x\to-\frac{2}{3}$ 时，$3x+2$ 是无穷小.

（3）因为 $\lim\limits_{x\to-\infty}3^x=0$，所以当 $x\to-\infty$ 时，3^x 是无穷小.

定理 1（无穷小与函数极限的关系） 在自变量 x 的某一个变化过程中，函数 $f(x)$ 具有极限 A 的充要条件是 $f(x)=A+\alpha$，其中 α 是自变量 x 在同一变化过程中的无穷小. 即

$$\lim f(x)=A \Leftrightarrow f(x)=A+\alpha(x) \text{ 且 } \lim\alpha(x)=0.$$

2. 无穷小的性质

通俗地讲，无穷小就是极限为零的函数（或变量），它具有以下性质.

性质 1 有限个无穷小的和仍然是无穷小.

性质 2 有限个无穷小的乘积仍是无穷小.

性质 3 常数与无穷小的乘积仍然是无穷小.

例如，当 $x\to0$ 时，函数 x 和 $\sin x$ 都是无穷小，于是有 $\lim\limits_{x\to0}(x+\sin x)=0$，$\lim\limits_{x\to0}(x\cdot\sin x)=0$. 要注意性质中的“有限个”三字很重要，如当 $n\to\infty$ 时，$\frac{1}{n}$ 是无穷小，但 n 个 $\frac{1}{n}$ 相加，即 $\frac{1}{n}+\frac{1}{n}+\cdots+\frac{1}{n}$，当 $n\to\infty$ 时其极限为 1，不是无穷小了.

性质 4 无穷小与有界函数的乘积仍然是无穷小.

例 32 求下列函数的极限.

（1）$\lim\limits_{x\to0}x\cdot\sin\frac{1}{x}$；（2）$\lim\limits_{x\to\infty}\frac{\arctan x}{x}$.

解：（1）当 $x\to0$ 时，x 是无穷小，又因为 $\left|\sin\frac{1}{x}\right|\leqslant1$，即 $\sin\frac{1}{x}$ 为有界函数，所以 $x\cdot\sin\frac{1}{x}$ 仍为 $x\to0$ 时的无穷小，即 $\lim\limits_{x\to0}x\cdot\sin\frac{1}{x}=0$（见图 2-18）.

（2）$x\to\infty$ 时，$\frac{1}{x}$ 是无穷小，又因为 $|\arctan x|<\frac{\pi}{2}$，即 $\arctan x$ 为有界函数，所以 $\frac{\arctan x}{x}$ 仍为 $x\to\infty$ 时的无穷小，即 $\lim\limits_{x\to\infty}\frac{\arctan x}{x}=0$（见图 2-19）.

3. 无穷大

定义 5 在自变量 x 的某个变化过程中，若函数 $f(x)$ 的绝对值无限增大，则称在

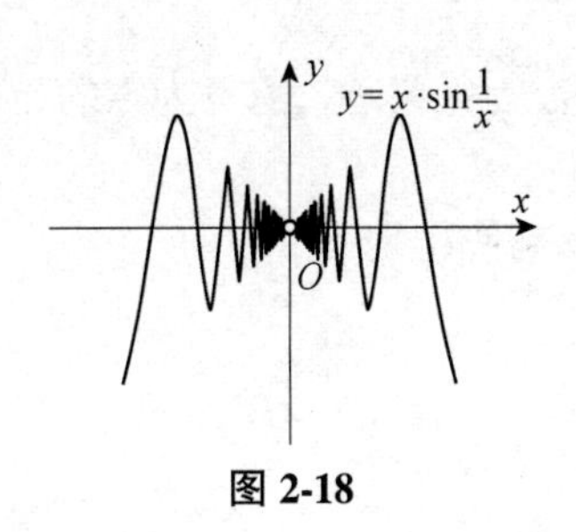

图 2-18

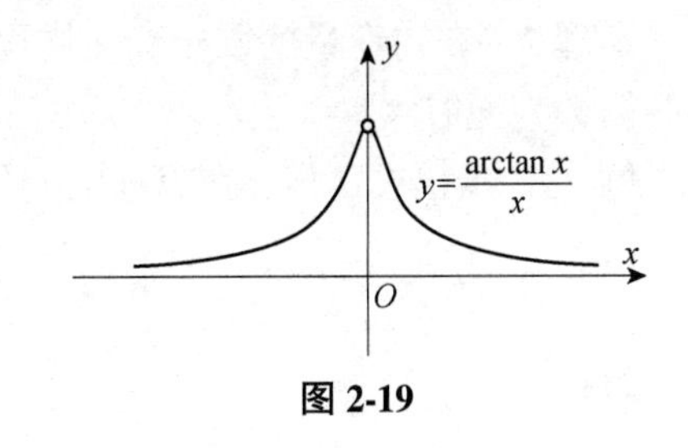

图 2-19

该变化过程中 $f(x)$ 为无穷大量，简称无穷大.

当 $x\to x_0$ 时，$f(x)$ 为无穷大量，记作 $\lim\limits_{x\to x_0}f(x)=\infty$；当 $x\to\infty$ 时，$f(x)$ 为无穷大量，记作 $\lim\limits_{x\to\infty}f(x)=\infty$.

例如，当 $x\to\frac{\pi}{2}$ 时，$y=\tan x$ 的绝对值无限增大，所以 $y=\tan x$ 是 $x\to\frac{\pi}{2}$ 时的无穷大，记作 $\lim\limits_{x\to\frac{\pi}{2}}\tan x=\infty$. 再如当 $x\to\infty$ 时，$y=x^3$ 的绝对值无限增大，所以 $y=x^3$ 是 $x\to\infty$ 时的无穷大，记作 $\lim\limits_{x\to\infty}x^3=\infty$.

有时无穷大量具有确定的符号.若在 x 的某种变化趋势下，$f(x)$ 恒正地无限增大，或者恒负的绝对值无限增大，则称 $f(x)$ 为在这种变化趋势下的正无穷大或者负无穷大.

例如，当 $x\to 0^+$ 时，$\frac{1}{x}$ 总是取正值无限增大，可记作 $\lim\limits_{x\to 0^+}\frac{1}{x}=+\infty$；而当 $x\to 0^-$ 时，$\frac{1}{x}$ 总是取负值而绝对值无限增大，可记作 $\lim\limits_{x\to 0^-}\frac{1}{x}=-\infty$

注意：无穷大是极限不存在的一种情形，这里借用极限的记号，并不表示极限存在.同时要正确区分无穷小与负无穷大，并且不要把绝对值很大的常数看成无穷大.

4. 无穷小与无穷大的关系

观察函数 $y=x^2$ 与 $y=\frac{1}{x^2}$ 的图像（见图 2-20）可知，当 $x\to 0$ 时，x^2 是无穷小量，而 $\frac{1}{x^2}$ 是无穷大量；当 $x\to\infty$ 时，x^2 是无穷大量，而 $\frac{1}{x^2}$ 是无穷小量，这说明无穷小量和无穷大量存在倒数关系.

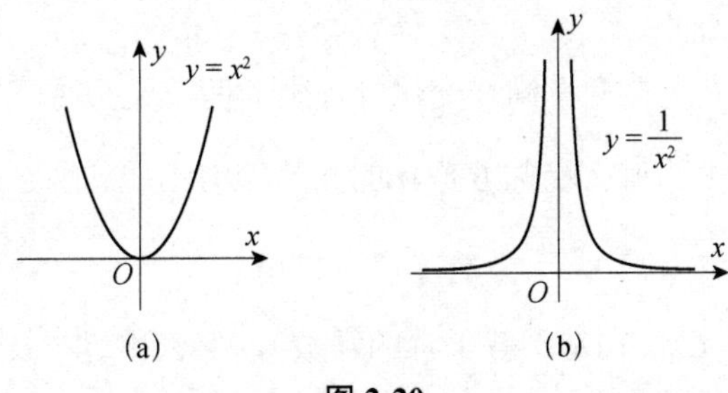

图 2-20

定理 2 在自变量的同一变化过程中，无穷大的倒数为无穷小，恒不为零的无穷小的倒数为无穷大.

例 33 指出自变量x在怎样的变化过程中，下列函数为无穷大.

（1）$y=\dfrac{1}{x-2}$；（2）$y=\ln x$；（3）$y=2^{\frac{1}{x}}$.

解：

（1）因为$\lim\limits_{x\to 2}(x-2)=0$，所以当$x\to 2$时，$\dfrac{1}{x-2}$是无穷大.

（2）因为$\lim\limits_{x\to 0^+}\ln x=-\infty$，$\lim\limits_{x\to +\infty}\ln x=+\infty$，所以当$x\to 0^+$及$x\to +\infty$时，$\ln x$是无穷大.

（3）因为$\lim\limits_{x\to 0^+}\dfrac{1}{x}=+\infty$，所以$\lim\limits_{x\to 0^+}2^{\frac{1}{x}}=+\infty$，故当$x\to 0^+$时，$2^{\frac{1}{x}}$是无穷大.

例 34 计算$\lim\limits_{x\to 1}\dfrac{4x-1}{x^2+2x-3}$.

解：因为$\lim\limits_{x\to 1}(x^2+2x-3)=0$，$\lim\limits_{x\to 1}(4x-1)=3\neq 0$.

$$\lim_{x\to 1}\frac{x^2+2x-3}{4x-1}=\frac{0}{3}=0$$

根据无穷大与无穷小的关系得

$$\lim_{x\to 1}\frac{4x-1}{x^2+2x-3}=\infty$$

2.4.2 无穷小的比较

1. 无穷小的比较

根据无穷小的性质，在同一变化过程中的两个无穷小的和、差及乘积仍为无穷小，但它们的商却会出现不同的情况. 例如，当$x\to 0$时，x、$3x$、x^2、$\sin x$都是无穷小，但$\lim\limits_{x\to 0}\dfrac{x^2}{3x}=0$、$\lim\limits_{x\to 0}\dfrac{3x}{x^2}=\infty$、$\lim\limits_{x\to 0}\dfrac{3x}{x}=3$、$\lim\limits_{x\to 0}\dfrac{\sin x}{x}=1$. 上述不同情况的出现，是因为不同的无穷小趋向于零的快慢程度的差异所致. 就上面例子来说，在$x\to 0$的过程中，$x^2\to 0$比$3x\to 0$要快些，反过来$3x\to 0$比$x^2\to 0$要慢些. $\sin x\to 0$与$3x\to 0$的快慢相仿，为了比较在同一变化过程中两个无穷小趋于零的快慢程度，我们用无穷小的阶来描述.

定义 6 设α、β是自变量同一变化过程中的两个无穷小.

（1）如果$\lim\dfrac{\beta}{\alpha}=0$，那么就称$\beta$是$\alpha$的高阶无穷小，记作$\beta=o(\alpha)$，同时也称$\alpha$是$\beta$的低阶无穷小；

（2）如果$\lim\dfrac{\beta}{\alpha}=C$（$C$是不等于零的常数），那么称$\beta$与$\alpha$是同阶无穷小.

特别地，$C=1$时，称β与α是等价无穷小，记作$\alpha\sim\beta$.

由定义知，当$x\to 0$时，x^2是$3x$的高阶无穷小，$3x$和x是同阶无穷小，而$\sin x$与x是等价无穷小，记作$\sin x\sim x$.

例 35 当$x\to 0$时，判断两个无穷小$\sqrt{1+x}-1$与$\dfrac{x}{2}$的关系

分析：要比较两个无穷小，需要求它们商的极限，也就是计算一个“$\dfrac{0}{0}$”型未定式，为了约去零因子，需要先进行分子有理化.

解：$$\lim_{x\to 0}\frac{\sqrt{1+x}-1}{\dfrac{x}{2}}=\lim_{x\to 0}\frac{(\sqrt{1+x}-1)(\sqrt{1+x}+1)}{\dfrac{x}{2}\cdot(\sqrt{1+x}+1)}=\lim_{x\to 0}\frac{x}{\dfrac{x}{2}\cdot(\sqrt{1+x}+1)}$$
$$=\lim_{x\to 0}\frac{2}{\sqrt{1+x}+1}=1$$

当$x\to 0$时，$\sqrt{1+x}-1$与$\dfrac{x}{2}$是等价无穷小，记作$\sqrt{1+x}-1\sim\dfrac{x}{2}$.

2. 等价无穷小的替换

定理 3 设α、β、α'、β'是自变量同一变化过程中的无穷小，且$\alpha\sim\alpha'$、$\beta\sim\beta'$，如果$\lim\dfrac{\alpha'}{\beta'}$存在，则$\lim\dfrac{\alpha}{\beta}$也存在，且$\lim\dfrac{\alpha'}{\beta'}=\lim\dfrac{\alpha}{\beta}$.

定理 3 表明：求两个无穷小之比的极限时，分子与分母都可以用等价无穷小来替换，从而简化计算. 常用的当$x\to 0$时的等阶无穷小有$\sin x\sim x$、$\tan x\sim x$、$\arcsin x\sim x$、$\arctan x\sim x$、$\ln(1+x)\sim x$、$e^x-1\sim x$、$1-\cos x\sim\dfrac{x^2}{2}$、$\sqrt{1+x}-1\sim\dfrac{x}{2}$.

例 36 计算$\lim\limits_{x\to 0}\dfrac{\sin 4x}{\tan 3x}$.

解：当$x\to 0$时，$\sin 4x\sim 4x$，$\tan 3x\sim 3x$，
$$\lim_{x\to 0}\frac{\sin 4x}{\tan 3x}=\lim_{x\to 0}\frac{4x}{3x}=\frac{4}{3}$$

例 37 计算$\lim\limits_{x\to 0}\dfrac{1-\cos x}{x\sin x}$.

解：当$x\to 0$时，$1-\cos x\sim\dfrac{x^2}{2}$，$\sin x\sim x$，
$$\lim_{x\to 0}\frac{1-\cos x}{x\sin x}=\lim_{x\to 0}\frac{\dfrac{x^2}{2}}{x\cdot x}=\frac{1}{2}$$

例 38 计算$\lim\limits_{x\to\frac{\pi}{2}}\dfrac{\ln(1+\cos x)}{\dfrac{\pi}{2}-x}$.

解：当$x\to\dfrac{\pi}{2}$时，$\cos x\to 0$，$\ln(1+\cos x)\sim\cos x$，

$$\lim_{x\to\frac{\pi}{2}}\frac{\ln(1+\cos x)}{\frac{\pi}{2}-x}=\lim_{x\to\frac{\pi}{2}}\frac{\cos x}{\frac{\pi}{2}-x}=\lim_{x\to\frac{\pi}{2}}\frac{\sin\left(\frac{\pi}{2}-x\right)}{\frac{\pi}{2}-x}=1$$

例 39 计算 $\lim\limits_{x\to0}\frac{\tan x-\sin x}{\sin^3 2x}$.

解：当 $x\to0$ 时，$\tan x\sim x$，$1-\cos x\sim\frac{x^2}{2}$，$\sin 2x\sim 2x$，

$$\lim_{x\to0}\frac{\tan x-\sin x}{\sin^3 2x}=\lim_{x\to0}\frac{\tan x(1-\cos x)}{(\sin 2x)^3}=\lim_{x\to0}\frac{x\cdot\frac{x^2}{2}}{(2x)^3}=\frac{1}{16}$$

2.5 函数的连续性

2.5.1 连续函数的概念

引例 9 一天中气温是逐渐变化的，当时间改变很小时，气温的变化也很小；当时间改变量趋近于零时，气温的变化量也会趋近于零.这反映了气温连续变化的特征，下面先引入增量的概念.

1. 函数的增量

定义 7 若变量 u 从初值 u_1 变到终值 u_2，终值与初值之差 u_2-u_1 叫作变量 u 的增量，记作 Δu，即 $\Delta u=u_2-u_1$.

Δu 可正、可负，当 $\Delta u>0$ 时，变量 u 是增加的；当 $\Delta u<0$ 时，变量 u 是减小的.要注意增量符号 Δu 是不可分割的整体.

如图 2-21 所示，设假定函数 $y=f(x)$ 在点 x_0 及其左右近旁有定义. 当自变量 x 从 x_0 变到 $x_0+\Delta x$ 时，函数 y 相应由 $f(x_0)$ 变到 $f(x_0+\Delta x)$，因此相应的函数的增量为 $\Delta y=f(x_0+\Delta x)-f(x_0)$.

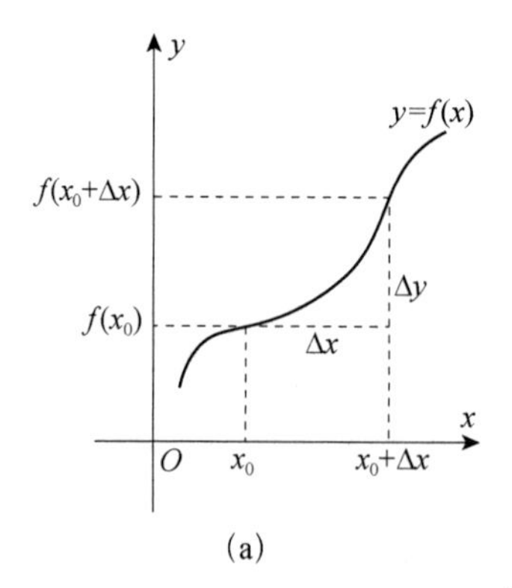

(a)

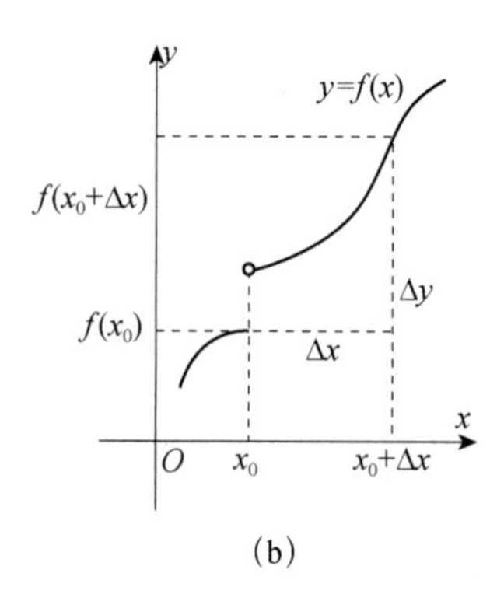

(b)

图 2-21

例 40 设 $y=f(x)=2x^2+1$，求符合下列条件的自变量的增量 Δx 和函数的增量 Δy.

（1）当 x 由 1 变到 1.5；

（2）当 x 由 1 变到 0.5；

（3）当 x 由 1 变到 $1+\Delta x$.

解：（1） $\Delta x=1.5-1=0.5$， $\Delta y=f(1.5)-f(1)=5.5-3=2.5$；

（2） $\Delta x=0.5-1=-0.5$， $\Delta y=f(0.5)-f(1)=1.5-3=-1.5$；

（3） $\Delta x=(1+\Delta x)-1=\Delta x$，

$$\Delta y=f(1+\Delta x)-f(1)=[2(1+\Delta x)^2+1]-3=4\Delta x+2(\Delta x)^2.$$

2. 函数连续的定义

我们从函数图像来考察在给定点 x_0 处函数的变化情况.如果一个函数是连续变化的，它的图像应该是一条没有间断的曲线，如图 2-21（a）所示；如果函数是不连续的，其图像在给定点处间断了，如图 2-21（b）所示.

从图 2-21（1）可以看出，函数 $y=f(x)$ 的图像在该点处没有间断，当 x 在该点处的改变量 Δx 趋近于零时，函数值在该点处相应的改变量 Δy 也趋近于零，于是有下面的定义.

定义 8 设函数 $y=f(x)$ 在点 x_0 及其左右近旁有定义，如果当自变量 x 在点 x_0 处的增量 Δx 趋近于零时，相应的函数增量 Δy 也趋近于零，即

$$\lim_{\Delta x\to 0}\Delta y=\lim_{\Delta x\to 0}[f(x_0+\Delta x)-f(x_0)]=0,$$

则称函数 $y=f(x)$ 在点 $f(x)$ 处连续，点 x_0 是函数 $y=f(x)$ 的连续点.

例 41 证明函数 $y=3x^2-1$ 在点 $x=1$ 处连续.

证明：函数 $y=3x^2-1$ 在点 $x=1$ 及其左右近旁有定义.设自变量在点 $x=1$ 处有增量 Δx，则相应的函数的增量为

$$\Delta y=[3(1+\Delta x)^2-1]-(3\times 1^2-1)=6\Delta x+3(\Delta x)^2.$$

因为 $\lim\limits_{\Delta x\to 0}\Delta y=\lim\limits_{\Delta x\to 0}[6\Delta x+3(\Delta x)^2]=0$，所以根据定义 8，可知函数 $y=3x^2-1$ 在点 $x=1$ 连续.

在定义 8 中，若设 $x=x_0+\Delta x$，且 $\Delta x\to 0$，即 $x\to x_0$；

又因为 $\Delta y=f(x_0+\Delta x)-f(x_0)=f(x)-f(x_0)$，即 $f(x)=f(x_0)+\Delta y$，可见 $\Delta y\to 0$，就是 $f(x)\to f(x_0)$，所以定义 8 与 $\lim\limits_{x\to x_0}f(x)=f(x_0)$ 等价，由此可以对函数 $y=f(x)$ 在点 x_0 处连续作如下定义.

定义 9 设函数 $y=f(x)$ 在点 x_0 及其左右近旁有定义，如果函数 $f(x)$ 当 $x\to x_0$ 时的极限存在，且等于它在 x_0 处的函数值 $f(x_0)$，即

$$\lim_{x\to x_0}f(x)=f(x_0),$$

则称函数 $y=f(x)$ 在点 x_0 连续.

根据定义 9，函数 $f(x)$ 在点 x_0 处连续，必须满足以下三个条件：

（1）函数 $f(x)$ 在点 x_0 处有定义；

（2）$\lim\limits_{x \to x_0} f(x)$ 存在；

（3）$\lim\limits_{x \to x_0} f(x) = f(x_0)$.

上述三条中有一条不满足，函数 $f(x)$ 在 x_0 处不连续.

例 42 讨论函数 $f(x)=\begin{cases} \dfrac{\sin x}{x} & x \neq 0 \\ 0 & x=0 \end{cases}$，在 $x=0$ 处的连续性.

解： $f(x)$ 在 $x=0$ 的左右近旁有定义且 $f(0)=0$，

$$\lim_{x \to 0} f(x) = \lim_{x \to 0} \frac{\sin x}{x} = 1，\quad \lim_{x \to 0} f(x) \neq f(0)，$$

因此函数 $f(x)$ 在 $x=0$ 处不连续.

3. 单侧连续的定义

设函数 $y=f(x)$ 在点 x_0 处及其左（或右）近旁有定义，如果 $f(x_0^-)=\lim\limits_{x \to x_0^-} f(x)=f(x_0)$，则称 $f(x)$ 在点 x_0 左连续；如果 $f(x_0^+)=\lim\limits_{x \to x_0^+} f(x)=f(x_0)$，则称 $f(x)$ 在点 x_0 右连续.

很显然，有以下结论

$y=f(x)$ 在点 x_0 处连续的充分必要条件是 $y=f(x)$ 在点 x_0 处既左连续又右连续.

例 43 讨论函数 $f(x)=\begin{cases} x+2 & x \geqslant 0 \\ x-2 & x<0 \end{cases}$，在 $x=0$ 处的连续性.

解： $f(x)$ 在 $x=0$ 的左右近旁有定义且 $f(0)=2$，

$$\lim_{x \to 0^+} f(x) = \lim_{x \to 0^+}(x+2) = 2 = f(0) \qquad \lim_{x \to 0^-} f(x) = \lim_{x \to 0^-}(x-2) = -2 \neq f(0)$$

函数在 $x=0$ 处右连续但不左连续，因此函数 $f(x)$ 在 $x=0$ 处不连续.

4. 函数在区间上的连续性

如果函数 $y=f(x)$ 在区间 (a,b) 内的每一点都连续，则称 $y=f(x)$ 在区间 (a,b) 内连续，或者说 $y=f(x)$ 是 (a,b) 内的连续函数.

如果函数在开区间 (a,b) 内连续，且在左端点 a 处右连续，在右端点 b 处左连续，则称函数 $y=f(x)$ 在闭区间 $[a,b]$ 上连续.

若函数 $y=f(x)$ 在它定义域内的每一点都连续，则称 $y=f(x)$ 为连续函数.连续函数的图形是一条连续不断的曲线.

由基本初等函数的定义及图形可得，基本初等函数在其定义域内都是连续的.

2.5.2 初等函数的连续性

1. 连续函数的四则运算性质

根据函数极限的四则运算法则和函数连续的定义，容易得到连续函数的四则运算性质.

定理 4 若函数 $f(x)$、$g(x)$ 在点 x_0 处连续，则 $f(x)\pm g(x)$、$f(x)\cdot g(x)$、$\dfrac{f(x)}{g(x)}$ $[g(x)\neq 0]$ 也在点 x_0 处连续.

也就是说，连续函数经过四则运算后得到的函数是连续函数.

2. 复合函数的连续性

定理 5 设函数 $u=g(x)$ 在点 x_0 处连续，$u_0=g(x_0)$、$y=f(u)$ 在 u_0 处连续，则复合函数 $y=f[g(x)]$ 在点 x_0 处连续，即 $\lim\limits_{x\to x_0}f[g(x)]=f[\lim\limits_{x\to x_0}g(x)]=f[g(x_0)]$.

3. 初等函数的连续性

由基本初等函数的连续性、连续的四则运算法则及复合函数的连续性可得如下定理.

定理 6 一切初等函数在其定义区间内都是连续的.

因此，初等函数的连续区间就是其定义区间，初等函数在其定义区间内某点处的极限就是其在该点处的函数值.

例 44 求函数 $y=\lg\dfrac{1}{2-x}+\sqrt{x+3}$ 的连续区间.

解：由 $\begin{cases}\dfrac{1}{2-x}>0\\ x+3\geqslant 0\end{cases}$ 解得 $\begin{cases}x<2\\ x\geqslant -3\end{cases}$，即 $-3\leqslant x<2$.

所以，函数 $y=\lg\dfrac{1}{2-x}+\sqrt{x+3}$ 的连续区间为 $[-3,\ 2)$.

例 45 计算 $\lim\limits_{x\to 1}\dfrac{x^2+\cos(x^2-1)}{\mathrm{e}^{-x}(2x-1)}$.

解：因为 $f(x)=\dfrac{x^2+\cos(x^2-1)}{\mathrm{e}^{-x}(2x-1)}$ 是初等函数，并且它的定义区间为 $\left(-\infty,\dfrac{1}{2}\right)\cup\left(\dfrac{1}{2},+\infty\right)$，而 $1\in\left(\dfrac{1}{2},+\infty\right)$，所以

$$\lim_{x\to 1}\frac{x^2+\cos(x^2-1)}{\mathrm{e}^{-x}(2x-1)}=\frac{1^2+\cos(1^2-1)}{\mathrm{e}^{-1}(2\times 1-1)}=\frac{2}{\mathrm{e}^{-1}}=2\mathrm{e}.$$

例 46 计算 $\lim\limits_{x\to 0}\dfrac{\ln(1+x)}{x}$.

解：因为 $\lim\limits_{x\to 0}(1+x)^{\frac{1}{x}}=\mathrm{e}$，且 $y=\ln u$ 在点 $u=\mathrm{e}$ 连续，则由复合函数的连续性有

$$\lim_{x\to 0}\frac{\ln(1+x)}{x}=\lim_{x\to 0}\frac{1}{x}\cdot\ln(1+x)=\lim_{x\to 0}\ln(1+x)^{\frac{1}{x}}=\ln\lim_{x\to 0}(1+x)^{\frac{1}{x}}=\ln\mathrm{e}=1.$$

2.5.3 函数间断的概念

1. 间断点的概念

定义 10 函数 $y=f(x)$ 在点 x_0 处不连续称，则称点 x_0 为函数的一个间断点.

由函数在某点连续的定义可知，如果函数 $f(x)$ 在点 x_0 处有下列三种情况之一，则点 x_0 是函数 $f(x)$ 的一个间断点.

（1）在点 x_0 处没有定义；

（2）虽然在点 x_0 处有定义，但是 $\lim\limits_{x \to x_0} f(x)$ 不存在；

（3）虽然在点 x_0 处有定义，且 $\lim\limits_{x \to x_0} f(x)$ 存在，但是 $\lim\limits_{x \to x_0} f(x) \neq f(x_0)$.

2. 间断点的分类

根据函数在间断点附近的变化特性，将间断点分为以下两种类型.

若 x_0 是函数 $f(x)$ 的间断点，且 $f(x)$ 在点 x_0 处的左、右极限都存在，则称点 x_0 为 $f(x)$ 的第一类间断点. 在第一类间断点中，左、右极限都相等的称为可去间断点，不相等的称为跳跃间断点.

若 x_0 是函数 $f(x)$ 的间断点，且 $f(x)$ 在点 x_0 处的左、右极限至少有一个不存在，则称点 x_0 为 $f(x)$ 的第二类间断点. 在第二类间断点中，函数趋向于无穷则称为无穷间断点，函数出现振荡则称为振荡间断点.

例 47 求下列函数的间断点，并判断其类型.

（1）$f(x)=\begin{cases} x-1 & x<0 \\ 0 & x=0 \\ x+1 & x>0 \end{cases}$；（2）$f(x)=\dfrac{x^3-1}{x-1}$；（3）$f(x)=\dfrac{1}{x-1}$；（4）$f(x)=\sin\dfrac{1}{x}$.

解：（1）$\lim\limits_{x \to 0^-} f(x)=\lim\limits_{x \to 0^-}(x-1)=-1$ $\qquad$ $\lim\limits_{x \to 0^+} f(x)=\lim\limits_{x \to 0^+}(x+1)=1$

因为 $\lim\limits_{x \to 0^-} f(x) \neq \lim\limits_{x \to 0^+} f(x)$，所以 $x=0$ 是第一类间断点中的跳跃间断点（见图 2-22（a））.

（2）函数 $f(x)=\dfrac{x^3-1}{x-1}$ 在点 $x=1$ 处没有定义，故 $x=1$ 是函数的间断点（见图 2-22（b））.

$$\lim_{x \to 1} f(x)=\lim_{x \to 1}\frac{x^3-1}{x-1}=\lim_{x \to 1}(x^2+x+1)=3$$

函数 $f(x)$ 在 $x=1$ 处的极限存在，故函数在 $x=1$ 处的左、右极限相等. 所以 $x=1$ 是第一类间断点中的可去间断点，只要在 $x=1$ 处补充定义，即令 $f(1)=3$，就可以使函数 $f(x)$ 在点 $x=1$ 处连续.

（3）函数 $f(x)=\dfrac{1}{x-1}$ 在点 $x=1$ 处没有定义，故 $x=1$ 是函数的间断点（见图 2-22（c））. 且 $\lim\limits_{x \to 1}\dfrac{1}{x-1}=\infty$，所以 $x=1$ 是第二类间断点中的无穷间断点.

（4）函数 $f(x)=\sin\dfrac{1}{x}$ 在点 $x=0$ 处没有定义，故 $x=0$ 是函数的间断点（见图 2-22（d））. 且 $x \to 0$ 时，函数 $f(x)$ 的值在−1 和 1 之间振荡，所以 $x=0$ 是第二类间断点中的振荡间断点.

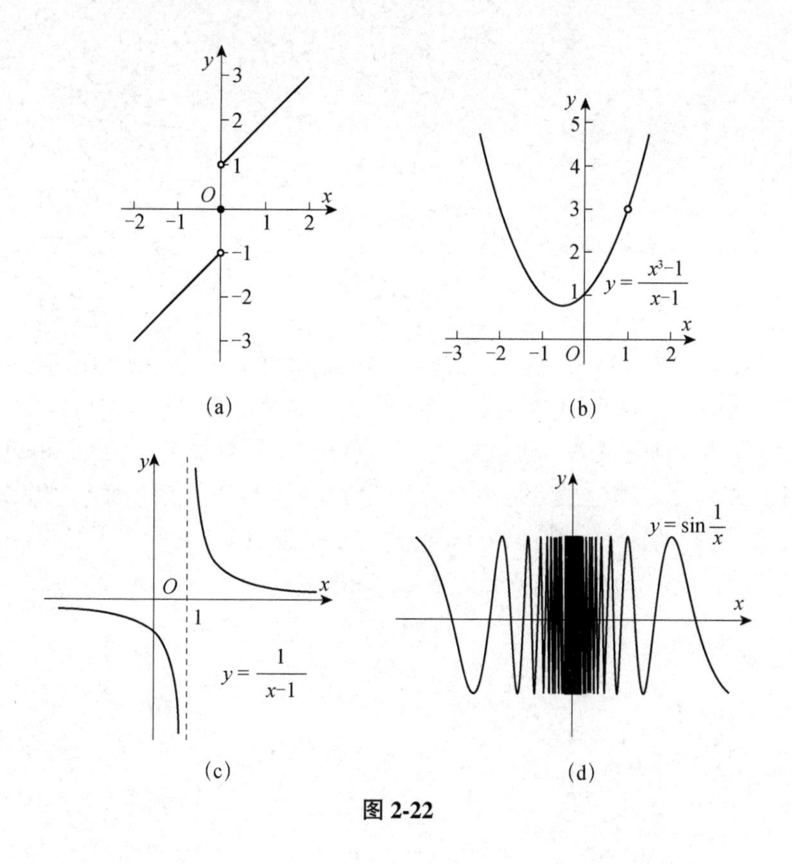

图 2-22

2.5.4 连续的性质

闭区间上连续函数具有一些重要的性质，这些性质在理论和实践中都有着广泛的应用.

定理 7（最值定理） 在闭区间上连续的函数在该区间上一定能取得它的最大值和最小值.

定理 7 的结论可从几何图像上直观地看出，如图 2-23 所示，闭区间$[a,b]$上的连续函数的图像是包括两端点的一条不间断的曲线，至少有一点$\xi_1(a \leqslant \xi_1 \leqslant b)$，使得$f(\xi_1)=m$为最小值，即$m=f(\xi_1) \leqslant f(x)\ (a \leqslant x \leqslant b)$；又至少有一点$\xi_2(a \leqslant \xi_2 \leqslant b)$，使得$f(\xi_2)=M$为最大值，即$M=f(\xi_1) \geqslant f(x)\ (a \leqslant x \leqslant b)$，函数在该区间上是有界的.

要注意，定理 7 中的“闭区间”和“连续”的条件不同时具备时，结论可能不成立. 如函数$y=\tan x$在开区间$\left(-\dfrac{\pi}{2},\dfrac{\pi}{2}\right)$内连续，但它是无界的，且既无最大值也无最小值.

又如函数$f(x)=\begin{cases} x+1 & 0 \leqslant x < 1 \\ 1 & x=1 \\ x-1 & 1 < x \leqslant 2 \end{cases}$，其图像如图 2-24 所示，在闭区间$[0,2]$上有间断点$x=1$，所以函数在该区间上既无最大值也无最小值.

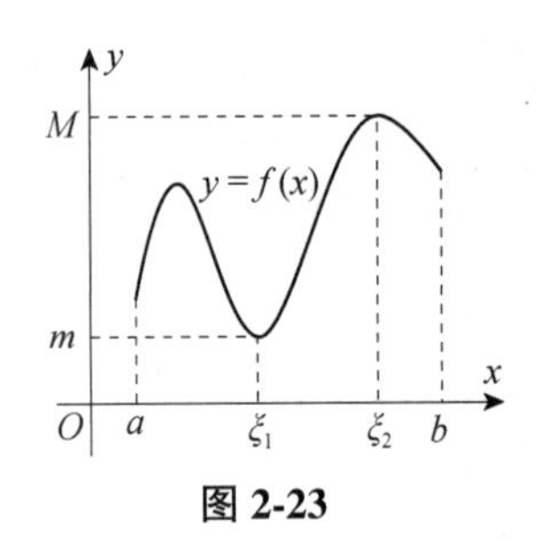

图 2-23

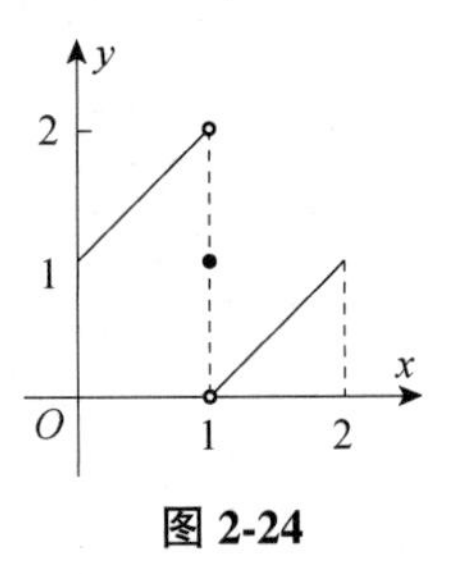

图 2-24

定理 8（介值定理） 若函数 $f(x)$ 在闭区间 $[a,b]$ 上连续，且 $f(a)\neq f(b)$，则对介于 $f(a)$ 与 $f(b)$ 之间的任何实数 c，至少存在一点 $\xi\in(a,b)$，使 $f(\xi)=c$.

介值定理的几何意义是，连续曲线 $y=f(x)$ 与水平直线 $y=c$ 至少相交一点.

如图 2-25 所示，结论显然是正确的.因为 $f(x)$ 从 $f(a)$ 连续地变化到 $f(b)$ 的过程中必然经过 c 值，此图中连续曲线 $y=f(x)$ 与水平直线 $y=c$ 相交于三点，其横坐标分别为 ξ_1、ξ_2、ξ_3，即存在三点 ξ_1、ξ_2、ξ_3 使得 $f(\xi_1)=f(\xi_2)=f(\xi_3)=c$.

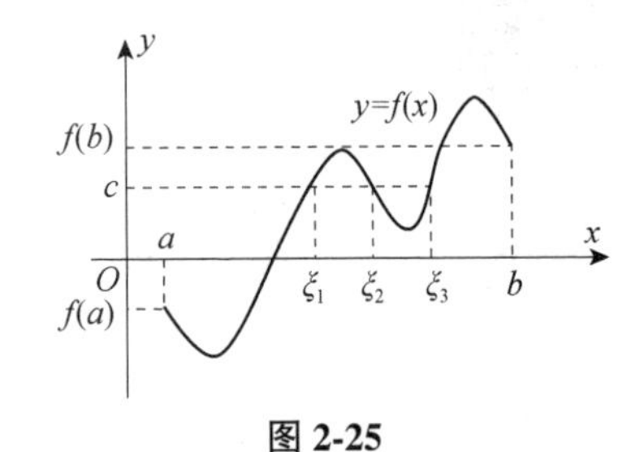

图 2-25

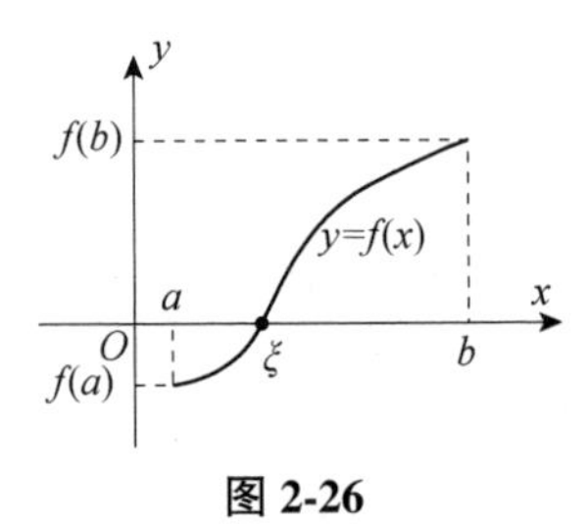

图 2-26

定理 9（零点定理） 若函数 $f(x)$ 在闭区间 $[a,b]$ 上连续，且 $f(a)$ 与 $f(b)$ 异号，则至少存在一点 $\xi\in(a,b)$，使 $f(\xi)=0$.

如图 2-26 所示，$f(a)<0$，$f(b)>0$，连续曲线 $y=f(x)$ 的两个端点位于 x 轴的两侧，那么与 x 轴至少有一个交点 ξ，即 $f(\xi)=0$，表明 ξ 是方程 $f(x)=0$ 的根，常用此定理判定方程的根所在的范围.

例 48 证明方程 $x^4-4x+2=0$ 在区间 $(1,2)$ 内至少有一实根.

证明： 因为函数 $f(x)=x^4-4x+2$ 在闭区间 $[1,2]$ 上连续，且在两端点的函数值异号，即

$$f(1)=-1<0，\quad f(2)=10>0.$$

故由零点定理可知，在区间 $(1,2)$ 内至少存在一点 ξ，使 $f(\xi)=0$，即

$$\xi^4-4\xi+2=0.$$

所以方程 $x^4-4x+2=0$ 在区间 $(1,2)$ 内至少有一个实根.

综合训练 2

1. 观察如下数列$\{a_n\}$一般项a_n的变化趋势，写出它们的极限.

（1）$a_n=\dfrac{1}{3^n}$；（2）$a_n=(-1)^n\dfrac{1}{n}$；（3）$a_n=3-\dfrac{1}{n}$；（4）$a_n=\dfrac{n-1}{n+1}$；（5）$y=n-\dfrac{1}{n}$.

2. 利用图像分析函数的变化趋势，判断极限是否存在，若存在则求出极限.

（1）$\lim\limits_{x\to\infty}\dfrac{1}{x-1}$；（2）$\lim\limits_{x\to\infty}\dfrac{x-1}{x}$；（3）$\lim\limits_{x\to\infty}\sin x$；（4）$\lim\limits_{x\to\infty}\left(2+\dfrac{1}{x^2}\right)$；

（5）$\lim\limits_{x\to+\infty}\left(\dfrac{1}{4}\right)^x$；（6）$\lim\limits_{x\to+\infty}\dfrac{1}{\sqrt{x}}$；（7）$\lim\limits_{x\to-\infty}\operatorname{arccot} x$.

3. 如图 2-27 所示的函数$f(x)$，求下列极限，若极限不存在，说明理由.

（1）$\lim\limits_{x\to-2}f(x)$；（2）$\lim\limits_{x\to-1}f(x)$；（3）$\lim\limits_{x\to0}f(x)$；（4）$\lim\limits_{x\to1}f(x)$；（5）$\lim\limits_{x\to2}f(x)$.

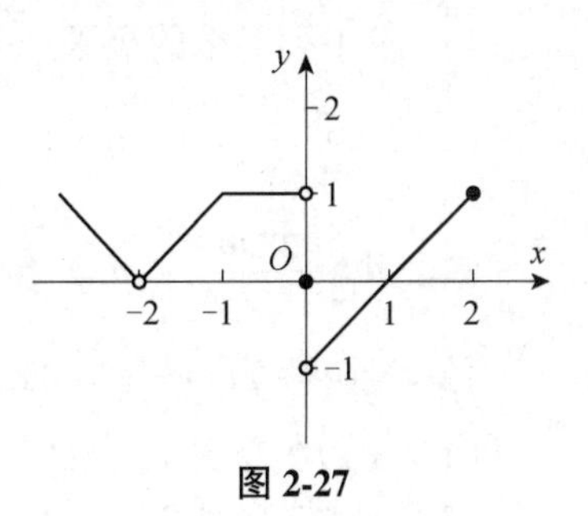

图 2-27

4. 设$f(x)=\begin{cases}x^2 & x\leqslant1\\ \ln x & x>1\end{cases}$，求当$x\to1$时$f(x)$的左、右极限，并求当$x\to1$时的极限.

5. 设$f(x)=\begin{cases}x^2-2x+4 & x\leqslant1\\ 2x & 1<x<2\\ 3x-2 & x\geqslant2\end{cases}$，求$\lim\limits_{x\to0}f(x)$、$\lim\limits_{x\to1}f(x)$、$\lim\limits_{x\to2}f(x)$、$\lim\limits_{x\to3}f(x)$.

6. 若函数$f(x)=\begin{cases}x^2+2 & x>2\\ a-x & x\leqslant2\end{cases}$，当$x\to2$时的极限存在，求$a$的值.

7. 求下列函数的极限.

（1）$\lim\limits_{x\to2}(x^2-3x+2)$；（2）$\lim\limits_{x\to-1}\dfrac{5x+1}{x^2+1}$；（3）$\lim\limits_{x\to-4}\dfrac{x^2-16}{x^2-5x+4}$；

（4）$\lim\limits_{x\to-\infty}(\arctan x-\mathrm{e}^x)$；（5）$\lim\limits_{x\to\frac{\pi}{4}}\dfrac{\tan x+1}{x-\pi}$；（6）$\lim\limits_{x\to0}[\sin x-\cos x+\ln(x+1)]$.

8. 求下列函数的极限.

（1）$\lim\limits_{x\to0}\dfrac{x^3-x}{2x^2+x}$；（2）$\lim\limits_{x\to1}\dfrac{x^3-1}{x^2-1}$；（3）$\lim\limits_{h\to0}\dfrac{(x+h)^2-x^2}{h}$；

（4）$\lim\limits_{x\to\infty}\dfrac{3x^3+4x^2-5}{7x^3-2x^2+x}$；（5）$\lim\limits_{x\to\infty}\dfrac{4x^2+3}{5x^3-x^2-2x}$；（6）$\lim\limits_{x\to\infty}\dfrac{6x^3-2x^2+x}{2x^2+x-5}$.

9. 求下列函数的极限.

（1）$\lim\limits_{x\to0}\dfrac{\sin 3x}{x}$；（2）$\lim\limits_{x\to0}\dfrac{\sin 5x}{\sin 2x}$；（3）$\lim\limits_{x\to0}\dfrac{\tan 4x}{x}$；

（4）$\lim\limits_{x\to\infty}\left(1+\dfrac{2}{x}\right)^{3x}$；（5）$\lim\limits_{x\to\infty}\left(1-\dfrac{1}{x}\right)^{2x}$；（6）$\lim\limits_{x\to 0}(1-2x)^{\frac{1}{x}}$.

10. 当$x\to 0$时，下列函数中哪些是无穷小？哪些是无穷大？

（1）$y=\sin x$；（2）$y=\ln(x+1)$；（3）$y=\tan\left(x+\dfrac{\pi}{2}\right)$；（4）$y=1+\ln x^2$；

（5）$y=\mathrm{e}^{\frac{1}{x^2}}$；（6）$y=\arctan x$；（7）$y=x\sin\dfrac{1}{x}$；（8）$y=\dfrac{\sin x}{1+\cos x}$.

11. 下列各式在自变量如何变化时是无穷小？如何变化时是无穷大？

（1）$\sin\dfrac{1}{x}$；（2）$\dfrac{x-1}{x+1}$；（3）e^x；（4）$\ln x$；（5）$x\sin\dfrac{1}{x}$；

（6）$\arccos x$；（7）$(x^2+x)\sin\dfrac{1}{x}$；（8）$\left(\dfrac{1}{2}\right)^x$.

12. 求下列函数的极限.

（1）$\lim\limits_{x\to-\infty}\left(\dfrac{1}{x^2}+\mathrm{e}^x\right)$；（2）$\lim\limits_{x\to\infty}\dfrac{\cos x}{x}$；（3）$\lim\limits_{x\to 0}x\arcsin x$；

（4）$\lim\limits_{x\to\infty}\dfrac{\arctan x}{x}$；（5）$\lim\limits_{x\to 3}\dfrac{2x^2+3}{x-3}$；（6）$\lim\limits_{x\to 2}\dfrac{x^2+x-6}{(x-2)^2}$.

13. 设函数$f(x)=x^2-3x+2$，求下列条件下函数的增量$2+\Delta x$.

（1）x由2变到3；（2）x由2变到1；

（3）x由2变到$2+\Delta x$；（4）x由x_0变到$x_0+\Delta x$.

14. 设函数$f(x)=\begin{cases}x-1 & x\leqslant 0\\ x^2 & x>0\end{cases}$，

（1）讨论$f(x)$在点$x=1$及$x=-1$处的连续性；

（2）$f(x)$在点$x=0$处是否有定义？$\lim\limits_{x\to 0}f(x)$是否存在？函数在点$x=0$处是否连续？

15. 设函数$f(x)=\begin{cases}x & 0\leqslant x<1\\ -x^2+4x-2 & 1\leqslant x<3\\ 2-x & x\geqslant 3\end{cases}$，试讨论函数在点$x=1$及$x=3$处的连续性.

16. 求下列函数的间断点，并判断其类型.

（1）$y=\dfrac{1}{(x+2)^2}$；（2）$y=\dfrac{x}{\sin x}$；（3）$y=x\cos\dfrac{1}{x}$；

（4）$y=\dfrac{x^2-25}{x-5}$；（5）$f(x)=\begin{cases}x^2+1 & x<1\\ 3-x & x>1\end{cases}$；

（6）$f(x)=\begin{cases}3x-1 & x\leqslant 1\\ 2+4x & x>1\end{cases}$.

思政聚焦

中华民族历史悠远，而中国古代数学更是有着辉煌的成就，在简陋的条件下，面对困难，科学家意志坚定，百折不挠，这种精神值得我们学习！

【数学家小故事】——刘徽

刘徽（约公元 225 年—295 年），汉族，山东邹平县人，魏晋时期伟大的数学家，中国古典数学理论的奠基人之一. 他的杰作《九章算术注》和《海岛算经》，是宝贵的数学遗产.

中国古代最早的圆周率出现在《九章算术》里，一般采用周三径一的圆周率，这是很不精确的. 刘徽在《九章算术注》中指出，周三径一的数据实际是圆内接正六边形周长和直径的比值，不是圆周与直径的比值. 最早明确给出圆周率估计值的人是张衡（公元 78—公元 139），他计算出 π 的值近似等于 $\sqrt{10}\approx 3.1623$. 刘徽认为张衡给出的近似值偏大，一直努力钻研着. 一次，刘徽看到石匠在加工石头，觉得很有趣就仔细观察了起来. “哇！原本一块方石，经石匠师傅凿去四角，就变成了八角形的石头. 再去八个角，又变成了十六边形.” 一斧一斧地凿下去，一块方形石料就被加工成了一根光滑的圆柱. 谁会想到，在一般人看来非常普通的事情，却触发了刘徽智慧的火花. 他想：“石匠加工石料的方法，可不可以用在圆周率的研究上呢?” 于是，刘徽采用这个方法，把圆逐渐分割下去，一试果然有效. 于是发明了亘古未有的“割圆术”. 用刘徽的话说就是“割之弥细，所失弥少，割之又割，以至于不可割，则与圆合体而无所失矣”. 为了使圆的面积在数值上等于圆周率，从而简化运算，刘徽选择半径为 1.1 尺作圆，再作圆的内接正六边形，然后逐渐倍增边数，依次计算出内接正六边形、正十二边形乃至正一百九十二边形的面积. 得到的圆周率在 3.141024 和 3.142704 之间，并建议近似值用分数 157/50=3.14 来表示，精确到了小数点后两位，历史上称为徽率. 刘徽的这种只计算内接正多边形的方法，与阿基米德同时利用内接与外切正多边形的方法不同，但他提出了一种使用两次勾股定理就能通过正 N 边形的边长，计算出正 $2N$ 边形边长的方法，这使得他仅通过五次计算，就能从正六边形的边长求出正一百九十二边形的边长. 在之后的研究中，他利用晋武库里珍藏的王莽时代制造的铜制体积度量衡标准器皿（新莽嘉量斛）的直径和容积直接测量检验，发现 3.14 这个值偏小. 后来，他又发明了一种更加快捷的方法（捷法），只借助 96 边形就能得到和 1536 边形同等精度的 π 值. 而后，他又计算出圆内接正 3072 边形的面积，从而得到更精确的圆周率近似值 $\pi \approx 3927/1250$（3.1416）. 刘徽提出的计算圆周率的科学方法，奠定了此后千余年来中国圆周率计算在世界上的领先地位.

单元 3 导数与微分

1. 教学目的

1）知识目标

★ 理解导数的概念及意义，体会数学在解决瞬时变化率问题上的思想和方法.

★ 掌握导数的四则运算法则，会根据基本求导公式和运算法则进行计算，掌握复合函数的求导法则.

★ 理解高阶导数的概念及意义，掌握高阶导数的求导方法.

★ 理解并掌握由隐函数、参数方程所确定的函数的求导方法，了解对数求导法.

★ 了解微分的定义，理解一阶微分形式的不变性，掌握微分的运算法则和近似计算.

2）素质目标

★ 通过了解导数概念的形成，培养具体到抽象、特殊到一般的思维方式与方法；通过对导数概念的应用，领悟数学思想的魅力，提高数学素养.

★ 通过导数的计算，体会计算有法则、社会有法规、没有规矩不成方圆的含义，增强规则意识、诚信意识和纪律观念，自觉置身于规矩之下，遵规守纪.

★ 通过对导数案例的学习，建立实际问题的模型，具有理性分析和解决数学问题，对实际情况进行数学模式的量化和简化的能力，以及将数学思想扩展到其他领域的能力，培养实事求是、尊重客观规律的品质和勇于探索的开拓精神.

2. 教学内容

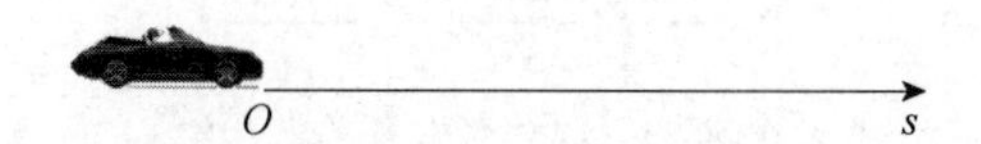

★ 导数的定义，导数的意义，函数的可导性与连续性的关系；

★ 导数的基本公式、四则运算法则；

★ 复合函数的求导法则；

★ 高阶导数的概念、求法及意义；

★ 由隐函数、参数方程所确定的函数的求导方法，对数的求导法；

★ 微分的定义、计算、实际意义及应用.

3. 数学词汇

① 导数—derivative，切线—tangent，连续—continuity；

② 线性—linear，复合函数—compound function；

③ 高阶导数—Higher derivative；

④ 隐函数—Implicit function，参数方程—Parametric equation；

⑤ 微分—differentiate.

3.1 导数的概念

3.1.1 导数的定义

1. 函数在一点处的导数

案例 1 一辆汽车在一条笔直平坦的公路上变速行驶，如何研究这辆汽车在某一时刻的速度？

我们知道物体做匀速直线运动时，它的运动速度等于物体运动所经过的路程与所花的时间之比，这个比值是一个常数. 实际生活中汽车在行驶过程中往往是变速运动的，或者不会长时间一直保持匀速运动. 汽车在变速运动中不同的时间间隔内，它所经过的路程与所用的时间的比值是不同的，即运动的快慢程度是不同的. 要想精确地反映出汽车在任意时刻的运动快慢，需要探究它在运动过程中任意时刻的速度，即瞬时速度. 下面将具体讨论变速直线运动中的汽车在某一时刻 t_0 的瞬时速度.

设一辆汽车做变速直线运动，在$[0,t]$时间内它所经过的路程为 s，则路程 s 是时间 t 的函数，记为 $s=s(t)$. 这个函数反映了运动中物体的位置，因此称为位置函数. 求这辆汽车在时刻 t_0 的瞬时速度 $v(t_0)$.

首先考虑汽车从时刻 t_0 到 $t_0+\Delta t$ 这段时间间隔内路程从 $s(t_0)$ 变到 $s(t_0+\Delta t)$，其改变量为

$$\Delta s=s(t_0+\Delta t)-s(t_0)$$

在 t_0 到 $t_0+\Delta t$ 这段时间间隔内的平均速度用 $\bar{v}$ 表示，则

$$\bar{v}=\frac{\Delta s}{\Delta t}=\frac{s(t_0+\Delta t)-s(t_0)}{\Delta t}$$

一般地，物体的运动状态的变化是逐渐发生的，当 Δt 取得很小时，在时间间隔 Δt 内物体运动的平均速度 $\bar{v}$ 可以近似地反映物体在 t_0 时刻的瞬时速度，而且 Δt 越小，这个近似值的精确程度就越高. 于是，当 $\Delta t\to 0$ 时，$\bar{v}$ 就无限地接近于物体在 t_0 时刻的瞬时速度，即

$$v(t_0)=\lim_{\Delta t\to 0}\bar{v}=\lim_{\Delta t\to 0}\frac{\Delta s}{\Delta t}=\lim_{\Delta t\to 0}\frac{s(t_0+\Delta t)-s(t_0)}{\Delta t} \tag{3-1}$$

为公路上行驶的汽车在时刻 t_0 的瞬时速度.

这说明物体运动的瞬时速度就是位置函数增量 Δs 和时间增量 Δt 的比值在时间增量 Δt 趋于零时的极限.

案例2　已知流过导体的电流i等于单位时间内通过该导体横截面的电量. 若通过导体横截面的电量（单位：C）与时间t（单位：s）的关系为$q=q(t)$，则导体在t_0时刻的瞬时电流有着怎样的数学表示呢？

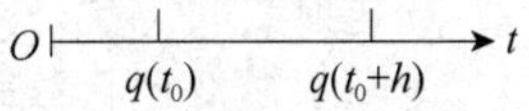

图 3-1

如图 3-1 所示，考虑t_0秒至t_0+h秒时段，通过导体横截面的电量为$q(t_0+h)-q(t_0)$（C），所用时间为h（s），其平均电流为

$$\bar{i}=\frac{q(t_0+h)-q(t_0)}{(t_0+h)-t_0}\text{（A）}$$

其中，1C/s=1A. 当$h\to 0$时，这个平均电流应无限地接近于t_0时刻的瞬时电流，故

$$i(t_0)=\lim_{h\to 0}\frac{q(t_0+h)-q(t_0)}{h}\text{（A）}\tag{3-2}$$

案例 1 和案例 2 虽然是两个不同问题，其中s和q具有不同的实际意义，但式（3-1）和式（3-2）却有着相同的数学表示——隶属同一类型的极限. 将$s=s(t)$和$q=q(t)$用一般的数学函数$y=f(x)$代替，便引出了导数的概念.

定义1　设函数$y=f(x)$在点x_0的某个邻域内有定义，当自变量在点x_0处取得增量Δx（点$x_0+\Delta x$仍然在这个邻域内）时，相应地，函数取得增量

$$\Delta y=f(x_0+\Delta x)-f(x_0).$$

如果当$\Delta x\to 0$时，比值$\frac{\Delta y}{\Delta x}$的极限存在，那么称函数$y=f(x)$在点$x_0$处可导，并称这个极限值为函数$y=f(x)$在点$x_0$处的导数，记作$f'(x_0)$，即

$$f'(x_0)=\lim_{\Delta x\to 0}\frac{\Delta y}{\Delta x}=\lim_{\Delta x\to 0}\frac{f(x_0+\Delta x)-f(x_0)}{\Delta x},\tag{3-3}$$

也可以记作$y'|_{x=x_0}$，$\left.\frac{\mathrm{d}y}{\mathrm{d}x}\right|_{x=x_0}$，或$\left.\frac{\mathrm{d}f(x)}{\mathrm{d}x}\right|_{x=x_0}$.

如果当$\Delta x\to 0$时，比值$\frac{\Delta y}{\Delta x}$的极限不存在，那么称函数$y=f(x)$在点$x_0$处不可导.

函数$y=f(x)$在点x_0处可导也可以说成$f(x)$在点x_0处具有导数或导数存在.导数的定义式也可以表示为

$$f'(x_0)=\lim_{x\to x_0}\frac{f(x)-f(x_0)}{x-x_0}$$

或

$$f'(x_0)=\lim_{h\to 0}\frac{f(x_0+h)-f(x_0)}{h}.$$

其中，h就是定义式中的自变量的增量Δx.

导数概念是函数变化率概念的精确描述，它抛开了自变量和因变量所代表的几何或物理等方面的特殊意义，纯粹从数量方面刻画出了函数的本质：函数增量与自变量增量之比$\frac{\Delta y}{\Delta x}$是函数$y$在以$x_0$和$x_0+\Delta x$为端点的区间上的平均变化率. 导数$y'|_{x=x_0}$是函数$y=f(x)$在点$x_0$处的变化率，它反映了函数随自变量变化的快慢程度.

根据导数的定义，上述两个实际案例可以叙述如下.

案例 1 做变速直线运动的物体在时刻 t_0 的瞬时速度，就是位置函数 $s=s(t)$ 在 t_0 处对时间 t 的导数，即

$$v(t_0)=s'(t_0)=\left.\frac{\mathrm{d}s}{\mathrm{d}t}\right|_{t=t_0}.$$

案例 2 导体在 t_0 时刻的瞬时电流，就是电量函数 $q=q(t)$ 在 t_0 处对时间 t 的导数，即

$$i(t_0)=q'(t_0)=\left.\frac{\mathrm{d}q}{\mathrm{d}t}\right|_{t=t_0}.$$

2. 导函数及求导举例

定义 2 如果函数 $y=f(x)$ 在区间 (a,b) 内的每一点处都可导，则称函数 $y=f(x)$ 在区间 (a,b) 内可导. 这时，对于区间 (a,b) 内的每一个确定的值 x，都对应着唯一确定的函数值 $f'(x)$，这样就确定了一个新的函数，这个新函数叫作函数 $y=f(x)$ 的导函数，记作 $f'(x)$，或 y'、$\frac{\mathrm{d}y}{\mathrm{d}x}$、$\frac{\mathrm{d}f(x)}{\mathrm{d}x}$. 导函数通常简称为导数.

把函数 $y=f(x)$ 在点 x_0 处的导数定义式中的 x_0 换成 x，即得导函数的定义式：

$$f'(x)=\lim_{\Delta x\to 0}\frac{f(x+\Delta x)-f(x)}{\Delta x}$$

或

$$f'(x)=\lim_{h\to 0}\frac{f(x+h)-f(x)}{h}.$$

容易知道，函数 $y=f(x)$ 在点 x_0 处的导数 $f'(x_0)$ 就是导函数 $f'(x)$ 在点 $x=x_0$ 函数值，即

$$f'(x_0)=f'(x)\big|_{x=x_0}.$$

根据导数的定义，可以求简单函数的导数.

例 1 求函数 $f(x)=C$（C 是常数）的导数.

解：$f'(x)=\lim\limits_{\Delta x\to 0}\frac{f(x+\Delta x)-f(x)}{\Delta x}=\lim\limits_{\Delta x\to 0}\frac{C-C}{\Delta x}=0$，即 $(C)'=0$.

例 2 求函数 $f(x)=x^2$ 的导数，及其在 $x=1$ 处的导数.

解：$f'(x)=\lim\limits_{h\to 0}\frac{f(x+h)-f(x)}{h}=\lim\limits_{h\to 0}\frac{(x+h)^2-x^2}{h}=\lim\limits_{h\to 0}(2x+h)=2x$.

在 $x=1$ 处的导数为 $f'(x)\big|_{x=1}=f'(1)=2$.

3. 单侧导数

根据导数的定义，我们知道函数 $y=f(x)$ 在点 x_0 处的导数实质是一个极限，$x\to x_0$ 的方式是任意的.

定义 3

(1) 如果 x 从点 x_0 的左侧趋于 x_0，即当 $\Delta x\to 0^-$ 或 $x\to x_0^-$ 时的极限

$$\lim_{\Delta x \to 0^-} \frac{\Delta y}{\Delta x} = \lim_{\Delta x \to 0^-} \frac{f(x_0 + \Delta x) - f(x_0)}{\Delta x}$$

存在，则称这个极限为函数 $f(x)$ 在点 x_0 处的左导数，记作 $f'_-(x_0)$，即

$$f'_-(x_0) = \lim_{\Delta x \to 0^-} \frac{f(x_0 + \Delta x) - f(x_0)}{\Delta x} = \lim_{x \to x_0^-} \frac{f(x) - f(x_0)}{x - x_0}.$$

（2）如果 x 从点 x_0 的右侧趋于 x_0，即当 $\Delta x \to 0^+$ 或 $x \to x_0^+$ 时的极限

$$\lim_{\Delta x \to 0^+} \frac{\Delta y}{\Delta x} = \lim_{\Delta x \to 0^+} \frac{f(x_0 + \Delta x) - f(x_0)}{\Delta x}$$

存在，则称这个极限为函数 $f(x)$ 在点 x_0 处的右导数，记作 $f'_+(x_0)$，即

$$f'_+(x_0) = \lim_{\Delta x \to 0^+} \frac{f(x_0 + \Delta x) - f(x_0)}{\Delta x} = \lim_{x \to x_0^+} \frac{f(x) - f(x_0)}{x - x_0}.$$

由极限 $\lim\limits_{x \to x_0} f(x)$ 存在的充分必要条件是左极限 $\lim\limits_{x \to x_0^-} f(x)$ 与右极限 $\lim\limits_{x \to x_0^+} f(x)$ 都存在且相等可知，函数 $f(x)$ 在 x_0 处可导的充分必要条件是左导数 $f'_-(x_0)$ 与右导数 $f'_+(x_0)$ 都存在且相等.

例 3 讨论函数 $f(x) = |x|$ 在点 $x = 0$ 处是否可导.

解：由 $f(x) = |x| = \begin{cases} -x & x < 0 \\ x & x \geqslant 0 \end{cases}$，得

$$f'_-(0) = \lim_{x \to 0^-} \frac{f(x) - f(0)}{x - 0} = \lim_{x \to 0^-} \frac{-x}{x} = -1,$$

$$f'_+(0) = \lim_{x \to 0^+} \frac{f(x) - f(0)}{x - 0} = \lim_{x \to 0^+} \frac{x}{x} = 1,$$

因为 $f'_-(0) \neq f'_+(0)$，所以函数 $f(x) = |x|$ 在点 $x = 0$ 处不可导.

3.1.2 导数的意义

1. 导数的几何意义

如图 3-2 所示，设有连续曲线 C：$y = f(x)$，点 $P(x_0, f(x_0))$ 是 C 上的一点，$Q(x_0 + h, f(x_0 + h))$ 为 C 上位于 P 点附近的点，则割线 PQ 的斜率

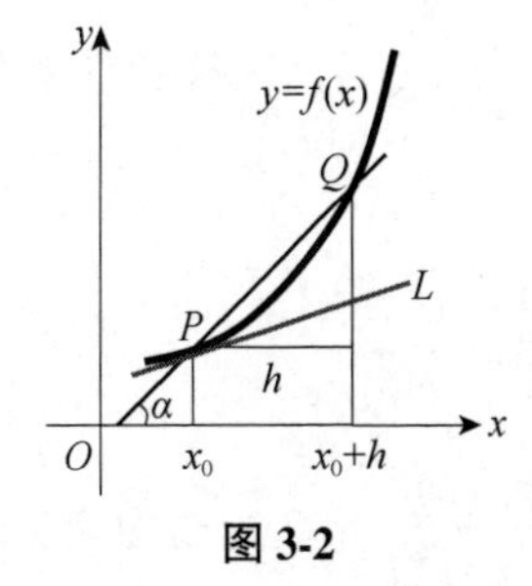

图 3-2

$$k_{PQ} = \frac{f(x_0 + h) - f(x_0)}{h},$$

当 $h \to 0$ 时，$Q \to P$，割线 PQ 的极限位置称为曲线 C 在 P 点的切线，从而割线 PQ 的斜率 k_{PQ} 也就无限地接近 P 点的切线 L 的斜率 k_L，即

$$k_L = \lim_{Q \to P} k_{PQ} = \lim_{h \to 0} \frac{f(x_0 + h) - f(x_0)}{h} = f'(x_0).$$

总结上面讨论可得到导数的几何意义：

函数 $y = f(x)$ 在点 x_0 处的导数 $f'(x_0)$ 在几何上表示曲线 $y = f(x)$ 在点 $M(x_0, f(x_0))$ 处切线的斜率，即

$$f'(x_0)=\tan\alpha .$$

其中 α 是切线的倾斜角.

若 $y=f(x)$ 在点 x 处的导数为无穷大，即 $\tan\alpha$ 不存在，这时曲线 $y=f(x)$ 的割线以垂直于 x 轴的直线为极限位置，即曲线 $y=f(x)$ 在点 $M(x,y)$ 处具有垂直于 x 轴的切线.

根据导数的几何意义，并应用直线的点斜式方程，可知曲线 $y=f(x)$ 在给定点 $P(x_0,y_0)$ 处的切线方程为

$$y-y_0=f'(x_0)(x-x_0).$$

过切点 $P(x_0,y_0)$ 且与切线垂直的直线叫作曲线 $y=f(x)$ 在点 P 处的法线. 如果 $f'(x_0)\neq 0$，则法线的斜率为 $-\dfrac{1}{f'(x_0)}$，从而法线方程为

$$y-y_0=-\frac{1}{f'(x_0)}(x-x_0).$$

例 4 求抛物线 $y=x^2$ 上点 $(2,4)$ 处的切线方程和法线方程.

解： 已知 $y=x^2$ 的导数为 $y'=2x$.

根据导数的几何意义可知，所求切线的斜率为

$$k_1=y'|_{x=2}=(x^2)'|_{x=2}=2x|_{x=2}=4,$$

从而所求切线方程为

$$y-4=4(x-2),$$

即

$$4x-y-4=0.$$

又因为法线的斜率是 $k_2=-\dfrac{1}{k_1}=-\dfrac{1}{4}$，故所求法线方程为

$$y-4=-\frac{1}{4}(x-2),$$

即

$$x+4y-18=0.$$

2. 导数的物理意义

物理学家牛顿从物理的角度研究微积分，他提出的“流数”延展出来的就是“导数”. 他所考虑的函数主要是物理量，为了方便，我们将与导数概念相关的物理背景都统一归类至导数的物理意义之中.

常见导数的物理意义：

（1）速度等于路程的导数：$v=s'(t)$；

（2）加速度等于速度的导数：$a=v'(t)$；

（3）电流等于电量的导数：$i=q'(t)$；

（4）自由落体运动的速度等于高度的导数：$v=h'(t)$；

（5）物体的冷却速度为其温度的导数：$v=T'(t)$；

（6）物体的线密度为其质量的导数：$\rho = m'(x)$.

例 5 当物体的温度高于它周围介质的温度时，物体会不断冷却. 若物体在 t 时刻的温度为 $T = T(t)$，问如何用数学式子描述物体在任一时刻 t 的冷却速度？

解：物体在时间间隔 $[t, t+\Delta t]$ 上的平均冷却速度为

$$\bar{v} = \frac{\Delta T}{\Delta t} = \frac{T(t+\Delta t) - T(t)}{\Delta t}.$$

则在时刻 t 处的冷却速度为

$$v = \lim_{\Delta t \to 0} \frac{\Delta T}{\Delta t} = \lim_{\Delta t \to 0} \frac{T(t+\Delta t) - T(t)}{\Delta t} = T'(t).$$

3. 导数在社会生活中的意义

案例 3 如图 3-3 是某城市 2021 年 2 月 5 日至 4 月 9 日的最高气温折线图. 其中 $t = 0$ 对应 2 月 5 日，2 月 5 和 2 月 16 日的最高气温分别是 15℃和 25℃；3 月 12 和 3 月 16 日的最高气温分别是 17℃和 27℃，4 月 7 和 4 月 9 日的最高气温分别是 29℃和 19℃.

三者的温度差都为 10℃，但人们感觉天气变化快的却是后面两种：一种是快速升温，另一种是气温骤降. 如何用数学式子来解释这一现象呢？

从图 3-3 不难看出，天气变化快的线段 BC 和 DE 要“陡峭”一些，这个现象启发我们，可以用直线的斜率进行描述.

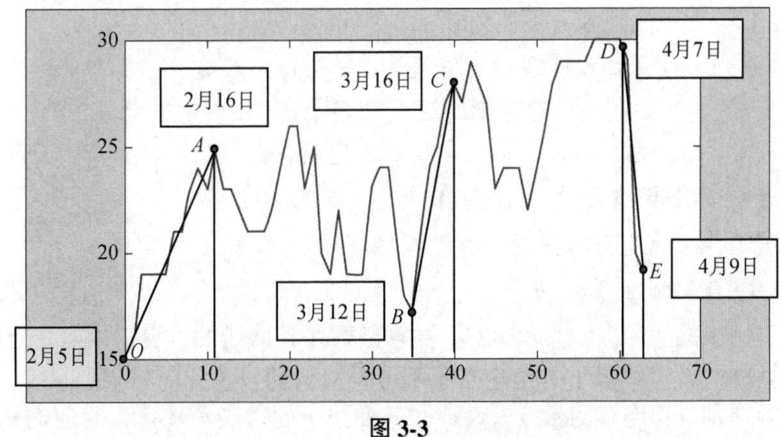

图 3-3

根据已知两点 $P(x_1, y_1)$、$Q(x_2, y_2)$ 求直线 PQ 的斜率的公式 $k_{PQ} = \frac{y_2 - y_1}{x_2 - x_1}$，有

$$k_{OA} = \frac{25-15}{16-5} \approx 0.9091, \quad k_{BC} = \frac{27-17}{16-12} = 2.5, \quad k_{DE} = \frac{19-29}{9-7} = -5.$$

不难看出，三个斜率值中，

（1）绝对值小的变化慢，绝对值最大的变化最快；

（2）正值意味着上升，负值意味着下降.

这就是为什么在 3 月 12 日后，人们明显感到了气温的上升，特别是在 3 月底 4 月初有人已开始穿夏裙，然而，在 4 月 7 日至 4 月 9 日的三天里，气温骤降，人们又

开始穿毛衣.

3.1.3 函数可导性与连续性的关系

1. 尖角顶点情形

引例 1 如图 3-4 和图 3-5 所示折线和曲线.

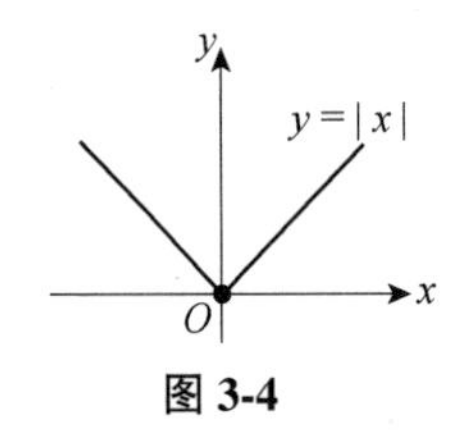

图 3-4

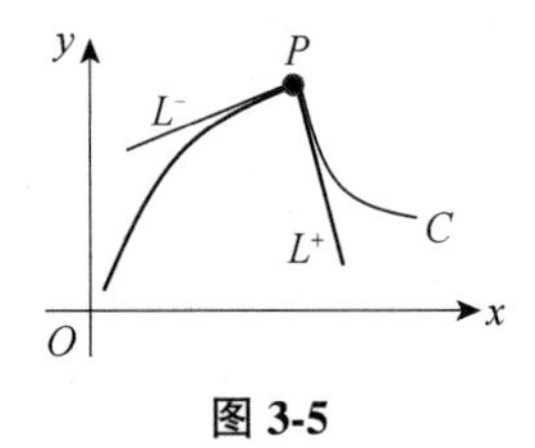

图 3-5

（1）折线 $y=|x|$ 在 $x=0$ 左边的直线 $y=-x$ 和右边的直线 $y=x$ 在原点形成了一个夹角为 $\frac{\pi}{2}$ 的尖角，原点为曲线 $y=|x|$ 的"尖角顶点".

（2）曲线 C 在 P 点也形成了一个尖角，其角度可用 P 点的左、右切线 L^- 和 L^+ 的夹角来度量. 易见，这样的度量正好是折线夹角的推广，因为直线在任一点的切线正好是它本身，折线的夹角也就等于它在尖角顶点的左、右切线的夹角.

不难看出，当曲线 C 在 P 点的左、右切线的夹角不为 0 或 π 时，曲线 C 在 P 点便构成"尖角"，此时称 P 点为曲线 C 的"尖角顶点".

（3）如图 3-6 所示，设曲线 C 的方程为 $y=f(x)$，Q 点对应 x_0. 若 $f(x)$ 在 x_0 处可导，则曲线 C 在 Q 点的切线 L 的斜率 $k_L=f'(x_0)$ 为有限值，从而其切线 L 也就存在，且其左切线 L_Q^- 和右切线 L_Q^+ 的夹角为 0 或 π，即 L_Q^- 和 L_Q^+ 能并成切线 L. 这一结论的逆否命题便构成了 $f(x)$ 在 x_0 不可导的一个几何判别.

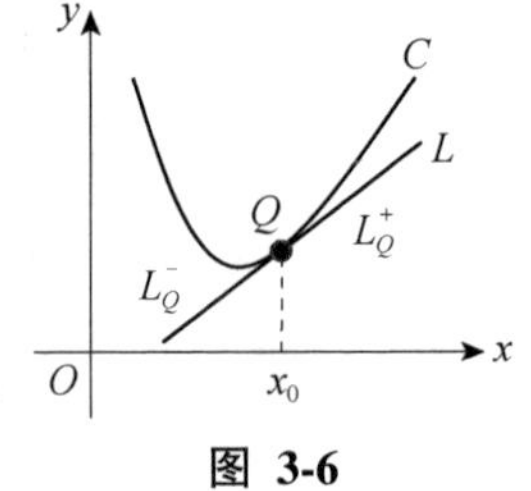

图 3-6

综合引例 1 的（1）、（2）和（3），注意函数在其曲线的"尖角顶点"处的左、右切线不能并成一条直线，于是便建立了不可导情形的一个几何判别.

不可导判别 1： 连续函数 $y=f(x)$ 在其曲线上的"尖角顶点"对应的 $x=x_0$ 处不可导.

例如，$y=|x|$ 在 $x=0$ 处不可导（见图 3-4）.

2. 竖直切线的情形

引例 2 如图 3-7 所示，设曲线 C 由四个半径为 1 的四分之一圆周所构成，其函数方程为 $y=f(x)$. 曲线 C 在 $x=\pm1$ 处的左、右切线的夹角虽然都为 0 和 π，但其倾角 α 却为 $\frac{\pi}{2}$，即 C 在 $x=\pm1$ 处有竖直的左、右切线，且根据导数的几何意义可知切线斜率不存在，即曲线 C

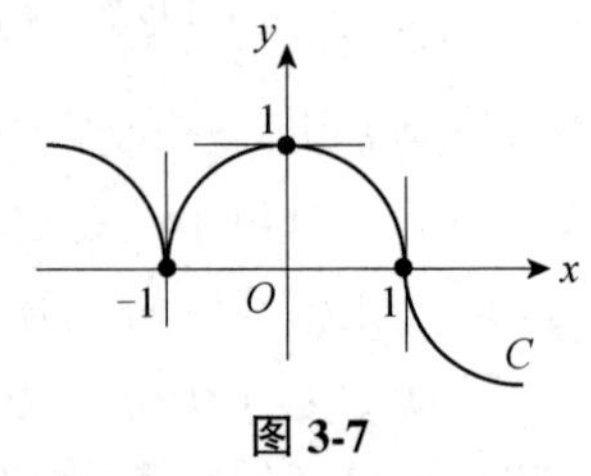

图 3-7

在其竖直的左、右切线对应点 $x=\pm 1$ 处不可导.

由引例 2 能够得到函数不可导情形的另一个几何判别.

不可导判别 2：连续函数 $y=f(x)$ 在其有竖直的左切线或右切线的点处不可导.

例 6 讨论 $f(x)=\sqrt[3]{x}$ 在点 $x=0$ 处的连续性和可导性.

解：$f(x)=\sqrt[3]{x}$ 是基本初等函数，它在其定义区间 $(-\infty,+\infty)$ 内都是连续的，所以 $f(x)=\sqrt[3]{x}$ 在点 $x=0$ 处也是连续的.

另一方面，根据导数的定义有

$$f'(0)=\lim_{h\to 0}\frac{f(0+h)-f(0)}{h}=\lim_{h\to 0}\frac{\sqrt[3]{h}-0}{h}=\lim_{h\to 0}\frac{1}{h^{2/3}}=\infty,$$

因此，$f(x)=\sqrt[3]{x}$ 在点 $x=0$ 处不可导.

3. 函数可导性与连续性的关系

图 3-7 显示，函数在连续的点处不一定可导. 那么，可导的点处是否就一定连续呢？这个论断是成立的，一般有下面定理.

定理 1 若 $f(x)$ 在点 x_0 处可导，则 $f(x)$ 在点 x_0 处连续.

定理 1 的逆否命题构成函数不可导情形的另一个简单判别.

不可导判别 3：若 $f(x)$ 在点 x_0 处不连续，则 $f(x)$ 在点 x_0 处不可导.

例如，符号函数 $\operatorname{sgn}(t)=\begin{cases}1 & t>0\\ 0 & t=0\\ -1 & t<0\end{cases}$ 在 $t=0$ 不连续，因此 $\operatorname{sgn}(t)$ 在 $t=0$ 不可导.

定理 1 显示：可导必定连续. 不可导判别 1 和判别 2 则揭示：连续不一定可导.

“连续不一定可导”除几何方式的“尖角顶点”和“竖直切线”判别法外，其非几何方式通常是利用导数的定义进行判别.

例 7 讨论函数 $f(x)=\begin{cases}x\sin\dfrac{1}{x} & x\neq 0\\ 0 & x=0\end{cases}$，在点 $x=0$ 处的连续性与可导性.

解：因为

$$\lim_{x\to 0}f(x)=\lim_{x\to 0}x\sin\frac{1}{x}=0=f(0),$$

所以 $f(x)$ 在点 $x=0$ 处连续.

又因为

$$f'(0)=\lim_{x\to 0}\frac{f(x)-f(0)}{x-0}=\lim_{x\to 0}\frac{x\sin\frac{1}{x}}{x}=\lim_{x\to 0}\sin\frac{1}{x}$$

不存在，所以 $f(x)$ 在点 $x=0$ 处不可导.

例 8 设函数 $f(x)=\begin{cases}\mathrm{e}^x & x\leqslant 0\\ x^2+ax+b & x>0\end{cases}$，在点 $x=0$ 处可导，求 a、b.

解：由于 $f(x)$ 在点 $x=0$ 处可导，所以 $f(x)$ 在点 $x=0$ 处连续，即

$$\lim_{x\to0^-} f(x) = \lim_{x\to0^+} f(x) = f(0).$$

因为

$$\lim_{x\to0^-} f(x) = \lim_{x\to0^-} e^x = 1, \quad \lim_{x\to0^+} f(x) = \lim_{x\to0^+}(x^2+ax+b) = b, \quad f(0)=1,$$

所以可得

$$b=1.$$

又因为

$$f_-'(0) = \lim_{x\to0^-} \frac{f(x)-f(0)}{x-0} = \lim_{x\to0^-} \frac{e^x-1}{x} = 1,$$

$$f_+'(0) = \lim_{x\to0^+} \frac{f(x)-f(0)}{x-0} = \lim_{x\to0^+} \frac{x^2+ax+1-1}{x} = a.$$

要使 $f(x)$ 在点 $x=0$ 处可导，则应有 $f_-'(0)=f_+'(0)$，即 $a=1$.

所以，如果 $f(x)$ 在点 $x=0$ 处可导，应有 $a=1$，$b=1$.

3.2 导数公式与求导法则

3.2.1 导数基本公式

由导数的定义可知，$y=f(x)$ 在点 x 处的导数为

$$f'(x) = \lim_{\Delta x\to0} \frac{\Delta y}{\Delta x} = \lim_{\Delta x\to0} \frac{f(x+\Delta x)-f(x)}{\Delta x}.$$

根据这个式子，可得 $(C)'=0$，$(x^2)'=2x$. 利用导数的定义求函数的导数，具体可分为以下三个步骤：

（1）求函数的增量，$\Delta y = f(x+\Delta x)-f(x)$；

（2）求两个增量的比值，$\dfrac{\Delta y}{\Delta x} = \dfrac{f(x+\Delta x)-f(x)}{\Delta x}$；

（3）求极限，$y' = \lim\limits_{\Delta x\to0} \dfrac{\Delta y}{\Delta x} = \lim\limits_{\Delta x\to0} \dfrac{f(x+\Delta x)-f(x)}{\Delta x}$.

例 9 用定义求函数 $y=\sqrt{x}$ 的导数.

解：（1）求增量：$\Delta y = \sqrt{x+\Delta x}-\sqrt{x}$；

（2）算比值：$\dfrac{\Delta y}{\Delta x} = \dfrac{\sqrt{x+\Delta x}-\sqrt{x}}{\Delta x} = \dfrac{(\sqrt{x+\Delta x}-\sqrt{x})(\sqrt{x+\Delta x}+\sqrt{x})}{\Delta x(\sqrt{x+\Delta x}+\sqrt{x})} = \dfrac{1}{(\sqrt{x+\Delta x}+\sqrt{x})}$；

（3）求极限：$y' = \lim\limits_{\Delta x\to0} \dfrac{\Delta y}{\Delta x} = \lim\limits_{\Delta x\to0} \dfrac{1}{\sqrt{x+\Delta x}+\sqrt{x}} = \dfrac{1}{2\sqrt{x}}$，即 $(\sqrt{x})' = \dfrac{1}{2\sqrt{x}}$.

应用上述方法，还可求得 $\left(\dfrac{1}{x}\right)' = (x^{-1})' = -\dfrac{1}{x^2}$、$(x^3)'=3x^2$ 等. 综合观察，可得幂函数 $y=x^\alpha$（α 是任意实数）的导数公式：

$$(x^\alpha)' = \alpha \cdot x^{\alpha-1}.$$

例 10 用公式求 $y=\frac{1}{x}$ 的导数.

解： $y=\frac{1}{x}=x^{-1}$，则 $y'=-x^{-1-1}=-x^{-2}=-\frac{1}{x^2}$.

注意，除幂函数导数 $(x^\alpha)'=\alpha x^{\alpha-1}$ 外，$x'=1$、$(\sqrt{x})'=\frac{1}{2\sqrt{x}}$、$\left(\frac{1}{x}\right)'=-\frac{1}{x^2}$ 的导数关系式在此后的学习中出现得较为频繁，最好将其当作公式记忆.

除了幂函数的导数公式之外，其他基本初等函数也可利用求导的一般法则直接或间接地得出它们的导数公式. 现将基本初等函数的导数公式列表，见表 3-1.

表 3-1

常数	（1）$(C)'=0$（C 是常数）	
幂函数	（2）$(x^\alpha)'=\alpha\cdot x^{\alpha-1}$（$\alpha$ 是实数）	
指数函数	（3）$(a^x)'=a^x\ln a$	（4）$(\mathrm{e}^x)'=\mathrm{e}^x$
对数函数	（5）$(\log_a x)'=\frac{1}{x}\log_a \mathrm{e}=\frac{1}{x\ln a}$	（6）$(\ln x)'=\frac{1}{x}$
三角函数	（7）$(\sin x)'=\cos x$	（8）$(\cos x)'=-\sin x$
	（9）$(\tan x)'=\sec^2 x$	（10）$(\cot x)'=-\csc^2 x$
	（11）$(\sec x)'=\sec x\cdot\tan x$	（12）$(\csc x)'=-\csc x\cdot\cot x$
反三角函数	（13）$(\arcsin x)'=\frac{1}{\sqrt{1-x^2}}$	（14）$(\arccos x)'=-\frac{1}{\sqrt{1-x^2}}$
	（15）$(\arctan x)'=\frac{1}{1+x^2}$	（16）$(\mathrm{arccot}\, x)'=-\frac{1}{1+x^2}$

例 11 求函数 $y=x^3\sqrt{x}$ 的导数.

解： 因为 $y=x^3\sqrt{x}=x^{\frac{7}{2}}$，所以 $y'=(x^{\frac{7}{2}})'=\frac{7}{2}x^{\frac{5}{2}}$.

例 12 求下列函数在给定点处的导数.

（1）$y=\left(\frac{1}{5}\right)^x$，在 $x=1$ 处；　　（2）$y=\ln x$，在 $x=\frac{1}{3}$ 处；

（3）$y=\cos x$，在 $x=\frac{\pi}{3}$ 处.

解：

（1）$y'=\left[\left(\frac{1}{5}\right)^x\right]'=\left(\frac{1}{5}\right)^x\ln\frac{1}{5}=-\left(\frac{1}{5}\right)^x\ln 5$，$y'\Big|_{x=1}=-\left(\frac{1}{5}\right)^x\ln 5\Big|_{x=1}=-\frac{1}{5}\ln 5$；

（2）$y'=(\ln x)'=\dfrac{1}{x}$，$y'\Big|_{x=\frac{1}{3}}=\dfrac{1}{x}\Big|_{x=\frac{1}{3}}=3$；

（3）$y'=(\cos x)'=-\sin x$，$y'\Big|_{x=\frac{\pi}{3}}=-\sin x\Big|_{x=\frac{\pi}{3}}=-\dfrac{\sqrt{3}}{2}$.

3.2.2 线性法则

若a、b为常数，则$y=ax+b$称为一次线性函数，而线性求导法则指的是$f(x)$和$g(x)$的线性运算函数$af(x)+bg(x)$的求导法则. 先看两个案例.

案例 4 为保护某些濒临灭绝的鲸类，一群海洋生物学家推荐了一系列的保护性测量方法. 一个保护性测量方法显示，在未来 10 年，某类鲸的预期数量为

$$N(t)=4t^3+3t^2-20t+560 \quad (0\leqslant t\leqslant 10),$$

如何确定这类鲸在 10 年后的增长率呢？

案例 5 据资料估计，全世界通过母婴方式而感染 HIV 的婴幼儿数可由下列函数给出：

$$N(t)=-0.2083t^3+3.0357t^2+44.0476t+200.2857 \quad (0\leqslant t\leqslant 12),$$

其中N按千人计，t按年计，$t=0$对应 1990 年年初. 问 2002 年年初通过母婴方式而感染 HIV 的婴幼儿数的增长速度有多快？

[案例分析] 由导数在社会生活中的意义可知，求增长率和增长速度都是求导数. 而案例 4 和案例 5 中的$N(t)$是幂函数的线性运算函数，因此，问题可转化为幂函数的线性运算函数的导数的计算.

案例 4 和案例 5 呈现的是多个幂函数的线性运算函数求导的实际需求，一般有下面求导法则.

定理 2 若$f(x)$和$g(x)$在点x处可导，k为常数，则

$$(f(x)+g(x))'=f'(x)+g'(x),$$

$$(kf(x))'=kf'(x).$$

由定理 2，对常数a、b，有

$$(af(x)+bg(x))'=(af(x))'+(bg(x))'.$$

从而得到一般的线性求导法则，详见如下定理 3.

定理 3 若$f(x)$和$g(x)$在点x处可导，a、b为常数，则

$$(af(x)+bg(x))'=af'(x)+bg'(x).$$

例 13 已知函数$y=4x^2-\dfrac{2}{x}+2\sqrt{x}-1$，求$y'$.

解： 根据线性求导法则，得

$$y'=4(x^2)'-2\left(\frac{1}{x}\right)'+2(\sqrt{x})'-(1)'$$

$$= 4 \times 2x - 2 \times \left(-\frac{1}{x^2}\right) + 2 \times \frac{1}{2\sqrt{x}} - 0$$

$$= 8x + \frac{2}{x^2} + \frac{1}{\sqrt{x}}.$$

例 14 已知函数 $y = 2\sin x - \frac{1}{2}\cos x + \ln 2$，求 $y'(0)$.

解：根据线性求导法则，得

$$y' = 2(\sin x)' - \frac{1}{2}(\cos x)' + (\ln 2)'$$

$$= 2\cos x - \frac{1}{2}(-\sin x) + 0$$

从而 $y'(0) = 2\cos 0 + \frac{1}{2}\sin 0 = 2$.

[案例 4 的解答] 对 $N(t)$ 求导，得

$$N'(t) = 4(t^3)' + 3(t^2)' - 20(t)' + (560)' = 12t^2 + 6t - 20,\quad N'(10) = 1240,$$

即在未来的第 10 个年头，这类鲸的年增长率为 1240 条/年.

[案例 5 的解答] 对 $N(t)$ 求导，得

$$N'(t) = -0.6249t^2 + 6.0714t + 44.0476$$

$$N'(12) = 26.9188$$

因此，2002 年年初通过母婴方式而感染 HIV 的婴幼儿数的增长速度约为 2.7 万/年.

案例 6 电流是单位时间内流过的电荷量，其基本计算公式为 $i = q'(t)$. 电容上的电荷是一个积累过程，其电荷量

$$q = C \cdot u,$$

其中，u 是电容两端的电压，C 为电容的电容值大小. 将电容的这个计算公式代入电流的基本计算公式可得到

$$i = q' = Cu'(t),$$

此即为单位时间内流过电容的电流随电压变化的关系.

3.2.3 乘法法则

乘法求导法则指的是多个函数乘积的求导法则. 一般有如下的乘法求导法则.

定理 4 若 $f(x)$ 和 $g(x)$ 在点 x 处可导，则

$$(f(x)g(x))' = f'(x)g(x) + f(x)g'(x).$$

例 15 求下列函数的导数.

（1） $y = x^2 \ln x$；　　（2） $y = e^x \sin x$.

解：（1） $y' = (x^2)' \ln x + x^2 (\ln x)' = 2x\ln x + x^2 \cdot \frac{1}{x} = 2x\ln x + x$.

（2） $y' = (e^x)' \sin x + e^x (\sin x)' = e^x(\sin x + \cos x)$.

定理 4 可推广至更多个函数乘积的情形，例如

$$(uvw)' = ((uv)\cdot w)' = (uv)'w + uvw'$$
$$= (u'v + uv')w + uvw' = u'vw + uv'w + uvw'.$$

例 16 求 $y = x\cdot\cos x\cdot\arctan x$ 在 $x=0$ 处的导数.

解： $y' = (x)'\cdot\cos x\cdot\arctan x + x\cdot(\cos x)'\cdot\arctan x + x\cdot\cos x\cdot(\arctan x)'$

$$= 1\times\cos x\cdot\arctan x + x\cdot(-\sin x)\cdot\arctan x + x\cdot\cos x\cdot\frac{1}{1+x^2}$$

$y'(0) = 0$.

3.2.4 除法法则

除法求导法则指的是两个相除函数的求导法则. 下面先看一个社会生活中对除法求导需求的案例.

案例 7 一个开发商正在计划建造一个包括住宅、办公大楼、商店、学校的新城区，预计从现在开始 t 年后新城区的人口为

$$p(t) = \frac{25t^2 + 125t + 200}{t^2 + 5t + 40}\ （万）,$$

如何确定 5 年后新城区人口的增长速度呢？

由上文可知，求增长速度也就是求导数. 注意到

$$p(t) = \frac{25(t^2 + 5t + 40) - 800}{t^2 + 5t + 40} = 25 - \frac{800}{t^2 + 5t + 40}.$$

根据线性求导法则，得 $p'(t) = -800\left(\frac{1}{t^2+5t+40}\right)'$，于是求增长速度的问题就转化为求 $\left(\frac{1}{g(x)}\right)'$ 的问题.

根据案例 7 的需求，下面先考虑 $\left(\frac{1}{g(x)}\right)'$ 的计算法则.

定理 5 若 $g(x)$ 在点 x 处可导，且 $g(x)\neq 0$，则 $\left(\frac{1}{g(x)}\right)' = -\frac{g'(x)}{g^2(x)}$.

定理 6 若 $f(x)$ 和 $g(x)$ 在点 x 可导，且 $g(x)\neq 0$，则

$$\left(\frac{f(x)}{g(x)}\right)' = \frac{f'(x)g(x) - f(x)g'(x)}{g^2(x)}.$$

实际应用过程中，将除法公式中的函数替换为文字更为方便，即除法求导法则为

$$\left(\frac{1}{分母}\right)' = -\frac{(分母)'}{分母^2}；\ \left(\frac{分子}{分母}\right)' = \frac{(分子)'\times分母 - 分子\times(分母)'}{(分母)^2}$$

由 $(\sin x)' = \cos x$、$(\cos x)' = -\sin x$ 和除法求导法则，很容易推出 $\tan x$、$\cot x$、$\sec x$、$\csc x$ 的导数公式.

例如：

$$(\tan x)'=\left(\frac{\sin x}{\cos x}\right)'=\frac{(\sin x)'\cos x-\sin x(\cos x)'}{\cos^2 x}=\frac{1}{\cos^2 x}=\sec^2 x\text{；}$$

$$(\csc x)'=\left(\frac{1}{\sin x}\right)'=-\frac{(\sin x)'}{\sin^2 x}=-\frac{1}{\sin x}\cdot\frac{\cos x}{\sin x}=-\csc x\cdot\cot x\text{.}$$

例 17 求下列函数的导数.

（1）$y=\frac{e^x+1}{x}$；（2）$y=\frac{\ln x}{x+1}$.

解：（1）$y'=\frac{(e^x+1)'x-(e^x+1)(x)'}{x^2}=\frac{e^x x-(e^x+1)}{x^2}=\frac{e^x(x-1)-1}{x^2}$；

（2）$y'=\frac{(\ln x)'(x+1)-\ln x(x+1)'}{(x+1)^2}=\frac{\frac{1}{x}(x+1)-\ln x}{(x+1)^2}=\frac{1+x-x\ln x}{x(x+1)^2}$.

例 18 求下列函数在 $x=0$ 处的导数.

（1）$y=\frac{\cos x}{x^2+1}$；（2）$y=\frac{1}{1+e^x-2\sin x}$.

解：（1）$y'=\frac{(\cos x)'(x^2+1)-\cos x(x^2+1)'}{(x^2+1)^2}=\frac{-\sin x(x^2+1)-2x\cos x}{(x^2+1)^2}$，

则 $y'(0)=0$.

（2）$y'=-\frac{(1+e^x-2\sin x)'}{(1+e^x-2\sin x)^2}=-\frac{e^x-2\cos x}{(1+e^x-2\sin x)^2}$，

则 $y'(0)=\frac{1}{4}$.

[案例 7 的解答]

$$p(t)=\frac{25(t^2+5t+40)-800}{t^2+5t+40}=25-\frac{800}{t^2+5t+40}\text{，}$$

$$p'(t)=-800\left(\frac{1}{t^2+5t+40}\right)'=-800\left(-\frac{(t^2+5t+40)'}{(t^2+5t+40)^2}\right)=\frac{800(2t+5)}{(t^2+5t+40)^2}\text{，}$$

故

$$p'(5)=\frac{800\times 15}{90^2}\approx 1.48\text{.}$$

即 5 年后新城区的人口大约以 1.48 万/年的速度增长.

3.2.5 复合函数的求导法则

案例 8 将一金属工件加热到 100℃后放置在 20℃恒温室中冷却. 已知其温度的变化规律为 $T=80e^{-0.2t}+20$(℃)，其中 t 为冷却时间，求该金属工件的冷却速率（即温度的变化率），并求冷却时间 $t=5\,s$ 时该金属工件的温度及冷却速率（精确到 0.1℃）.

[案例 8 分析] 求冷却速率就是求导数. 不难看出，案例中的 $T=80e^{-0.2t}+20$ 是一个复合函数，可由 $T=80e^u+20$，$u=-0.2t$ 复合而成. 因此，欲讨论的问题可转化为复

合函数的求导计算.

在单元 1 中曾介绍过复合函数，$y=f(u)$ 和 $u=u(x)$ 能复合成函数 $y=f[u(x)]$ 当且仅当限定 $x\in I$ 后，$u=u(x)$ 在 I 上的值域 $\subseteq y=f(u)$ 的定义域.

根据这个结论可知，对实数 $x\in(-\infty,+\infty)$，

（1）$y=\sin(-x)$ 可由 $y=\sin u$，$u=-x$ 复合而成；

（2）$y=\mathrm{e}^{2x}$ 可由 $y=\mathrm{e}^{u}$，$u=2x$ 复合而成.

更进一步，根据导数基本公式，有

$$(\sin x)'=\cos x\text{，}(\mathrm{e}^x)'=\mathrm{e}^x\text{，}$$

提问：是否能直接运用基本公式得到 $(\sin(-x))'=\cos(-x)$？$(\mathrm{e}^{2x})'=\mathrm{e}^{2x}$？

根据奇函数和线性求导法则可知：

$$(\sin(-x))'=(-\sin x)'=-\cos x\neq\cos(-x)\text{；}$$

根据乘法求导法则可知：

$$(\mathrm{e}^{2x})'=(\mathrm{e}^x\cdot\mathrm{e}^x)'=(\mathrm{e}^x)'\mathrm{e}^x+\mathrm{e}^x(\mathrm{e}^x)'=2\mathrm{e}^{2x}\neq\mathrm{e}^{2x}.$$

因此，复合函数的求导不能简单直接地运用基本公式得出.

此后若无特别声明，所有复合函数的求导计算都默认复合函数存在且函数可导.

1. 链式求导规则

由前文可知，$y=\sin(-x)$ 可由 $y=\sin u$，$u=-x$ 复合得出，而

$$(\sin(-x))'=(-\sin x)'=-\cos x=\cos(-x)(-x)'=(\sin u)'(-x)'.$$

一般有下面结论.

链式规则：若 $y=f(u)$ 在点 u 处可导，$u=u(x)$ 在点 x 处可导，则

$$(f[u(x)])'=f'(u)\cdot u'(x).$$

链式求导规则可以更明确地书写为

$$(f[u(x)])_x'=f_u'(u)\cdot u_x'(x).$$

总结上述求导规则，可得到复合函数如下的链式求导方法.

分解求导法：将 $y=f[u(x)]$ 分解为 $y=f(u)$、$u=u(x)$，则由链式规则得 $y_x'=f_u'(u)\cdot u'(x)$. 其中，

（1）$f_u'(u)$ 是视 u 为自变量对 u 求导；

（2）$u=u(x)$ 通常选择使“$f(u)$ 能用基本公式求导”的函数.

这个法则可推广到有限个可导函数所构成的复合函数.例如，由可导函数 $y=f(u)$、$u=\varphi(v)$、$v=\psi(x)$ 构成的复合函数 $y=f\{\varphi[\psi(x)]\}$ 的导数

$$y'(x)=f'(u)\varphi'(v)\psi'(x).$$

例 19 求下列复合函数的导数.

（1）$y=(2x+1)^5$；　　（2）$y=\sqrt{3-2x^2}$；

（3）$y=\dfrac{1}{\sqrt{2x+3}}$；　　（4）$y=\cos^5 x$.

解：（1）$y=(2x+1)^5$ 由 $y=u^5$、$u=2x+1$ 复合而成，所以

$$y'=(u^5)'(2x+1)'=5u^4\times 2=10(2x+1)^4.$$

（2） $y=\sqrt{3-2x^2}$ 由 $y=u^{\frac{1}{2}}$、$u=3-2x^2$ 复合而成，所以

$$y'=(u^{\frac{1}{2}})'(3-2x^2)'=\frac{1}{2\sqrt{u}}\cdot(-4x)=-\frac{2x}{\sqrt{3-2x^2}}.$$

（3） $y=\frac{1}{\sqrt{2x+3}}$ 由 $y=u^{-\frac{1}{2}}$、$u=2x+3$ 复合而成，所以

$$y'=(u^{-\frac{1}{2}})'(2x+3)'=-\frac{1}{2}u^{-\frac{3}{2}}\times 2=-\frac{1}{\sqrt{(2x+3)^3}}.$$

（4） $y=\cos^5 x$ 由 $y=u^5$、$u=\cos x$ 复合而成，所以

$$y'=(u^5)'(\cos x)'=5u^4\cdot(-\sin x)=-5\cos^4 x\sin x.$$

例 20 求 $y=\arctan\frac{1}{x}$ 在 $x=1$ 处的导数.

解： $y=\arctan\frac{1}{x}$ 由 $y=\arctan u$、$u=\frac{1}{x}$ 复合而成，所以

$$y'=(\arctan u)'\left(\frac{1}{x}\right)'=\frac{1}{1+u^2}\cdot\left(-\frac{1}{x^2}\right)=-\frac{1}{x^2+1},\quad y'(1)=-\frac{1}{2}.$$

[案例 8 的解答] 金属工件的冷却速率，即函数 T 的导数：

$$\frac{\mathrm{d}T}{\mathrm{d}t}=\frac{\mathrm{d}}{\mathrm{d}t}(80\mathrm{e}^{-0.2t}+20)=80\times(-0.2)\mathrm{e}^{-0.2t}=-16\mathrm{e}^{-0.2t}\ （℃/s）;$$

冷却时间 $t=5\,\mathrm{s}$ 时该金属工件的温度及冷却速率分别是

$$T|_{t=5}=80\times\mathrm{e}^{-0.2\times 5}+20\approx 49.4\ （℃）;$$

$$\frac{\mathrm{d}T}{\mathrm{d}t}\Big|_{t=5}=-16\mathrm{e}^{-0.2\times 5}=-16\mathrm{e}^{-1}\approx -5.9\ （℃/s）.$$

3.2.6 初等函数的导数

求初等函数的导数时，有时需要综合运用函数的四则运算的求导法则和复合函数的求导法则.

四则运算即加、减、乘、除，导数的四则运算指的是多个函数的和、差、积、商的求导计算. 此后如无特别声明，所讨论的函数的求导都默认是在函数可导的点处进行. 四则运算函数的综合求导一般遵循规则：先线性，后乘除.

实际求导时，通常先用线性法则将加减式中各项的常系数提出来，然后再看每一项的结构，结构为乘的用乘法法则求导，结构为除的用除法法则求导，能直接用公式求导的则直接用基本公式求导.

例 21 求 $y=2x\ln x-\frac{3}{1-2x}-\sqrt{2}$ 在 $x=1$ 处的导数.

解： 提出加减式中各项的常系数，得

$$y' = 2(x\ln x)' - 3\left(\frac{1}{1-2x}\right)' - 0 .$$

其中第 1 项的结构为乘、第 2 项的结构为除.

（1）由乘法法则，得 $(x\ln x)' = (x)'\ln x + x(\ln x)' = 1\cdot\ln x + x\cdot\frac{1}{x} = \ln x + 1$；

（2）由除法法则，得 $\left(\frac{1}{1-2x}\right)' = -\frac{(1-2x)'}{(1-2x)^2} = \frac{2}{(1-2x)^2}$.

从而

$$y' = 2(\ln x + 1) - \frac{6}{(1-2x)^2}，\quad y'\big|_{x=1} = -4 .$$

例 22 已知某物体做直线运动，运动方程为

$$s = s(t) = \frac{2-3t}{2+t}\ （单位：m），$$

求 $t = 2$ s 时物体的位置和速度.

解：$t = 2$ 时物体的位置为 $s(2) = \frac{2-6}{2+2} = -1$ m，而此时的速度为

$$v(2) = S'(2) = \left(\frac{2-3t}{2+t}\right)'\bigg|_{t=2} = -\frac{8}{(2+t)^2}\bigg|_{t=2} = -0.5\ \text{m/s}.$$

例 23 一质点以每秒 50m 的发射速度垂直射向空中，t 秒后达到的高度为 $S=50t-5t^2$（m）（见图 3-8），假设在此运动过程中重力为唯一的作用力，试求：

（1）该质点能达到的最大高度？

（2）该质点离地面 120m 时的速度是多少？

（3）该质点何时重新落回地面？

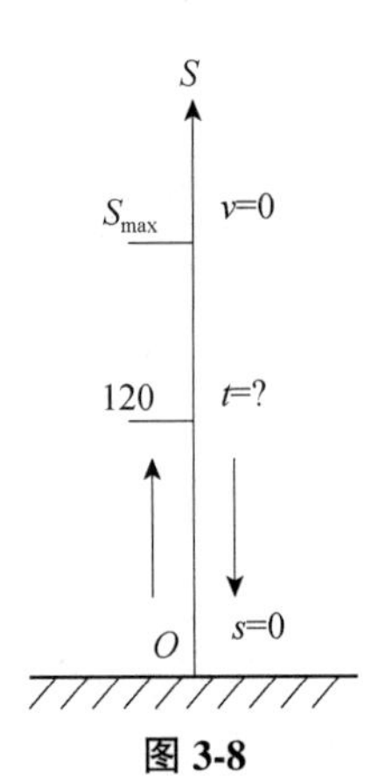

图 3-8

解：依题设，则时刻 t 的速度为

$$v = \frac{\mathrm{d}}{\mathrm{d}t}(50t - 5t^2) = -10(t-5)\ （m/s）$$

（1）当 t=5s 时，v 变为 0，此时质点达到最大高度，即

$$s=50\times5-5\times5^2=125\ （m）.$$

（2）令 $S=50t-5t^2=120$，解得 t=4 或 t=6，故

$$v=10\ （m/s）或\ v=-10\ （m/s）.$$

（3）令 $S=50t-5t^2=0$，解得 t=0（舍）或 t=10，即该质点 10s 后重新落回地面.

例 24 一架飞机在离地面 2km 的高度，以 200km/h 的速度飞临某目标上空，以便进行航空摄影.试求这架飞机飞至该目标正上方时摄影机转动的角速度.

解：建立坐标系（见图 3-9），把目标放在坐标原点.

设飞机和目标的水平距离为 $x$km，则 x 是时间 t 的函数 $x = x(t)$，θ 是摄影机拍摄目标的俯角. 本题所求是当 $x = 0$ 时，$\frac{\mathrm{d}\theta}{\mathrm{d}t}$ 的值.

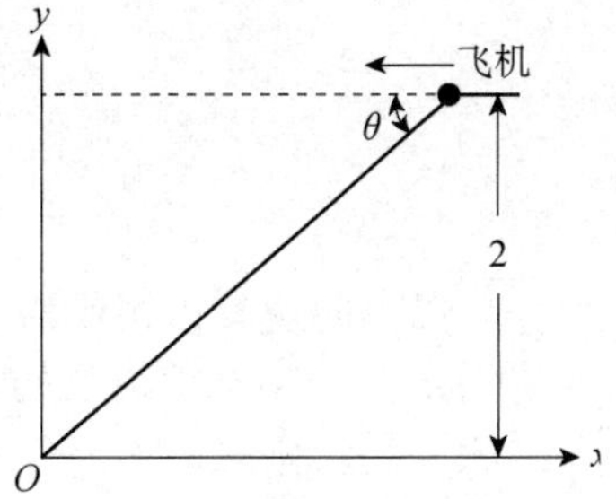

由图 3-9 可知，$\tan\theta=\dfrac{2}{x}$，所以$\theta=\arctan\dfrac{2}{x}$，$x=x(t)$，

于是 $\dfrac{d\theta}{dt}=\dfrac{1}{1+\dfrac{4}{x^2}}\cdot\left(-\dfrac{2}{x^2}\right)\cdot\dfrac{dx}{dt}=-\dfrac{2}{4+x^2}\cdot\dfrac{dx}{dt}$.

根据题意，$\dfrac{dx}{dt}=-200$，这里负号表示x在减少，故得$\dfrac{d\theta}{dt}=\dfrac{400}{4+x^2}$.

图 3-9

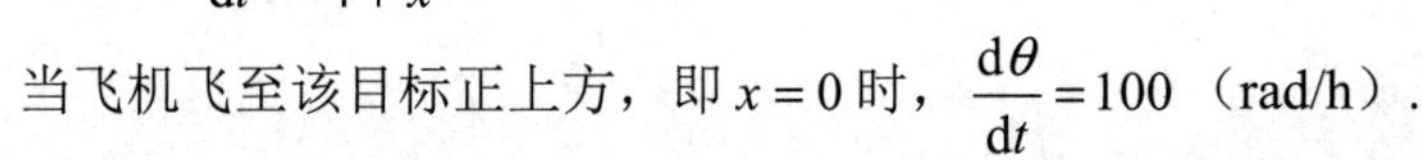

当飞机飞至该目标正上方，即$x=0$时，$\dfrac{d\theta}{dt}=100$（rad/h）.

例 25 南非正在面临一个世纪以来的最严重水资源短缺问题，因此正考虑开发新的水资源. 专家建议把冰山从南极洲水域拖至南非南部西海岸的近岸水域，融化的冰块经过淡化后就能提供淡水. 分析专家建议的第一步是近似，我们可以把冰山设想为巨大的立方体（或者诸如长方体或棱锥体那样的规则形状的固体），求融化立方体冰块要花多长时间？

解：从创建数学模型开始，假定在融化过程中立方体的形状不变，设立方体的边长为a，其体积为$V=a^3$，表面积为$6a^2$. 假定V 和a都是t的可导函数，还假定体积的衰减率和曲面面积成比例. 考虑到融化发生在表面，改变表面的大小也会改变冰融化的量. 后者这个假定看起来是合理的，用数学语言来表述，即

$$\frac{dV}{dt}=-k(6a^2),k>0$$

负号说明体积是不断缩小的. 假定比例k是常数，这依赖于诸如周围空气的相对湿度、空气温度及有没有阳光等许多因素，这里只列出几个因素.

最后我们至少需要另一个信息：要融化特定百分比的冰需花多少时间. 我们并没有确切的数据，除非做很多观察工作. 不过我们还是假定一组条件，在前一个小时里冰被融化掉$\dfrac{1}{4}$的体积（也可以假设r小时融化掉$n\%$体积的冰）. 数学上，我们就可以讨论下列问题

$$V=a^3 \text{ 和 } \frac{dV}{dt}=-k(6a^2)$$

$$V=V_0，当 \quad t=0$$

$$V=\frac{3}{4}V_0，当 \quad t=1$$

求$V=0$的t值.

用复合函数求导法求$V=a^3$关于t的导数$\dfrac{dV}{dt}=3a^2\dfrac{da}{dt}$.

令这个导数等于给定的衰减率，得到

$$\frac{\mathrm{d}V}{\mathrm{d}t}=3a^2\frac{\mathrm{d}a}{\mathrm{d}t}=-k(6a^2)$$

$$\frac{\mathrm{d}a}{\mathrm{d}t}=-2k$$

可以说明边长以每小时 $2k$ 个单位常速率减少. 因此，如果立方体的边长 a 的初始值为 a_0，一小时后边长的长度为 $a_1=a_0-2k$，即 $2k=a_0-a_1$.

冰全部融化后边长为零，所需要的时间为 $t_{全部融化}$，则

$$t_{全部融化}=\frac{a_0}{2k}=\frac{a_0}{a_0-a_1}=\frac{1}{1-\dfrac{a_1}{a_0}}$$

$$\frac{a_1}{a_0}=\frac{\sqrt[3]{\dfrac{3}{4}V_0}}{\sqrt[3]{V_0}}=\sqrt[3]{\frac{3}{4}}\approx 0.91$$

$$t_{全部融化}=\frac{1}{1-0.91}\approx 11\text{小时}$$

如果 1 小时融化 $\frac{1}{4}$ 的立方体，那么要融化其余部分所需的时间约为 11 小时.

3.3 高阶导数

3.3.1 高阶导数的概念

案例 9 [变速直线运动的加速度问题] 设物体做变速直线运动，其运动方程为 $s=s(t)$，则物体运动的速度是位移 s 对时间 t 的导数，即 $v=s'(t)=\frac{\mathrm{d}s}{\mathrm{d}t}$. 此时，若速度 v 仍是时间 t 的函数，则可求 v 对时间 t 的导数，用 a 表示，即

$$a=v'(t)=s''(t)=\frac{\mathrm{d}^2s}{\mathrm{d}t^2}.$$

在力学中，把速度 v 对时间 t 的变化率叫作物体运动的加速度，也就是说物体运动的加速度是位移 s 对时间 t 的二阶导数.

定义 4 若函数 $y=f(x)$ 的导数 $f'(x)$ 在点 x 处可导，则称 $f'(x)$ 在点 x 处的导数为函数 $y=f(x)$ 在点 x 处的二阶导数，即

$$[f'(x)]'=\lim_{\Delta x\to 0}\frac{f'(x+\Delta x)-f'(x)}{\Delta x},$$

记作 $f''(x)$、y''、$\frac{\mathrm{d}^2f(x)}{\mathrm{d}x^2}=\frac{\mathrm{d}}{\mathrm{d}x}\left(\frac{\mathrm{d}f(x)}{\mathrm{d}x}\right)$、$\frac{\mathrm{d}^2y}{\mathrm{d}x^2}=\frac{\mathrm{d}}{\mathrm{d}x}\left(\frac{\mathrm{d}y}{\mathrm{d}x}\right)$，这时也称 $f(x)$ 在点 x 处二阶可导.

若函数 $y=f(x)$ 在区间 I 上每一点处都二阶可导，则称它在区间 I 上二阶可导，

并称 $f''(x)$ 为 $f(x)$ 在区间 I 上的二阶导函数，简称为二阶导数.

类似地，函数 $y=f(x)$ 的二阶导数的导数叫作 $y=f(x)$ 的三阶导数，三阶导数的导数叫作四阶导数，等等. 一般地，如果函数 $f(x)$ 的 $n-1$ 阶导数仍然可导，则 $f(x)$ 的 $n-1$ 阶导数的导数叫作 $f(x)$ 的 n 阶导数. 这时，也说函数 $f(x)$ n 阶可导，记作

$$f^{(n)}(x),\ y^{(n)},\ \frac{\mathrm{d}^n y}{\mathrm{d}x^n},\quad \frac{\mathrm{d}^n f(x)}{\mathrm{d}x^n}.$$

二阶及二阶以上的导数统称高阶导数. 求高阶导数可以反复运用求一阶导数的方法.

例 26 求下列函数的二阶导数.

（1）$y=x^3+3x^2-4$；（2）$y=x\ln x$；

（3）$y=\mathrm{e}^x\sin x+\dfrac{x+1}{x}$.

解：（1）$y'=(x^3+3x^2-4)'=3x^2+6x$，

$$y''=(3x^2+6x)'=6x+6.$$

（2）$y'=(x\ln x)'=\ln x+1$，

$$y''=(\ln x+1)'=\frac{1}{x}.$$

（3）$y'=(\mathrm{e}^x\sin x)'+\left(1+\dfrac{1}{x}\right)'=\mathrm{e}^x(\sin x+\cos x)-\dfrac{1}{x^2}$，

$$\begin{aligned}y''&=[\mathrm{e}^x(\sin x+\cos x)]'-(x^{-2})'\\&=\mathrm{e}^x(\sin x+\cos x)+\mathrm{e}^x(\cos x-\sin x)+2x^{-3}\\&=2\mathrm{e}^x\cos x+\frac{2}{x^3}.\end{aligned}$$

例 27 已知 $y=\sin^2 x$，求 $y''|_{x=\frac{\pi}{2}}$.

解： $y'=2\sin x\cos x=\sin 2x$，

$$y''=(\sin 2x)'=2\cos 2x,$$

$$y''|_{x=\frac{\pi}{2}}=2\cos 2x|_{x=\frac{\pi}{2}}=-2.$$

例 28 已知 $y=\dfrac{\ln x}{x}$，求 $y''|_{x=1}$.

解： 由除法法则，得

$$y'=\frac{(\ln x)'\cdot x-\ln x\cdot(x)'}{x^2}=\frac{1-\ln x}{x^2},$$

$$y''=\frac{(1-\ln x)'\cdot x^2-(x^2)'\cdot(1-\ln x)}{(x^2)^2}=\frac{-x-2x(1-\ln x)}{x^4}=-\frac{3-2\ln x}{x^3},$$

$$y''|_{x=1}=-3.$$

3.3.2 高阶导数的意义

1. 二阶导数的物理意义

在力学中，把速度 v 对时间 t 的变化率叫作物体运动的加速度，也就是说物体运动的加速度是位移 s 对时间 t 的二阶导数. 如果运动物体的质量为 m（单位：kg），其在时刻 t 的加速度为 $a=\frac{\mathrm{d}^2s}{\mathrm{d}t^2}$（单位：m/s²），则根据牛顿第二定律，运动物体在时刻 t 所受的力为

$$F=ma=m\frac{\mathrm{d}^2s}{\mathrm{d}t^2}\text{（单位：N）}.$$

例 29 质量为 5kg 的物体做变速直线运动，其运动方程为 $s=4t^3+2t^2+3t$（长度单位为 m，时间单位为 s）. 求：物体在 $t=3$s 时所在位置、速度、加速度及所受的力.

解：$t=3$s 时，物体所在的位置为

$$s\,|_{t=3}=4\times3^3+2\times3^2+3\times3=135\ \text{m},$$

速度为 $v(3)=s'\,|_{t=3}=(4t^3+2t^2+3t)'\,|_{t=3}=(12t^2+4t+3)\,|_{t=3}=123\ \text{m/s}$，

加速度为 $a(3)=s''\,|_{t=3}=(4t^3+2t^2+3t)''\,|_{t=3}=(24t+4)\,|_{t=3}=76\ \text{m/s}^2$，

所受力为 $F\,|_{t=3}=m\cdot a(3)=5\times76=380\ \text{N}$.

2. 二阶导数在社会生活中的意义

居民消费价格指数 CPI（Consumer Price Index）是一个反映居民家庭一般所购买的消费商品和服务价格水平变动情况的宏观经济指标，它不仅同人们的生活密切相关，同时在整个国民经济价格体系中也具有重要的地位，是进行经济分析和决策、价格总水平监测和调控及国民经济核算的重要指标，其变动率在一定程度上反映了通货膨胀或紧缩的程度. 一般来讲，物价全面地、持续地上涨就被认为发生了通货膨胀.

若某地区一段时期内的 CPI 为 $I(t)$，则可知

（1）$I'(t)$ 是 $I(t)$ 的变化率，也就是时刻 t 的通货膨胀率；

（2）$I''(t)$ 是 $I'(t)$ 的变化率，也就是时刻 t 的通货膨胀率的改变率.

当政府宣称“通胀下降”时，也就意味着 $I'(t)$ 下降，此时商品和服务的价格呈下降趋势.

3.4 隐函数与由参数方程所确定的函数的导数

3.4.1 隐函数的求导方法

在中学数学里曾学习过如下函数：

（1）抛物线 $y=x^2$；（2）双曲线 $\frac{x^2}{4}-\frac{y^2}{9}=1$.

前者明确了 x 是自变量、y 是因变量，后者则不然.

一般形如 $y=f(x)$ 的函数叫作显函数；隐含在方程 $f(x,y)=0$ 中的函数 $y=y(x)$ 称为隐函数.

案例 10 我国神舟七号运载火箭（简称为神七）于 2008 年 9 月 25 日 21 点 10 分 4 秒 988 毫秒在甘肃酒泉卫星发射中心发射升空，点火第 120s 火箭抛掉助推器及逃逸塔，上升段飞行时间为 583.828s. 根据第一宇宙速度 7.9km/s 计算神舟七号上升段的平均加速度：

$$a=\frac{7900-0}{583.828}\approx 13.5314 \text{（m/s}^2\text{）}$$

再根据 $v=at$ 及 $h=\frac{1}{2}at^2$ 可知，神七在 $t=10\,\text{s}$ 时的速度约为 135 m/s，高度约为 680m.

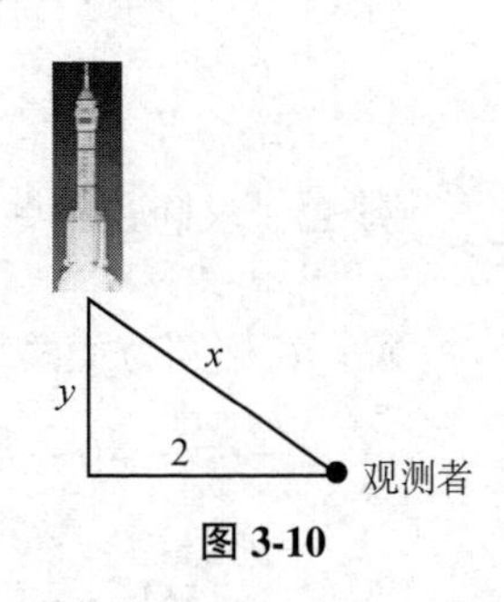

图 3-10

现有一位观测者在距离发射场2km的地方观测神七发射，问在 $t=10\,\text{s}$ 时神七与观测者之间的距离变化有多快？

如图 3-10 所示，设发射 t 秒后神七上升的高度为 $y(t)$（m），神七与观测者之间的距离为 $x(t)$（m）. 则由勾股定理，有

$$4+y^2(t)=x^2(t)$$

根据题意可知 $y'(10)=135\,\text{m/s}$，欲求 $x'(10)$. 这显然是一个由方程所确定的隐函数的求导问题.

不难看出，方程 $4+y^2=x^2$ 中第一项为常数，第三项只含自变量 x，因此这两项都可直接用基本公式求导. 而第二项是只含有函数 y 的项，它应该如何求导呢？

注意，如果 $z=f(y)$、$y=y(x)$ 可导且构成复合函数，那么根据复合函数的求导法则，有 $z'(x)=(f(y(x)))'_x=f'_y(y)\cdot y'$，其中 $f'_y(y)$ 通常直接用公式或求导法则求导.

例如，$(y^3)'_x=3y^2\cdot y'$，$(\ln y)'_x=\frac{1}{y}\cdot y'$.

综合上面的讨论，可得到下面的结论.

隐函数的求导规则：隐函数的求导方式是方程两边同时对自变量 x 求导. 操作规则如下：先应用线性法则对等式两边求导，然后看各项的结构.

（1）只含自变量 x 的项，直接用基本公式或求导法则求导；

（2）只含因变量 y 的项，先用基本公式或求导法则对 y 正常求导，然后再乘以 y'.

例 30 若 $y=y(x)$ 由 $\mathrm{e}^x+2\sin y=y^2-2x$ 所确定，求 y'_x.

解：方程两边同时对自变量 x 求导，得

$$(\mathrm{e}^x)'+2(\sin y)'=(y^2)'-2(x)',$$

其中，$(\mathrm{e}^x)'$ 和 $(x)'$ 是只含 x 的项，直接用基本公式求导；$(\sin y)'$ 和 $(y^2)'$ 是只含 y 的项，用公式求导后再乘以 y'，即得

$$\mathrm{e}^x+2\cos y\cdot y'=2y\cdot y'-2,$$

故
$$y'=\frac{e^x+2}{2y-2\cos y}.$$

例 31 若 $y=y(x)$ 由 $x\cos x-e^y=2x-1$ 所确定，求 $y'_x|_{x=0}$.

解： 注意到，当 $x=0$ 时，由 $x\cos x-e^y=2x-1$ 得
$$e^y=1\text{，即 }y=0.$$

另一方面，方程两边同时对自变量 x 求导，得
$$(x\cos x)'-(e^y)'=(2x-1)',$$

即
$$\cos x-x\sin x-e^y y'=2,$$

将 $x=0$，$y=0$ 代入，得
$$y'_x|_{x=0}=-1.$$

例 32 求椭圆 $\frac{x^2}{9}+\frac{y^2}{4}=1$ 上在点 $P\left(1,\frac{4\sqrt{2}}{3}\right)$ 处的切线方程（见图 3-11）.

解： 在椭圆方程两边对 x 求导，得

$\frac{2x}{9}+\frac{2y}{4}\cdot\frac{dy}{dx}=0$，所以 $\frac{dy}{dx}=-\frac{4x}{9y}$，

将点 P 的坐标 $x=1,\ y=\frac{4\sqrt{2}}{3}$ 代入，

得切线的斜率 $k=\frac{dy}{dx}\bigg|_{\left(1,\frac{4\sqrt{2}}{3}\right)}=-\frac{\sqrt{2}}{6}$，

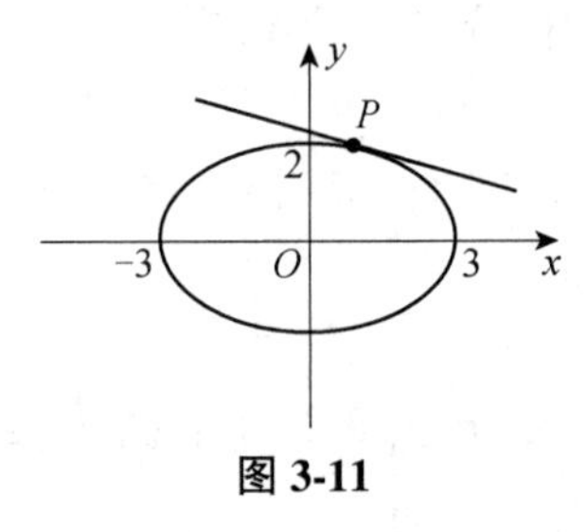

图 3-11

从而得到所求切线的方程为
$$y-\frac{4\sqrt{2}}{3}=-\frac{\sqrt{2}}{6}(x-1)$$

即 $x+3\sqrt{2}y-9=0$.

由以上几个例子可知，求隐函数的导数 y'_x 时，总是将方程两边同时对 x 求导，把 y 看成 x 的函数，关于 y 的函数就是 x 的复合函数. 然后从所得结果中解出 y'_x，就是所求的导数.

[案例 10 的解答] 方程两边对 t 求导，得
$$2y\cdot y'(t)=2x\cdot x'(t).$$

注意 $t=10\text{ s}$ 时，$y'(t)=135\text{ m/s}$，$y=680\text{ m}$，$x=2000\text{ m}$，故
$$x'(t)=\frac{680\times135}{2000}=45.9\ \text{（m/s）}.$$

即在 $t=10\text{ s}$ 时，神七与观测者之间的距离的变化率为 45.9m/s.

3.4.2 参数方程确定的函数的求导方法

由方程所确定的函数常见的有参数方程 $\begin{cases}x=x(t)\\y=y(t)\end{cases}$ 所确定的函数和直角坐标方程

$f(x,y)=0$所确定的函数. 例如，半径为R的圆，下列两个方程：

（1）参数方程$\begin{cases}x=R\cos t\\y=R\sin t\end{cases}$，（2）直角坐标方程$x^2+y^2=R^2$，

都能确定函数$y=y(x)$.

案例9 研究物体运动的轨迹时，经常遇到参数方程. 研究抛物体的运动轨迹时，如果空气阻力忽略不计，那么抛射物体的运动轨迹可以用参数方程表示为

$$\begin{cases}x=v_1t\\y=v_2t-\dfrac{1}{2}gt^2\end{cases}$$

其中，v_1、v_2分别为抛射体初速度的水平、垂直分量，g是重力加速度，t是飞行时间，x和y分别是飞行中抛射体在垂直平面上的位置的横坐标和纵坐标.

一般地，若参数方程

$$\begin{cases}x=\varphi(t)\\y=\psi(t)\end{cases}$$

确定了y与x之间的函数关系，则称此函数关系所表达的函数为由参数方程所确定的函数.

在实际问题中，有时需要计算由参数方程$\begin{cases}x=\varphi(t)\\y=\psi(t)\end{cases}$所确定的函数$y$对$x$的导数，但从参数方程中消去参数$t$有时会很困难. 下面介绍一种直接由参数方程$\begin{cases}x=\varphi(t)\\y=\psi(t)\end{cases}$求解$\dfrac{\mathrm{d}y}{\mathrm{d}x}$的方法.

设$\varphi(t)$和$\psi(t)$分别有导数$\varphi'(t)$和$\psi'(t)$，且$\varphi'(t)\neq 0$，则由比值$\dfrac{\Delta y}{\Delta x}=\dfrac{\Delta y/\Delta t}{\Delta x/\Delta t}$，两边取$\Delta t\to 0$时（此时$\Delta y$和$\Delta x$也趋于零）的极限，得

$$\frac{\mathrm{d}y}{\mathrm{d}x}=\frac{y'_t}{x'_t}=\frac{\psi'(t)}{\varphi'(t)}.$$

这就是由参数方程$\begin{cases}x=\varphi(t)\\y=\psi(t)\end{cases}$所确定的函数$y$对$x$的导数公式.

例33 若$\begin{cases}x=t^3+3t\\y=t^2-2t\end{cases}$确定函数$y=y(x)$的求$y'(x)\big|_{t=0}$.

解： 函数$x=t^3+3t$和$y=t^2-2t$对t求导，得

$$x'(t)=3t^2+3，\quad y'(t)=2t-2.$$

故
$$y'(x)=\frac{y'(t)}{x'(t)}=\frac{2t-2}{3t^2+3}，\quad y'(x)\big|_{t=0}=-\frac{2}{3}.$$

例 34 设 $y=f(x)$ 是由参数方程 $\begin{cases}x=\dfrac{2}{t}\\ y=3+\ln t\end{cases}$ 确定的函数，求 $\dfrac{\mathrm{d}y}{\mathrm{d}x}$ 及 $\left.\dfrac{\mathrm{d}y}{\mathrm{d}x}\right|_{x=2}$ 的值.

解：

$$\frac{\mathrm{d}y}{\mathrm{d}x}=\frac{y_t'}{x_t'}=\frac{(3+\ln t)'}{\left(\frac{2}{t}\right)'}=\frac{\frac{1}{t}}{-\frac{2}{t^2}}=-\frac{t}{2},$$

当 $x=2$ 时，由方程 $x=\dfrac{2}{t}$，得 $t=1$，从而

$$\left.\frac{\mathrm{d}y}{\mathrm{d}x}\right|_{x=2}=-\left.\frac{t}{2}\right|_{t=1}=-\frac{1}{2}.$$

对 $y'(x)=\dfrac{y'(t)}{x'(t)}$ 进一步求导，可以得到公式：

$$y''(x)=\frac{y''(t)x'(t)-y'(t)x''(t)}{(x'(t))^2}.$$

其中，$y''(x)$ 表示 y 作为自变量 x 的函数对 x 求二阶导数；$x''(t)$ 和 $y''(t)$ 表示 x 和 y 作为自变量 t 的函数对 t 求二阶导数.

*3.4.3 对数求导法

对于以下两类函数：

（1）幂指函数，即形如 $y=u(x)^{v(x)}\ \left(u(x)>0\right)$ 的函数；

（2）函数表达式是由多个因式的积、商、幂构成的.

在求它们的导数时，可以先对函数式两边取自然对数，利用对数的运算性质对函数式进行化简，然后利用隐函数求导法求导，这种方法称为**对数求导法**.

例 35 设 $y=(\ln x)^{\cos x}\ (x>1)$，求 y'.

解：函数两端取自然对数，得

$$\ln y=\cos x\cdot\ln(\ln x),$$

两端分别对 x 求导，得

$$\frac{y'}{y}=-\sin x\cdot\ln(\ln x)+\cos x\cdot\frac{1}{\ln x}\cdot\frac{1}{x},$$

所以

$$\begin{aligned}y'&=y\left[-\sin x\cdot\ln(\ln x)+\cos x\cdot\frac{1}{\ln x}\cdot\frac{1}{x}\right]\\&=(\ln x)^{\cos x}\left[\frac{\cos x}{x\ln x}-\sin x\cdot\ln(\ln x)\right].\end{aligned}$$

例 36 设 $y=\dfrac{(x+1)\sqrt[3]{x-1}}{(x+4)^2\mathrm{e}^x}$，求 y'.

解：先在函数两端取绝对值后再取自然对数，得

$$\ln|y|=\ln|x+1|+\frac{1}{3}\ln|x-1|-2\ln|x+4|-x,$$

两端分别对 x 求导，得

$$\frac{y'}{y}=\frac{1}{x+1}+\frac{1}{3(x-1)}-\frac{2}{x+4}-1,$$

即

$$y'=\frac{(x+1)\sqrt[3]{x-1}}{(x+4)^2\mathrm{e}^x}\left[\frac{1}{x+1}+\frac{1}{3(x-1)}-\frac{2}{x+4}-1\right].$$

容易验证，例 36 中的解法，若省略取绝对值这一步所得的结果是相同的. 因此，在使用对数求导法时，常省略取绝对值的步骤.

3.5 函数的微分

3.5.1 微分的定义及意义

1. 微分的定义

微分是莱布尼茨在巴罗的“微分三角形”思想影响下创立的，并由后人不断完善建立起来的概念.

由导数的定义可知道，$y=f(x)$ 在点 x 处的导数为

$$f'(x)=\lim_{h\to 0}\frac{f(x+h)-f(x)}{h},$$

它体现的是比值 $\frac{\Delta y}{\Delta x}$ 的极限，其中 $\Delta x=(x+h)-x$ 、$\Delta y=f(x+h)-f(x)=f(x+\Delta x)-f(x)$ 分别为自变量 x 和函数 y 的改变量.

现实生活中，也有一类这样的问题，要考虑的不是 $\frac{\Delta y}{\Delta x}$，而是 Δy 对 Δx 的依赖关系.

案例 11 已知正方形金属薄片的边长为 x，试讨论该金属薄片受热后面积的改变量 ΔS 对边长的改变量 Δx 的依赖关系.

此薄片的边长为 x，设其面积为 S，则 S 是 x 的函数 $S(x)=x^2$. 薄片受热后其边长由 x_0 变到 $x_0+\Delta x$，受温度影响时面积的改变量可以看作是当自变量 x 在 x_0 取得增量 Δx 时，函数 S 相应的增量 ΔS，即

$$\Delta S=(x_0+\Delta x)^2-{x_0}^2=2x_0\cdot\Delta x+(\Delta x)^2.$$

在实际问题中，往往只需求得 ΔS 的具有一定精确度的近似值.为此，我们对 ΔS 进行分析，在什么条件下，ΔS 可以用怎样的一个近似式来表示？

若 $\Delta x=0.01$，则 $(\Delta x)^2=0.0001$. 可以看出，ΔS 主要依赖于 $2x\Delta x$. 具体来说，当

$\Delta x \to 0$ 时，$\Delta S = 2x_0 \cdot \Delta x + (\Delta x)^2$ 式子右端第一项 $2x_0\Delta x$ 是 Δx 的线性函数，而第二项 $(\Delta x)^2$ 是 Δx 的高阶无穷小. 就是说，对函数 $S(x)$ 的变化量 ΔS 来说，第一项 $2x_0\Delta x$ 是主要的，第二项 $(\Delta x)^2$ 是次要的. 略去 Δx 的高阶无穷小，就得到 ΔS 的近似表达式

$$\Delta S \approx 2x_0\Delta x .$$

这时的误差是 Δx 高阶无穷小. 当 $|\Delta x|$ 很小时，$\Delta S \approx 2x_0\Delta x$ 所产生的误差也很小，且 $|\Delta x|$ 越小，$\Delta S \approx 2x_0\Delta x$ 的近似程度就越好.

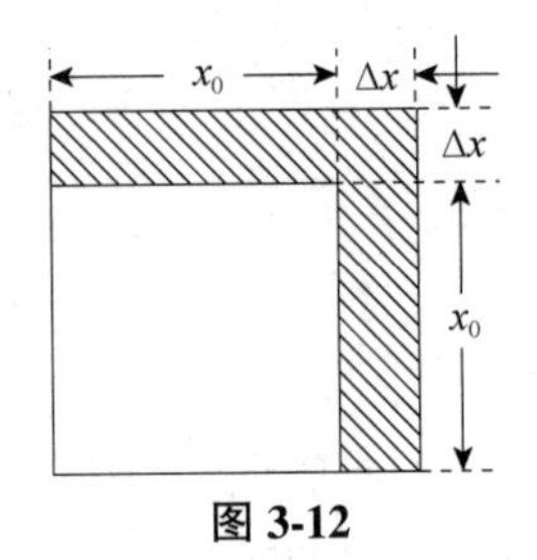

图 3-12

从图 3-12 也可以看出，面积的增量 ΔS 是图中阴影部分的面积. $\Delta S \approx 2x_0\Delta x$ 表示以两块矩形面积 $2x_0\Delta x$ 来代替面积的实际增量 ΔS，略去了较小的一块正方形面积 $(\Delta x)^2$. 因为 $S'(x)|_{x=x_0} = 2x_0$，所以 $\Delta S \approx 2x_0\Delta x$ 又可以表示为

$$\Delta S \approx S'|_{x=x_0} \cdot \Delta x .$$

下面我们来说明，由 $\Delta S \approx S'|_{x=x_0} \cdot \Delta x$ 所表示的近似关系式，对于一般的可导函数也是成立的.

设函数 $y = f(x)$ 在点 x_0 处可导，即在点 x_0 处极限 $\lim\limits_{\Delta x \to 0} \dfrac{\Delta y}{\Delta x} = f'(x_0)$ 存在. 根据函数极限与无穷小的关系，有（$\Delta x \to 0$ 时，$\alpha \to 0$）$\dfrac{\Delta y}{\Delta x} = f'(x_0) + \alpha$，从而

$$\Delta y = f'(x_0) \cdot \Delta x + \alpha \cdot \Delta x \tag{3-4}$$

由式（3-4）可知，函数的增量 Δy 是由 $f'(x_0) \cdot \Delta x$ 与 $\alpha \cdot \Delta x$ 两项组成的. 当 $f'(x_0) \neq 0$ 且 $\Delta x \to 0$ 时，第一项 $f'(x_0) \cdot \Delta x$ 是 Δx 的线性函数，第二项 $\alpha \cdot \Delta x$ 是 Δx 的高阶无穷小. 因此，当 $f'(x) \neq 0$ 且 $|\Delta x|$ 很小时，在函数增量 Δy 中，起主要作用的是 $f'(x_0) \cdot \Delta x$，用它来近似代替函数增量，即

$$\Delta y \approx f'(x_0) \cdot \Delta x .$$

误差 $|\alpha \cdot \Delta x|$ 比 $|\Delta x|$ 要小得多. 由于 $f'(x_0) \cdot \Delta x$ 是 Δx 的线性函数，所以通常把 $f'(x_0) \cdot \Delta x$ 叫作 Δy 的线性主部($f'(x_0) \neq 0$).

定义 5 如果函数 $y = f(x)$ 在点 x_0 处具有导数 $f'(x_0)$，那么 $f'(x_0) \cdot \Delta x$ 叫作函数 $y = f(x)$ 在点 x_0 处的微分，记作 $\mathrm{d}y$，即

$$\mathrm{d}y = f'(x_0) \cdot \Delta x . \tag{3-5}$$

例如，函数 $y = x^3$ 在点 $x = 1$ 的微分为

$$\mathrm{d}y = (x^3)'|_{x=1} \cdot \Delta x = 3\Delta x .$$

对照式（3-4）、式（3-5）可以看出，当 $f'(x_0) \neq 0$ 时，函数的微分 $f'(x_0) \cdot \Delta x$ 是函数增量的线性主部.

函数 $y = f(x)$ 在任意点 x 处的微分叫作函数的微分，记作 $\mathrm{d}y$ 或 $\mathrm{d}f(x)$，即

$$\mathrm{d}y = f'(x) \cdot \Delta x .$$

显然，函数的微分 $\mathrm{d}y = f'(x) \cdot \Delta x$ 与 x 和 Δx 两个量有关.

由于 $\mathrm{d}x = x'\Delta x = \Delta x$，所以，通常把自变量的增量 Δx 称为自变量的微分，记作 $\mathrm{d}x$.

于是函数 $y=f(x)$ 的微分又可以记为

$$\mathrm{d}y=f'(x)\cdot\mathrm{d}x\,,\tag{3-6}$$

从而有

$$\frac{\mathrm{d}y}{\mathrm{d}x}=f'(x)\,.\tag{3-7}$$

式（3-7）说明，函数的微分 dy 与自变量的微分 dx 之商，等于该函数的导数，故导数又叫作微商. 可导函数也称为可微函数，函数在某点处可导也称为函数在某点处可微.

2. 微分的几何意义

函数 $y=f(x)$ 在 x_0 处的微分，可以借助图形考察.

如图 3-13 所示，MP 是曲线 $y=f(x)$ 上点 $M(x_0,y_0)$ 处的切线，倾斜角为 α，当自变量 x 有增量 Δx 时，相应的曲线上的点为 $N(x_0+\Delta x,y_0+\Delta y)$. 这里，$MQ=\Delta x$，$QN=\Delta y$.

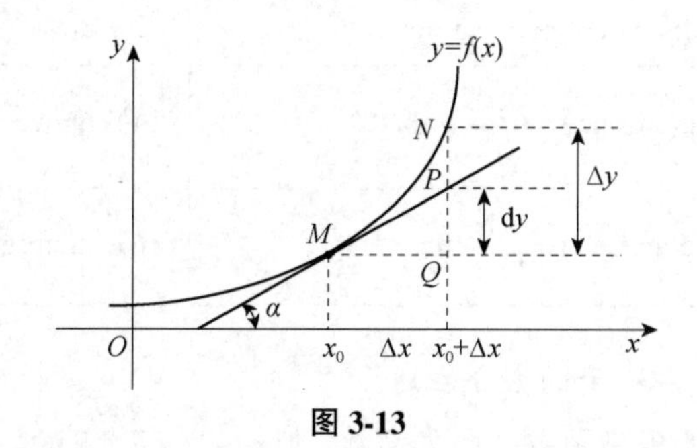

图 3-13

由于 $\dfrac{QP}{MQ}=\tan\alpha=f'(x_0)$，所以 $QP=f'(x_0)\cdot MQ=f'(x_0)\cdot\Delta x$，即

$$\mathrm{d}y=QP\,.$$

由此可知，函数 $y=f(x)$ 在 x_0 处的微分，就是当 x 有增量 Δx 时，曲线 $y=f(x)$ 在点 (x_0,y_0) 处切线纵坐标的增量，这就是微分的几何意义.

进一步观察可知，$\mathrm{d}y=QP$ 与函数增量 Δy 相差一个 PN，即

$$|\Delta y-dy|=|PN|\,.$$

可以看出，当 Δx 越来越小时，$|\Delta y-\mathrm{d}y|$ 也越来越小，如果用 dy 近似代替 Δy，即

$$\Delta y\approx\mathrm{d}y\,,$$

其精确程度就越来越高. 因此在 $|\Delta x|$ 相对很小时，可以利用微分进行近似计算.

3.5.2 微分的计算及应用

从函数微分定义

$$\mathrm{d}y=f'(x)\cdot\mathrm{d}x$$

可知，要计算函数的微分，只需求出函数的导数再乘以自变量的微分就可以了，所以

我们从求导数的基本公式和法则就可直接推出求微分的基本公式和法则.

1. 微分的基本公式

微分的基本公式见表 3-2.

表 3-2

类别	公式	公式
常数	（1） $\mathrm{d}(C)=0$ （C 是常数）	
幂函数	（2） $\mathrm{d}(x^{\alpha})=\alpha x^{\alpha-1}\mathrm{d}x$ （α 是实数）	
指数函数	（3） $\mathrm{d}(a^{x})=a^{x}\ln a\mathrm{d}x$	（4） $\mathrm{d}(\mathrm{e}^{x})=\mathrm{e}^{x}\mathrm{d}x$
对数函数	（5） $\mathrm{d}(\log_{a}x)=\frac{1}{x}\log_{a}\mathrm{e}\mathrm{d}x=\frac{1}{x\ln a}\mathrm{d}x$	（6） $\mathrm{d}(\ln x)=\frac{1}{x}\mathrm{d}x$
三角函数	（7） $\mathrm{d}(\sin x)=\cos x\mathrm{d}x$	（8） $\mathrm{d}(\cos x)=-\sin x\mathrm{d}x$
	（9） $\mathrm{d}(\tan x)=\sec^{2}x\mathrm{d}x$	（10） $\mathrm{d}(\cot x)=-\csc^{2}x\mathrm{d}x$
	（11） $\mathrm{d}(\sec x)=\sec x\cdot\tan x\mathrm{d}x$	（12） $\mathrm{d}(\csc x)=-\csc x\cdot\cot x\mathrm{d}x$
反三角函数	（13） $\mathrm{d}(\arcsin x)=\frac{1}{\sqrt{1-x^{2}}}\mathrm{d}x$	（14） $\mathrm{d}(\arccos x)=-\frac{1}{\sqrt{1-x^{2}}}\mathrm{d}x$
	（15） $\mathrm{d}(\arctan x)=\frac{1}{1+x^{2}}\mathrm{d}x$	（16） $\mathrm{d}(\mathrm{arccot}\,x)=-\frac{1}{1+x^{2}}\mathrm{d}x$

2. 函数和、差、积、商的微分法则

设 u 和 v 都是 x 的可微函数，C 为常数. 则

（1） $\mathrm{d}(u\pm v)=\mathrm{d}u\pm\mathrm{d}v$；

（2） $\mathrm{d}(uv)=v\mathrm{d}u+u\mathrm{d}v$；

（3） $\mathrm{d}(Cu)=C\mathrm{d}u$；

（4） $\mathrm{d}\left(\frac{u}{v}\right)=\frac{v\mathrm{d}u-u\mathrm{d}v}{v^{2}}$.

3. 复合函数的微分（微分形式不变性）

设 $y=f(u)$ 及 $u=\varphi(x)$ 都可导，则复合函数 $y=f[\varphi(x)]$ 的微分为

$$\mathrm{d}y=y'_{x}\mathrm{d}x=f'(u)\cdot\varphi'(x)\mathrm{d}x，$$

由于 $\varphi'(x)\cdot\mathrm{d}x=\mathrm{d}u$，所以复合函数 $y=f[\varphi(x)]$ 的微分又可写成

$$\mathrm{d}y=f'(u)\cdot\mathrm{d}u \text{ 或 } \mathrm{d}y=y'_{u}\mathrm{d}u.$$

由此可见，无论 u 是自变量还是另一个变量的可微函数，微分形式 $\mathrm{d}y=f'(u)\cdot\mathrm{d}u$ 保持不变. 这一性质称为微分形式不变性.

例 37 求函数 $y=\sin^{3}(2x)$ 的微分.

解： $\mathrm{d}y=[\sin^{3}(2x)]'\mathrm{d}x=3\sin^{2}(2x)\cdot\cos(2x)\cdot2\mathrm{d}x=6\sin^{2}(2x)\cdot\cos(2x)\cdot\mathrm{d}x$.

此题的另外一种解法是利用微分形式不变性：

$$\begin{aligned}dy &= d(\sin^3(2x))\\ &= 3\sin^2(2x)d(\sin 2x)\\ &= 3\sin^2(2x)\cdot\cos(2x)d(2x)\\ &= 6\sin^2(2x)\cdot\cos(2x)dx.\end{aligned}$$

例 38 在下列等式的括号中填入适当函数.

（1）$x\mathrm{d}x =$（　　）$\mathrm{d}(x^2+1)$；（2）d（　　）$=\sin\omega x\mathrm{d}x$.

解：（1）由于 $\mathrm{d}(x^2+1)=2x\mathrm{d}x$ ，对比等式左端可知，括号中应填入 $\frac{1}{2}$ ，即

$$x\mathrm{d}x=\left(\frac{1}{2}\right)\mathrm{d}(x^2+1)\text{；}$$

（2）因为 $\mathrm{d}(\cos\omega x)=-\omega\sin\omega x\mathrm{d}x$ ，对比等式两端可知，括号中可填入 $-\frac{1}{\omega}\cos\omega x$ ，又因 $\mathrm{d}(C)=0$ ，所以括号中应填入 $-\frac{1}{\omega}\cos\omega x+C$ ，即

$$\mathrm{d}\left(-\frac{1}{\omega}\cos\omega x+C\right)=\sin\omega x\mathrm{d}x\ .$$

在实际问题中，有时需要计算当自变量有微小的增量时，相应的函数的增量. 一般来说，计算函数的增量比较麻烦，因此希望能找到计算函数增量的一种近似方法，使其计算简便，且误差不大，具有一定的精确度.方程 $\mathrm{d}y=f'(x)\mathrm{d}x$ 表示 x 不同取值的变化影响 y 的不同值的变化的敏感度. 在 x 处 $f'(x)$ 的值越大，给定的变化 $\mathrm{d}x$ 的影响越大.

例 39 测量井的深度时，可以通过往井里扔很重的石头计算石头触及水面溅落声的时间，并由公式 $S=16t^2$ 来计算水的深度. 在测量时间时，0.1s 的误差对计算结果影响有多大?

解：公式中 $\mathrm{d}S$ 的大小为 $\mathrm{d}S=32t\mathrm{d}t$ ，取决于 t 有多大. 如果 $t=2$ s，由 $\mathrm{d}t=0.1$ 造成的误差有 $\mathrm{d}S=32\times2\times0.1=6.4$ m；3s 后，即 $t=5$ s，由同样的 $\mathrm{d}t=0.1$ 造成的误差有 $\mathrm{d}S=32\times5\times0.1=16$ m.

综合训练 3

1. 设 $f(x)$ 在 x_0 可导，则 $\lim\limits_{h\to0}\frac{f(x_0-2h)-f(x_0)}{2h}=$______________.
2. 已知 $y=(2x^2+5x-1)^5$ ，则 $y'|_{x=0}=$______________.
3. 若 $y=x^2\ln x$ ，则 $y'''=$______________.
4. 若 $y=\ln\cos x$，则 $y'=$______________.
5. 设函数 $f(x)=\mathrm{e}^{\frac{1}{x}}$,则 $f'\left(\frac{1}{2}\right)=$______________.

6. 设 $f(x)$ 是可导函数，且 $\lim\limits_{\Delta x\to 0}\dfrac{f(x_0+3\Delta x)-f(x_0)}{\Delta x}=2$，则 $f'(x_0)=$________.

7. 曲线 $y=x\ln x$ 在 $x=1$ 处的切线方程为________.

8. 若 $y=\dfrac{2x^2}{1-x}$，则 $y'=$________.

9. 已知函数 $y=3\ln x+\dfrac{1}{x}$，则 $\mathrm{d}y\big|_{x=1}=$________.

10. 函数 $y=\mathrm{e}^x$，则 $y''|_{x=0}=$________.

11. 设 $\begin{cases}x=\sin t\\ y=t\end{cases}$，则 $\dfrac{\mathrm{d}y}{\mathrm{d}x}=$________，$\left.\dfrac{\mathrm{d}y}{\mathrm{d}x}\right|_{t=\frac{\pi}{3}}=$________.

12. 设曲线 $y=x^2+x-2$ 在点 P 处的切线的斜率等于5，则 P 点的坐标为________.

13. 求下列函数的导数 $\dfrac{\mathrm{d}y}{\mathrm{d}x}$ 及 $\dfrac{\mathrm{d}^2y}{\mathrm{d}x^2}$.

（1）$y=4x^3-2\ln x+3\mathrm{e}^x$；　　（2）$y=2\mathrm{e}^x\sin x$.

14. 求下列函数的导数 $\dfrac{\mathrm{d}y}{\mathrm{d}x}$.

（1）$y=\ln(1+2x^2)$；　　（2）$y=\dfrac{2x}{\sqrt{x^2+1}}$；

（3）$y=x^2\cdot 3^x-\mathrm{e}^{-2x}$；　　（4）$y=x^2\sqrt{1-x^2}+2\arctan x$.

15. 求下列隐函数 y 的导数 $\dfrac{\mathrm{d}y}{\mathrm{d}x}$.

（1）$y^2-2xy+19=0$；　　（2）$x\sin y=\cos(x+y)$.

16. 求由参数方程 $\begin{cases}x=t(1-\cos t)\\ y=\quad t\sin t\end{cases}$ 所确定的函数的导数 $\dfrac{\mathrm{d}y}{\mathrm{d}x}$.

思政聚焦

科学是严谨的，数学是严谨的，要学会用辩证唯物主义的哲学方法去思考和解决实际问题.

【数学家小故事】——柯西的故事

柯西（Cauchy，1789—1857）是法国数学家、物理学家、天文学家. 19 世纪初期，微积分已发展成一个庞大的分支，内容丰富，应用非常广泛. 与此同时，它的薄弱之处也越来越暴露出来，微积分的理论基础并不严格. 为解决新问题并澄清微积分的概

念，数学家们展开了数学分析严谨化的工作，柯西在数学分析方面做出了卓越贡献.

柯西1789年8月21日出生于巴黎，他的父亲是一位精通古典文学的律师，与当时法国的大数学家拉格朗日与拉普拉斯交往密切. 柯西少年时代的数学才华颇受这两位数学家的赞赏，并预言柯西日后必成大器. 拉格朗日向其父建议"赶快给柯西一种坚实的文学教育"，以便他的爱好不致把他引入歧途. 父亲因此加强了对柯西的文学教育，使他在诗歌方面也表现出很高的才华. 柯西在数学上的最大贡献是在微积分中引进了极限概念，并以极限为基础建立了逻辑清晰的分析体系. 这是微积分发展史上的精华，也是柯西对人类科学发展所做的巨大贡献.

1821年，柯西提出极限定义的方法，把极限过程用不等式来刻画，后经魏尔斯特拉斯改进，成为现在所说的柯西极限定义或叫$\epsilon-\delta$定义. 当今所有微积分的教科书都还（至少是在本质上）沿用着柯西等人关于极限、连续、导数、收敛等概念的定义. 柯西对微积分的解释被后人普遍采用. 柯西对定积分做了最系统的开创性工作，他把定积分定义为和的"极限". 在定积分运算之前，强调必须确立积分的存在性. 他利用中值定理首先严格证明了微积分基本定理. 通过柯西及后来魏尔斯特拉斯的艰苦工作，使数学分析的基本概念得到严格的论述. 从而结束了微积分二百年来思想上的混乱局面，把微积分及其推广从对几何概念、运动和直观了解的完全依赖中解放出来，并使微积分发展成现代数学最基础最庞大的数学学科.

柯西在其他方面的研究成果也很丰富. 复变函数的微积分理论就是由他创立的. 在代数方面、理论物理、光学、弹性理论方面，柯西也做出了突出贡献. 柯西的数学成就不仅辉煌，而且数量惊人. 柯西全集有27卷，其论著有800多篇，在数学史上是仅次于欧拉的多产数学家. 他的光辉名字与许多定理、准则一起著写在当今许多著作中.

1857年5月23日柯西在巴黎病逝. 他临终的一句名言"人总是要死的，但是，他们的业绩永存."长久地叩击着一代又一代学子的心扉.

单元 4 导数的应用

1. 教学目的

1）知识目标

★ 进一步理解一阶导数的概念及变化率在生活中的应用.

★ 明确单调性、单调区间的概念，理解并掌握函数单调性的判定定理，掌握判断函数单调性、单调区间的方法.

★ 理解函数极值的概念，理解并掌握函数极值的判定定理，掌握判断函数极值的方法.

★ 理解函数最值的概念，能正确区分函数的极值与最值，掌握闭区间连续函数求最值的方法，能够正确解决实际应用中的最值问题.

★ 理解曲线凹凸性及拐点的定义，理解并掌握函数凹凸性的判定定理，掌握判断函数凹凸性、凹凸区间及拐点的方法.

★ 理解未定式的概念，掌握用洛必达法则求$\frac{0}{0}$型及$\frac{\infty}{\infty}$型未定式极限的方法及注意事项，了解其他类型未定式的解法.

2）素质目标

★ 判定单调性、极值、最值、凹凸性要严格依据定理，遵循方法和步骤，培养学生做事严谨、尊重客观规律、实事求是的学习态度和诚实做人、踏实做事的品格.

★ 通过极值和最值的学习体会整体和局部的关系，学习在处理问题时要从局部和不同的角度考虑，具体问题具体分析.

★ 通过对导数应用问题的探索，能利用导数分析和解决数学问题，并将数学思想和方法扩展到其他领域，培养科学创新和探索精神.

2. 教学内容

★ 现实生活中的变化率问题；

★ 函数单调性的判别，极值的概念及判定；

★ 函数值域的求法，最值问题的应用；

★ 凹凸性与拐点的定义、判别方法及应用；

★ 洛必达法则.

3. 数学词汇

① 变化率—the rate of change，相关变化率—correlative change rate；

② 单调性—monotonicity，极值—extremum，
极大值—local maximum，极小值—local minimum；

③ 最大值—maximum，最小值—minimum；

④ 凹凸性—convexity-concavity，拐点—inflection point；

⑤ 洛必达法则—L'Hospital rule，未定式—indeterminate form.

4.1 变化率

由单元 3 的内容可知，$f(x)$ 在 $[a,b]$ 上的平均变化率为 $\dfrac{f(b)-f(a)}{b-a}$，$f(x)$ 在点 x_0 处的（瞬时）变化率为 $f'(x_0)$.

导数的物理意义：

（1）$v=s'(t)$ 表示速度为路程的导数，$a=v'(t)$ 表示加速度为速度的导数；

（2）$i=q'(t)$ 表示电流为电量的导数.

导数的几何意义：$y=f(x)$ 在点 x 处的切线斜率 $k_{切}=f'(x)$. 速度、加速度、电流、切线斜率都属于变化率的范畴.

下面将集中探讨现实生活中的变化率问题，也就是一阶导数（变化率）在现实生活中的应用问题.

4.1.1 物理应用

例 1（高台跳水） 已知一名运动员在 10m 高台跳水时其相对于水面的高度 h（m）与起跳后的时间 t（s）的关系为

$$h=-4.9t^2+6.5t+10,$$

求该运动员到达水面时的速度和加速度.

解： 对 t 求导，得

$$h'=-9.8t+6.5,\quad h''=-9.8.$$

注意运动员到达水面时的高度为 0，由 $h=0$ 解得

$$t\approx 2.24,$$

故 $v|_{h=0}=h'(2.24)=-15.45$，$a|_{h=0}=h''(2.24)=-9.8$.

即运动员到达水面时的速度为−15.45m/s，加速度为−9.8m/s²，其中负号表示高度减少方向.

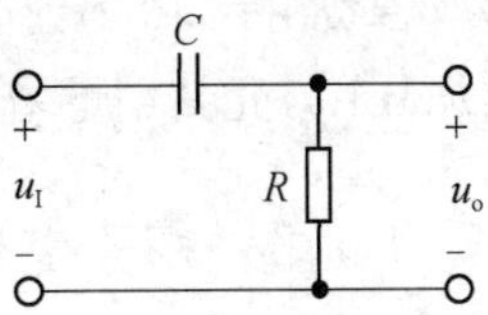

例 2（微分电路） 如图 4-1 所示，设电阻 R 和电容 C 串联在电路中，输入电压 u_I，由电阻 R 输出电压 u_o. 则电流 $i_R=i_C$，且根据 KVL 定律有 $u_I=u_C+u_R$.

图 4-1

当 R 很小时，$u_o\approx u_R$ 也很小，于是有

$$u_I\approx u_C .$$

再根据电容的电流与电压的关系：

$$i_C=C\frac{du_C}{dt},$$

故，$u_o\approx i_R R=i_C R=RC\frac{du_C}{dt}=RC\frac{du_I}{dt}$，

即输出电压与输入电压的时间微分值成正比，这样的电路叫作微分电路.

4.1.2 社会生活应用

例 3（消费物价指数） 已知某地区的居民消费价格指数 CPI（Consumer Price Index）由下面函数描述:

$$I(t)=-0.2t^3+3.2t^2+100\ (0\leqslant t\leqslant 5),$$

其中，$t=0$ 对应 2010 年年底.

（1）问从 2010 年年底至 2015 年年底该地区 CPI 的平均增长率是多少？

（2）如果保持这样的趋势，问该地区 2016 年年底 CPI 的增长率是多少？

解:（1）根据平均变化率的定义式，知 $I(t)$ 从 2010 年年底（$t=0$）至 2015 年年底（$t=5$）的平均变化率为

$$\bar{I}=\frac{I(5)-I(0)}{5-0}=\frac{155-100}{5}=11,$$

即从 2010 年年底至 2015 年年底该地区 CPI 的平均增长率为 11%.

（2）对 $I(t)$ 求导得 $I'(t)=-0.6t^2+6.4t$. 注意 2016 年年底对应 $t=6$，从而

$$I'(6)=16.8,$$

即该地区 2016 年年底 CPI 的增长率为 16.8%.

例 4（广告销售） 已知某公司的广告花费 x（千元）与其总销售 $S(x)$ 之间的关系为

$$S(x)=-0.015x^3+3.56x^2+x+800\ (0\leqslant x\leqslant 200),$$

问广告费用为 10 万元时，销量的增长率是多少？

解: $S(x)$ 对 x 求导得

$$S'(x)=-0.045x^2+7.12x+1,$$

注意广告费用为 10 万元时 $x=100$（千元），将其代入 $S'(x)$，得

$$S'(100) = -0.045\times100^2 + 7.12\times100 + 1 = 263,$$

即广告费用为 10 万元时销量的增长率为 263，也就是当广告费用为 10 万元，其后每增加 0.1 万元其销量增长 26.3 万元.

4.1.3 相关变化率

若变量 x、y 满足方程 $F(x,y)=0$，同时 x、y 又是 t 的函数：

$$x = x(t),\quad y = y(t),$$

则由隐函数的求导法则，将 $F(x,y)=0$ 两边对 t 求导即可建立 $x'(t)$ 和 $y'(t)$ 的函数关系. 换言之，$x'(t)$ 和 $y'(t)$ 是互相关联的两个变化率，已知其中一个就可求出另一个，这就是相关变化率.

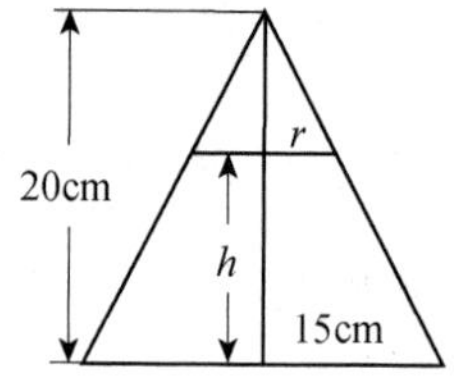

例 5 设有一底面半径为 15cm、高为 20cm 的正圆锥形容器平放于桌面之上，若向容器内以 200cm³/s 的速度注水，问水深为 10cm 时水面上升的速度是多少？

20cm
r
h
15cm

图 4-2

解：如图 4-2 所示，设水深为 h（cm）时，水面的半径为 r（cm），容器内水的体积为 V（cm³），则

$$V = \frac{\pi}{3}\times15^2\times20 - \frac{\pi}{3}r^2(20-h)$$

$$=1500\pi - \frac{\pi}{3}r^2(20-h).$$

另一方面，利用相似三角形的比例关系，得

$$\frac{r}{15} = \frac{20-h}{20},\ \text{即}\quad r = \frac{3}{4}(20-h).$$

于是有 $V = 1500\pi - \dfrac{3\pi}{16}(20-h)^3$.

上式两边对 t 求导，得

$$V'(t) = -\frac{3\pi}{16}\times3(20-h)^2(20-h)'_t = \frac{9\pi}{16}(20-h)^2h'(t),$$

将 $h=10$、$V'(t)=200$ 代入上式，得

$$h'(t) = \frac{32}{9\pi} \approx 1.13\ \text{（cm/s）},$$

即水深为 10cm 时水面上升的速度约为 1.13cm/s.

4.2 函数的单调性与极值

4.2.1 单调性的判断

上文已经介绍过函数在区间上单调的概念，现在将利用导数来研究函数的单调性.

引例 1（矩形脉冲） 已知矩形脉冲信号的表达式为

$$f(t)=\begin{cases} E & |t|\leqslant\dfrac{\tau}{2} \\ 0 & |t|>\dfrac{\tau}{2} \end{cases}\quad（E,\tau>0）.$$

如图 4-3 所示，可以看出，$f(t)$ 在开区间

$$\left(-\infty,-\frac{\tau}{2}\right)、\left(-\frac{\tau}{2},\frac{\tau}{2}\right)、\left(\frac{\tau}{2},+\infty\right)$$

内分别取值 0、E、0，从而不增不减，并满足 $f'(t)=0$.

引例 1 展现的是函数的不增不减情形，即区间内的常数函数不增不减，其导数恒为 0，反过来有如下结论.

定理 1 若 $f(x)$ 在 (a,b) 内可导，则在 (a,b) 内 $f(x)$ 恒为常数的充要条件是

$$f'(x)=0.$$

引例 2（三角脉冲） 已知三角脉冲信号的表达式为

$$f(t)=\begin{cases} A\left(1-\dfrac{|t|}{\tau}\right) & |t|\leqslant\tau \\ 0 & |t|>\tau \end{cases}\quad（A\leqslant\tau>0）.$$

如图 4-4 所示，可以看出：

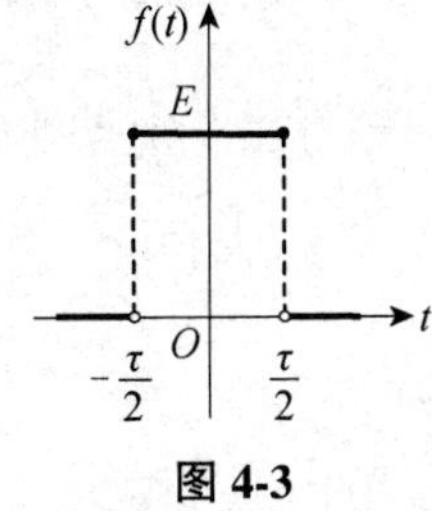

图 4-3

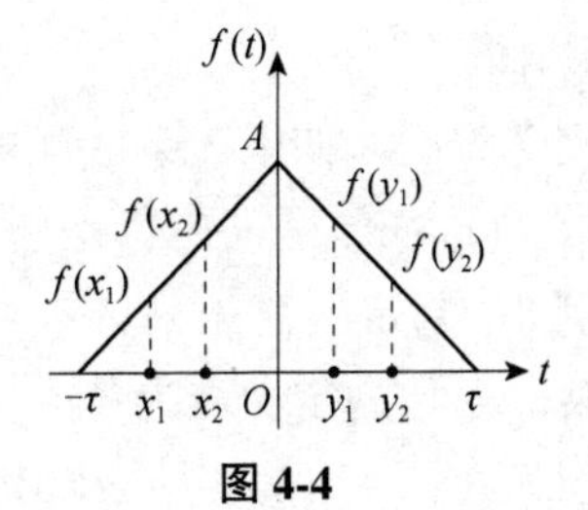

图 4-4

（1）对 $(-\tau,0)$ 内的任意点 x_1、x_2，$x_1<x_2$，始终有 $f(x_1)<f(x_2)$，此时 $f(t)$ 随着 t 的增大而增大，$f(t)$ 单调增加；

（2）对 $(0,\tau)$ 内的任意点 y_1、y_2，$y_1<y_2$，始终有 $f(y_1)>f(y_2)$，此时 $f(t)$ 随着 t 的增大而减小，$f(t)$ 单调减小.

进一步考察引例 2 中的三角脉冲信号的函数表达式及其导数，得到：

（1）在 $(-\tau,0)$ 内，$f(t)$ 单调增加，此时 $f'(t)=\dfrac{A}{\tau}>0$；

（2）在 $(0,\tau)$ 内，$f(t)$ 单调减小，此时 $f'(t)=-\dfrac{A}{\tau}<0$.

引例 3（钟形脉冲） 已知钟形脉冲信号的表达式为

$$f(t)=E\mathrm{e}^{-\left(\frac{t}{\tau}\right)^2}\quad（E,\tau>0）.$$

如图 4-5 所示，可以看出：

（1）在 $(-\infty, 0)$ 内，$f(t)$ 单调增加，其上任一点的切线的倾角 α 都是锐角，因此 $f'(t)=\tan\alpha>0$；

（2）在 $(0,+\infty)$ 内，$f(t)$ 单调减小，其上任一点的切线的倾角 β 都是钝角，因此 $f'(t)=\tan\beta<0$.

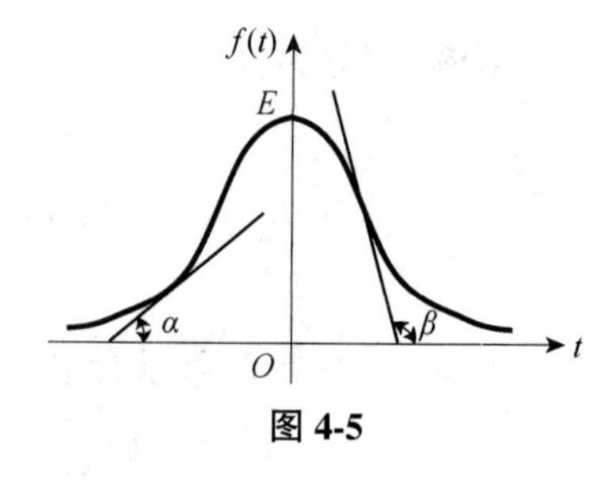

图 4-5

引例 2 和引例 3 显示：无论是直线还是曲线，单调增加对应一阶导数大于 0，单调减小对应一阶导数小于 0.

定理 2（单调性判定法） 在 (a,b) 内，若函数 $f(x)$ 可导，

（1）若 $f'(x)>0$，则 $f(x)$ 在 (a,b) 内单调增加（简称单增）；

（2）若 $f'(x)<0$，则 $f(x)$ 在 (a,b) 内单调减小（简称单减）.

这个判定法中的结论适用于其他各种区间（包括无穷区间）.

例 6 判定函数 $y=x-\cos x$ 在 $(0,2\pi)$ 内的单调性.

解：由于在 $(0,2\pi)$ 内

$$y'=1+\sin x>0,$$

所以由单调性判定法可知，函数 $y=x-\cos x$ 在 $(0,2\pi)$ 内单调增加.

例 7 判定函数 $y=-x^3+1$ 的单调性.

解：函数的定义域是 $(-\infty, +\infty)$.

因为 $y'=-3x^2\leqslant 0$，且只有当 $x=0$ 时 $y'=0$，所以函数 $y=-x^3$ 在 $(-\infty, +\infty)$ 内是单调减小的.

例 7 说明，如果在某区间内 $f'(x)\geqslant 0$（或 $f'(x)\leqslant 0$），但等号在个别点处成立，则函数 $f(x)$ 在该区间内仍是单调增加（或单调减小）的.

例 8 判定函数 $f(x)=\mathrm{e}^x-x+3$ 的单调性.

解：函数的定义域为 $(-\infty, +\infty)$，它的导数为 $f'(x)=\mathrm{e}^x-1$.

因为在 $(-\infty, 0)$ 内 $f'(x)<0$，所以 $f(x)=\mathrm{e}^x-x+3$ 在 $(-\infty, 0)$ 内单调减小；

因为在 $(0, +\infty)$ 内 $f'(x)>0$，所以 $f(x)=\mathrm{e}^x-x+3$ 在 $(0, +\infty)$ 内单调增加.

在例 8 中，$x=0$ 是函数 $f(x)=\mathrm{e}^x-x+3$ 的单调减小区间 $(-\infty, 0)$ 与单调增加区间 $(0, +\infty)$ 的分界点，而在该点处有 $f'(0)=0$.

因此，对于一些在定义区间上并不单调的函数，我们可用导数等于零的点来划分函数的定义区间，从而使函数在各个部分区间上单调.这个结论对于在定义区间上具有连续导数的函数都是成立的.可以采用列表的方法使问题的讨论更加简洁、清楚.

4.2.2 极值的定义与必要条件

1. 极值的定义

观察图 4-6 可以发现，函数 $f(x)$ 在点 C_1、C_4 处的函数值 $f(C_1)$、$f(C_4)$，比它们左右近旁各点处的函数值都大，而在点 C_2、C_5 处的函数值 $f(C_2)$、$f(C_5)$，比它们左右近旁各点处的函数值都小，对于具有这种性质的点和对应的函数值，我们给出如

下定义.

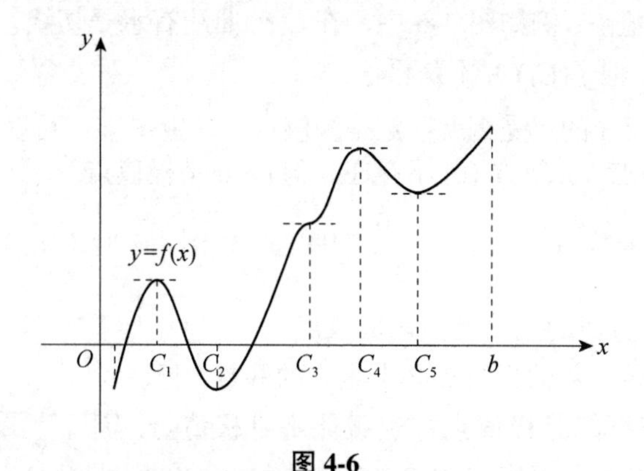

图 4-6

定义 1 设函数 $y = f(x)$ 在 (a, b) 内连续，x_0 是 (a, b) 内一点.

（1）如果对于点 x_0 邻域内的任意一点 x $(x \neq x_0)$，都有 $f(x) < f(x_0)$，那么就称 $f(x_0)$ 是函数 $f(x)$ 的一个极大值，点 x_0 叫作 $f(x)$ 的一个极大值点；

（2）如果对于点 x_0 邻域内的任意一点 x $(x \neq x_0)$，都有 $f(x) > f(x_0)$，那么就称 $f(x_0)$ 是函数 $f(x)$ 的一个极小值，点 x_0 叫作 $f(x)$ 的一个极小值点.

函数的极大值与极小值统称为极值，函数的极大值点与极小值点统称为极值点.

例如，在图 4-6 中，$f(C_1)$、$f(C_4)$ 是函数 $f(x)$ 的极大值，C_1、C_4 是 $f(x)$ 的极大值点；$f(C_2)$、$f(C_5)$ 是函数 $f(x)$ 的极小值，C_2、C_5 是 $f(x)$ 的极小值点.

关于函数的极值，这里做以下说明：

（1）极值是函数值，而极值点是自变量的取值，两者不可混淆.

（2）函数的极值是局部性的.就是说，如果 $f(x_0)$ 是极大（小）值，那只是就其极值点 x_0 近旁的一个局部范围来说的，对于整个定义域或定义区间，极值 $f(x_0)$ 并不总是比其他函数值都大或都小（参见图 4-6）. 因而极大（小）值不一定是函数的最大（小）值.

（3）由于极值是函数的局部性质，因此在整个定义域或定义区间内，极大值不一定比极小值大，极小值也不一定比极大值小.

（4）函数的极值一定出现在定义区间的内部，定义在闭区间内的函数，在其端点处不能取得极值.

2. 极值的必要条件

由图 4-4 和图 4-5 可以看出：

（1）三角脉冲在 $t = 0$ 处形成尖角顶点，从而 $f'(0)$ 不存在；

（2）钟形脉冲在 $t = 0$ 处有水平切线，从而切线斜率为 0，即 $f'(0) = 0$；

（3）三角脉冲和钟形脉冲在 $t = 0$ 处都取得极大值.

为了方便，人们将方程 $f'(x) = 0$ 的根 $x = x_0$ 称为 $f(x)$ 的驻点.

根据上述结论，驻点和导数不存在的点都可能是极值点.

定理 3（极值的必要条件） 若 $f(x)$ 在 x_0 处可导，且 $f(x_0)$ 为极值，则 $f'(x_0) = 0$.

定理 3 告诉我们：可导函数的极值点必定是它的驻点. 但是反过来，函数的驻点却不一定是它的极值点. 例如图 4-6 中，在 C_3 处曲线有水平切线，即有 $f'(C_3)=0$，C_3 是 $f(x)$ 的驻点，但 $f(C_3)$ 并不是极值.

那么，导数不存在的点是否就一定是极值点呢？由图 4-4 可以看出：三角脉冲在 $t=0$ 处形成尖角顶点，从而 $f'(0)$ 不存在，但 $t=0$ 是极值点.

再看单位阶跃函数 $u(t)=\begin{cases}0 & t<0\\ 1 & t\geqslant 0\end{cases}$ 的图像，如图 4-7 所示，$t=0$ 是导数不存在的点，但不是极值点.

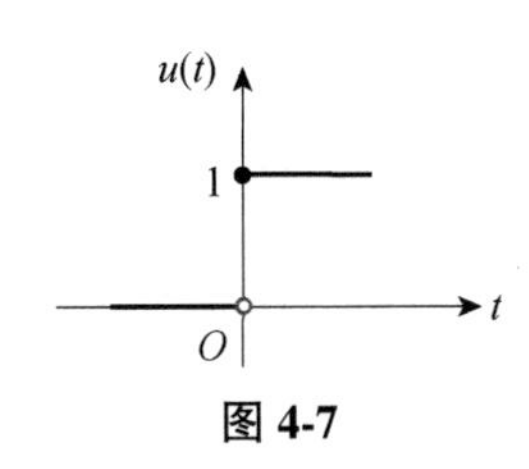

图 4-7

综上所述，可导函数的极值点必定是它的驻点，但驻点和导数不存在的点可能是极值点，也可能不是极值点. 因此，在求出了驻点和导数不存在的点之后，必须经过判别才能确定是否取得极值，是极大值还是极小值.

4.2.3 极值的判别

1. 判定定理之一

由图 4-4 和图 4-5 可以看出，三角脉冲和钟形脉冲在 $t=0$ 的左边单调增加、右边单调减小，取得极大值. 为了弄清极小值的判别，考察图 4-8 和图 4-9，可以看出，在点 $x=0$ 的左边单调减小、右边单调增加，取得极小值.

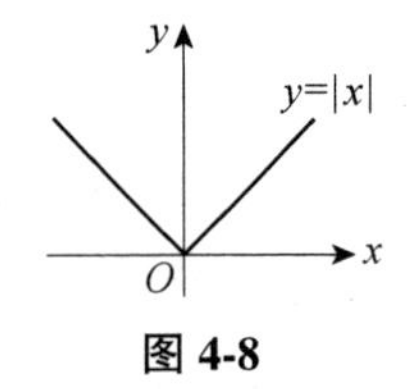

图 4-8

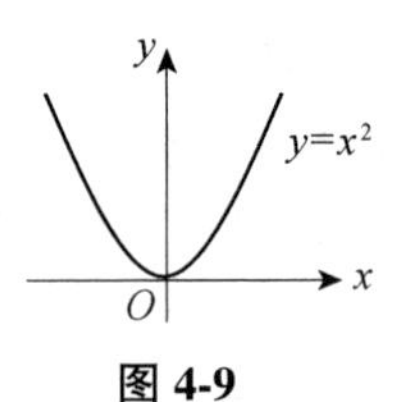

图 4-9

定理 4（函数极值的判定法 1） 设函数 $f(x)$ 在点 x_0 的邻域内可导，且 $f'(x_0)=0$.

（1）如果在点 x_0 的左侧近旁 $f'(x)$ 恒为正，在点 x_0 的右侧近旁 $f'(x)$ 恒为负，那么函数 $f(x)$ 在点 x_0 处取得极大值 $f(x_0)$，如图 4-10 所示；

（2）如果在点 x_0 的左侧近旁 $f'(x)$ 恒为负，在点 x_0 的右侧近旁 $f'(x)$ 恒为正，那么函数 $f(x)$ 在点 x_0 处取得极小值 $f(x_0)$，如图 4-11 所示.

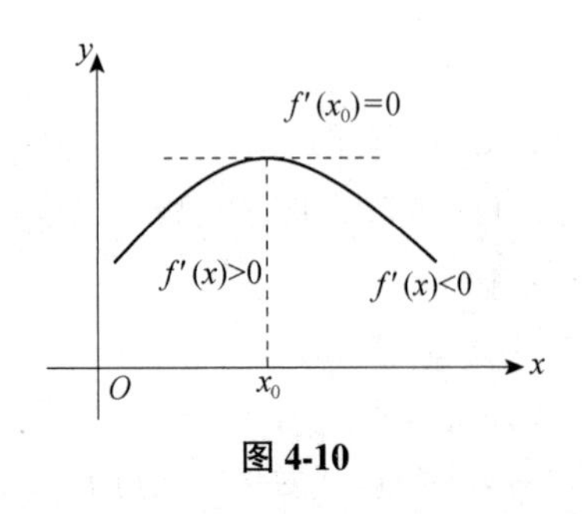

图 4-10

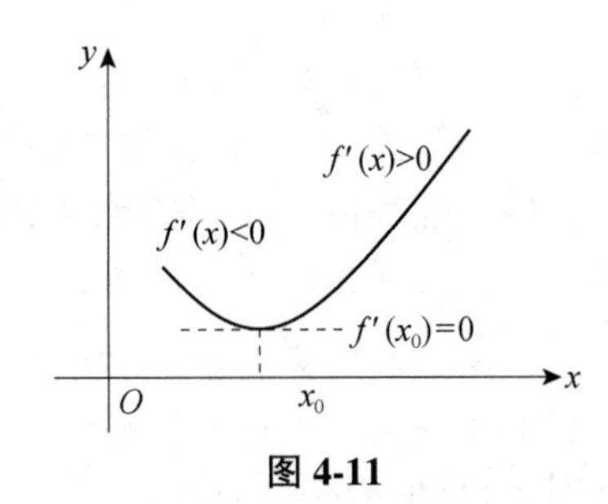

图 4-11

定理 4 也可简单地这样表述，当 x 渐增地经过点 x_0 时，如果 $f'(x)$ 的符号由正变负，那么 $f(x)$ 在点 x_0 处取得极大值；如果 $f'(x)$ 的符号由负变正，那么 $f(x)$ 在点 x_0 处取得极小值.

应当注意，当 x 渐增地经过点 x_0 时，如果 $f'(x)$ 的符号不改变，那么 $f(x)$ 在点 x_0 处没有极值.

注意定理 4 的逆命题不成立，看下面例子.

引例 4（单边指数信号） 已知单边指数信号的表达式为

$$f(t)=\begin{cases}0 & t<0\\ Ee^{-at} & t\geqslant 0\end{cases}\quad (E,\ a>0).$$

如图 4-12 所示，可以看出，函数 $f(t)$ 在 $t=0$ 处，

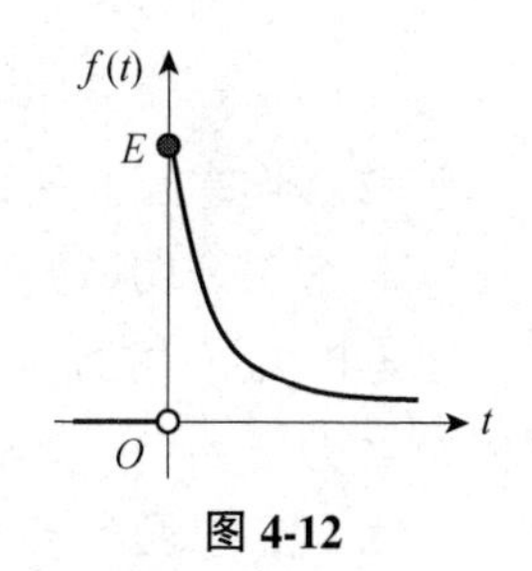

图 4-12

（1）不连续从而不可导；

（2）取得极大值；

（3）左边不增不减、右边单减.

引例 4 显示定理 4 只是函数取得极值的充分判别条件.

2. 判定极值的步骤

根据上面的定理，我们得到求函数 $y=f(x)$ 的极值的步骤如下：

（1）指出 $f(x)$ 的定义域；

（2）求出导数 $f'(x)$；

（3）令 $f'(x)=0$，求出全部驻点，找到不可导点；

（4）用驻点和导数不存在的点将定义域分割成若干个子区间进行列表，其中第一行为 x 的取值范围，第二行为 $f'(x)$ 的符号，第三行为 $f(x)$ 的单调性；

（5）考察每个区间内 $f'(x)$ 的符号（可用取区间内某个点的方式），利用函数极值的判定法 1 确定每一个驻点是否是极值点，如果是极值点，确定是极大值点还是极小值点；

（6）求出各极值点处的函数值，即得函数 $f(x)$ 的全部极值.

例 9 求 $f(x)=12x^5-15x^4-40x^3+1$ 的单调区间和极值.

解：（1）定义域为 $(-\infty,+\infty)$.

（2）$f'(x)=60x^4-60x^3-120x^2=60x^2(x+1)(x-2)$.

（3）驻点：$x=-1$、$x=0$、$x=2$；导数不存在的点：无.

（4）$x=-1$、$x=0$、$x=2$ 将定义域 $(-\infty,+\infty)$ 分割为四个区间，即 $(-\infty,-1)$、$(-1,0)$、$(0,2)$、$(2,+\infty)$，在每个区间内任取一点，如分别取整数点或中点

$$x=-2、\ x=-\frac{1}{2}、\ x=1、\ x=3,$$

用这些点的导数符号作为其相应区间的导数符号，列表（见表 4-1）进行判别.

（5）由表 4-1 可知，单增区间为 $(-\infty,-1)$ 和 $(2,+\infty)$，单减区间为 $(-1,0)$ 和 $(0,2)$；极大值 $f(-1)=14$，极小值 $f(2)=-175$.

表 4-1

x	$(-\infty,-1)$	-1	$(-1,0)$	0	$(0,2)$	2	$(2,+\infty)$
$f'(x)$	+	0	−	0	−	0	+
$f(x)$	↗	极大值	↘	无	↘	极小值	↗

3. 判定定理之二

当函数 $f(x)$ 在驻点处的二阶导数存在且不为零时，也可以利用下列定理来判断 $f(x)$ 在驻点处取得极大值还是极小值.

定理 5（函数极值的判定法 2） 设函数 $f(x)$ 在点 x_0 处具有二阶导数且 $f'(x_0)=0$，$f''(x_0)\neq 0$，那么

（1）当 $f''(x_0)<0$ 时，函数 $f(x)$ 在点 x_0 处取得极大值；

（2）当 $f''(x_0)>0$ 时，函数 $f(x)$ 在点 x_0 处取得极小值.

定理 5 表明，如果函数 $f(x)$ 在驻点 x_0 处的二阶导数 $f''(x_0)\neq 0$，那么该驻点 x_0 一定是极值点，并且可以按二阶导数 $f''(x_0)$ 的符号来判断 $f(x_0)$ 是极大值还是极小值. 但如果 $f''(x_0)=0$，则该定理不能使用. 这时，可利用函数极值的判定法 1.

例 10 求函数 $f(x)=3x^4-8x^3+6x^2+5$ 的极值.

解：（1）函数的定义域是 $(-\infty,\ +\infty)$.

（2）$f'(x)=12x^3-24x^2+12x=12x(x-1)^2$.

（3）令 $f'(x)=0$，即 $12x(x-1)^2=0$，得驻点 $x_1=0$，$x_2=1$.

（4）$f''(x)=36x^2-48x+12=12(x-1)(3x-1)$.

（5）因为 $f''(0)=12>0$，所以 $f(x)$ 在 $x=0$ 处取得极小值，极小值为 $f(0)=5$.

因为 $f''(1)=0$，不能用函数极值的判定法 2，所以利用函数极值的判定法 1.

当 x 在 1 的左侧近旁取值时，$f'(x)>0$；当 x 在 1 的右侧近旁取值时，$f'(x)>0$；因为 $f'(x)$ 的符号没有改变，所以 $f(x)$ 在点 $x=1$ 处没有极值.

例 11 若 $f(x)=\sin x+a\sin\frac{x}{3}$ 在 $x=\pi$ 处取得极值.（1）求 a；（2）$f(\pi)$ 是极大值还是极小值？

解：（1）求导，得

$$f'(x)=\cos x+\frac{a}{3}\cos\frac{x}{3},$$

因为 $f(\pi)$ 为极值，所以 $x=\pi$ 只能是 $f(x)$ 的驻点. 从而

$$f'(\pi)=\cos\pi+\frac{a}{3}\cos\frac{\pi}{3}=0,$$

即 $a=6$.

（2）求二阶导数，得

$$f''(x)=-\sin x-\frac{a}{9}\sin\frac{x}{3},$$

从而 $f''(\pi) = -\sin\pi - \frac{6}{9}\sin\frac{\pi}{3} = -\frac{\sqrt{3}}{3} < 0$，故 $f(\pi) = \sin\pi + 6\sin\frac{\pi}{3} = 3\sqrt{3}$ 为极大值.

以上对函数极值的讨论，都是函数在所讨论区间内可导的情形. 因此可以说：可导函数的极值点一定是驻点. 但是如果函数在个别点处不可导，函数的极值和极值点的又会怎样呢？

事实上，在导数不存在的点处，函数也可能取得极值.

例 12 求 $f(x) = \frac{3}{8}x^{\frac{8}{3}} - \frac{3}{2}x^{\frac{2}{3}}$ 的单调区间和极值.

解：（1）函数的定义域为 $(-\infty, +\infty)$.

（2）$f'(x) = x^{\frac{5}{3}} - x^{-\frac{1}{3}} = x^{\frac{5}{3}} - \frac{1}{\sqrt[3]{x}} = \frac{x^2-1}{\sqrt[3]{x}} = \frac{(x+1)(x-1)}{\sqrt[3]{x}}$.

（3）驻点 $x=-1$、$x=1$，导数不存在的点 $x=0$.

（4）$x=-1$、$x=0$、$x=1$ 将定义域 $(-\infty, +\infty)$ 分割为四个区间，即

$$(-\infty,-1)、(-1,0)、(0,1)、(1,+\infty),$$

在每个区间内任取一点，如分别取整数点或中点

$$x=-2、-\frac{1}{2}、\frac{1}{2}、2,$$

用这些点的导数符号作为其相应区间的导数符号，列表（见表 4-2）进行判别.

表 4-2

x	$(-\infty,-1)$	-1	$(-1,0)$	0	$(0,1)$	1	$(1,+\infty)$
$f'(x)$	$-$	0	$+$	不存在	$-$	0	$+$
$f(x)$	↘	极小值	↗	极大值	↘	极小值	↗

（5）由表 4-2 可知，单增区间为 $(-1,0)$ 和 $(1,+\infty)$，单减区间为 $(-\infty,-1)$ 和 $(0,1)$；极大值 $f(0)=0$，极小值 $f(\pm1) = -\frac{9}{8}$.

4.3 最值问题

4.3.1 函数最值的计算

函数的极值所描述的是函数在极值点附近局部的最大或最小，是一种相对的最大和最小. 而定义在集合 E 上的函数 $y=f(x)$ 的最大值 $y_{\max}$ 和最小值 $y_{\min}$ 指的则是函数在其整个定义集合 E 上的最大和最小，即

$$y_{\max} = \max_{x\in E} f(x), \quad y_{\min} = \min_{x\in E} f(x).$$

亦即

（1） $f(a)=y_{\max}$，则对所有 $x\in E$，有 $f(a)\geqslant f(x)$；

（2） $f(b)=y_{\min}$，则对所有 $x\in E$，有 $f(b)\leqslant f(x)$.

先考察没有最大值或最小值的情形.

引例 5 考察函数

$$f(t)=\begin{cases}1+t & -1\leqslant t<0\\ 0 & t=0\\ 1-t & 0<t\leqslant 1\end{cases}\quad 和\quad g(t)=1-t\quad (t\in(0,1)).$$

如图 4-13 和图 4-14 所示，容易看出，$f(t)$ 在 $t=0$ 处间断（曲线断开），从而在闭区间 $[-1,1]$ 上不连续，没有最大值，有最小值；$g(t)$ 在开区间 $(0,1)$ 内连续，没有最大值，没有最小值.

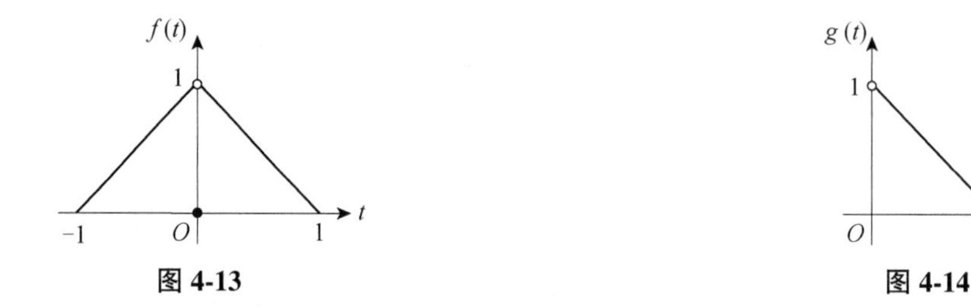

图 4-13　　图 4-14

因此可知道，不连续的函数和开区间内的连续函数，可能没有最大值或最小值.

定理 6 闭区间上的连续函数在该区间上必定取得最大值和最小值.

考察函数的最大值点和最小值点在哪里取得.

引例 6 考察图 4-15，不难看出：

（1）单增函数 $y=1+x$ 在定义区间 $[-1,0]$ 的左右端点处分别取得最小值和最大值；

（2）单减函数 $y=1-x$ 在定义区间 $[0,1]$ 的左右端点处分别取得最大值和最小值；

（3）函数 $y=\begin{cases}1+x & -1\leqslant x<0\\ 1-x & 0\leqslant x\leqslant 1\end{cases}$ 在 $[-1,1]$ 内的点 $x=0$ 处取得最大值，也是极大值.

引例 7 考察图 4-16，可以看出：定义在长度为一个周期的闭区间 $\left[-\dfrac{\phi}{\omega},\dfrac{2\pi-\phi}{\omega}\right]$ 上的正弦信号

$$x(t)=A\sin(\omega t+\varphi)$$

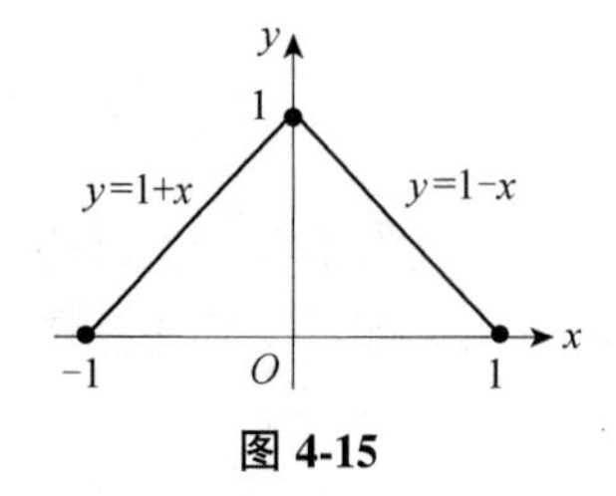

图 4-15

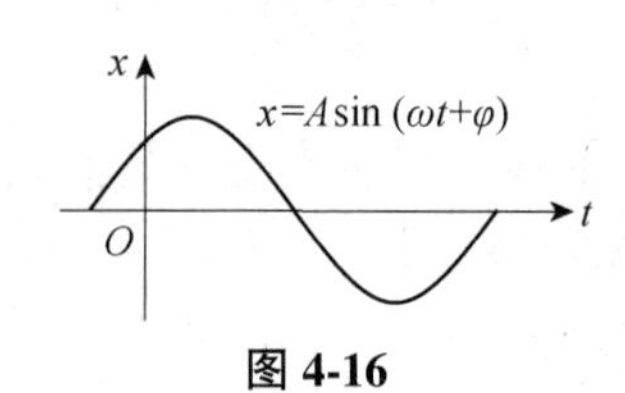

图 4-16

在定义区间内的点，

（1）既取得最大值，也取得最小值；

（2）取得的最大值是极大值，取得的最小值是极小值.

由引例 6 和引例 7，最大值点和最小值点可能出现于下面点之中：

（1）定义区间的端点；

（2）定义区间内的极值点.

因为极值点只能是函数的驻点或其导数不存在的点，于是可得出求连续函数 $f(x)$ 在闭区间 $[a,b]$ 上的最大值和最小值的步骤：

（1）求 $f'(x)$，指出函数的驻点和导数不存在的点；

（2）计算出 $f(x)$ 在区间端点 $x=a$、$x=b$，驻点及导数不存在的点处的函数值；

（3）比较上述各点的函数值，其中最大的为最大值，最小的为最小值.

例 13 求函数 $y=3x^4-8x^3-6x^2+24x+2$ 在 $[-2,3]$ 上的最大值和最小值.

解：（1）求导，得

$$\begin{aligned}y'&=12x^3-24x^2-12x+24\\&=12(x^3-2x^2-x+2)\\&=12(x-2)(x-1)(x+1),\end{aligned}$$

解 $y'=0$ 得驻点 $x=-1$、$x=1$、$x=2$，函数没有导数不存在的点.

（2）计算端点的函数值：

$$y(-2)=42,\quad y(3)=47.$$

计算驻点的函数值：

$$y(-1)=-17,\quad y(1)=15,\quad y(2)=10.$$

（3）比较函数值知，函数的最大值为 47，最小值为 -17.

例 14 求 $y=\frac{3}{8}x^{\frac{8}{3}}-\frac{3}{2}x^{\frac{2}{3}}$ 在 $[-2,2]$ 上的最大值和最小值.

解：（1）求导，得

$$f'(x)=x^{\frac{5}{3}}-x^{-\frac{1}{3}}=x^{\frac{5}{3}}-\frac{1}{\sqrt[3]{x}}=\frac{x^2-1}{\sqrt[3]{x}},$$

从而得驻点 $x=-1$、$x=1$，导数不存在的点 $x=0$.

（2）计算函数值：

$$y(\pm 2)=\frac{3}{8}\times 2^{\frac{8}{3}}-\frac{3}{2}\times 2^{\frac{2}{3}}=0,\quad y(\pm 1)=\frac{3}{8}-\frac{3}{2}=-\frac{9}{8},\quad y(0)=0.$$

（3）比较函数值知，函数的最大值为 0，最小值为 $-\frac{9}{8}$.

4.3.2 最值问题的应用

在生产和生活中，常常会遇到一些诸如用料最省、成本最少、造价最低、利润最大等问题，将其归结为数学问题实际上就是求函数的最大值和最小值的优化问题.

如图 4-17 和图 4-18 所示，注意到连续曲线在唯一驻点处取得的极大值必为最大值，连续的曲线在唯一驻点处取得的极小值必为最小值.

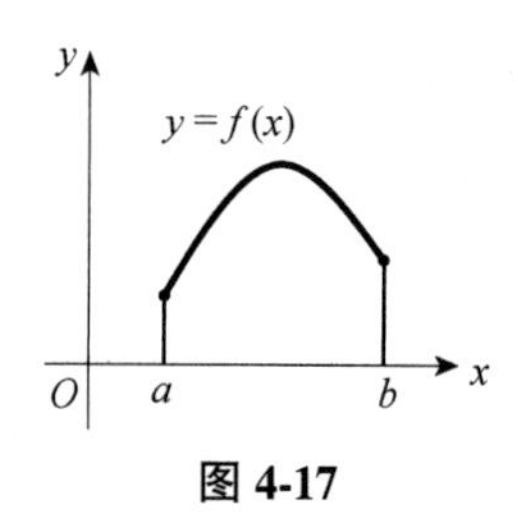

图 4-17

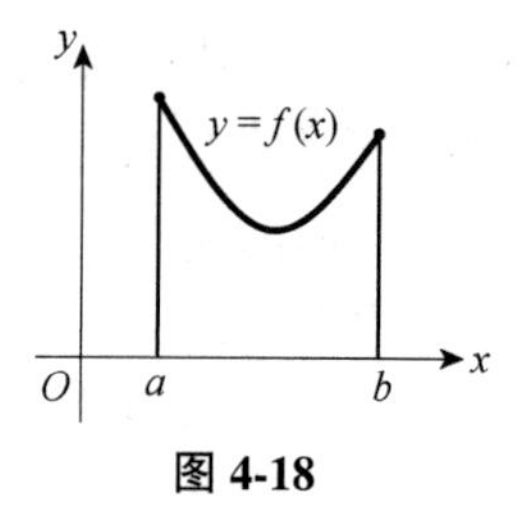

图 4-18

于是便可由极值的二阶导数判别法得到函数的最大值和最小值的判别法.

定理 7　设 $f(x)$ 在 $[a,b]$ 上连续，在 (a,b) 内二阶连续可导. 若 $f(x)$ 在 (a,b) 内唯一驻点 $x=c$，且

（1）$f''(c)<0$，则 $f(c)$ 为 $f(x)$ 在 $[a,b]$ 上的最大值；

（2）$f''(c)>0$，则 $f(c)$ 为 $f(x)$ 在 $[a,b]$ 上的最小值.

工程应用中求最大值、最小值时，如果得到的是唯一驻点，那么根据经验，这个驻点的函数值就是欲求的最大值或最小值，因此工程应用时，常忽略应用定理 7 所给出的最大最小值判别.

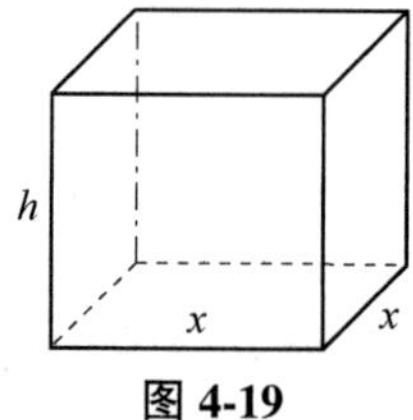

图 4-19

下面应用导数来解决某些求最大值或最小值的优化问题.

例 15　要制作一个底面为正方形、容积为 216m^3 的长方体封闭容器，问底面边长和高为多少时所用材料最省？

解：如图 4-19 所示，设底面正方形的边长为 x（m），容器的高为 h（m），则容器的容积

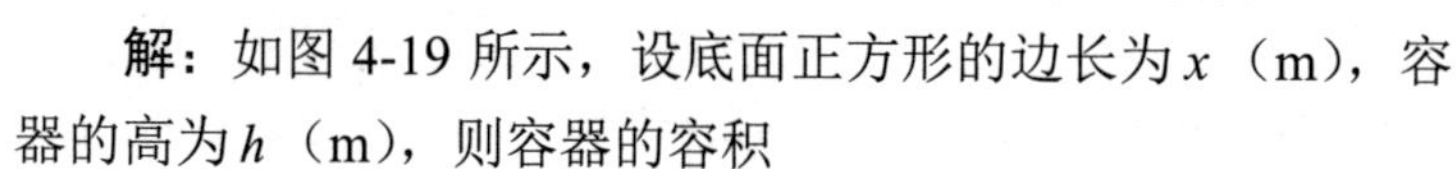

$$x^2h=216\text{，即}\quad h=\frac{216}{x^2}.$$

问题的目标是用材最省，也就是表面积最小，因此，问题的目标函数为

$$S=2x^2+4xh=2\left(x^2+\frac{432}{x}\right),$$

对上式求导，得

$$S'=2\left(2x-\frac{432}{x^2}\right),$$

令 $S'=0$ 得唯一的驻点 $x=6$，于是

$$h=\frac{216}{6^2}=6,$$

即底面正方形的边长和容器的高均为 6m 时用材最省.

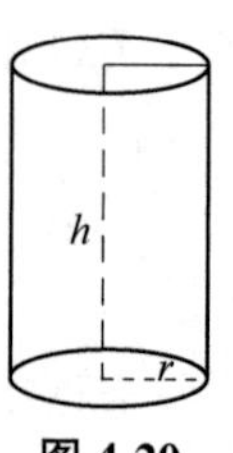

图 4-20

例 16　要制作一个容积为 12m^3 的圆柱形开口容器，问底面半径 r 和高 h 之比为多少时用材最省？

解：如图 4-20 所示，由容器的体积为 12m^3，得

$$\pi r^2h=12,$$

从而容器的表面积

$$S=\pi r^2+2\pi rh=\pi r^2+\frac{24}{r}.$$

问题归结为求函数 S 的最小值. 对上式求导，得

$$S'=2\pi r-\frac{24}{r^2},$$

令 $S'=0$ 得 $\pi r^3=12$，从而

$$\frac{r}{h}=\frac{\pi r^3}{\pi r^2 h}=\frac{12}{12}=1,$$

即底面半径 r 和高 h 之比为 1∶1 时用材最省.

例 17 如图 4-21 所示，已知电源的电压为 E，内阻为 r，问负载电阻 R 为多大时，输出功率 P 为最大？

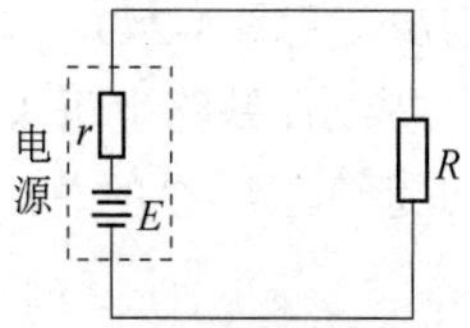

电源 r E R

图 4-21

解： 根据电学中的功率计算公式及欧姆定律可知，消耗在负载电阻 R 上的功率 P 及回路中的电流 I 分别为

$$P=I^2R,\quad I=\frac{E}{r+R}.$$

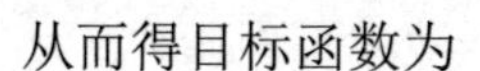

从而得目标函数为

$$P=E^2\frac{R}{(r+R)^2},$$

上式两边对 R 求导，得

$$P'=E^2\frac{(r+R)^2-2(r+R)R}{(r+R)^4}=E^2\frac{r^2-R^2}{(r+R)^4}=E^2\frac{(r-R)}{(r+R)^3}$$

令 $P'=0$，得唯一的驻点 $R=r$，即负载电阻 $R=r$ 时输出功率最大.

例 18 从一块半径为 R 的圆形铁皮中剪出一中心角为 φ 的扇形铁皮，并将其制作成一个无底的正圆锥形容器，问剪出的扇形的中心角 φ 为多少时，容器的容积最大？

解： 如图 4-22 和图 4-23 所示，设正圆锥形容器的底面半径为 r、高为 h，则

（1）扇形铁皮的弧长等于正圆锥形容器的底圆周长，即 $R\cdot\varphi=2\pi r$；

（2）正圆锥形容器的容积 $V=\frac{1}{3}\pi r^2 h$；

（3）正圆锥形容器的截面中的直角三角形的三边长满足勾股定理 $r^2=R^2-h^2$.

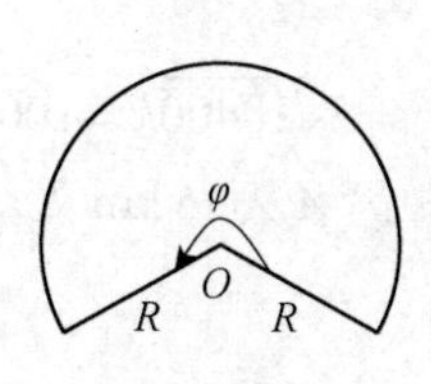

图 4-22

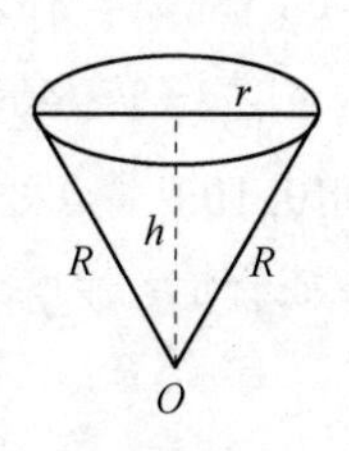

图 4-23

从而建立目标函数

$$V=\frac{1}{3}\pi(R^2h-h^3),$$

对上式求导，得

$$V' = \frac{1}{3}\pi(R^2 - 3h^2),$$

令 $V' = 0$ 得 V 的唯一驻点 $h = \frac{R}{\sqrt{3}}$，从而

$$r = \sqrt{R^2 - h^2} = \sqrt{\frac{2}{3}}R, \quad \phi = 2\pi\frac{r}{R} = 2\pi\sqrt{\frac{2}{3}} = \frac{2\sqrt{6}}{3}\pi.$$

例 19 铁路线上 AB 段的距离为 100km，工厂 C 距离 A 处为 20km，AC 垂直于 AB（见图 4-24）. 为了运输需要，要在 AB 线上选定一点 D 向工厂修建一条公路.已知货物在铁路上每 km 运费与公路上每 km 运费之比为 3∶5，为了使原料从供应站 B 运到工厂 C 的总运费最省，问 D 应选在何处?

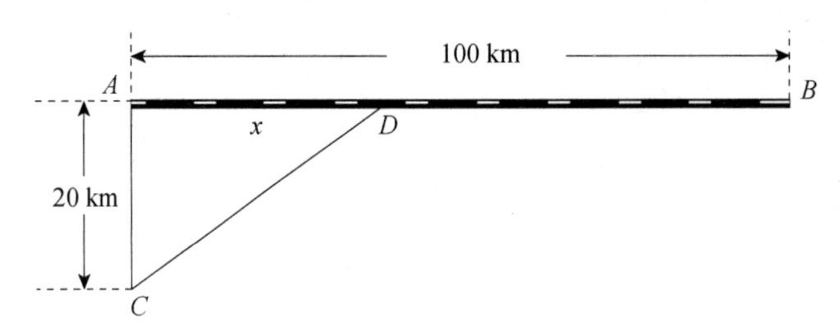

图 4-24

解：设 D 选在距离 A 为 x km 处，则

$$BD = 100 - x, \quad CD = \sqrt{20^2 + x^2}.$$

设铁路上每 km 运费为 $3k$，则公路每 km 运费为 $5k$（k 为常数，$k \neq 0$）. 又设原料从 B 运到 C 的总运费为 y，则 $y = 5k \cdot CD + 3k \cdot DB$，即

$$y = 5k\sqrt{20^2 + x^2} + 3k(100 - x) \quad (0 \leqslant x \leqslant 100).$$

问题转化为：x 在[0, 100]上取何值时，函数 y 取最小值.

对上式求导数，得

$$y' = 5k\frac{x}{\sqrt{20^2 + x^2}} - 3k = \frac{5kx - 3k\sqrt{20^2 + x^2}}{\sqrt{20^2 + x^2}},$$

令 $y' = 0$，得 $5x = 3\sqrt{20^2 + x^2}$，解得 $x = 15$，$x = -15$（舍去）.

这时，$y|_{x=15} = 5k\sqrt{400 + 225} + 3k(100 - 15) = 380k$.

闭区间[0, 100]端点处的函数值为 $y|_{x=0} = 400k$，$y|_{x=100} = 5\sqrt{10400}k = 100\sqrt{26}k$.

比较上述各值，$y|_{x=15} = 380k$ 最小，即 D 点应选在距离 A 为 15 km 处.

4.4 曲线的凸凹性与拐点

4.4.1 凸凹性及拐点的定义

凸凹广泛存在于自然界和日常生活中，如起伏的山峦、蜿蜒的海岸线、脸面轮廓、

证券交易行情的K线图等.

引例8　照明用的交流电是正弦信号.正弦信号是频率成分最为单一的一种信号，因其波形是正弦曲线而得名. 一个正弦信号可表示为

$$x(t) = A\sin(\omega t + \varphi)$$

其中，A 为振幅，ω 为角频率（弧度/秒），φ 为初始相位（弧度），$T = \dfrac{2\pi}{\omega}$ 为周期.

图4-25是 $x(t)$ 在一个周期内的图形，不难看出：

（1）ABC 弧段为凸形曲线，其上任一点的切线都在曲线的上方；

（2）CDE 弧段为凹形曲线，其上任一点的切线都在曲线的下方；

（3）在 C 点曲线凸凹发生改变.

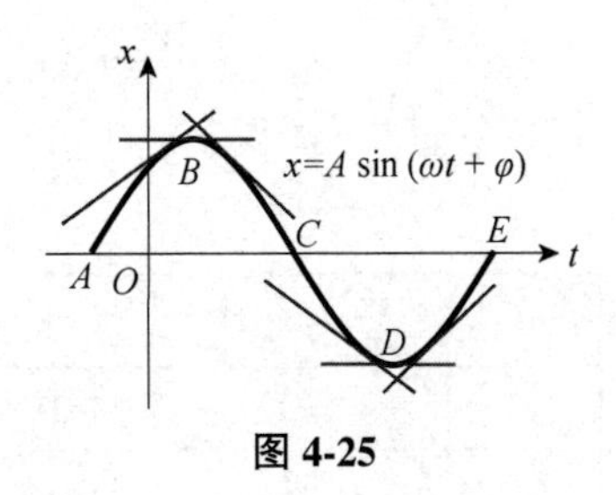

图 4-25

曲线凸凹及拐点的定义如下.

定义2　若曲线 $y = f(x)$ 在 (a,b) 内任一点的切线都在

（1）曲线的上方，则称 $f(x)$ 在 (a,b) 内是凸的；

（2）曲线的下方，则称 $f(x)$ 在 (a,b) 内是凹的.

定义3　曲线 $y = f(x)$ 的凸凹发生改变的点称为拐点.

注意：定义2定义的是函数的凸凹，是曲线凸凹的等价描述，与习惯思维中的山凸洞凹相一致，所指的实际上是向上凸和向下凹；定义3定义的拐点，仍按传统意义指的是曲线上的点 $(c, f(c))$，为了方便，有时也可等价地认为 $x = c$ 为函数 $y = f(x)$ 的拐点.

4.4.2　凸凹性的判别

根据导数的几何意义，若 $x(t)$ 在任一点 t 的切线的倾角为 α，则切线斜率为

$$x'(t) = \tan\alpha .$$

再继续考察上述引例8，由图4-25可以看出：

（1）在凸弧段 ABC 上，随着 t 值的增加，α 从锐角连续地变化至0再到钝角，因此，$\tan\alpha$ 由正值单减至0，再单减到负值，即 $x'(t)$ 单减；

（2）在凹弧段 CDE 上，随着 t 值的增加，α 从钝角连续地变化至 π 再到锐角，因此，$\tan\alpha$ 由负值单增至0，再单增到一个正值，即 $x'(t)$ 单增.

综合可知，$x'(t)$ 单减的弧段是凸的；$x'(t)$ 单增的弧段是凹的. $x''(t) > 0$ 时 $x'(t)$ 单增；$x''(t) < 0$ 时 $x'(t)$ 单减. 这样便可用二阶导数的正负来确定曲线弧段的凸凹.

定理8　在 (a,b) 内，若函数 $f(x)$ 二阶可导，且

（1）$f''(x) < 0$，则函数 $f(x)$ 是凸的；

（2）$f''(x) > 0$，则函数 $f(x)$ 是凹的.

由定理8不难看出，拐点应该在 $f''(x) = 0$ 的点中查找. 类似于求单调区间和极值，可得出求 $y = f(x)$ 的凸凹区间和拐点的步骤.

（1）指出 $f(x)$ 的定义域；

（2）求 $f'(x)$、$f''(x)$，找到 $f''(x)=0$ 的点和 $f''(x)$ 不存在的点；

（3）用上述点将定义域分成若干个子区间并进行列表判别.

例 20 求 $y=2x^6-3x^5-10x^4$ 的凸凹区间和拐点.

解： 函数的定义域为 $(-\infty,+\infty)$. 求导，得

$$y'=12x^5-15x^4-40x^3,$$

$$y''=60x^4-60x^3-120x^2=60x^2(x+1)(x-2),$$

令 $y''=0$，得 $x=-1, x=0, x=2$，列表（见表 4-3）进行判别.

表 4-3

x	$(-\infty,-1)$	-1	$(-1,0)$	0	$(0,2)$	2	$(2,+\infty)$
y''	+	0	−	0	−	0	+
y	凹	拐点	凸		凸	拐点	凹

故凸区间为 $(-1,0)$ 和 $(0,2)$，凹区间为 $(-\infty,-1)$ 和 $(2,+\infty)$，拐点为 $(-1,-5)$ 和 $(2,-128)$.

由例 20 不难看出，二阶导数为 0 的点也不一定就是拐点. 此外，还需注意，这里的拐点与生活中人们常说的股价或房价的拐点不是同一个概念，生活中的拐点实际上是数学里的极值点.

4.4.3 凸凹性的应用

拐点在现实生活中有着重要的意义.

例 21 预计某地区 2015 年的居民消费价格指数 CPI 由下面函数给出：

$$I(t)=-0.228t^3+3.84t^2+100 \quad (0\leqslant t\leqslant 11),$$

其中，$t=0$ 对应 2015 年 1 月. 试求出 I 的拐点，并解释它的意义.

解： 求导，得

$$I'(t)=-0.684t^2+7.68t=-0.684t(t-11.23),$$

$$I''(t)=-1.368t+7.68=-1.368(t-5.614).$$

不难看出：

（1）$t\leqslant 11$ 时 $I'(t)>0$，$t\approx 11.23$ 时 $I'(t)=0$. 因此，该地区在 2015 年的 CPI 指标是单调上升的，并在年底达到全年最大.

（2）$t\approx 5.614$ 时 $I''(t)=0$. 列表（见表 4-4）进行判别.

表 4-4

t	$(0,5.614)$	5.614	$(5.614,11)$
$I''(t)$	+	0	−
$I(t)$	凹	拐点	凸

$I(t)$图像如图 4-26 所示.

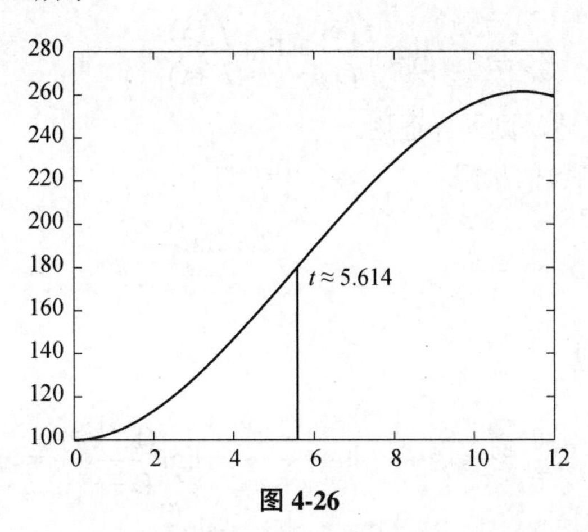

图 4-26

结果解释：

（1）$I'(t)>0$（$0\leqslant t\leqslant 11$），说明该地区 2015 年的 CPI 指标是单调上升的；

（2）$I(t)$ 在 $(0, 5.614)$ 内是凹的，头 6 个月该地区的 CPI 指标增长平缓；

（3）$I(t)$ 在 $(5.614, 11)$ 内是凸的，表明 6 月中旬以后，该地区的 CPI 指标增长加快；

（4）$t\approx 5.614$ 形成的拐点显示真正的增速是从 6 月中旬开始的.

4.5 洛必达法则

4.5.1 $\dfrac{0}{0}$型未定式

对于$\dfrac{0}{0}$型未定式的极限计算，在前文介绍过“分解因式约零因子”的计算方法. 例如，

$$\lim_{x\to 1}\frac{x^2-1}{x-1}=\lim_{x\to 1}\frac{(x+1)(x-1)}{x-1}=2,$$

如果将其修改为$\lim\limits_{x\to 1}\dfrac{x^{100}-1}{x-1}$或$\lim\limits_{x\to 1}\dfrac{x^{100}-1}{x^{99}-1}$，就不能用这种方法进行计算. 下面介绍一种简便而重要的方法——洛必达法则.

定理 9 如果

（1）当 $x\to x_0$ 时，函数 $f(x)$ 与 $F(x)$ 都趋于零；

（2）在点 x_0 的邻域（点 x_0 可以除外），$f'(x)$ 及 $F'(x)$ 都存在，且 $F'(x)\neq 0$；

（3）$\lim\limits_{x\to x_0}\dfrac{f'(x)}{F'(x)}$存在（或为无穷大）；

那么

$$\lim_{x \to x_0} \frac{f(x)}{F(x)} = \lim_{x \to x_0} \frac{f'(x)}{F'(x)}$$

当 $x \to \infty$ 时，上述法则同样适用.

例 22　求下列函数的极限.

（1）$\lim\limits_{x \to 1} \dfrac{1-x^{10}}{1-x^6}$；　　（2）$\lim\limits_{x \to \frac{\pi}{2}} \dfrac{\cos x}{x-\frac{\pi}{2}}$；

（3）$\lim\limits_{x \to 0} \dfrac{\ln(1+x^2)}{x^2}$.

解：（1）$\dfrac{1-x^{10}}{1-x^6}$ 是 $\dfrac{0}{0}$ 型未定式，$\lim\limits_{x \to 1} \dfrac{1-x^{10}}{1-x^6} = \lim\limits_{x \to 1} \dfrac{(1-x^{10})'}{(1-x^6)'} = \lim\limits_{x \to 1} \dfrac{-10x^9}{-6x^5} = \dfrac{5}{3}$；

（2）$\dfrac{\cos x}{x-\frac{\pi}{2}}$ 是 $\dfrac{0}{0}$ 型未定式，$\lim\limits_{x \to \frac{\pi}{2}} \dfrac{\cos x}{x-\frac{\pi}{2}} = \lim\limits_{x \to \frac{\pi}{2}} \dfrac{-\sin x}{1} = -1$；

（3）$\dfrac{1+x^2}{x^2}$ 是 $\dfrac{0}{0}$ 型未定式，$\lim\limits_{x \to 0} \dfrac{\ln(1+x^2)}{x^2} = \lim\limits_{x \to 0} \dfrac{\frac{2x}{1+x^2}}{2x} = \lim\limits_{x \to 0} \dfrac{1}{1+x^2} = 1$.

例 23　求下列函数的极限.

（1）$\lim\limits_{x \to 1} \dfrac{x^3-3x+2}{x^3-x^2-x+1}$；　　（2）$\lim\limits_{x \to 0} \dfrac{e^x-e^{-x}-2x}{x^3}$.

解：（1）$\lim\limits_{x \to 1} \dfrac{x^3-3x+2}{x^3-x^2-x+1} \overset{\frac{0}{0}}{=} \lim\limits_{x \to 1} \dfrac{3x^2-3}{3x^2-2x-1} \overset{\frac{0}{0}}{=} \lim\limits_{x \to 1} \dfrac{6x}{6x-2} = \dfrac{6}{4} = \dfrac{3}{2}$；

（2）$\lim\limits_{x \to 0} \dfrac{e^x-e^{-x}-2x}{x^3} \overset{\frac{0}{0}}{=} \lim\limits_{x \to 0} \dfrac{e^x+e^{-x}-2}{3x^2} \overset{\frac{0}{0}}{=} \lim\limits_{x \to 0} \dfrac{e^x-e^{-x}}{6x} \overset{\frac{0}{0}}{=} \lim\limits_{x \to 0} \dfrac{e^x+e^{-x}}{6} = \dfrac{1}{3}$.

对于求 $\dfrac{0}{0}$ 型未定式的极限，实际计算时可先按正常的习惯思维应用洛必达法则，如发现求导后不能再使用洛必达法则，再改用其他方法处理.

例 24　求下列函数的极限.

（1）$\lim\limits_{x \to +\infty} \dfrac{\frac{\pi}{2}-\arctan x}{\frac{1}{x}}$；　　（2）$\lim\limits_{x \to 0} \dfrac{x-x\cos x}{x-\sin x}$.

解：（1）$\lim\limits_{x \to +\infty} \dfrac{\frac{\pi}{2}-\arctan x}{\frac{1}{x}} \overset{\frac{0}{0}}{=} \lim\limits_{x \to +\infty} \dfrac{-\frac{1}{1+x^2}}{-\frac{1}{x^2}} = \lim\limits_{x \to +\infty} \dfrac{x^2}{1+x^2} = 1$；

（2）$\lim\limits_{x \to 0} \dfrac{x-x\cos x}{x-\sin x} \overset{\frac{0}{0}}{=} \lim\limits_{x \to 0} \dfrac{1-\cos x+x\sin x}{1-\cos x} \overset{\frac{0}{0}}{=} \lim\limits_{x \to 0} \dfrac{\sin x+\sin x+x\cos x}{\sin x}$

$$=\lim_{x\to 0}\left(2+\frac{x}{\sin x}\cdot\cos x\right)=3.$$

4.5.2 $\frac{\infty}{\infty}$型未定式

定理 10 如果

（1）当 $x\to x_0$ 时，函数 $f(x)$ 与 $F(x)$ 都趋向于无穷大；

（2）在点 x_0 的邻域（点 x_0 可以除外），$f'(x)$ 及 $F'(x)$ 都存在，且 $F'(x)\neq 0$；

（3）$\lim\limits_{x\to x_0}\frac{f'(x)}{F'(x)}$ 存在（或为无穷大）；

那么 $\lim\limits_{x\to x_0}\frac{f(x)}{F(x)}=\lim\limits_{x\to x_0}\frac{f'(x)}{F'(x)}$.

当 $x\to\infty$ 时，上述法则同样适用.

例 25 求 $\lim\limits_{x\to+\infty}\frac{\ln x}{x}$.

解： $\frac{\ln x}{x}$ 是 $\frac{\infty}{\infty}$ 型未定式，$\lim\limits_{x\to+\infty}\frac{\ln x}{x}=\lim\limits_{x\to+\infty}\frac{\frac{1}{x}}{1}=\lim\limits_{x\to+\infty}\frac{1}{x}=0$.

例 26 求 $\lim\limits_{x\to\frac{\pi}{2}}\frac{\tan x-6}{\sec x+5}$.

解： $\frac{\tan x-6}{\sec x+5}$ 是 $\frac{\infty}{\infty}$ 型未定式，$\lim\limits_{x\to\frac{\pi}{2}}\frac{\tan x-6}{\sec x+5}=\lim\limits_{x\to\frac{\pi}{2}}\frac{\sec^2 x}{\sec x\cdot\tan x}=\lim\limits_{x\to\frac{\pi}{2}}\frac{1}{\sin x}=1$.

例 27 求 $\lim\limits_{x\to+\infty}\frac{x^8}{e^x}$.

解： $\frac{x^8}{e^x}$ 是 $\frac{\infty}{\infty}$ 型未定式，

$$\lim_{x\to+\infty}\frac{x^8}{e^x}=\lim_{x\to+\infty}\frac{8x^7}{e^x}=\lim_{x\to+\infty}\frac{8\times7x^6}{e^x}=\cdots=\lim_{x\to+\infty}\frac{8\times7\times6\times5\times4\times3\times2x}{e^x}$$

$$=\lim_{x\to+\infty}\frac{8\times7\times6\times5\times4\times3\times2\times1}{e^x}=0.$$

例 28 求 $\lim\limits_{x\to0+}\frac{\ln\tan x}{\ln\sin x}$.

解： $$\lim_{x\to0+}\frac{\ln\tan x}{\ln\sin x}=\lim_{x\to0+}\frac{(\ln\tan x)'}{(\ln\sin x)'}=\lim_{x\to0+}\frac{\frac{1}{\tan x}\sec^2 x}{\frac{1}{\sin x}\cos x}=\lim_{x\to0+}\frac{\frac{\cos x}{\sin x}\cdot\frac{1}{\cos^2 x}}{\frac{1}{\sin x}\cdot\cos x}$$

$$=\lim_{x\to0+}\frac{1}{\cos^2 x}=1.$$

对于求 $\frac{0}{0}$ 或 $\frac{\infty}{\infty}$ 型未定式的极限，洛必达法则通常都是优先考虑的一般计算方法，采用分解因式和根式有理化约零因子的初等方法也能计算，但不如用洛必达法则的计算来得简单.

需要指出的是，洛必达法则只是求未定式的一种方法. 若 $\lim\limits_{\substack{x\to x_0\\(x\to\infty)}}\dfrac{f'(x)}{F'(x)}$ 不存在（不是 ∞），并不能说 $\lim\limits_{\substack{x\to x_0\\(x\to\infty)}}\dfrac{f(x)}{F(x)}$ 不存在. 这只说明洛必达法则失效，要用别的方法求极限.

例如，求 $\lim\limits_{x\to+\infty}\dfrac{x+\sin x}{x+1}$ 虽然是 $\dfrac{\infty}{\infty}$ 型未定式，但若用洛必达法则就会出现

$$\lim_{x\to+\infty}\frac{x+\sin x}{x+1}=\lim_{x\to+\infty}\frac{1+\cos x}{1}$$

而得出极限不存在的错误结论.

事实上，$\lim\limits_{x\to+\infty}\dfrac{x+\sin x}{x+1}=\lim\limits_{x\to+\infty}\dfrac{1+\dfrac{\sin x}{x}}{1+\dfrac{1}{x}}=1$.

4.5.3 其他类型的未定式

除了 $\dfrac{0}{0}$ 型和 $\dfrac{\infty}{\infty}$ 型未定式外，还有 $0\cdot\infty$、$\infty-\infty$、0^0、∞^0、1^∞ 五种类型未定式，可以通过适当变换将它们转化为 $\dfrac{0}{0}$ 型或 $\dfrac{\infty}{\infty}$ 型，然后再用洛必达法则进行计算. 下面举例说明.

例 29 求 $\lim\limits_{x\to+\infty}x^2\mathrm{e}^{-x}$.

解： $x^2\mathrm{e}^{-x}$ 是 $\infty\cdot 0$ 型未定式，将其化为 $\dfrac{\infty}{\infty}$ 型，得

$$\lim_{x\to+\infty}x^2\mathrm{e}^{-x}=\lim_{x\to+\infty}\frac{x^2}{\mathrm{e}^x}=\lim_{x\to+\infty}\frac{2x}{\mathrm{e}^x}=\lim_{x\to+\infty}\frac{2}{\mathrm{e}^x}=0.$$

例 30 求 $\lim\limits_{x\to0^+}x^3\ln x$.

解： $x^3\ln x$ 是 $0\cdot\infty$ 型未定式. 由于 $x^3\ln x=\dfrac{\ln x}{\dfrac{1}{x^3}}$，当 $x\to0^+$ 时它可转化成 $\dfrac{\infty}{\infty}$ 型未定式，故

$$\lim_{x\to0^+}x^3\ln x=\lim_{x\to0^+}\frac{\ln x}{\dfrac{1}{x^3}}=\lim_{x\to0^+}\frac{\dfrac{1}{x}}{-\dfrac{3}{x^4}}=\lim_{x\to0^+}\left(-\frac{x^3}{3}\right)=0.$$

例 31 求 $\lim\limits_{x\to0}\left(\dfrac{1}{x}-\dfrac{1}{\mathrm{e}^x-1}\right)$.

解： $\dfrac{1}{x}-\dfrac{1}{\mathrm{e}^x-1}$ 是 $\infty-\infty$ 型未定式. 通常先将函数进行通分.

$$\lim_{x\to0}\left(\frac{1}{x}-\frac{1}{e^x-1}\right)=\lim_{x\to0}\frac{e^x-1-x}{x(e^x-1)}\overset{\frac{0}{0}}{=}\lim_{x\to0}\frac{e^x-1}{e^x-1+xe^x}\overset{\frac{0}{0}}{=}\lim_{x\to0}\frac{e^x}{2e^x+xe^x}=\frac{1}{2}.$$

对于0^0型和∞^0型未定式极限可采用对数法进行计算：先设置新变量等于函数式，再两边取对数，然后再求新变量的对数的极限，从而得到所求的极限.

例 32 求$\lim\limits_{x\to0^+}(\sin x)^x$.

解：$(\sin x)^x$是0^0型未定式. 设$y=(\sin x)^x$，取自然对数得

$$\ln y=x\ln(\sin x),$$

于是有

$$\lim_{x\to0^+}(\ln y)=\lim_{x\to0^+}[x\ln(\sin x)]=\lim_{x\to0^+}\frac{\ln(\sin x)}{\frac{1}{x}}\overset{\frac{\infty}{\infty}}{=}\lim_{x\to0^+}\frac{\frac{\cos x}{\sin x}}{-\frac{1}{x^2}}=\lim_{x\to0^+}\left(-\frac{x}{\sin x}\cdot x\cdot\cos x\right)=0,$$

由于$y=e^{\ln y}$，$\lim\limits_{x\to0^+}y=\lim\limits_{x\to0^+}e^{\ln y}=e^{\lim\limits_{x\to0^+}\ln y}=e^0=1$，

所以$\lim\limits_{x\to0^+}(\sin x)^x=1$.

综合训练 4

1. 设$f(x)$在$(a,\ b)$内可导且有$f'(x)<0$，则$f(x)$在$(a,\ b)$内单调________.

2. 若$y=f(x)$在$[a,b]$上严格单增，则其最大值为________，最小值为________.

3. $y=\dfrac{1}{1+x^2}$在$[-2,2]$上的最大值为________，最小值为________.

4. 函数$f(x)=a\sin x+\dfrac{1}{3}\sin 3x$有驻点$x=\dfrac{\pi}{3}$，那么$a=$________.

5. $y=x^3-2x$的凸区间为________，凹区间为________，拐点为________.

6. 求极限.

（1）$\lim\limits_{x\to1}\dfrac{1-x^5}{1-x^4}$；（2）$\lim\limits_{x\to0}\dfrac{1-\cos x}{x^2}$；（3）$\lim\limits_{x\to\infty}\dfrac{x^2+2x+5}{x^2+1}$.

7. 求函数$f(x)=\dfrac{2}{3}x-(x-1)^{\frac{2}{3}}$的单调区间与极值.

8. 求函数$y=x^4-2x^2+5$在区间$[-2,\ 2]$上的最大值和最小值.

9. 求曲线$y=3x^4-4x^3$的凹凸区间和拐点.

10. 已知函数$y=xe^{-x}$. 求：（1）单调区间与极值；（2）其曲线的凹凸区间与拐点.

11. 从长为12cm、宽为8cm的矩形纸板的四个角上剪去相同的小正方形，折成无盖的盒子，要使盒子的容积最大，剪去的小正方形的边长应为多少？

12. 要制作一个容积为$128\pi\,m^3$、有盖的圆柱形水箱，如何设计才能使用料最省？

13. 甲、乙两工厂合用一变压器，其位置如图 4-27 所示.问变压器设在输电干线

何处时，所需电线最短？

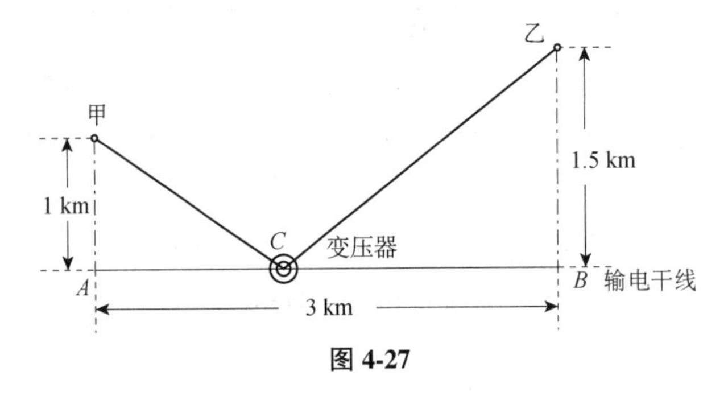

图 4-27

14. 若销售某商品的广告费用 x（千元）与总销售量的关系：

$$S(x)=-0.015x^3+0.62x^2+x+600\ (0\leqslant x\leqslant 200),$$

试求出 $S(x)$ 的拐点，并讨论其意义.

思政聚焦

科研是严谨的，时代是发展的，要与时俱进，要不断学习、不断更新知识才能跟得上时代的脚步，才能越走越远.

【数学家小故事】——发明的真相

洛必达

伯努利

“如果一定要选一个梦想来坚持，那我选择数学”——洛必达.

洛必达（1661—1704）出生在法国贵族家庭，家境优越，他在军队当过军官，对数学非常痴迷，甚至到了废寝忘食的地步，并展现出了过人天赋.

后来，洛必达拜瑞士数学大师约翰·伯努利为师，成为其座下弟子. 值得一提的是，洛必达为此所支付的薪酬是伯努利工资的两倍. 1695 年，洛必达在给约翰·伯努利的信说，“我希望你，能在才智上帮助我，我也将在财力上帮助你，我提议将每年给你三百个里弗尔（相当于136千克白银），并外加两百个里弗尔作为你之前给我辅导的额外报酬，要求你从现在开始，定期给我一些你的研究成果和最新发现，但是这些成果你不能告诉其他人，至于报酬，我还会不断增加数量.”约翰·伯努利刚结婚，正是用钱之际，如果拒绝这位贵族的要求，对他来说确实是不明智的，既然这样，何不各取所需，再说这笔报酬的确看得出洛必达的诚意.

于是洛必达在伯努利处陆续购买了数份文章，基于这些文章整理出版了《无限小分析》一书，书中提出了著名的算法“洛必达法则”，发表后轰动一时.在该书的前言中，他非常聪明地写道，“本书的许多结果都得益于约翰·伯努利和莱布尼茨，如果他们需要认领书中的任何结果，我都不否认.”可约翰·伯努利是收了人家重金的，哪还好意思去认领这些成果，只能眼睁睁看着这些成果归在洛必达名下.直到1704年，洛必达去世后，伯努利发声：“我才是‘洛必达法则’的真正创立者，只是当年洛必达给了不菲的报酬我才卖给了他，这个法则应该更名为‘伯努利法则’!”但遭到了人们的质疑：“你当初为了蝇头小利背叛了数学道德和良知，如今发声也只是为了利益而已.”人们也不再理会他.如今极少数学书称法则为“伯努利法则”，人们还是习惯称之为“洛必达法则”.这可能是伯努利一生最后悔的一件事情了.

单元 5 不定积分及其应用

1. 教学目的

1）知识目标

★ 了解不定积分产生的背景及意义；

★ 理解不定积分基本公式的建立，熟记积分基本公式；

★ 知道积分与导数的关系，能应用不定积分基本公式和性质计算不定积分；

★ 会用几种常用的积分方法求解不定积分.

2）素质目标

积分是微积分学的重要组成部分，掌握不定积分的基本计算是学好微积分的前提，也是学习专业课程的基础.

★ 通过对不定积分的学习，体会“不积跬步无以至千里”“不积小流无以成江河”的含义，明白积少成多、聚沙成塔的道理.

★ 新的数学方法和概念，常常比解决数学问题本身更重要. 通过对不定积分概念的学习，掌握积分思想，学会用积分方法思考问题、解决问题.

2. 教学内容

★ 原函数的概念，不定积分的概念；

★ 不定积分的性质和应用；

★ 不定积分的计算；

★ 换元积分法、分部积分法；

★ 不定积分的应用.

3. 数学词汇

① 原函数—primary function；

② 积分—integration；

③ 不定积分—indefinite integral.

5.1 不定积分的概念——微分法则的逆运算

5.1.1 原函数与不定积分的定义

引例 1（汽车里程表原理） 汽车车轮的直径是已知的，由 1 除以车轮周长可得到汽车行驶 1km 车轮转动的圈数. 因此，知道了汽车在行驶的时间里车轮转动的总圈数，便可以得出汽车行驶的里程. 车轮转动的圈数可以通过发动机的转速、行驶时间和微机处理系统（用于车轮空转归零等）来确定，即由车速得出行驶里程.

汽车车速里程表的结构组成及显示屏分别如图 5-1 和图 5-2 所示.

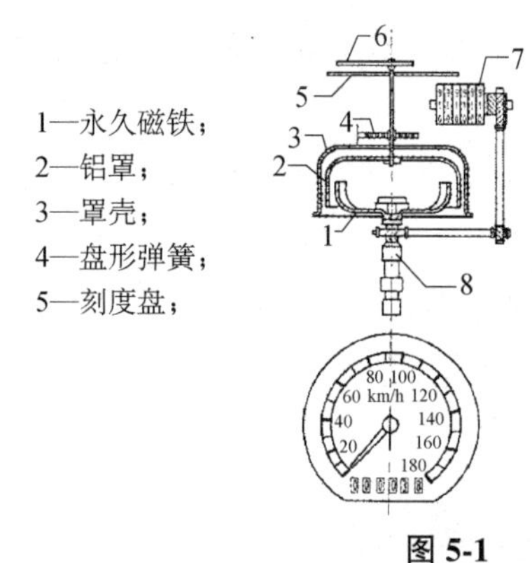

6—车速表指针；
7—车速里程表数字轮；
8—车速表主动轴

图 5-1

图 5-2

电子式车速里程表的车速表由车速传感器（安装在变速箱蜗轮组件的蜗杆上，有光电耦合式和磁电式）、微机处理系统和显示屏组成. 由车速传感器传来的光电脉冲或磁电脉冲信号，经仪表内部的微机处理后，可在显示屏上显示车速. 里程表则根据车速以及累计运行时间，由微机处理系统计算并显示里程.

前文曾介绍过，直线运动物体的速度 v 和路程 S 具有关系 $v = S'(t)$. 换言之，已知路程求速度可以通过求导计算得出. 而引例 1 揭示的是汽车行驶的里程是通过已知的速度计算得出的，这是一个已知速度求路程的问题. 很明显，它是已知路程求速度问题的反问题，或等价地，它的计算是求导计算的逆运算.

案例 1（速度路程问题） 已知汽车行驶的路程 $S = t^3$，则汽车在时刻 t 的速度为

$$v = S' = 3t^2 .$$

若已知汽车行驶的速度 $v = 3t^2$，如何求路程 S 呢？

注意到 $v = S'$，因此，问题便化成了已知路程的导数 $S' = 3t^2$，求路程 S?

易见，$(t^3)'=3t^2$，$(t^3+C)'=3t^2$（C为常数），因此，从数学的角度，路程S不是唯一的，然而，如果加上初始条件$S|_{t=0}=0$，便可得到唯一的路程$S=t^3$.

案例1的后半段是一个"已知导函数求原函数"的问题. 不难看出，"原函数"不是唯一的，由此引出下面概念.

1. 原函数的概念

定义 1 设$f(x)$是定义在某区间I上的已知函数，若在该区间上每一点都有$F'(x)=f(x)$，或$\mathrm{d}F(x)=f(x)\mathrm{d}x$成立，则称函数$F(x)$为$f(x)$在该区间上的一个原函数.

例如，$(\sin x)'=\cos x$，所以$f(x)=\sin x$是$\cos x$的一个原函数. 显然对任意常数C，都有$(\sin x+C)'=\cos x$，因此$\sin x+C$也是$\cos x$的原函数.

求给定函数的原函数是积分学中的基本问题. 关于原函数的概念要把握两点：

（1）原函数的个数问题；

（2）原函数的存在问题.

以下两个定理可有效地解决上述两个问题.

定理 1（原函数簇定理） 若函数$f(x)$存在一个原函数$F(x)$，则它必有无穷多个原函数，而且任意两个原函数之间只相差一个常数.

所以函数$f(x)$的一切原函数可表示为$F(x)+C$，C是任意常数.

那么一个函数满足什么条件，它的原函数一定存在呢？这里只给出结论.

定理 2（原函数存在定理） 如果函数$f(x)$在区间$[a,b]$上连续，则在该区间上$f(x)$的原函数一定存在.

2. 不定积分的概念

定义 2 设$f(x)$在(a,b)内连续，在(a,b)内$f(x)$的原函数的全体叫作$f(x)$的不定积分，记为

$$\int f(x)\mathrm{d}x.$$

其中，$\int$是积分号，$f(x)$称为被积函数，x叫作积分变量.

在案例1中，由于

$$(t^3)'=3t^2，(t^3+C)'=3t^2（C为常数），$$

由定义1知，t^3和t^3+C都是$3t^2$的原函数，问题是如何确定$3t^2$的全体原函数呢？为此，先建立原函数的如下性质.

由定义1知，$f(x)$的原函数的全体是$f(x)$的不定积分

$$\int f(x)\mathrm{d}x.$$

再综合性质，有下面结论.

若$F(x)$是$f(x)$的原函数，则

$$\int f(x)\mathrm{d}x=F(x)+C，\quad F'(x)=f(x).$$

其中，C为任意常数，也称为积分常数.

不难看出，不定积分的结果的导数等于被积函数. 根据这一结论，可得到下面求不定积分的思维方式：

$$欲知\int f(x)\,\mathrm{d}x = ?+C，看(?)' = f(x).$$

利用这样的思维方式，便可建立积分基本公式.

例 1 求$\int \cos x\,\mathrm{d}x$.

解：因为$(\sin x)' = \cos x$，所以$\int \cos x\,\mathrm{d}x = \sin x + C$.

例 2 求$\int x^2\,\mathrm{d}x$.

解：因为$(x^3)' = 3x^2$，即$\left(\dfrac{x^3}{3}\right)' = x^2$，所以$\int x^2\,\mathrm{d}x = \dfrac{x^3}{3} + C$.

3. 不定积分的性质

性质 1 $[\int f(x)\mathrm{d}x]' = f(x)$或$\mathrm{d}[\int f(x)\mathrm{d}x] = f(x)\mathrm{d}x$.

例如，$[\int \cos x\mathrm{d}x]' = [\sin x + C]' = \cos x$，$\mathrm{d}[\int \cos x\mathrm{d}x] = \mathrm{d}[\sin x + C] = \cos x\mathrm{d}x$.

性质 2 $\int F'(x)\mathrm{d}x = F(x) + C$ 或$\int \mathrm{d}F(x) = F(x) + C$.

例如，$\int \sin' x\mathrm{d}x = \int \cos x\mathrm{d}x = \sin x + C$，$\int \mathrm{d}\sin x = \int \cos x\mathrm{d}x = \sin x + C$.

上述两个性质可由定积分的定义直接得到，同时表明，如果不考虑积分常数，微分号“d”与积分号“$\int$”不论先后只要连在一起就可以相互抵消，即求不定积分与求导或求微分是互逆运算. 但要注意，先微分或求导，再积分得到的不是一个函数而是一簇函数，要加上积分常数.

性质 3 函数的代数和的不定积分等于各个函数的不定积分的代数和，即

$$\int[f(x) \pm g(x)]\mathrm{d}x = \int f(x)\mathrm{d}x \pm \int g(x)\mathrm{d}x.$$

注：性质 3 对于有限个函数都是成立的，其证明可由不定积分的定义和导数的运算法则、性质证得.

性质 4 被积函数中不为零的常数因子可以提到积分号外面来，即

$$\int kf(x)\mathrm{d}x = k\int f(x)\mathrm{d}x.$$

例 3 （1）$\int (\cos x\mathrm{e}^x)'\mathrm{d}x = \cos x\mathrm{e}^x + C$；（2）$\int \mathrm{d}\left(\dfrac{\sin x}{x}\right) = \dfrac{\sin x}{x} + C$；

（3）$(\int \cos x\mathrm{e}^x\mathrm{d}x)' = \cos x\mathrm{e}^x$；（4）$\mathrm{d}\left(\int \dfrac{\sin x}{x}\mathrm{d}x\right) = \dfrac{\sin x}{x}\mathrm{d}x$.

4. 不定积分的基本公式

由于积分运算是微分运算的逆运算，因此由导数公式可以得到相应的积分公式.

例如，由于$(x^{\alpha+1})' = (\alpha+1)x^{\alpha}$，即$\left(\dfrac{x^{\alpha+1}}{\alpha+1}\right)' = x^{\alpha}$，所以

$$\int x^{\alpha}\mathrm{d}x=\frac{x^{\alpha+1}}{\alpha+1}+C\quad(\alpha+1\neq 0).$$

类似地，可以得到其他基本初等函数的积分公式. 表 5-1 为基本积分公式（又称基本积分表）.

表 5-1

幂函数	$\int \mathrm{d}x=x+C$ $\int \frac{1}{x}\mathrm{d}x=\ln x+C$	$\int k\mathrm{d}x=kx+C$（k 为常数） $\int x^{\alpha}\mathrm{d}x=\frac{x^{\alpha+1}}{\alpha+1}+C$（$\alpha$ 为常数，$\alpha\neq -1$）
指数函数	$\int \mathrm{e}^x\mathrm{d}x=\mathrm{e}^x+C$	$\int a^x\mathrm{d}x=\frac{a^x}{\ln a}+C$（$a$ 为正常数，$a\neq 1$）
三角函数	$\int \sin x\mathrm{d}x=-\cos x+C$ $\int \sec^2 x\mathrm{d}x=\tan x+C$ $\int \sec x\tan x\mathrm{d}x=\sec x+C$	$\int \cos x\mathrm{d}x=\sin x+C$ $\int \csc^2 x\mathrm{d}x=-\cot x+C$ $\int \csc x\cot x\mathrm{d}x=-\csc x+C$
反三角函数	$\int \frac{1}{\sqrt{1-x^2}}\mathrm{d}x=\arcsin x+C$	$\int \frac{1}{1+x^2}\mathrm{d}x=\arctan x+C$

基本积分公式是求积分的基础，必须熟记. 下面举例说明基本积分公式的应用.

例 4 求 $\int \frac{1}{x^4}\mathrm{d}x$.

解： $\int \frac{1}{x^4}\mathrm{d}x=\int x^{-4}\mathrm{d}x$

$$=\frac{1}{-4+1}x^{-4+1}+C=-\frac{1}{3}x^{-3}+C.$$

例 5 求 $\int x\sqrt{x}\mathrm{d}x$.

解： $\int x\sqrt{x}\mathrm{d}x=\int x^{\frac{3}{2}}\mathrm{d}x$

$$=\frac{1}{\frac{3}{2}+1}x^{\frac{3}{2}+1}+C=\frac{2}{5}x^{\frac{5}{2}}+C.$$

例 6 求 $\int 3^x\mathrm{d}x$.

解： $\int 3^x\mathrm{d}x=\frac{3^x}{\ln 3}+C$

5.1.2 不定积分的基本运算

1. 直接积分法

利用不定积分的基本公式和不定积分的性质，经过适当变形，求出不定积分的方法，称为直接积分法.

例 7 求$\int\left(2\mathrm{e}^x+\sin x-\dfrac{7}{\sqrt{1-x^2}}\right)\mathrm{d}x$.

解： 利用基本积分公式和不定积分的性质得

$$\int\left(2\mathrm{e}^x+\sin x-\frac{7}{\sqrt{1-x^2}}\right)\mathrm{d}x=2\int\mathrm{e}^x\mathrm{d}x+\int\sin x\mathrm{d}x-7\int\frac{1}{\sqrt{1-x^2}}\mathrm{d}x$$
$$=2\mathrm{e}^x-\cos x-7\arcsin x+C.$$

例 8 求$\int x(x-2)\mathrm{d}x$.

解： $\int x(x-2)\mathrm{d}x=\int(x^2-2x)\mathrm{d}x=\dfrac{1}{3}x^3-x^2+C$.

例 9 求$\int 2^x\mathrm{e}^x\mathrm{d}x$.

解： $\int 2^x\mathrm{e}^x\mathrm{d}x=\int(2\mathrm{e})^x\mathrm{d}x=\dfrac{(2\mathrm{e})^x}{\ln 2\mathrm{e}}+C=\dfrac{(2\mathrm{e})^x}{\ln 2+1}+C$

例 10 求$\int\dfrac{5x^2+2x-1}{x^2}\mathrm{d}x$.

解： 先对被积函数化简，再求积分，于是有

$$\int\frac{5x^2+2x-1}{x^2}\mathrm{d}x=\int\left(5+\frac{2}{x}-\frac{1}{x^2}\right)\mathrm{d}x$$
$$=5\int\mathrm{d}x+2\int\frac{1}{x}\mathrm{d}x-\int\frac{1}{x^2}\mathrm{d}x=5x+2\ln|x|+\frac{1}{x}+C.$$

例 11 求$\int\dfrac{(x+1)^2}{x}\mathrm{d}x$.

解： $\int\dfrac{(x+1)^2}{x}\mathrm{d}x=\int\dfrac{x^2+2x+1}{x}\mathrm{d}x=\int(x+2+\dfrac{1}{x})\mathrm{d}x=\dfrac{x^2}{2}+2x+\ln|x|+C$.

检验求不定积分的结果是否正确，可以利用求导和求不定积分的互逆关系进行，即把求不定积分得到的结果再求导数，看是否等于被积函数即可.

2. 恒等变形后用公式计算

为了能方便地利用基本公式求不定积分，有时需要对被积函数做恒等变形，看下面例子.

例 12 求下列不定积分.

（1）$\int\left(5x\sqrt{x}-\dfrac{3}{x^2}+\dfrac{2}{\sqrt{x}}\right)\mathrm{d}x$；（2）$\int\dfrac{(2x-3)^2}{x}\mathrm{d}x$.

解：（1）原式$=5\int x^{\frac{3}{2}}\mathrm{d}x-3\int\dfrac{1}{x^2}\mathrm{d}x+2\int x^{-\frac{1}{2}}\mathrm{d}x=2x^2\sqrt{x}+\dfrac{3}{x}+4\sqrt{x}+C$.

（2）原式$=\int\dfrac{4x^2-12x+9}{x}\mathrm{d}x=\int\left(4x-12+\dfrac{9}{x}\right)\mathrm{d}x=2x^2-12x+9\ln x+C$.

例 13 求下列不定积分.

（1）$\int\mathrm{e}^x\left(3\times2^x-\dfrac{2}{3^x}\right)\mathrm{d}x$；（2）$\int\mathrm{e}^{-3x}\mathrm{d}x$.

解：（1）原式$=\int\left(3\times(2\mathrm{e})^x-2\times\left(\frac{\mathrm{e}}{3}\right)^x\right)\mathrm{d}x=\frac{3\times(2\mathrm{e})^x}{\ln 2+1}-\frac{2\times\left(\frac{\mathrm{e}}{3}\right)^x}{1-\ln 3}+C$.

（2）原式$=\int(\mathrm{e}^{-3})^x\,\mathrm{d}x=\frac{(\mathrm{e}^{-3})^x}{\ln\mathrm{e}^{-3}}+C=-\frac{1}{3}\mathrm{e}^{-3x}+C$.

例 14　求下列不定积分.

（1）$\int\frac{x^2}{1+x^2}\mathrm{d}x$；（2）$\int\frac{1}{x^2(1+x^2)}\mathrm{d}x$.

解：（1）原式$=\int\frac{x^2+1-1}{1+x^2}\mathrm{d}x=\int\left(1-\frac{1}{1+x^2}\right)\mathrm{d}x=x-\arctan x+C$.

（2）原式$=\int\frac{1+x^2-x^2}{x^2(1+x^2)}\mathrm{d}x=\int\left(\frac{1}{x^2}-\frac{1}{1+x^2}\right)\mathrm{d}x=-\frac{1}{x}-\arctan x+C$.

5.2　不定积分常用计算法

5.2.1　换元积分法

1. 引例

引例 2　1990 年 Soloron 公司研发部门经理宣称，从现在开始 t 年后，生产太阳能电池面板的费用（单位：美元/千瓦）将以

$$p(t)=\frac{56}{(3t+2)^2}\quad(0\leqslant t\leqslant 10)$$

的速率下降. 其中 $t=0$ 相应于 1990 年年初，其生产费用为 10 美元/千瓦.

假设 1990 年后的第 t 年年初的生产费用为 $C(t)$，则 $C'(t)=-p(t)$，从而

$$C(t)=-\int p(t)\,\mathrm{d}t=-56\int\frac{1}{(3t+2)^2}\mathrm{d}t.$$

引例 2 诱导出的积分 $\int\frac{1}{(3t+2)^2}\mathrm{d}t$ 不能直接用基本公式计算，属于 $\int f(at+b)\mathrm{d}t$ 型积分，其被积函数具有复合结构：

$$y=\frac{1}{u^2},\ u=3t+2\ \text{或}\ y=u^2,\ u=\frac{1}{3t+2}\ \text{或}\ y=\frac{1}{(u+2)^2},\ u=3t.$$

（1）若令 $u=3t+2$，则 $u'=3$. 注意到 $u'\mathrm{d}t=\mathrm{d}u$，于是有

$$\begin{aligned}\int\frac{1}{(3t+2)^2}\mathrm{d}t&=\int\frac{1}{(3t+2)^2}\cdot\frac{u'}{3}\mathrm{d}t\\&=\frac{1}{3}\int\frac{1}{u^2}\mathrm{d}u=\frac{1}{3}\left(-\frac{1}{u}\right)+C=-\frac{1}{3(3t+2)}+C.\end{aligned}$$

（2）若令 $u=\frac{1}{3t+2}$，则 $u'=-\frac{3}{(3t+2)^2}$. 注意到 $u'\mathrm{d}t=\mathrm{d}u$，于是有

$$\int \frac{1}{(3t+2)^2}\mathrm{d}t = \int \frac{1}{(3t+2)^2} \cdot \frac{u'}{-\frac{3}{(3t+2)^2}}\mathrm{d}t$$

$$= -\frac{1}{3}\int \mathrm{d}u = -\frac{1}{3}u + C = -\frac{1}{3(3t+2)} + C.$$

（3）若令 $u = 3t$，则 $u' = 3$．注意到 $u'\mathrm{d}t = \mathrm{d}u$，于是有

$$\int \frac{1}{(3t+2)^2}\mathrm{d}t = \int \frac{1}{(3t+2)^2} \cdot \frac{u'}{3}\mathrm{d}t = \frac{1}{3}\int \frac{1}{(u+2)^2}\mathrm{d}u,$$

所得到的关于 u 的新积分不能直接用公式计算.

以上采用不同的变换，得到了相同的结果，这个结果是否正确呢？

对积分结果求导，得

$$\left(-\frac{1}{3(3t+2)}\right)' = -\frac{1}{3}\left(\frac{1}{3t+2}\right)' = -\frac{1}{3}\left(-\frac{(3t+2)'}{(3t+2)^2}\right) = \frac{1}{(3t+2)^2},$$

因此，积分计算的结果正确.

2. 计算过程

考察上述讨论中的三个计算过程，不难看出，在引入变换后，三个计算都有一个将 $u'\mathrm{d}t$ 凑微分成 $\mathrm{d}u$ 的步骤，这样的换元计算方法常归类为第一类换元积分法，也常形象地称为凑微分法.

将引例 2 所引申出的计算方法拓广至更广泛的积分 $\int f(x)\mathrm{d}x$，可得到一般的第一类换元积分方法.

要掌握第一类换元法，首先要熟悉求导公式和积分基本公式，以便顺利找出凑微分的方式. 换元积分法的技巧就在于"拆得巧""拼得巧""凑得巧". 凑微分是有规律的，熟记一些常见的凑微分形式，再经过一定的解题训练就可以掌握解题技巧.

3. 常用的凑微分形式

（1）$\mathrm{d}x = \frac{1}{a}\mathrm{d}(ax+b)$ $(a,b$为常数，且$a \neq 0)$；（2）$x\mathrm{d}x = \frac{1}{2}\mathrm{d}(x^2)$；

（3）$\frac{1}{x}\mathrm{d}x = \mathrm{d}\ln|x| = \frac{1}{a}\mathrm{d}(a\ln|x|+b)$ $(a,b$为常数，且$a \neq 0)$；

（4）$\frac{1}{\sqrt{x}}\mathrm{d}x = 2\mathrm{d}\sqrt{x}$；

（5）$\frac{1}{x^2}\mathrm{d}x = -\mathrm{d}\left(\frac{1}{x}\right)$；

（6）$\mathrm{e}^x\mathrm{d}x = \mathrm{d}(\mathrm{e}^x)$；

（7）$a^x\mathrm{d}x = \frac{\mathrm{d}(a^x)}{\ln a}$ $(a > 0$且$a \neq 1)$；

（8）$\cos x\mathrm{d}x = \mathrm{d}(\sin x)$；

（9）$\sin x\mathrm{d}x = -\mathrm{d}(\cos x)$；

（10）$\sec^2 x\mathrm{d}x = \mathrm{d}(\tan x)$；

（11）$\csc^2 x\mathrm{d}x = -\mathrm{d}(\cot x)$；

（12）$\frac{1}{\sqrt{1-x^2}}\mathrm{d}x = \mathrm{d}(\arcsin x)$；

（13）$\frac{1}{1+x^2}\mathrm{d}x = \mathrm{d}(\arctan x)$.

例 15 求$\int \sin(3x+1)\mathrm{d}x$.

解：把$(3x+1)$看作整体，它的微分是$\mathrm{d}(3x+1)=3\mathrm{d}x$，则由$\mathrm{d}x$可以凑微分$\mathrm{d}x=\frac{1}{3}\mathrm{d}(3x+1)$，则

$$\int \sin(3x+1)\mathrm{d}x=\int \sin(3x+1)\times\frac{1}{3}\mathrm{d}(3x+1)=\frac{1}{3}\int \sin(3x+1)\mathrm{d}(3x+1)$$

$$\overset{u=3x+1}{=}\frac{1}{3}\int \sin u\mathrm{d}u=-\frac{1}{3}\cos u+C\overset{u=3x+1}{=}-\frac{1}{3}\cos(3x+1)+C.$$

例 16 求$\int \mathrm{e}^{2x-1}\mathrm{d}x$.

解：把$(2x-1)$看作整体，它的微分是$\mathrm{d}(2x-1)=2\mathrm{d}x$，则由$\mathrm{d}x$可以凑微分$\mathrm{d}x=\frac{1}{2}\mathrm{d}(2x-1)$，则

$$\int \mathrm{e}^{2x-1}\mathrm{d}x=\int \mathrm{e}^{2x-1}\times\frac{1}{2}\mathrm{d}(2x-1)=\frac{1}{2}\int \mathrm{e}^{2x-1}\mathrm{d}(2x-1)$$

$$\overset{u=2x-1}{=}\frac{1}{2}\int \mathrm{e}^{u}\mathrm{d}u=\frac{1}{2}\mathrm{e}^{u}+C\overset{u=2x-1}{=}\frac{1}{2}\mathrm{e}^{2x-1}+C.$$

例 17 求$\int \frac{1}{2x+7}\mathrm{d}x$.

解：把$(2x+7)$看作整体，它的微分是$\mathrm{d}(2x+7)=2\mathrm{d}x$，则由$\mathrm{d}x$可以凑微分$\mathrm{d}x=\frac{1}{2}\mathrm{d}(2x+7)$，则

$$\int \frac{1}{2x+7}\mathrm{d}x=\int \frac{1}{2x+7}\times\frac{1}{2}\mathrm{d}(2x+7)=\frac{1}{2}\int \frac{1}{2x+7}\mathrm{d}(2x+7)$$

$$\overset{u=2x+7}{=}\frac{1}{2}\int \frac{1}{u}\mathrm{d}u=\frac{1}{2}\ln|u|+C=\overset{u=2x+7}{=}\frac{1}{2}\ln|2x+7|+C.$$

例 18 求$\int (3x-5)^{7}\mathrm{d}x$.

解：把$(3x-5)$看作整体，它的微分是$\mathrm{d}(3x-5)=3\mathrm{d}x$，则由$\mathrm{d}x$可以凑微分$\mathrm{d}x=\frac{1}{3}\mathrm{d}(3x-5)$，则

$$\int (3x-5)^{7}\mathrm{d}x=\int (3x-5)^{7}\times\frac{1}{3}\mathrm{d}(3x-5)=\frac{1}{3}\int (3x-5)^{7}\mathrm{d}(3x-5)$$

$$\overset{u=3x-5}{=}\frac{1}{3}\int u^{7}\mathrm{d}u=\frac{1}{3}\times\frac{1}{8}u^{8}+C=\overset{u=3x-5}{=}\frac{1}{24}(3x-5)^{8}+C.$$

例 19 求$\int \frac{\ln x}{x}\mathrm{d}x$.

解：被积函数中$\frac{1}{x}$是$\ln x$的导数，即$\frac{1}{x}\mathrm{d}x=\mathrm{d}(\ln x)$，则

$$\int \frac{\ln x}{x}\mathrm{d}x=\int \ln x\cdot\frac{1}{x}\mathrm{d}x=\int \ln x\mathrm{d}(\ln x)\overset{u=\ln x}{=}\int u\mathrm{d}u=\frac{1}{2}u^{2}+C\overset{u=\ln x}{=}\frac{1}{2}\ln^{2}x+C.$$

5.2.2 分部积分法

分部积分法主要用于计算两个函数乘积的积分，和凑微分及换元积分不一样的是，用分部积分法进行计算的积分，其被积函数中必须有一个函数因子能凑成导函数. 换言之，能用分部积分法计算的是可化为

$$\int u'\cdot v\,\mathrm{d}x \quad 或 \quad \int_a^b u'\cdot v\,\mathrm{d}x$$

形式的积分.

1. 引例

引例 3 预计某一油井在产油后第 t 年的产油率为

$$p(t)=800\,t\,\mathrm{e}^{-0.1t} \text{（万桶/年）},$$

如果记产油后第 t 年的总产量为 $Q(t)$，那么

$$Q(0)=0\text{，}\ Q'(t)=p(t)\text{，}\ \int_0^{10} p(t)\,\mathrm{d}t=Q(t)\Big|_0^{10}=Q(10).$$

即油井在 10 年内的总产量 $Q(10)=800\int_0^{10} t\,\mathrm{e}^{-0.1t}\mathrm{d}t$.

引例 4 已知一病人在服用一种抗生素 t 小时后，该药物在血液中的浓度为

$$C(t)=5t\,\mathrm{e}^{-t/5} \text{（mg/ml）},$$

则该病人在服药 12 小时后血液中该药物的平均浓度 $\overline{C}=\dfrac{1}{12}\int_0^{12} 5t\,\mathrm{e}^{-t/5}\mathrm{d}t$.

引例 3 和 4 所诱导的是 $\int_a^b t\mathrm{e}^{kt}\mathrm{d}t$ 型积分. 若 $k\neq 0$，令 $u=kt$，则

$$\int_a^b t\mathrm{e}^{kt}\mathrm{d}t=\int_a^b t\mathrm{e}^{kt}\cdot\frac{u'}{k}\mathrm{d}t=\frac{1}{k^2}\int_{ka}^{kb} u\mathrm{e}^{u}\mathrm{d}u,$$

积分仍保持原形态，因此，换元法不能计算 $\int_a^b t\mathrm{e}^{kt}\mathrm{d}t$. 易见，

$$\int_a^b t\cdot\mathrm{e}^{kt}\mathrm{d}t=\frac{1}{k}\int_a^b t(\mathrm{e}^{kt})'\mathrm{d}t,$$

它属于 $\int_a^b u'\cdot v\,\mathrm{d}x$ 型积分，下面探讨这类积分的计算方法.

设函数 $u=u(x)$ 和 $v=v(x)$ 具有连续的导数，由乘积的求导法则

$$(uv)'=u'v+uv' \quad 可得 \quad uv'=(uv)'-u'v \tag{5-1}$$

对式（5-1）两端积分

$$\int uv'\mathrm{d}x=\int (uv)'\mathrm{d}x-\int u'v\mathrm{d}x$$

$$\int u\mathrm{d}v=uv-\int v\mathrm{d}u \tag{5-2}$$

式（5-2）表明所求两个函数之积的积分可以转化为 $\int u\mathrm{d}v$ 的积分，该式称为不定积分的分部积分法公式.

2. 公式应用

利用分部积分法主要是把所求积分中的被积表达式适当地分成 u 和 $\mathrm{d}v$ 两部分，

所以这种积分法关键是在正确地选择u、dv. 一般地，u、dv的选取原则是：

（1）由dv易求v；

（2）$\int v du$比$\int u dv$易求.

对于被积函数是反三角函数乘以幂函数、对数函数乘以幂函数、幂函数乘以三角函数、幂函数乘以指数函数等类型的不定积分，都可以使用分部积分法.

例 20 求$\int x\cos x dx$.（幂函数乘以三角函数）

解：设$u=x$，$dv=\cos x dx = d(\sin x)$，则$v=\sin x$.

由分部积分法公式有

$$\int x\cos x dx = \int x d(\sin x) = x\sin x - \int \sin x dx = x\sin x + \cos x + C.$$

熟练后u、v就不必假设出来，只要默默记在心里即可.

例 21 求$\int xe^x dx$.（幂函数乘以指数函数）

解：设$u=x$，$dv=e^x dx = d(e^x)$，则$v=e^x$.

由分部积分法公式有

$$\int xe^x dx = \int x d(e^x) = xe^x - \int e^x dx = xe^x - e^x + C.$$

例 22 求$\int x^2 e^x dx$.

解：$$\int x^2e^xdx = \int x^2 d(e^x) = x^2e^x - \int e^x d(x^2) = x^2e^x - 2\int xe^x dx = x^2e^x - 2\int x d(e^x)$$
$$= x^2e^x - 2(xe^x - \int e^x dx) = x^2e^x - 2xe^x + 2e^x + C.$$

例 23 求$\int x\ln x dx$.

解：$$\int x\ln x dx = \int \ln x d\left(\frac{x^2}{2}\right) = \frac{x^2}{2}\ln x - \int \frac{x^2}{2} d(\ln x) = \frac{x^2}{2}\ln x - \int \frac{x^2}{2}\cdot\frac{1}{x}dx$$
$$= \frac{x^2}{2}\ln x - \int \frac{x}{2}dx = \frac{x^2}{2}\ln x - \frac{x^2}{4} + C.$$

例 24 求$\int \arcsin x dx$.

解：$$\int \arcsin x dx = x\arcsin x - \int x d(\arcsin x) = x\arcsin x - \int \frac{x}{\sqrt{1-x^2}}dx$$
$$= x\arcsin x + \int \frac{1}{2\sqrt{1-x^2}} d(1-x^2) = x\arcsin x + \sqrt{1-x^2} + C.$$

利用分部积分公式时，如果u、v选择不当，可能使所求积分更加复杂. 选择u、v的一般顺序是，按照反三角函数、对数函数、幂函数、三角函数、指数函数的顺序，将顺序在前的作为u，将顺序在后的凑成dv.

3. 综合计算

积分的计算一般可选择性使用基本公式、第一类换元、第二类换元和分部积分法等，也可以综合使用其中的某几种方法. 如何快速、准确地选取最优计算方法，通常需要学习经验的积累和解题前的敏锐观察.

例 25 求不定积分.

（1）$\int \tan x \mathrm{d}x$，（2）$\int \cot x \mathrm{d}x$.

解： 被积函数 $\tan x = \dfrac{\sin x}{\cos x}$， $\cot x = \dfrac{\cos x}{\sin x}$.

（1）令 $u = \cos x$，采用凑微分形式，得

$$\begin{aligned}\int \tan x \mathrm{d}x &= \int \tan x \cdot \frac{u'}{-\sin x} \mathrm{d}x = \int \frac{\sin x}{\cos x} \cdot \frac{u'}{-\sin x} \mathrm{d}x \\ &= -\int \frac{1}{u} \mathrm{d}u = -\ln u + C = -\ln \cos x + C .\end{aligned}$$

（2）令 $u = \sin x$，采用直接换元方式，注意 $\mathrm{d}u = \cos x \mathrm{d}x$，从而

$$\int \cot x \mathrm{d}x = \int \frac{\cos x}{\sin x} \cdot \frac{1}{\cos x} \mathrm{d}u = \int \frac{1}{u} \mathrm{d}u = \ln u + C = \ln \sin x + C .$$

5.2.3 有理函数积分法

有理函数指的是形如

$$\frac{P_n(x)}{Q_m(x)}$$

的分式函数，其中 $P_n(x)$ 和 $Q_m(x)$ 分别为 n 次和 m 次多项式. 当 $n \geqslant m$ 时，分式被称为假分式；当 $n < m$ 时，分式被称为真分式.

1. *真分式积分法*

当 $n < m$ 时，将真分式 $\dfrac{P_n(x)}{Q_m(x)}$ 的分母分解因式，若 $Q_m(x)$ 含因式

（1）$(x-a)^k$，则其对应的待定分解式为

$$\frac{A_1}{x-a} + \frac{A_2}{(x-a)^2} + \cdots + \frac{A_k}{(x-a)^k} ;$$

（2）$(ax^2+bx+c)^k$ 且 ax^2+bx+c 在实数范围内不能再分解，则其对应的待定分解式为

$$\frac{A_1 x + B_1}{ax^2+bx+c} + \frac{A_2 x + B_2}{(ax^2+bx+c)^2} + \cdots + \frac{A_k x + B_k}{(ax^2+bx+c)^k} .$$

利用上面真分式的分解方式，便可求出真分式的积分，其中积分过程中经常用到下面公式：

$$\int \frac{1}{x+a} \mathrm{d}x = \ln(x+a) + C .$$

例 26 求下列积分.

（1）$\int \dfrac{6x+3}{x^2-x-2} \mathrm{d}x$；（2）$\int \dfrac{x^2-x+1}{x^2(x-1)} \mathrm{d}x$.

解： 注意，两个积分的被积函数都是真分式.

（1）分母 x^2-x-2 分解因式为 $(x+1)(x-2)$，因此，可作待定分解

$$\frac{6x+3}{x^2-x-2}=\frac{A}{x+1}+\frac{B}{x-2},$$

上式两边同乘以$(x-2)(x+1)$，得

$$6x+3=A(x-2)+B(x+1).$$

令$x=-1$得$A=1$，令$x=2$得$B=5$．从而

$$\frac{2x+1}{x^2-x-2}=\frac{1}{x+1}+\frac{5}{x-2},$$

$$\int\frac{6x+3}{x^2-x-2}\mathrm{d}x=\int\frac{1}{x+1}\mathrm{d}x+5\int\frac{1}{x-2}\mathrm{d}x=\ln(x+1)+5\ln(x-2)+C.$$

（2）分母含因式x^2和$x-1$，因此，可作待定分解

$$\frac{x^2-x+1}{x^2(x-1)}=\frac{A}{x}+\frac{B}{x^2}+\frac{C}{x-1},$$

上式两边同乘以$x^2(x-1)$，得

$$x^2-x+1=Ax(x-1)+B(x-1)+Cx^2,$$

令$x=0$得$B=-1$，令$x=1$得$C=1$，比较两边x^2项的系数得$A=1-C=0$，从而

$$\frac{x^2-x+1}{x^2(x-1)}=-\frac{1}{x^2}+\frac{1}{x-1},$$

$$\int\frac{x^2-x+1}{x^2(x-1)}\mathrm{d}x=-\int\frac{1}{x^2}\mathrm{d}x+\int\frac{1}{x-1}\mathrm{d}x=\frac{1}{x}+\ln(x-1)+C.$$

例27 求下列积分.

（1）$\int\frac{2x+1}{x(x^2+1)}\mathrm{d}x$；（2）$\int\frac{x^2-x+2}{(x^2+1)(x-1)^2}\mathrm{d}x$.

解：注意，两个积分的被积函数都是真分式.

（1）分母$x(x^2+1)$含因式x和x^2+1，因此，可作待定分解

$$\frac{2x+1}{x(x^2+1)}=\frac{A}{x}+\frac{Bx+C}{x^2+1},$$

上式两边同乘以$x(x^2+1)$，得

$$2x+1=A(x^2+1)+(Bx+C)x,$$

令$x=0$得$A=1$，比较两边x^2项的系数得$B=-A=-1$，比较两边x项的系数得$C=2$，从而

$$\frac{2x+1}{x(x^2+1)}=\frac{1}{x}+\frac{-x+2}{x^2+1},$$

$$\int\frac{2x+1}{x(x^2+1)}\mathrm{d}x=\int\frac{1}{x}\mathrm{d}x-\int\frac{x}{x^2+1}\mathrm{d}x+2\int\frac{1}{x^2+1}\mathrm{d}x$$

$$=\ln x-\frac{1}{2}\ln(x^2+1)+2\arctan x+C.$$

（2）分母$(x^2+1)(x-1)^2$含因式x^2+1和$(x-1)^2$，因此，可作待定分解

$$\frac{x^2-x+2}{(x^2+1)(x-1)^2}=\frac{Ax+B}{x^2+1}+\frac{C}{x-1}+\frac{D}{(x-1)^2},$$

上式两边同乘以$(x^2+1)(x-1)^2$，得

$$x^2-x+2=(Ax+B)(x-1)^2+C(x^2+1)(x-1)+D(x^2+1),$$

令$x=1$得$D=1$，令$x=0$得$B-C+D=2$，令$x=2$得$2A+B+5C+5D=4$，比较两边x^3项的系数得$A+C=0$，解之得$A=\frac{1}{2}$，$B=\frac{1}{2}$，$C=-\frac{1}{2}$，$D=1$.

即

$$\frac{x^2-x+2}{(x^2+1)(x-1)^2}=\frac{\frac{1}{2}x+\frac{1}{2}}{x^2+1}+\frac{-\frac{1}{2}}{x-1}+\frac{1}{(x-1)^2},$$

$$\int\frac{x^2-x+2}{(x^2+1)(x-1)^2}\mathrm{d}x=\frac{1}{2}\int\frac{x}{x^2+1}\mathrm{d}x+\frac{1}{2}\int\frac{1}{x^2+1}\mathrm{d}x-\frac{1}{2}\int\frac{1}{x-1}\mathrm{d}x+\int\frac{1}{(x-1)^2}\mathrm{d}x$$

$$=\frac{1}{4}\ln(x^2+1)+\frac{1}{2}\arctan x-\frac{1}{2}\ln(x-1)-\frac{1}{x-1}+C.$$

2. 假分式积分法

当$n\geqslant m$时，假分式可分解为

$$\frac{P_n(x)}{Q_m(x)}=R_{n-m}(x)+\frac{H_k(x)}{Q_m(x)}\quad(k<m),$$

其中$R_{n-m}(x)$为$n-m$次多项式，$H_k(x)$为k次多项式. 其分解操作常见的有换元后拆项和分子凑项两种方式.

例 28 求下列积分.

（1）$\int_0^1\frac{x^3}{x+1}\mathrm{d}x$；（2）$\int_0^1\frac{x^6}{x^2+1}\mathrm{d}x$.

解：注意，两个积分的被积函数都是假分式.

（1）用$u=x+1$换元，得

$$\int_0^1\frac{x^3}{x+1}\mathrm{d}x=\int_1^2\frac{(u-1)^3}{u}\mathrm{d}u=\int_1^2\frac{u^3-3u^2+3u-1}{u}\mathrm{d}u$$

$$=\int_1^2\left(u^2-3u+3-\frac{1}{u}\right)\mathrm{d}u=\frac{u^3}{3}\bigg|_1^2-\frac{3}{2}u^2\bigg|_1^2+3-\ln u\big|_1^2=\frac{5}{6}-\ln 2.$$

（2）分子凑项，得

$$\int_0^1\frac{x^6}{x^2+1}\mathrm{d}x=\int_0^1\frac{x^4(x^2+1)-x^4}{x^2+1}\mathrm{d}x=\int_0^1\left(x^4-\frac{x^4}{x^2+1}\right)\mathrm{d}x$$

$$=\int_0^1x^4\mathrm{d}x-\int_0^1\frac{x^4}{x^2+1}\mathrm{d}x=\frac{1}{5}-\int_0^1\frac{x^2(x^2+1)-x^2}{x^2+1}\mathrm{d}x$$

$$=\frac{1}{5}-\int_0^1(x^2-\frac{x^2}{x^2+1})\mathrm{d}x=\frac{1}{5}-\frac{1}{3}+\int_0^1\frac{x^2}{x^2+1}\mathrm{d}x$$

$$=-\frac{2}{15}+\int_0^1\frac{x^2+1-1}{x^2+1}\mathrm{d}x=-\frac{2}{15}+\int_0^1\left(1-\frac{1}{x^2+1}\right)\mathrm{d}x$$

$$=\frac{13}{15}-\arctan x\bigg|_0^1=\frac{13}{15}-\frac{\pi}{4}.$$

综合训练 5

1. 计算下列积分.

（1）$\int\frac{1}{2}\mathrm{d}x=$（　　　　）；　（2）$\int\sqrt{3}\mathrm{d}x=$（　　　　）；

（3）$\int x^2\mathrm{d}x=$（　　　　）；　（4）$\int 2^x\mathrm{d}x=$（　　　　）；

（5）$\int x^3\mathrm{d}x=$（　　　　）；　（6）$\int\frac{1}{x^3}\mathrm{d}x=$（　　　　）；

（7）$\int 4^x\mathrm{d}x=$（　　　　）；　（8）$\int\frac{1}{4^x}\mathrm{d}x=$（　　　　）；

（9）$\int\sin x\mathrm{d}x=$（　　　　）；　（10）$\int\cos x\mathrm{d}x=$（　　　　）；

（11）$\int\frac{1}{1+x^2}\mathrm{d}x=$（　　　　）；　（12）$\int\frac{1}{\sqrt{1-x^2}}\mathrm{d}x=$（　　　　）.

2. 完成下列填空.

（1）若 e^{2x} 是 $f(x)$ 的一个原函数，则 $f(x)=$（　　　）；$\int f(x)\mathrm{d}x=$（　　　）.

（2）若 $\int f(x)\mathrm{d}x=\sec x+C$，则 $f(x)=$（　　　　）.

（3）若 $\int\csc^2x\mathrm{d}x=f(x)+C$，则 $f(x)=$（　　　　）.

3. 求下列积分.

（1）$\int\sqrt{x}(2\sqrt{x}-3)\mathrm{d}x$；　（2）$\int\frac{3x^4-4x+2}{x^2}\mathrm{d}x$；

（3）$\int\frac{(x+3)^2}{x^3}\mathrm{d}x$；　（4）$\int\mathrm{e}^x\left(4^x+\frac{4\mathrm{e}^{-x}}{\sqrt{1-x^2}}\right)\mathrm{d}x$；

（5）$\int\frac{3\cdot4^x-4\cdot5^x}{2^x}\mathrm{d}x$；　（6）$\int\frac{3x^4-2x^2}{1+x^2}\mathrm{d}x$.

（7）$\int\sin(3-2x)\mathrm{d}x$；　（8）$\int\cos(5x+4)\mathrm{d}x$；

（9）$\int(9x-2)^7\mathrm{d}x$；　（10）$\int\sqrt{4x-3}\mathrm{d}x$；

（11）$\int\frac{1}{(3x+2)^6}\mathrm{d}x$；　（12）$\int\frac{x}{3x^2+4}\mathrm{d}x$；

（13）$\int x(5x^2+1)^8\mathrm{d}x$；　（14）$\int\frac{x}{(2x^2+1)^3}\mathrm{d}x$；

（15）$\int\frac{x}{(5-4x^2)^4}\mathrm{d}x$；　（16）$\int x\sqrt{4x^2+9}\mathrm{d}x$；

（17）$\int\frac{x}{\sqrt{3x^2+2}}\mathrm{d}x$；　（18）$\int\frac{2+3\ln x}{x}\mathrm{d}x$.

（19）$\int(2x+1)\sin x\,\mathrm{d}x$；（20）$\int_{0}^{\frac{\pi}{2}} x\cos x\,\mathrm{d}x$；

（21）$\int(4x^2-2x)\mathrm{e}^x\mathrm{d}x$；（22）$\int_{0}^{1}(4x+2)\mathrm{e}^{-2x}\mathrm{d}x$；

（23）$\int(2x-11)\sin 2x\,\mathrm{d}x$；（24）$\int_{0}^{\frac{\pi}{2}}(2x+1)\cos 2x\,\mathrm{d}x$.

思政聚焦

转化思维，既是一种方法，也是一种思维. 转化思维，是指在解决问题的过程中遇到障碍时，通过改变问题的方向，从不同的角度，把问题由一种形式转换成另一种形式，寻求最佳方法，使问题变得更简单、清晰. 微积分思维须清晰，思考和体会求导与求积分的互逆运算思维.

【数学家小故事】——牛顿和莱布尼茨的故事

1665 年，英国爆发鼠疫，剑桥大学暂时关闭. 刚刚获得学士学位、准备留校任教的牛顿被迫离校到他母亲的农场住了一年多. 这一年多被称为“奇迹年”，牛顿对三大运动定律、万有引力定律和光学的研究都开始于这个时期. 在研究这些物理问题过程中，牛顿发现了被他称为“流数术”的微积分.

1666 年，牛顿写下了一篇关于流数术的短文，之后又写了几篇有关文章. 但是这些文章当时都没有公开发表，只是在一些英国科学家中流传.

1671 年，牛顿正式发表了《流数法》.

1672 年，莱布尼茨作为外交官出使巴黎，结识了许多科学家，包括来自荷兰的惠更斯. 1673 年，莱布尼茨又出使伦敦，结识了胡克、波义耳等人，3 月回到巴黎，4 月即被推荐为英国皇家学会的外籍会员.

1675 年，莱布尼茨也发现了微积分，但是也不急于发表，只是在手稿和通信中提及这些发现. 莱布尼茨滞留巴黎的四年时间，是他在数学方面的研究的黄金时段. 在这一期间，他研究了费马、帕斯卡、笛卡儿和巴罗等人的数学著作，写了大约 100 页的《数学笔记》. 这些笔记虽不系统，且没有公开发表，但其中却包含着莱布尼茨的微积分思想、方法和符号，是他发明微积分的标志. 从手稿完成的时间来讲，牛顿确实比莱布尼茨早发现微积分.

1684 年，莱布尼茨在《教师学报》上发表的论文《对有理量和无理量都适用的，求极大值和极小值以及切线的新方法，一种值得注意的演算》，是最早的微积分文献，文中定义了微分概念，采用了微分符号 $\mathrm{d}x$、$\mathrm{d}y$. 这篇仅有六页的论文，内容并不丰富，说理也颇含糊，但却具有着划时代的意义.

即使莱布尼茨不是独立地创建微积分，他也对微积分的发展做出了重大贡献. 现在，经过历史考证，莱布尼茨和牛顿的方法和途径均不一样，对微积分学的贡献也各有所长. 牛顿从物理学出发，运用集合方法研究微积分，其应用上更多地结合了运动学，造诣高于莱布尼茨. 莱布尼茨则从几何问题出发，运用分析学方法引进微积分概念，得出运算法则，其数学的严密性与系统性是牛顿所不及的.

因此，现在的学术界和教科书一般把牛顿和莱布尼茨共同列为微积分的创建者.

单元6 定积分与反常积分

1. 教学目的

1)知识目标

★ 了解定积分产生的背景及几何意义、物理意义；

★ 掌握牛顿-莱布尼茨公式，综合牛顿-莱布尼茨公式和积分基本公式做简单的定积分计算；

★ 掌握积分性质，并能利用其性质进行简单计算；

★ 会用定积分解决实际问题，如求平面图形的面积、已知速度求路程、已知变化率求增量或总量、交流电的平均值和有效值等.

2）素质目标

★ 通过案例确定定积分应用中蕴含的量变与质变关系；

★ 通过对定积分概念的学习，将有限化为无限，再通过取极限的思想，将无限化为有限，领悟相互联系、对立统一的辩证思想；

★ 通过对定积分几何应用进行分析，培养由一般到特殊的哲学素养及从不同角度解决问题的习惯.

2. 教学内容

★ 定积分的概念及几何意义、物理意义；

★ 定积分的性质和应用；

★ 定积分的计算、牛顿-莱布尼茨公式；

★ 定积分的换元法、分部积分法；

★ 反常积分；

★ 反常积分的审敛法.

3. 数学词汇

① 定积分—definite integral；广义积分—improper integral；

② 面积—area；路程—distance；

③ 平均值—mean value；有效值—effective value.

6.1　定积分的概念与性质

6.1.1　定积分概念的引例

引例 1（曲边梯形的面积）　设 $y=f(x)$ 在区间 $[a,b]$ 上非负、连续，由直线 $x=a$、$x=b$、$y=0$ 及曲线 $y=f(x)$ 所围成的图形称为曲边梯形（见图 6-1），其中在 x 轴上区间 $[a,b]$ 内的线段为曲边梯形的底，曲线弧称为曲边.

矩形的面积计算公式为

$$\text{矩形面积}=\text{高}\times\text{底}.$$

矩形的底不变，而曲边梯形的高 $f(x)$ 在区间 $[a,b]$ 上随着 x 的变化而变化，因此不能直接用上述公式来定义和计算. 为了解决这个问题，我们可以采用被阿基米德（Archimedes，公元前 287—212，古希腊伟大的数学家、力学家）称为“无限细分法”的步骤来解决.

第一步：分割. 将曲边梯形分成 n 个小曲边梯形（见图 6-2），即在区间 $[a,b]$ 内引入分点

$$a=x_0<x_1<\cdots<x_{i-1}<x_i<\cdots<x_n=b \tag{6-1}$$

形成 n 个小区间 $[x_{i-1},x_i]$. 第 i 个小区间的长度可以用 $\Delta x_i=x_i-x_{i-1}$ 表示，第 i 个曲边梯形的面积可以用 ΔA_i 表示.

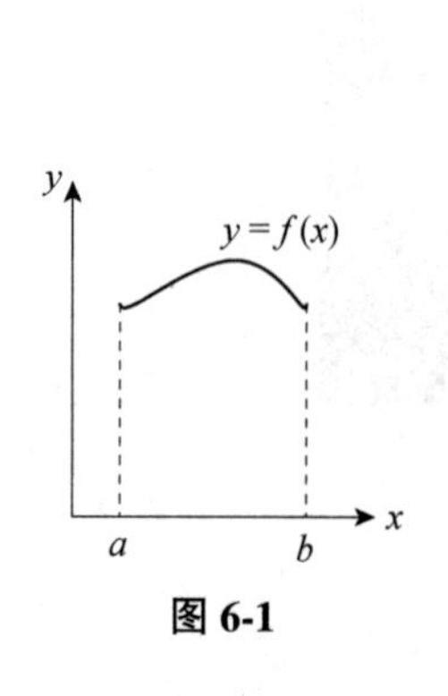

图 6-1

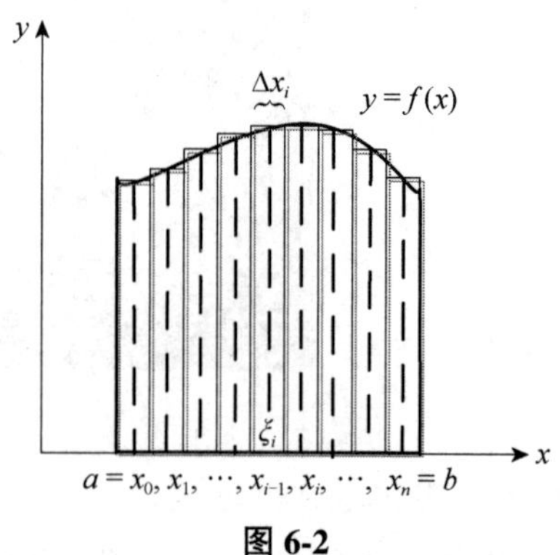

图 6-2

第二步：近似. 近似的核心思想是“以常代变”“以直代曲”. 在第 i 个小区间

$[x_{i-1}, x_i]$ 上任取一点 ξ_i，以 $f(\xi_i)$ 的值代替区间上各点的函数值. 因为在每个小区间上 $f(\xi_i)$ 的值不变，因此，可以利用矩形面积作为 ΔA_i 的近似值，即

$$\Delta A_i \approx f(\xi_i)\Delta x_i, \quad (i=1,2,\cdots,n). \tag{6-2}$$

第三步：求和. 将 ΔA_i 的近似值求和，得到曲边梯形的面积 A 的近似值

$$A=\sum_{i=1}^{n}\Delta A_i \approx \sum_{i=1}^{n} f(\xi_i)\Delta x_i. \tag{6-3}$$

第四步：取极限. 在第一步中，我们将区间 $[a,b]$ 分成长度为 Δx_i 的小区间，Δx_i 越小，则 ΔA_i 的近似更为准确. 因此，取 n 个小区间的最大值为 $\lambda=\max\limits_{1\leqslant i\leqslant n}\Delta x_i$，当 $\lambda\to 0$ 时，A 的近似值越准确，即

$$A=\lim_{\lambda\to 0}\sum_{i=1}^{n} f(\xi_i)\Delta x_i. \tag{6-4}$$

上述步骤简记为化大为小、近似求和、取极限.

引例 2（变速直线运动的路程） 若直线运动物体的速度 $v=v(t)$ 是时间 t 的连续函数，求物体在时段 $[T_1, T_2]$ 内所行驶的路程.

解： 在中学物理里曾学习过匀速直线运动的路程计算公式，即

路程＝速度×时间，

对于变速直线运动，由于速度是连续的，因此，在充分小的时段内可近似地视为匀速运动，从而仍可用“分割、求和、取极限”的方法去处理.

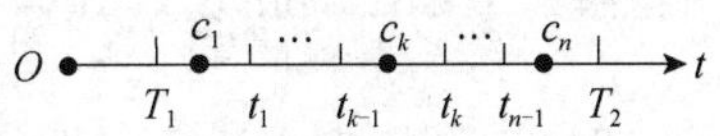

图 6-3

（1）分割：如图 6-3 所示，将 $[T_1, T_2]$ 分成 n 段，这等价于在区间 (T_1, T_2) 内插入 $n-1$ 个分点：

$$T_1=t_0<t_1<\cdots<t_{n-1}<t_n=T_2.$$

（2）求和：记区间 $[t_{k-1}, t_k]$ 的时段长 $\Delta t_k=t_k-t_{k-1}$，在 $[t_{k-1}, t_k]$ 上任取一点 c_k，用 c_k 处的速度 $v(c_k)$ 近似地作为区间 $[t_{k-1}, t_k]$ 上的速度，则物体在 $[t_{k-1}, t_k]$ 内行驶的路程近似为 $v(c_k)\Delta t_k$. 从而得物体所行驶路程 S 的近似值

$$S\approx v(c_1)\Delta t_1+\cdots+v(c_n)\Delta t_n=\sum_{k=1}^{n}v(c_k)\Delta t_k .$$

（3）取极限：令 $\lambda=\max\limits_{1\leqslant k\leqslant n}\Delta t_k$，则当 $\lambda\to 0$ 时得变速直线运动的路程为

$$S=\lim_{\lambda\to 0}\sum_{k=1}^{n}v(c_k)\Delta t_k .$$

引例 1 和引例 2 分属几何和物理两个不同的领域，然而，所得到的面积和路程却都归结为同一结构和式的极限，将其抽象为一般的数学概念，便引出了定积分的定义.

6.1.2　定积分的定义

定义 1　设 $f(x)$ 在区间 $[a,b]$ 上有定义，在区间 $[a,b]$ 内引入分点

$$a=x_0<x_1<\cdots<x_{i-1}<x_i<\cdots<x_n=b$$

形成 n 个小区间 $[x_{i-1},x_i]$，第 i 个小区间的长度为 $\Delta x_i = x_i - x_{i-1}(i=1,2,\cdots,n)$，记 $\lambda = \max\limits_{1\leqslant i\leqslant n} \Delta x_i$.在第 i 个小区间 $[x_{i-1},x_i]$ 上任取一点 ξ_i，作和式

$$A=\sum_{i=1}^{n} f(\xi_i)\Delta x_i.$$

当 $\lambda \to 0$ 时，和式 A 总趋向于确定的极限，则称这个极限为函数 $f(x)$ 在区间 $[a,b]$ 上的定积分，记作 $\int_a^b f(x)\mathrm{d}x$，即

$$\int_a^b f(x)\mathrm{d}x = \lim_{\lambda\to 0}\sum_{i=1}^{n} f(\xi_i)\Delta x_i \tag{6-5}$$

其中，$\int$ 为积分符号，$f(x)$ 为被积函数，$f(x)\mathrm{d}x$ 为被积表达式，x 为积分变量，a 和 b 分别为积分的下限和上限，区间 $[a,b]$ 为积分区间.

定理 1 设函数 $f(x)$ 在区间 $[a,b]$ 上连续（$f(x)\in C[a,b]$），则 $f(x)$ 在 $[a,b]$ 上可积.

定理 2 设 $f(x)$ 在区间 $[a,b]$ 上有界，且只有有限个间断点，则 $f(x)$ 在 $[a,b]$ 上可积.

例 1 设 C 为常数，用定义法求 $\int_a^b C\mathrm{d}x$.

解： $\int_a^b C\mathrm{d}x = \lim\limits_{\lambda\to 0}\sum\limits_{i=1}^{n} C\Delta x_i = C\lim\limits_{\lambda\to 0}\sum\limits_{i=1}^{n}\Delta x_i = C(b-a)$

例 2 利用定义计算定积分 $\int_0^2 x^2\mathrm{d}x$.

解： 因为被积函数 $f(x)=x^2$ 在积分区间 $[1,2]$ 上连续，而连续函数是可积的，因此积分与区间的分割方法和点 ξ_i 的取法无关.

第一步：分割. 将区间 $[0,2]$ 分成 n 等份（$0=x_1<x_2<\cdots<x_i=\dfrac{2i}{n}<\cdots<x_n=2$），每个小区间的长度为 $\Delta x_i=\dfrac{2}{n}(i=1,2,\cdots,n)$.

第二步：近似. 取 $\xi_i = x_i = \dfrac{2i}{n}(i=1,2,\cdots,n)$，则得到近似值

$$f(\xi_i)\Delta x_i = \xi_i^2\Delta x_i = \left(\frac{2i}{n}\right)^2\cdot\frac{2}{n}.$$

第三步：求和. 将近似值求和，得到

$$\sum_{i=0}^{n} f(\xi_i)\Delta x_i = \sum_{i=0}^{n}\left(\frac{2i}{n}\right)^2\cdot\frac{2}{n} = \frac{8}{n^3}\sum_{i=0}^{n} i^2 = \frac{8}{n^3}\cdot\frac{1}{6}n(n+1)(2n+1) = \frac{4}{3}\left(1+\frac{1}{n}\right)\left(2+\frac{1}{n}\right).$$

第四步：取极限. 取 $\lambda = \max\limits_{1\leqslant i\leqslant n}\Delta x_i$，当 $\lambda\to 0$ (即$n\to\infty$) 时，

$$\int_0^2 x^2\mathrm{d}x = \lim_{\lambda\to 0}\sum_{i=1}^{n} f(\xi_i)\Delta x_i = \lim_{n\to\infty}\frac{4}{3}\left(1+\frac{1}{n}\right)\left(2+\frac{1}{n}\right) = \frac{8}{3}.$$

6.1.3 定积分的几何意义

定积分的几何意义：定积分$\int_a^b f(x)\mathrm{d}x$的值在几何图形上可以用曲边梯形的面积来代替.

（1）当$f(x)\geqslant 0$时，$\int_a^b f(x)\mathrm{d}x$表示曲边梯形的面积（见图 6-4）;

（2）当$f(x)\leqslant 0$时，$\int_a^b f(x)\mathrm{d}x$的值是一个负值，它的绝对值表示曲边梯形的面积（见图 6-5）;

（3）当$f(x)$在区间$[a,b]$上有正有负时，$\int_a^b f(x)\mathrm{d}x$的几何意义是介于直线$x=a$、$x=b$、x轴和曲线$y=f(x)$之间的图形面积的代数和（见图 6-6）.

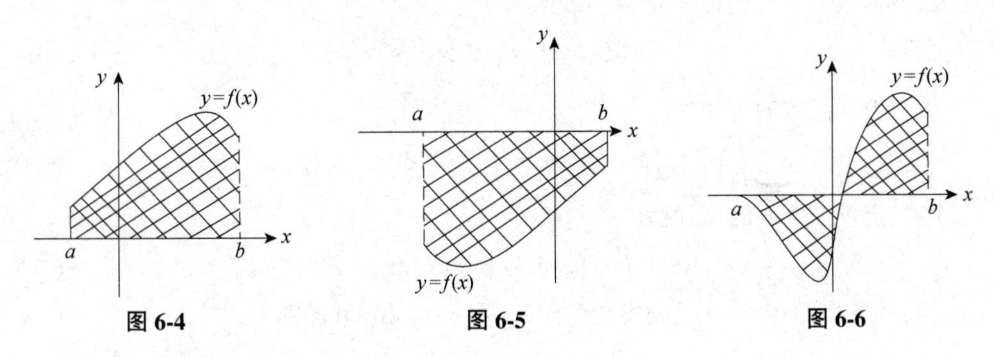

图 6-4　　图 6-5　　图 6-6

定理 3　设$f(x)\in C[a,b]$，可积，即$\int_a^b f(x)\mathrm{d}x=\lim\limits_{\lambda\to 0}\sum\limits_{i=1}^{n} f(\xi_i)\Delta x_i$一定存在.

由此我们可以判定函数满足什么条件才是可积的.

例 3　计算$\int_0^a \sqrt{a^2-x^2}\mathrm{d}x\,(a>0)$.

解：根据定积分的几何意义，$y=\sqrt{a^2-x^2}\geqslant 0$，$\int_0^a \sqrt{a^2-x^2}\mathrm{d}x$的值等于由曲线$y=\sqrt{a^2-x^2}$、$x=0$、$x=a$及$x$轴所围成曲边梯形的面积（见图 6-7），即以$a$为半径的圆面积的 1/4，因此

$$\int_0^a \sqrt{a^2-x^2}\mathrm{d}x=\frac{\pi a^2}{4}.$$

例 4　计算$\int_0^{2\pi}\sin x\mathrm{d}x$.

解：根据定积分的几何意义，$y=\sin x$在区间$[0,2\pi]$上有正有负时，$\int_0^{2\pi}\sin x\mathrm{d}x$的几何意义是介于直线$x=0$、$x=2\pi$、$x$轴和曲线$y=\sin x$之间的曲边梯形面积的代数和（见图 6-8），因此

$$\int_0^{2\pi}\sin x\mathrm{d}x=2\int_0^{\pi}\sin x\mathrm{d}x=-2\cos x\Big|_0^{\pi}=-2\times(-1-1)=2.$$

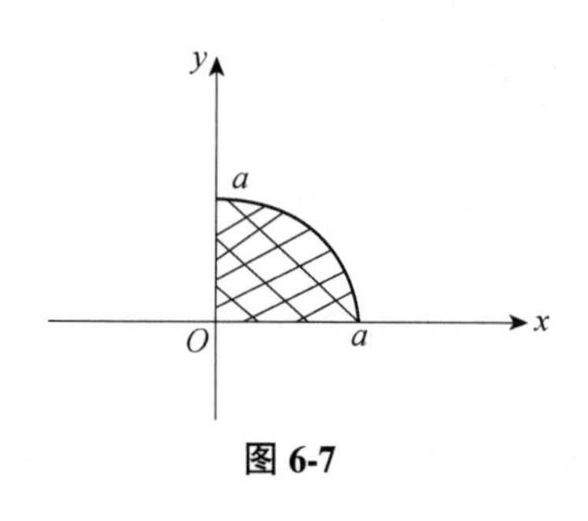

图 6-7

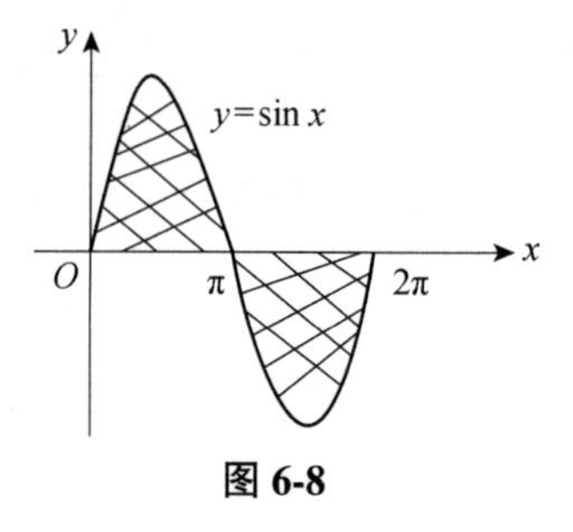

图 6-8

6.1.4 定积分的性质

定积分是一种特定形式的和式的极限，其性质如下：

（1）常数因子可提出积分号，

$$\int_a^b kf(x)\mathrm{d}x = k\int_a^b f(x)\mathrm{d}x \quad (k\text{为常数}). \tag{6-6}$$

（2）被积函数的可加性，

$$\int_a^b [f(x) \pm g(x)]\mathrm{d}x = \int_a^b f(x)\mathrm{d}x \pm \int_a^b g(x)\mathrm{d}x. \tag{6-7}$$

（3）定积分区间的可加性，

$$\int_a^b f(x)\mathrm{d}x = \int_a^c f(x)\mathrm{d}x + \int_c^b f(x)\mathrm{d}x \quad (a \leqslant c \leqslant b). \tag{6-8}$$

（4）定积分的保号性，如果在区间$[a,b]$上$f(x) \geqslant 0$，则

$$\int_a^b f(x)\mathrm{d}x \geqslant 0. \tag{6-9}$$

推论 1 如果在区间$[a,b]$上$f(x) \geqslant g(x)$，则

$$\int_a^b f(x)\mathrm{d}x \geqslant \int_a^b g(x)\mathrm{d}x. \tag{6-10}$$

推论 2

$$\left|\int_a^b f(x)\mathrm{d}x\right| \geqslant \int_a^b |f(x)|\mathrm{d}x. \tag{6-11}$$

（5）**估值不等式**：若M和m分别为$f(x)$在区间$[a,b]$上的最大值和最小值，则有

$$m(b-a) \leqslant \int_a^b f(x)\mathrm{d}x \leqslant M(b-a). \tag{6-12}$$

（6）**中值定理**：若$f(x)$在区间$[a,b]$上连续，则存在$\xi \in [a,b]$，有平均值

$$f(\xi) = \frac{1}{b-a}\int_a^b f(x)\mathrm{d}x \tag{6-13}$$

使得

$$\int_a^b f(x)\mathrm{d}x = f(\xi)(b-a) \tag{6-14}$$

成立.

例 5 估计定积分$\int_0^{\frac{\pi}{2}}(1+2\cos x)\mathrm{d}x$的值.

解：因为$f(x)=1+2\cos x$在区间$\left[0,\frac{\pi}{2}\right]$上连续，故在区间$\left[0,\frac{\pi}{2}\right]$上可积. 由

式（6-7）和（6-8）有，

$$\int_0^{\frac{\pi}{2}}(1+2\cos x)\mathrm{d}x=\int_0^{\frac{\pi}{2}}1\mathrm{d}x+2\int_0^{\frac{\pi}{2}}\cos x\mathrm{d}x$$

又因 $-1\leqslant\cos x\leqslant 1$，由式（6-12）可知

$$1\times\left(\frac{\pi}{2}-0\right)\leqslant\int_0^{\frac{\pi}{2}}\left(1+2\cos x\right)\mathrm{d}x\leqslant 3\times\left(\frac{\pi}{2}-0\right)$$

$$\frac{\pi}{2}\leqslant\int_0^{\frac{\pi}{2}}(1+2\cos x)\mathrm{d}x\leqslant\frac{3\pi}{2}$$

例 6　一辆汽车正在行驶中，司机踩刹车制动后速度递减并在 4s 内停下，这一过程中速度的变化见表 6-1.

表 6-1

刹车踩下后的时间/s	0	1	2	3	4
速度/（m/s）	32	21	13	6	0

试估算刹车踩下后汽车至少及最多要滑行的距离.

解：设滑行的距离为 S，则由式（6-8）有

$$S=\int_0^4 v(t)\mathrm{d}t=\int_0^1 v(t)\mathrm{d}t+\int_1^2 v(t)\mathrm{d}t+\int_2^3 v(t)\mathrm{d}t+\int_3^4 v(t)\mathrm{d}t$$

根据记录的速度数值表，由式（6-10）对上式右端每个定积分估值. 即

$$21=\int_0^1 21\mathrm{d}t\leqslant\int_0^1 v(t)\mathrm{d}t\leqslant\int_0^1 32\mathrm{d}t=32$$

$$13=\int_1^2 13\mathrm{d}t\leqslant\int_1^2 v(t)\mathrm{d}t\leqslant\int_1^2 21\mathrm{d}t=21$$

$$6=\int_2^3 6\mathrm{d}t\leqslant\int_2^3 v(t)\mathrm{d}t\leqslant\int_2^3 13\mathrm{d}t=13$$

$$0=\int_3^4 0\mathrm{d}t\leqslant\int_3^4 v(t)\mathrm{d}t\leqslant\int_3^4 6\mathrm{d}t=6$$

因此，累计后得到 $(21+13+6+0)\leqslant S\leqslant(32+21+13+6)$，即 $40\leqslant S\leqslant 72$（单位：m）

答：刹车踩下后汽车至少滑行 40m，最多滑行 72m.

例 7　求函数 $f(x)=x^2-1$ 在区间 $[1,2]$ 上的平均值.

解：由例 2 可知 $\int_0^2 x^2\mathrm{d}x=\frac{8}{3}$，同时 $\int_1^2 1\mathrm{d}x=1$，则 $\int_1^2\left(x^2-1\right)\mathrm{d}x=\frac{8}{3}-1=\frac{5}{3}$.

由式（6-13）可知 $f(x)=x^2-1$ 在区间 $[1,2]$ 上的平均值为 $f(\xi)=\frac{1}{2-1}\int_1^2\left(x^2-1\right)\mathrm{d}x=\frac{5}{3}$.

例 8　比较积分 $\int_0^1 x^2\mathrm{d}x$ 与 $\int_0^1 x^3\mathrm{d}x$ 的大小.

解：当 $x\in[0,1]$ 时，$x^2\geqslant x^3$，由式（6-10）可知 $\int_0^1 x^2\mathrm{d}x\geqslant\int_0^1 x^3\mathrm{d}x$.

6.2 定积分的计算

6.2.1 牛顿-莱布尼茨公式

定理 4 设 $f(x)\in C[a,b]$，$F(x)$ 是 $f(x)$ 的一个原函数，则

$$\int_a^b f(x)\mathrm{d}x=[F(x)]_a^b=F(x)\Big|_a^b=F(b)-F(a) \tag{6-15}$$

这个公式被称为牛顿–莱布尼茨公式，也叫作微积分基本公式，为计算定积分提供了一种有效而简便的方法.

例 9 求积分 $\int_2^4 \frac{\pi}{4}\mathrm{d}x$

解： $\because \left(\frac{\pi}{4}x\right)'=\frac{\pi}{4}\ \therefore \int_2^4 \frac{\pi}{4}\mathrm{d}x=\left[\frac{\pi}{4}x\right]_2^4=\pi-\frac{\pi}{2}=\frac{\pi}{2}.$

例 10 求积分 $\int_0^1 x^2\mathrm{d}x$.

解： $\because \left(\frac{1}{3}x^3\right)'=x^2\ \therefore \int_0^1 x^2\mathrm{d}x=\left[\frac{1}{3}x^3\right]_0^1=\frac{1}{3}-0=\frac{1}{3}.$

例 11 求积分 $\int_0^{\frac{\pi}{2}}\cos x\mathrm{d}x$.

解： $\because (\sin x)'=\cos x\ \therefore \int_0^{\frac{\pi}{2}}\cos x\mathrm{d}x=[\sin x]_0^{\frac{\pi}{2}}=\sin\frac{\pi}{2}-\sin 0=1.$

例 12 求积分 $\int_2^4 \frac{1}{x}\mathrm{d}x$.

解： $\because (\ln x)'=\frac{1}{x}\ \therefore \int_2^4 \frac{1}{x}\mathrm{d}x=[\ln x]_2^4=\ln 4-\ln 2=\ln 2.$

例 13 求积分 $\int_0^2 \mathrm{e}^x\mathrm{d}x$.

解： $\because (\mathrm{e}^x)'=\mathrm{e}^x\ \therefore \int_0^2 \mathrm{e}^x\mathrm{d}x=\left[\mathrm{e}^x\right]_0^2=\mathrm{e}^2-\mathrm{e}^0=\mathrm{e}^2-1.$

例 14 求积分 $\int_0^1 \frac{1}{2x+1}\mathrm{d}x$.

解： $\int_0^1 \frac{1}{2x+1}\mathrm{d}x=\frac{1}{2}\int_0^1 \frac{1}{2x+1}\mathrm{d}(2x+1)=\left[\frac{1}{2}\ln(2x+1)\right]_0^1=\frac{1}{2}\ln 3.$

例 15 求积分 $\int_0^{\sqrt{a}} x\mathrm{e}^{x^2}\mathrm{d}x$.

解： $\int_0^{\sqrt{a}} x\mathrm{e}^{x^2}\mathrm{d}x=\frac{1}{2}\int_0^{\sqrt{a}}\mathrm{e}^{x^2}\mathrm{d}(x^2)=\left[\frac{1}{2}\mathrm{e}^{x^2}\right]_0^{\sqrt{a}}=\frac{1}{2}(\mathrm{e}^a-1)$

6.2.2 定积分的换元法

定理 5 设 $f(x)\in C[a,b]$，函数 $x=\varphi(t)$ 满足：

（1）$\varphi(\alpha)=a$，$\varphi(\beta)=b$；

（2）$\varphi(t)$ 在 $[\alpha,\beta]$ 或 $[\beta,\alpha]$ 上单调且具有连续导数.

则有

$$\int_a^b f(x)\mathrm{d}x=\int_\alpha^\beta f\left[\varphi(t)\right]\varphi'(t)\mathrm{d}t. \qquad (6\text{-}16)$$

注意：定积分在换元后积分的上下限也要做相应变换，即“换元必换限”，并且在换元后不必回代.

例 16 计算 $\int_0^{\frac{\pi}{2}}\sin^2 x\cos x\mathrm{d}x$.

解：设 $t=\sin x$，则 $\mathrm{d}t=\cos x\mathrm{d}x$．当 $x=0$ 时，取 $t=0$；当 $x=\dfrac{\pi}{2}$，取 $t=1$.

原式$=\int_0^1 t^2\mathrm{d}t=\left[\dfrac{1}{3}(t)^3\right]_0^1=\dfrac{1}{3}$.

例 17 计算 $\int_0^a\sqrt{a^2-x^2}\mathrm{d}x \quad (a>0)$.

解：设 $x=a\sin t$，则 $\mathrm{d}x=a\cos t\mathrm{d}t$．当 $x=0$ 时，取 $t=0$；当 $x=a$，取 $t=\dfrac{\pi}{2}$.

原式$=\int_0^{\frac{\pi}{2}}\sqrt{a^2-a^2\sin^2 t}\cdot a\cos t\mathrm{d}t=a^2\int_0^{\frac{\pi}{2}}\cos^2 t\mathrm{d}t=\dfrac{a^2}{2}\int_0^{\frac{\pi}{2}}(1+\cos 2t)\mathrm{d}t$

$=\dfrac{a^2}{2}\left[t+\dfrac{1}{2}\sin 2t\right]_0^{\frac{\pi}{2}}=\dfrac{\pi a^2}{4}$.

例 18 计算 $\int_0^1\dfrac{2x+1}{x^2+x+1}\mathrm{d}x$.

解：设 $t=x^2+x+1$，则 $\mathrm{d}t=(2x+1)\mathrm{d}x$．当 $x=0$ 时，取 $t=1$；当 $x=1$，取 $t=3$.

原式$=\int_1^3\dfrac{1}{t}\mathrm{d}t=\left[\ln t\right]_1^3=\ln 3-\ln 1=\ln 3$.

例 19 计算 $\int_0^1\dfrac{x^2}{1+x^6}\mathrm{d}x$.

解：设 $t=x^3$，则 $\mathrm{d}t=3x^2\mathrm{d}x$．当 $x=0$ 时，取 $t=0$；当 $x=1$，取 $t=1$.

原式$=\dfrac{1}{3}\int_0^1\dfrac{3x^2}{1+\left(x^3\right)^2}\mathrm{d}x=\dfrac{1}{3}\int_0^1\dfrac{1}{1+t^2}\mathrm{d}t=\dfrac{1}{3}\left[\arctan t\right]_1^3=\dfrac{\pi}{12}$.

例 20 设 $f(x)=\begin{cases}xe^{x^2} & x\geqslant 0\\ 2\cos x & -\pi<x<0\end{cases}$，计算 $\int_0^3 f(x-1)\mathrm{d}x$.

解：设 $t=x-1$，则 $\mathrm{d}t=\mathrm{d}x$．当 $x=0$ 时，取 $t=-1$；当 $x=3$，取 $t=2$.

$$原式=\int_{-1}^{2} f(t)\,\mathrm{d}t=\int_{-1}^{0} 2\cos t\mathrm{d}t+\int_{0}^{2} t\mathrm{e}^{t^2}\,\mathrm{d}t=2[\sin t]_{-1}^{0}+\frac{1}{2}\left[\mathrm{e}^{t^2}\right]_{0}^{2}$$

$$=2(0+\sin 1)+\frac{1}{2}\left(\mathrm{e}^4-1\right)=2\sin 1+\frac{\mathrm{e}^4-1}{2}.$$

6.2.3 定积分的分部积分法

定理 6 设函数 $u=u(x)$、$v=v(x)$ 在 $[a,b]$ 上具有连续导数 u' 和 v'，则有

$$\int_a^b uv'\mathrm{d}x=[uv]_a^b-\int_a^b u'v\mathrm{d}x \tag{6-17}$$

或

$$\int_a^b u\mathrm{d}v=[uv]_a^b-\int_a^b v\mathrm{d}u. \tag{6-18}$$

注意：（1）应用分部积分法不需要变换积分上下限；（2）被积函数 u 和 v' 的选取与不定积分的方法一样.

例 21 计算 $\int_0^1 x\mathrm{e}^x\mathrm{d}x$.

解：设 $u=x$，$v'=\mathrm{e}^x$，则 $u'=1$，$v=\mathrm{e}^x$，

$$\int_0^1 x\mathrm{e}^x\mathrm{d}x=\left[x\mathrm{e}^x\right]_0^1-\int_0^1 \mathrm{e}^x\mathrm{d}x=\left[x\mathrm{e}^x\right]_0^1-\left[\mathrm{e}^x\right]_0^1=(\mathrm{e}-0)-(\mathrm{e}-1)=1.$$

例 22 计算 $\int_0^{\mathrm{e}} \ln x\mathrm{d}x$.

解：设 $u=\ln x$，$v'=1$，则 $u'=\dfrac{1}{x}$，$v=x$.

$$\int_1^{\mathrm{e}} \ln x\mathrm{d}x=[x\ln x]_1^{\mathrm{e}}-\int_1^{\mathrm{e}} x\cdot\frac{1}{x}\mathrm{d}x=[x\ln x]_1^{\mathrm{e}}-[x]_1^{\mathrm{e}}=(\mathrm{e}\ln\mathrm{e}-\ln 1)-(\mathrm{e}-1)=1.$$

例 23 计算 $\int_0^{\pi} x\cos x\mathrm{d}x$.

解：设 $u=x$，$v'=\cos x$，则 $u'=1$，$v=\sin x$.

$$\int_0^{\pi} x\cos x\mathrm{d}x=[x\sin x]_0^{\pi}-\int_0^{\pi}\sin x\mathrm{d}x=[x\sin x]_0^{\pi}-[-\cos x]_0^{\pi}=(\pi\sin\pi-0)+(-1-1)=-2.$$

例 24 计算 $\int_1^4 \mathrm{e}^{\sqrt{x}}\mathrm{d}x$.

解：先用换元积分法，令 $x=t^2\ (t\geqslant 0)$，$\mathrm{d}x=2t\mathrm{d}t$.

当 $x=1$ 时，$t=1$；当 $x=4$ 时，$t=2$.

$$\int_1^4 \mathrm{e}^{\sqrt{x}}\mathrm{d}x=2\int_1^2 \mathrm{e}^t t\mathrm{d}t$$

再用分部积分法，设 $u=t$，$v'=\mathrm{e}^t$，则 $u'=1$，$v=\mathrm{e}^t$.

$$2\int_1^2 \mathrm{e}^t t\mathrm{d}t=2\left[t\mathrm{e}^t\right]_1^2-2\int_1^2 \mathrm{e}^t\mathrm{d}t=2\left[t\mathrm{e}^t\right]_1^2-2\left[\mathrm{e}^t\right]_1^2=2\left[\left(2\mathrm{e}^2-\mathrm{e}\right)-\left(\mathrm{e}^2-\mathrm{e}\right)\right]=2\mathrm{e}^2.$$

6.3 反常积分

6.3.1 无穷限的反常积分

定义 2 设$f(x)\in C[a,+\infty)$，取$b>a$，若$\lim\limits_{b\to+\infty}\int_a^b f(x)\mathrm{d}x$存在，则称此极限为函数$f(x)$在$[a,+\infty)$上的无穷限的反常积分，记作

$$\int_a^{+\infty} f(x)\mathrm{d}x=\lim_{b\to+\infty}\int_a^b f(x)\mathrm{d}x. \tag{6-19}$$

注意：若式（6-19）满足，则称反常积分$\int_a^{+\infty} f(x)\mathrm{d}x$收敛；若不满足，则发散.

定义 3 设$f(x)\in C(-\infty,+\infty)$，取$b>c>a$，若$\lim\limits_{a\to-\infty}\int_a^c f(x)\mathrm{d}x$和$\lim\limits_{b\to+\infty}\int_c^b f(x)\mathrm{d}x$存在，则

$$\int_{-\infty}^{+\infty} f(x)\mathrm{d}x=\lim_{a\to-\infty}\int_a^c f(x)\mathrm{d}x+\lim_{b\to+\infty}\int_c^b f(x)\mathrm{d}x. \tag{6-20}$$

注意：$\lim\limits_{a\to-\infty}\int_a^c f(x)\mathrm{d}x$和$\lim\limits_{b\to+\infty}\int_c^b f(x)\mathrm{d}x$只要有一个不存在，就称反常积分$\int_{-\infty}^{+\infty} f(x)\mathrm{d}x$发散.

例 25 计算广义积分$\int_{-\infty}^{+\infty}\frac{2}{1+x^2}\mathrm{d}x$.

解： 原式$=\int_{-\infty}^{0}\frac{2}{1+x^2}\mathrm{d}x+\int_{0}^{+\infty}\frac{2}{1+x^2}\mathrm{d}x=2\left(\arctan x\Big|_{-\infty}^{0}+\arctan x\Big|_{0}^{+\infty}\right)$

$$=2\left[\left(0-\left(-\frac{\pi}{2}\right)\right)-\left(\frac{\pi}{2}-0\right)\right]=2\pi.$$

例 26 计算反常积分$\int_1^{+\infty} t\mathrm{e}^{-pt}\mathrm{d}x$，其中$p>0$为常数.

解： $\int t\mathrm{e}^{-pt}\mathrm{d}x=-\frac{t}{p}\mathrm{e}^{-pt}-\frac{1}{p^2}\mathrm{e}^{-pt}+C$，因此

原式$=\left(-\frac{t}{p}\mathrm{e}^{-pt}-\frac{1}{p^2}\mathrm{e}^{-pt}\right)\Bigg|_1^{+\infty}=-\frac{t}{p}\mathrm{e}^{-pt}\Bigg|_1^{+\infty}-\frac{1}{p^2}\mathrm{e}^{-pt}\Bigg|_1^{+\infty}$

$$=\left(-\frac{1}{p}\lim_{t\to+\infty}t\mathrm{e}^{-pt}-0\right)-\frac{1}{p^2}\left(0-\mathrm{e}^{-p}\right)=(0-0)-\left(-\frac{\mathrm{e}^{-p}}{p^2}\right)=\frac{1}{p^2\mathrm{e}^p}.$$

6.3.2 无界函数的反常积分

定义 4 设$f(x)\in C(a,b]$，而在点a的右邻域内无界，取$\varepsilon>0$. 如果极限$\lim\limits_{\varepsilon\to+0}\int_{a+\varepsilon}^b f(x)\mathrm{d}x$存在，则称此极限为函数$f(x)$在$(a,b]$上的广义积分，记作

$$\int_a^b f(x)\mathrm{d}x = \lim_{\varepsilon \to +0} \int_{a+\varepsilon}^b f(x)\mathrm{d}x \tag{6-21}$$

其中，a 和 b 称为函数 $f(x)$ 的奇点或瑕点.

定义 5 若 $f(x)$ 在 $[a,b]$ 内部有一个奇点 c，$a<c<b$，且 $\int_a^c f(x)\mathrm{d}x$ 和 $\int_c^b f(x)\mathrm{d}x$ 都收敛，则 $\int_a^b f(x)\mathrm{d}x$ 收敛，且有

$$\int_a^b f(x)\mathrm{d}x = \int_a^c f(x)\mathrm{d}x + \int_c^b f(x)\mathrm{d}x \tag{6-22}$$

即

$$\int_a^b f(x)\mathrm{d}x = \lim_{\varepsilon \to +0} \int_a^{c-\varepsilon} f(x)\mathrm{d}x + \lim_{\eta \to +0} \int_{c+\eta}^b f(x)\mathrm{d}x \tag{6-23}$$

例 27 计算反常积分 $\int_0^2 \ln x\mathrm{d}x$.

解：$\int_0^2 \ln x\mathrm{d}x$ 的瑕点为 0，因此

原式$=\lim\limits_{\varepsilon \to +0}\left(x\ln x\Big|_\varepsilon^2 - \int_\varepsilon^2 dx \right) = \lim\limits_{\varepsilon \to +0}\Big[(2\ln 2 - \varepsilon\ln\varepsilon) - (2-\varepsilon)\Big] = 2\ln 2 - 2$.

例 28 求积分 $\int_0^1 \frac{\ln x}{x-1}\mathrm{d}x$ 的瑕点.

解：积分 $\int_0^1 \frac{\ln x}{x-1}\mathrm{d}x$ 可能的瑕点是 $x=0,\ x=1$.

$\because \lim\limits_{x\to 1}\frac{\ln x}{x-1} = \lim\limits_{x\to 1}\frac{1}{x} = 1$，$\therefore\ x=1$ 不是瑕点，$\therefore \int_0^1 \frac{\ln x}{x-1}\mathrm{d}x$ 的瑕点是 $x=0$.

6.4 定积分与反常积分的进一步认识

6.4.1 积分上限函数及其导数

定义 6 设函数 $f(x)\in C[a,b]$，则对任意的 $x\in[a,b]$，$f(x)$ 在 $[a,x]$ 上可积，由此 $\int_a^x f(x)\mathrm{d}x$ 定义了区间 $[a,b]$ 上的函数，记为 $\varPhi(x)$，即

$$\varPhi(x) = \int_a^x f(x)\mathrm{d}x,\quad x\in[a,b]. \tag{6-24}$$

这个函数被称为积分上限函数或变上限积分函数.

注意：积分上限函数表达式中的 x 既表示积分变量又表示积分上限. 为明确起见，我们把作为积分变量的 x 换做 t，即

$$\varPhi(x) = \int_a^x f(t)\mathrm{d}t,\quad t\in[a,b]. \tag{6-25}$$

例 29 已知函数 $f(x)=x\,(x\geqslant a>0)$，求积分上限函数 $\varPhi(x)=\int_a^x f(t)\mathrm{d}t, x\geqslant a$.

解：$\int t\mathrm{d}x = \frac{1}{2}t^2 + C$，因此 $\varPhi(x) = \int_a^x t\mathrm{d}t = \frac{1}{2}x^2 - \frac{1}{2}a^2$.

例 30 已知函数 $f(x)=\begin{cases}1 & -1\leqslant x<0\\ x & 0\leqslant x\leqslant 1\\ x+1 & 1<x\leqslant 2\end{cases}$，求积分上限函数 $\Phi(x)=\int_{-1}^{x}f(t)\mathrm{d}t$.

解： 当 $x\in[-1,0)$ 时，$\Phi(x)=\int_{-1}^{x}f(t)\mathrm{d}t=\int_{-1}^{x}1\mathrm{d}t=x+1$.

当 $x\in[0,1]$ 时，$\Phi(x)=\int_{-1}^{x}f(t)\mathrm{d}t=\int_{-1}^{0}1\mathrm{d}t+\int_{0}^{x}t\mathrm{d}t=1+\dfrac{x^2}{2}$.

当 $x\in(1,2]$ 时，$\Phi(x)=\int_{-1}^{x}f(t)\mathrm{d}t=\int_{-1}^{0}1\mathrm{d}t+\int_{0}^{1}t\mathrm{d}t+\int_{1}^{x}(t+1)\mathrm{d}t=x+\dfrac{x^2}{2}$.

因此，

$$\Phi(x)=\begin{cases}x+1 & -1\leqslant x<0\\ 1+\dfrac{x^2}{2} & 0\leqslant x\leqslant 1.\\ x+\dfrac{x^2}{2} & 1<x\leqslant 2\end{cases}$$

定理 7 如果函数 $f(x)\in C[a,b]$，则积分上限函数 $\Phi(x)=\int_{a}^{x}f(t)\mathrm{d}t$ 在 $[a,b]$ 上可导，并且其导函数为

$$\Phi'(x)=\frac{\mathrm{d}}{\mathrm{d}x}\int_{a}^{x}f(t)\mathrm{d}t=f(x)\quad x\in[a,b]. \tag{6-26}$$

定理 8 如果函数 $f(x)\in C[a,b]$，则积分上限函数 $\Phi(x)=\int_{a}^{x}f(t)\mathrm{d}t$ 就是 $f(x)$ 在 $[a,b]$ 上的一个原函数.

例 31 设 $F(x)=\int_{0}^{x}\mathrm{e}^{t}\mathrm{d}t$，求 $F'(x)$.

解： $F'(x)=\dfrac{\mathrm{d}}{\mathrm{d}x}\int_{0}^{x}\mathrm{e}^{t}\mathrm{d}t=\mathrm{e}^{x}$.

例 32 设 $F(x)=\int_{0}^{x}\mathrm{e}^{t^2}\mathrm{d}t$，求 $F''(x)$.

解： $F'(x)=\dfrac{\mathrm{d}}{\mathrm{d}x}\int_{0}^{x}\mathrm{e}^{t^2}\mathrm{d}t=\mathrm{e}^{x^2}$，$F''(x)=\dfrac{\mathrm{d}\left(\mathrm{e}^{x^2}\right)}{\mathrm{d}x}=2x\mathrm{e}^{x^2}$.

例 33 设 $F(x)=\int_{x}^{2\pi}\sin t\mathrm{d}t$，求 $F'(x)$.

解： $F'(x)=\dfrac{\mathrm{d}}{\mathrm{d}x}\int_{x}^{2\pi}\sin t\mathrm{d}t=-\dfrac{\mathrm{d}}{\mathrm{d}x}\int_{2\pi}^{x}\sin t\mathrm{d}t=-\sin x$.

例 34 设 $F(x)=\int_{x}^{2\pi}\sin t\mathrm{d}t$，求 $F''(x)$.

解： $F'(x)=\dfrac{\mathrm{d}}{\mathrm{d}x}\int_{x}^{2\pi}\sin t\mathrm{d}t=-\sin x$，$F''(x)=\dfrac{\mathrm{d}(-\sin x)}{\mathrm{d}x}=-\cos x$.

例 35 设 $F(x)=\int_{x}^{x^2}\cos t\mathrm{d}t$，求 $F'(x)$.

解： $F'(x)=\dfrac{\mathrm{d}}{\mathrm{d}x}\int_{x}^{x^2}\cos t\mathrm{d}t=\dfrac{\mathrm{d}}{\mathrm{d}x}\left(\int_{x}^{0}\cos t\mathrm{d}t+\int_{0}^{x^2}\cos t\mathrm{d}t\right)$.

$$=-\frac{d}{dx}\int_0^x \cos t dt+\frac{d}{dx}\int_0^{x^2}\cos t dt=-\sin x+\left(\sin x^2\right)\cdot 2x$$

$$=2x\sin x^2-\sin x.$$

6.4.2 反常积分的审敛法举例

定理 9 设函数 $f(x)\in C[a,+\infty)$，且 $f(x)\geqslant 0$. 若函数 $\Phi(x)=\int_a^x f(t)dt$ 在 $[a,+\infty)$ 上有界，则反常积分 $\int_a^{+\infty}f(x)dx$ 收敛.

定理 10（比较审敛原理） 设函数 $f(x),g(x)\in C[a,+\infty)$，那么

（1）如果 $0\leqslant g(x)\leqslant f(x)\quad(a\leqslant x<+\infty)$，$\int_a^{+\infty}f(x)dx$ 收敛，则 $\int_a^{+\infty}g(x)dx$ 收敛；

（2）如果 $0\leqslant g(x)\leqslant f(x)\quad(a\leqslant x<+\infty)$，$\int_a^{+\infty}g(x)dx$ 发散，则 $\int_a^{+\infty}f(x)dx$ 发散.

定理 11（比较审敛法 1） 设函数 $f(x)\in C[a,+\infty)(a>0)$，且 $f(x)\geqslant 0$. 那么

（1）如果存在常数 $M>0,p>1$，使得 $f(x)\leqslant\dfrac{M}{x^p}\,(a\leqslant x<+\infty)$，则 $\int_a^{+\infty}f(x)dx$ 收敛；

（2）如果存在常数 $N>0$，使得 $f(x)\geqslant\dfrac{N}{x}\,(a\leqslant x<+\infty)$，则 $\int_a^{+\infty}f(x)dx$ 发散.

定理 12（比较审敛法 2） 设函数 $f(x)\in C(a,b]$，且 $f(x)\geqslant 0$，$x=a$ 为 $f(x)$ 的瑕点.

（1）如果存在常数 $M>0,q<1$，使得 $f(x)\leqslant\dfrac{M}{(x-a)^q}\,(a<x\leqslant b)$，则 $\int_a^b f(x)dx$ 收敛；

（2）如果存在常数 $N>0$，使得 $f(x)\geqslant\dfrac{N}{x-a}\,(a<x\leqslant b)$，则 $\int_a^b f(x)dx$ 发散.

例 36 判定 $\int_0^{+\infty}\dfrac{1}{\sqrt{x^3+1}}dx$ 的收敛性.

解：$0<\dfrac{1}{\sqrt{x^3+1}}<\dfrac{1}{\sqrt{x^3}}=\dfrac{1}{x^{\frac{3}{2}}}$，根据比较审敛法 1，可知 $\int_0^{+\infty}\dfrac{1}{\sqrt{x^3+1}}dx$ 收敛.

例 37 判定 $\int_0^1\dfrac{1}{\sqrt{x}}\sin\dfrac{1}{x^2}dx$ 的收敛性.

解：$x=0$ 是 $f(x)=\dfrac{1}{\sqrt{x}}\sin\dfrac{1}{x^2}$ 的瑕点，$\left|\dfrac{1}{\sqrt{x}}\sin\dfrac{1}{x^2}\right|\leqslant\dfrac{1}{\sqrt{x}}=\dfrac{1}{x^{\frac{1}{2}}}$，根据比较审敛法 2，可知 $\int_0^1\left|\dfrac{1}{\sqrt{x}}\sin\dfrac{1}{x^2}\right|dx$ 收敛，则 $\int_0^1\dfrac{1}{\sqrt{x}}\sin\dfrac{1}{x^2}dx$ 收敛.

定理 13（极限审敛法 1） 设函数 $f(x)\in C[a,+\infty)$，且 $f(x)\geqslant 0$. 那么

（1）如果存在常数 $p>1$，使得 $\lim\limits_{x\to+\infty}x^p f(x)=c<+\infty$，则 $\int_a^{+\infty}f(x)dx$ 收敛；

（2）如果 $\lim\limits_{x\to+\infty}xf(x)=d>0$（或 $\lim\limits_{x\to+\infty}xf(x)=+\infty$），则 $\int_a^{+\infty}f(x)dx$ 发散.

定理 14（极限审敛法 2） 设函数 $f(x)\in C(a,b]$，且 $f(x)\geqslant 0$，$x=a$ 为 $f(x)$ 的瑕点.

（1）如果存在常数 $0<q<1$，使得 $\lim\limits_{x\to a+}(x-a)^q f(x)$ 存在，则 $\int_a^b f(x)\mathrm{d}x$ 收敛；

（2）如果 $\lim\limits_{x\to a+}(x-a)f(x)=d>0$（或 $\lim\limits_{x\to a+}(x-a)f(x)=+\infty$），则 $\int_a^b f(x)\mathrm{d}x$ 发散.

例 38 判定 $\int_1^{+\infty}\frac{1}{\sqrt{1+x^4}}\mathrm{d}x$ 的收敛性.

解： $\lim\limits_{x\to+\infty}x^2\cdot\frac{1}{\sqrt{1+x^4}}=\lim\limits_{x\to+\infty}\frac{1}{\sqrt{\frac{1}{x^4}+1}}=1$，根据极限审敛法 1，可知 $\int_1^{+\infty}\frac{1}{\sqrt{1+x^4}}\mathrm{d}x$ 收敛.

例 39 判定椭圆积分 $\int_0^1\frac{1}{\sqrt{\left(1-x^2\right)\left(1-k^2x^2\right)}}\mathrm{d}x\left(k^2<1\right)$ 的收敛性.

解： $x=0$ 是 $f(x)=\frac{1}{\sqrt{\left(1-x^2\right)\left(1-k^2x^2\right)}}$ 的瑕点，

$\lim\limits_{x\to1-}(1-x)^{\frac{1}{2}}\cdot\frac{1}{\sqrt{\left(1-x^2\right)\left(1-k^2x^2\right)}}=\lim\limits_{x\to1-}\frac{1}{\sqrt{(1+x)\left(1-k^2x^2\right)}}=\frac{1}{\sqrt{2(1-k^2)}}$，根据极限审敛法 2，可知 $\int_0^1\frac{1}{\sqrt{\left(1-x^2\right)\left(1-k^2x^2\right)}}\mathrm{d}x\left(k^2<1\right)$ 收敛.

综合训练 6

1. 利用定积分的定义计算积分.

（1）$\int_a^b 2x\mathrm{d}x\left(a<b\right)$；　　（2）$\int_0^2\mathrm{e}^x\mathrm{d}x$；　　（3）$\int_2^3 x^2\mathrm{d}x$.

2. 利用定积分的几何意义求定积分.

（1）$\int_0^a\sqrt{a^2-x^2}\mathrm{d}x\left(a<0\right)$；　　（2）$\int_0^{2\pi}\cos x\mathrm{d}x$；

（3）$\int_{-3}^3\sqrt{9-x^2}\mathrm{d}x$；　　（4）$\int_{-1}^2|x|\mathrm{d}x$.

3. 利用定积分的性质比较大小.

（1）$\int_1^2 x^2\mathrm{d}x$ 与 $\int_1^2 x^3\mathrm{d}x$；　　（2）$\int_1^2\ln x\mathrm{d}x$ 与 $\int_1^2(\ln x)^2\mathrm{d}x$.

4. 估计定积分的值.

（1）$\int_0^1\left(x^2+1\right)\mathrm{d}x$；　　（2）$\int_0^{2\pi}(1+\sin x)\mathrm{d}x$.

5. 求函数 $f(x)=x^2+1$ 在区间 $[1,2]$ 上的平均值.

6. 利用牛顿–莱布尼茨公式计算积分.

（1）$\int_0^1(2x-e^x+\ln x)dx$；（2）$\int_2^3(x^2+\frac{1}{x})dx$；

（3）$\int_{\frac{1}{2}}^1\frac{1}{\sqrt{1-x^2}}dx$；（4）$\int_0^{\pi}2\sin xdx$；

（5）$\int_0^1\frac{3}{2x-2}dx$；（6）$\int_0^2 xe^{2x}dx$.

7. 利用定积分的换元法计算积分.

（1）$\int_0^{2\pi}\cos^2 x\sin xdx$；（2）$\int_{-\pi}^{\pi}\sin^2 x\cos xdx$；

（3）$\int_0^4\sqrt{16-x^2}dx$；（4）$\int_0^2\frac{2x+2}{x^2+2x+1}dx$；

8. 计算$\int_0^1\frac{x}{1+x^4}dx$.

9. 设$f(x)=\begin{cases}e^x, & x\geqslant 0,\\ \cos^2 x\sin x, & -\pi<x<0,\end{cases}$，计算$\int_0^2 f(x-1)dx$.

10. 利用定积分的分部积分法计算.

（1）$\int_1^2 xe^x dx$；（2）$\int_e^{e^2}3\ln xdx$；

（3）$\int_{-\pi}^{\pi}x\sin xdx$；（4）$\int_1^9 2e^{\sqrt{x}}dx$

11. 判定下列反常积分的收敛性，如果收敛，计算反常积分的值.

（1）$\int_0^{+\infty}\frac{1}{1+x^2}dx$；（2）$\int_{-\infty}^0\frac{4}{1+x^2}dx$；

（3）$\int_0^{+\infty}\frac{1}{\sqrt{1-x^2}}dx$；（4）$\int_0^{+\infty}te^{-pt}dx\left(p>0\right)$；

（5）$\int_0^{+\infty}\frac{3}{2x-2}dx$；（6）$\int_0^{+\infty}\frac{2}{(1+x)(1+x^2)}dx$.

12. 计算反常积分$\int_0^2\ln xdx$.

13. 讨论反常积分$\int_0^1\frac{1}{x^q}dx\left(q>0\right)$的收敛性.

14. 已知函数$f(x)=\begin{cases}x & -2\leqslant x<0\\ x^2 & 0\leqslant x\leqslant 1\\ x+1 & 1<x\leqslant 2\end{cases}$，求积分上限函数$\Phi(x)=\int_{-1}^x f(t)dt$.

15. 设$F(x)=\int_0^x te^t dt$，求$F'(x)$和$F''(x)$.

16. 判定下列反常积分的收敛性.

（1）$\int_0^{+\infty}\frac{x}{x^2+x+1}dx$；（2）$\int_1^3\frac{1}{(\ln x)^3}dx$；

（3）$\int_1^3\frac{1}{\sqrt{x^2-3x+2}}dx$；（4）$\int_0^1\frac{x^2}{\sqrt{1-x^2}}dx$.

思政聚焦

逆向思维也叫求异思维，它是对司空见惯的似乎已成定论的事物或观点反过来思考的一种思维方式. 敢于反其道而思之，让思维向对立面的方向发展，从问题的相反面深入地进行探索，树立新思想，创立新形象.

【数学家小故事】牛顿的故事

一谈到近代科学开创者牛顿，人们可能认为他小时候一定是个“神童”“天才”，有着非凡的智力. 其实不然，牛顿童年身体瘦弱，头脑并不聪明. 在家乡读书的时候，很不用功，在学校的学习成绩属于次等. 但他的兴趣却是广泛的，游戏的本领也比一般儿童高.

牛顿爱好制作机械模型，如风车、水车、太阳钟等. 他精心制作的一只水钟，计时较准确，得到了人们的赞许. 有时，他玩的方法也很奇特. 一天，他制作了一盏灯笼挂在风筝尾巴上. 当夜幕降临时，点燃的灯笼借风筝上升的力升入空中. 发光的灯笼在空中流动，人们大惊，以为是出现了彗星. 尽管如此，因为他学习成绩不好，还是经常受到歧视.

当时，封建社会的英国等级制度很严重，中小学校中学习好的学生，可以歧视学习差的同学. 有一次课间游戏，大家正玩得兴高采烈的时候，一个学习好的学生借故踢了牛顿一脚，并骂他笨蛋. 牛顿的心灵受到刺激，愤怒极了. 他想，我俩都是学生，我为什么受他的欺侮？我一定要超过他！从此，牛顿下定决心，发奋读书. 他早起晚睡，抓紧分秒、勤学勤思. 经过刻苦钻研，牛顿的学习成绩不断提高，不久就超过了曾欺侮过他的那个同学，名列班级前茅.

时间对人是一视同仁的，给人以同等的量，但人对时间的利用不同，而所收获的知识也大不一样.

十六岁时牛顿的数学知识还很贫乏的，特别是高深的数学知识. 知识在于积累，聪明来自学习. 牛顿下决心靠自己的努力攀上数学的高峰. 在基础差的不利条件下，牛顿能正确认识自己，知难而进. 他从基础知识、基本公式重新学起，扎扎实实、步步推进. 他研究完了欧几里德几何学后，又研究了笛卡儿几何学，他在研究的基础上不断创新和探索，代数二项式定理就是其重要创新成果.

传说中牛顿“大暴风中算风力”的佳话，可为牛顿身体力学的佐证. 有一天，天刮着大风暴，风撒野地呼啸着，尘土飞扬，弥弥漫漫，使人难以睁眼. 牛顿认为这是个准确地研究和计算风力的好机会. 于是，便拿着用具，独自在暴风中来回奔走. 他踉踉跄跄、吃力地测量着，几次沙尘迷了眼睛，几次风吹走了算纸……，但都没有动摇他求知的欲望. 他一遍又一遍，终于求得了正确的数据. 他快乐极了，急忙跑回家，继续进行研究.

有志者事竟成. 经过勤奋学习，牛顿为自己的科学高塔打下了深厚的基础. 不久，牛顿的数学高塔便建成了，二十二岁时发明了微分学，二十三岁时发明了积分学，为人类科学事业做出了巨大贡献.

单元 7 定积分与反常积分的应用

1. 教学目的

1）知识目标

★ 熟悉求函数的平均值和微元法的解题思路；

★ 会用定积分知识解决实际问题，包括求平面图形的面积、旋转体的体积；

★ 掌握定积分的几种典型应用，包括功、液体压力、交流电电压和电流的平均值和有效值等计算；

★ 熟悉定积分在经济、生物医药、流行病学等方面的应用；

★ 掌握极坐标下平面图形面积的计算方法，会求平面曲线的弧长.

2）素质目标

★ 通过案例，理解和领悟定积分应用中蕴含的量变与质变的关系；

★ 通过对定积分概念的学习，将有限化为无限，再通过取极限的思想，将无限化为有限，领悟相互联系、对立统一的辩证思想；

★ 通过对定积分几何应用进行分析，培养由一般到特殊的哲学素养及从不同角度解决问题的习惯；

★ 学以致用，会利用数学知识和数学工具解决实际问题，培养独立思考、主动分析、变通学习的能力.

2. 教学内容

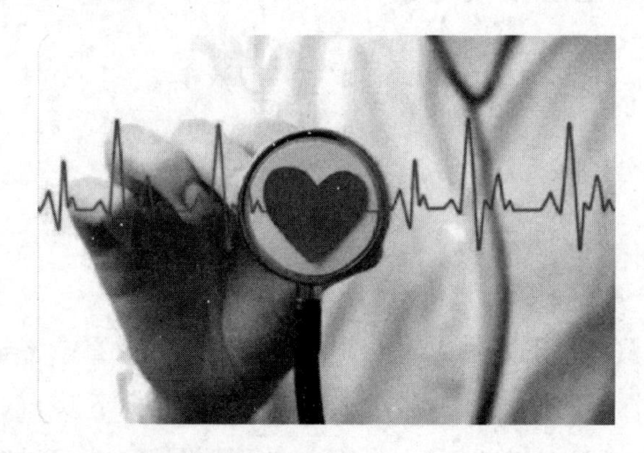

★ 函数的平均值、微元法求解；

★ 定积分的几何应用，包括平面图形面积的计算、旋转体体积的计算；

★ 定积分的典型应用，包括功、液体压力、交流电路等计算；

★ 定积分的经济应用、生物学应用、流行病学应用；

★ 极坐标下的几何图形面积计算、弧长计算.

3. 数学词汇

① 微元法—microelement method；

② 体积—volume；

③ 弧长—arc length；

④ 分布函数—distribution function.

7.1 几何应用

7.1.1 微元法

用定积分解决实际问题的常用方法是微元法. 设 $f(x)$ 在区间 $[a,b]$ 上连续，且 $f(x)\geqslant 0$，求曲线 $y=f(x)$ 及直线 $x=a$、$x=b$、$y=0$ 所围成的曲边梯形的面积 A. 如图 7-1 所示，用 $[x,x+\mathrm{d}x]$ 表示区间 (a,b) 内任一小区间，并取这个小区间的左端点 x 为 ξ，那么每个小区间上的曲边梯形面积 $\Delta A_i \approx f(\xi_i)\Delta x_i$ 可写成 $\Delta A \approx f(x)\mathrm{d}x$. 称 $f(x)\mathrm{d}x$ 为所求面积 A 的微元，记作 $\mathrm{d}A$，即 $\mathrm{d}A=f(x)\mathrm{d}x$，于是

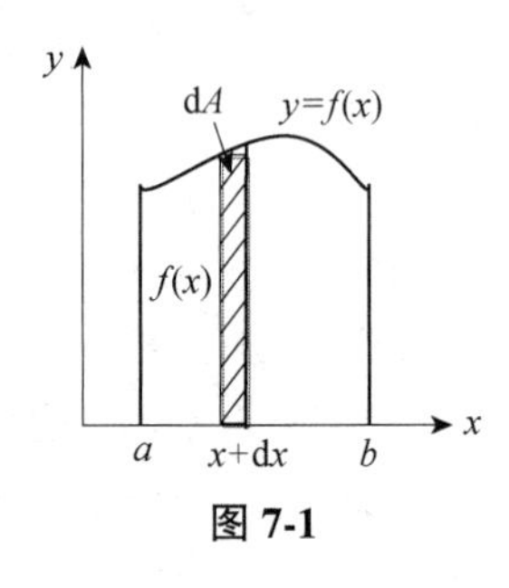

图 7-1

$$A=\int_a^b f(x)\mathrm{d}x \tag{7-1}$$

一般地，如果某一实际问题中所求量 F 是与变量 x 的变化区间 $[a,b]$ 有关的量，其 F 对于该区间具有可加性. 则 F 可以用定积分来计算，具体步骤如下：

（1）确定积分变量 x，并求出相应的积分区间 $[a,b]$；

（2）在区间 $[a,b]$ 上任取一小区间 $[x,x+\mathrm{d}x]$，并在该区间上求出所求量 F 的微元 $\mathrm{d}A=f(x)\mathrm{d}x$；

（3）所求量 F 的积分表达式为 $F=\int_a^b f(x)\mathrm{d}x$.

这种方法叫作定积分的微元法.

7.1.2 平面图形的面积

定积分 $A=\int_a^b f(x)\mathrm{d}x$ 的几何意义是由曲线 $y=f(x)$ 及直线 $x=a$、$x=b(a<b)$ 与 x 轴所围成的曲边梯形的面积，其中 $f(x)\mathrm{d}x$ 就是直角坐标下以 $f(x)$ 为高、$\mathrm{d}x$ 为底的矩形（面积微元）. 对于直角坐标下比较复杂的平面图形，也可以应用定积分求面积.

1. 取横坐标作为积分变量

设 $f(x)$、$g(x)$ 在区间 $[a,b]$ 上连续，且 $f(x)\geqslant g(x)$，求曲线 $y=f(x)$、$y=g(x)$

及直线 $x=a$ 、$x=b$ 所围成的平面图形的面积 A（见图 7-2）. 取横坐标 $x\in[a,b]$ 为积分变量，在区间 $[a,b]$ 上任取一小区间 $[x,x+\mathrm{d}x]$，该区间上的小曲边梯形可以用高为 $f(x)-g(x)$ 、底为 $\mathrm{d}x$ 的矩形面积近似代替. 因此平面图形的面积微元为

$$\mathrm{d}A=[f(x)-g(x)]\mathrm{d}x \tag{7-2}$$

平面图形的面积为

$$A=\int_a^b[f(x)-g(x)]\mathrm{d}x \tag{7-3}$$

例 1 求曲线 $y=x^2$ 与直线 $y=x$ 所围成图形的面积（见图 7-3）.

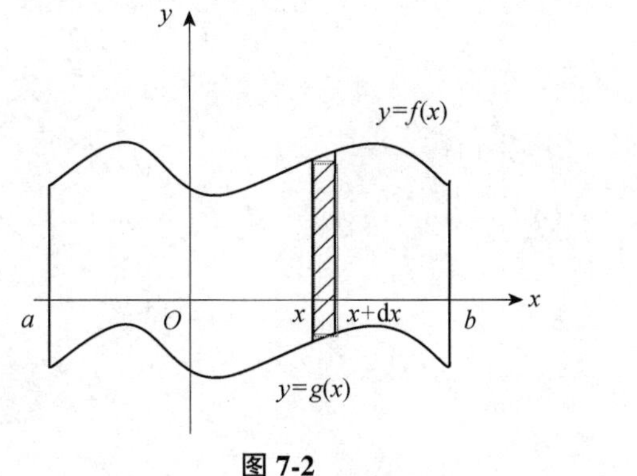

图 7-2

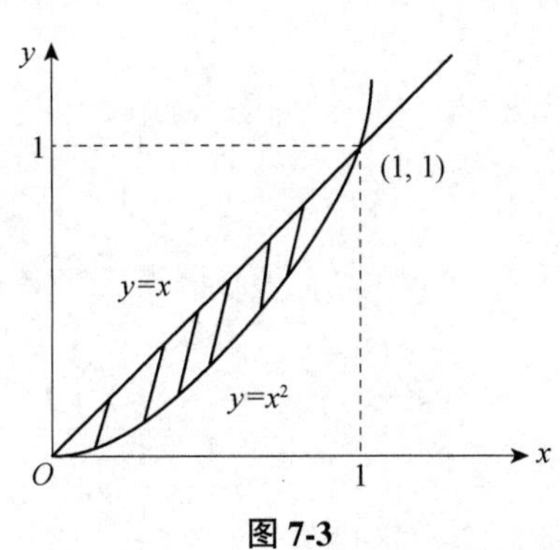

图 7-3

解：求得 $y=x^2$ 与 $y=x$ 的交点为 $(0,0)$ 和 $(1,1)$. 取横坐标 $x\in[0,1]$ 为积分变量，由式（7-3）得到所求图形的面积为

$$A=\int_0^1(x-x^2)\mathrm{d}x=\left(\frac{1}{2}x^2-\frac{1}{3}x^3\right)\Bigg|_0^1=\frac{1}{6}.$$

2. 取纵坐标作为积分变量

取纵坐标 $y\in[c,d]$ 为积分变量，在区间 $[c,d]$ 上任取一小区间 $[y,y+\mathrm{d}y]$，该区间上的小曲边梯形可以用高为 $\varphi(y)-\psi(y)$ 、底为 $\mathrm{d}y$ 的矩形面积近似代替，如图 7-4 所示. 因此平面图形的面积微元为

$$\mathrm{d}A=[\varphi(y)-\psi(y)]\mathrm{d}y \tag{7-4}$$

平面图形的面积为

$$A=\int_c^d[\varphi(y)-\psi(y)]\mathrm{d}y \tag{7-5}$$

例 2 求曲线 $y^2=x$ 与直线 $y=x$ 所围成图形的面积（见图 7-5）.

解：求得 $x=y^2$ 与 $x=y$ 的交点为 $(0,0)$ 和 $(1,1)$. 取纵坐标 $y\in[0,1]$ 为积分变量，由式（7-5）得到所求图形的面积为

$$A=\int_0^1(y-y^2)\mathrm{d}x=\left(\frac{1}{2}y^2-\frac{1}{3}y^3\right)\Bigg|_0^1=\frac{1}{6}.$$

例 3 求两条抛物线 $y=x^2$ 与 $y^2=x$ 所围成图形的面积（见图 7-6）.

解：求得 $y=x^2$ 与 $y^2=x$ 的交点为 $(0,0)$ 和 $(1,1)$.

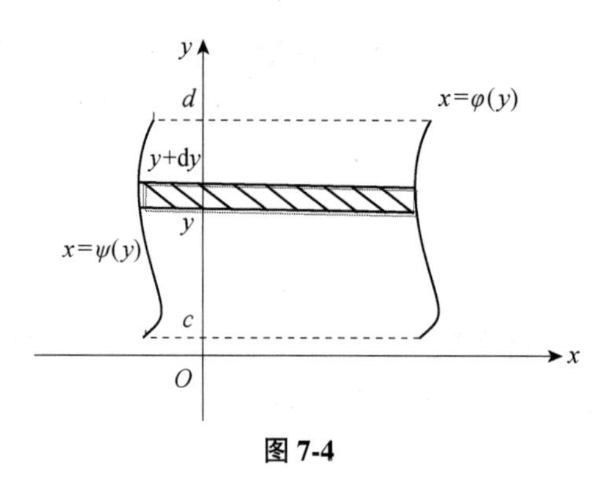

图 7-4

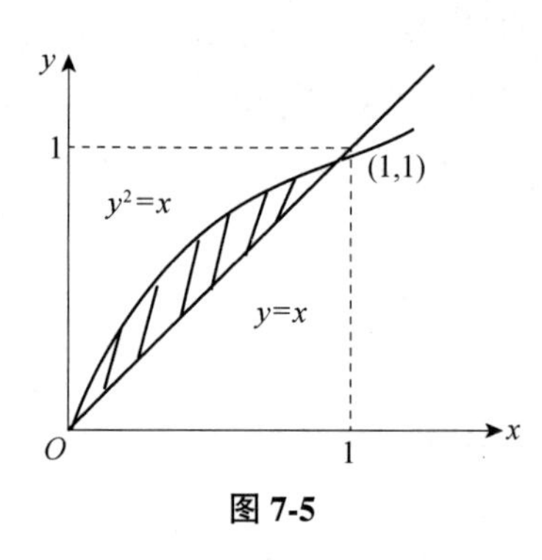

图 7-5

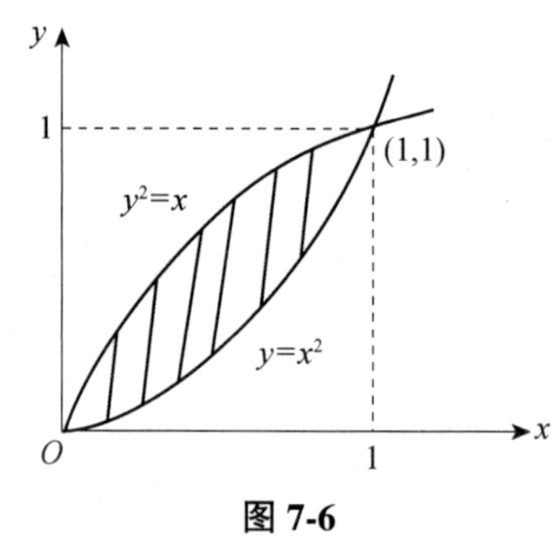

图 7-6

方法一：取横坐标 $x\in[0,1]$ 为积分变量，由式（7-5）得到所求图形的面积为

$$A=\int_0^1(\sqrt{x}-x^2)\mathrm{d}x=\left(\frac{2}{3}x^{\frac{3}{2}}-\frac{1}{3}x^3\right)\Bigg|_0^1=\frac{1}{3}.$$

方法二：取纵坐标 $y\in[0,1]$ 为积分变量，由式（7-7）得到所求图形的面积为

$$A=\int_0^1(\sqrt{y}-y^2)\mathrm{d}y=\left(\frac{2}{3}y^{\frac{3}{2}}-\frac{1}{3}y^3\right)\Bigg|_0^1=\frac{1}{3}.$$

7.1.3 旋转体的体积

旋转体是一个平面图形绕平面内的一条直线旋转而成的立体，这条直线被称为旋转轴. 如图 7-7 所示，曲边梯形由曲线 $f(x)$、直线 $x=a$、$x=b$ 和 x 轴构成，这个曲边梯形绕 x 轴旋转形成旋转体，计算该旋转体的体积 V.

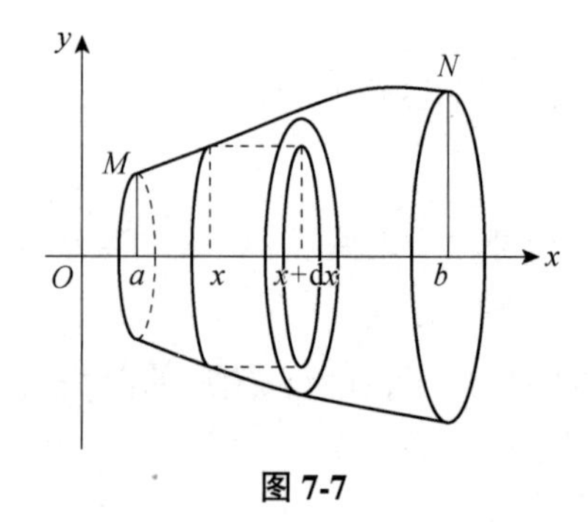

图 7-7

1. 取横坐标作为积分变量

过区间 $[a,b]$ 上任一点 x，作垂直于 x 轴的横截面（半径为 $y=f(x)$ 的圆），横截面的面积为

$$A(x)=\pi y^2=\pi\big(f(x)\big)^2 \tag{7-6}$$

取 x 为积分变量，$x\in[a,b]$，在区间 $[a,b]$ 上任取一小区间 $[x,x+\mathrm{d}x]$，该区间上的

小立体体积可以用底面积为$A(x)$、高为dx的柱体体积近似代替. 因此所求旋转体的体积微元为

$$dV = A(x)dx \tag{7-7}$$

所求旋转体的体积为

$$V=\int_a^b A(x)dx=\int_a^b \pi\left(f\left(x\right)\right)^2 dx . \tag{7-8}$$

例 4 计算底半径为 4、高为 10 的圆锥体的体积（见图 7-8）.

解：圆锥体可以看成由直线OA、$x=10$和x轴所围成的三角形绕x轴旋转而成的旋转体. 直线OA的方程为$y=\frac{4}{10}x=\frac{2}{5}x$.

由式（7-8）得到所求圆锥体的体积为

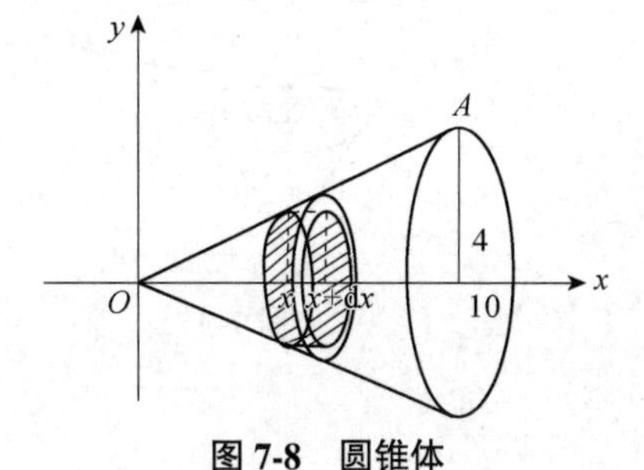

图 7-8 圆锥体

$$V=\int_0^{10}\pi\left(\frac{2}{5}x\right)^2 dx=\frac{2\pi}{5}\left(\frac{1}{3}x^3\right)\Bigg|_0^{10}=\frac{2\pi}{5}\left(\frac{1000}{3}\right)=\frac{400\pi}{3}.$$

2. 取纵坐标作为积分变量

过区间$[c,d]$上任一点y，作垂直于y轴的横截面（半径为$x=\varphi(y)$的圆），横截面的面积为

$$A(y)=\pi x^2=\pi\left(\varphi\left(y\right)\right)^2 \tag{7-9}$$

取y为积分变量，$y\in[c,d]$，在区间$[c,d]$上任取一小区间$[y,y+dy]$，该区间上的小立体体积可以用底面积为$A(y)$、高为dy的柱体体积近似代替. 因此所求旋转体的体积微元为

$$dV = A(y)dy \tag{7-10}$$

所求旋转体的体积为

$$V=\int_c^d A(y)dy=\int_c^d \pi\left(\varphi\left(y\right)\right)^2 dy . \tag{7-11}$$

例 5 求由抛物线$x=y^2\left(y\geqslant 0\right)$、直线$y=1$和$y$轴所围成的图形绕$y$轴旋转一周所围成的旋转体的体积（见图 7-9）.

解：由式（7-11）得到所求旋转体的体积为$V=\int_0^1\pi\left(y^2\right)^2 dy=\pi\left(\frac{1}{5}y^5\right)\Bigg|_0^1=\frac{\pi}{5}$.

例 6 求由抛物线$y=x^2$、直线$x=1$及x轴所围成图形分别绕x轴、y轴旋转一周所围成的旋转体的体积（见图 7-10）.

解：绕x轴旋转而成的旋转体体积为

$$V_x=\int_0^1\pi\left(x^2\right)^2 dx=\pi\left(\frac{1}{5}x^5\right)\Bigg|_0^1=\frac{\pi}{5}.$$

绕y轴旋转而成的旋转体体积等于由矩形$OABC$绕y轴旋转一周所围成的旋转体体积V_1与由曲边梯形OBC绕y轴旋转一周所围成的旋转体体积V_2之差.

$$V_y = V_1 - V_2 = \pi \times 1^2 \times 2 - \int_0^1 \pi\left(\sqrt{y}\right)^2 \mathrm{d}x = 2\pi - \pi\left(\frac{1}{2}y^2\right)\Big|_0^1 = \frac{3\pi}{2}.$$

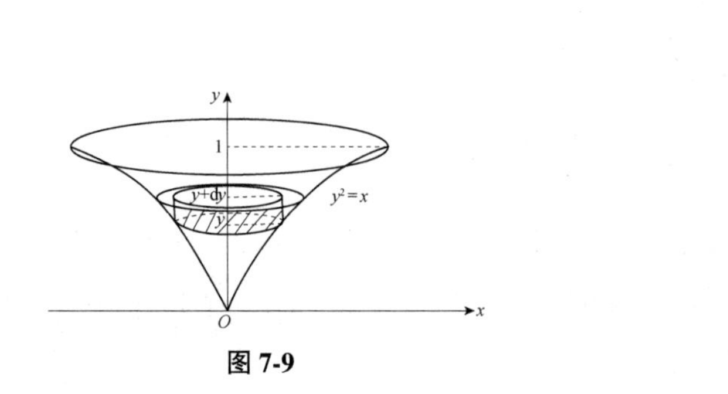

图 7-9

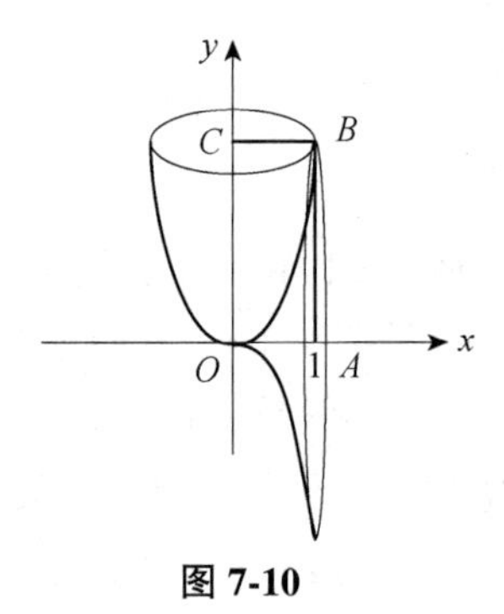

图 7-10

7.2 工程应用

7.2.1 功的计算

由物理学可知，如果一个大小和方向都不变的力 F 作用于某一物体，使此物体沿力的方向做直线运动，那么，当物体移动一段距离 s 时，F 所做的功 $W = F \cdot s$.

在实际问题中，经常遇到使物体移动的力是变力，即力的大小随物体位置的改变而改变的情况. 例如，弹簧的拉力就是一个变力.现在我们来讨论如何计算变力所做的功.

设物体在力 $F=f(x)$ 的作用下，沿 x 轴由 $A(a)$ 移动到 $B(b)$（见图 7-11），当力的方向和 x 轴一致时，我们用定积分来计算力 F 在这一段路程中所做的功.

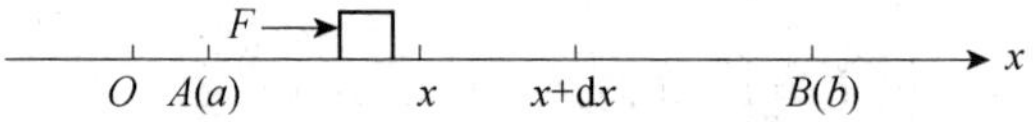

F
O　A(a)　x　x+dx　B(b)　x

图 7-11

取 x 为积分变量，积分区间为 $[a,b]$，在 $[a,b]$ 上任取一小区间 $[x,x+\mathrm{d}x]$，当物体从 x 移动到 $x+\mathrm{d}x$ 时，力 F 所做的功近似等于 $f(x)\mathrm{d}x$，即功的微元为

$$\mathrm{d}W = f(x)\mathrm{d}x \tag{7-12}$$

在区间 $[a,b]$ 上把 $\mathrm{d}W$ 累加起来，得所求的功为

$$W = \int_a^b \mathrm{d}W = \int_a^b f(x)\mathrm{d}x. \tag{7-13}$$

例 7　已知弹簧每拉长 0.01m，需用 9.8N 的力，求把弹簧拉长 0.2m 所做的功（见图 7-12）.

解：在弹性限度内，拉伸（或压缩）弹簧所需的力与伸长（或压缩）量成正比，即

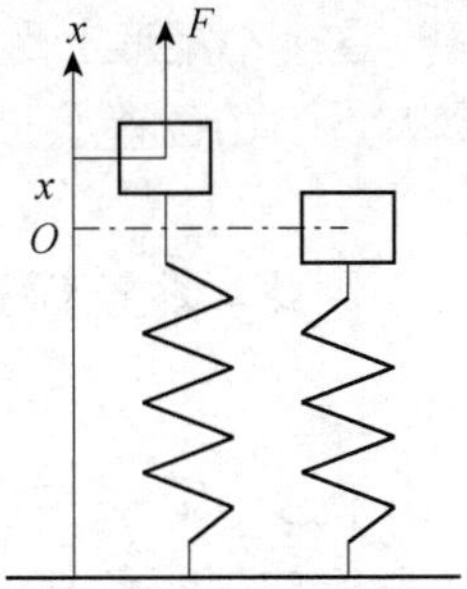

$$F = kx$$

其中 k 为比例系数. 把题设中的条件 $x = 0.01\text{m}$ 时，$F = 9.8\text{N}$ 代入上式得

$$k = 9.8 \times 10^2$$

这样得到的变力函数为

$$F = 9.8 \times 10^2 x.$$

利用微元法求此变力所做的功. 取 x 为积分变量，$x \in [0,\ 0.2]$，在区间 $[0,\ 0.2]$ 上，任取一小区间 $[x, x+\mathrm{d}x]$，则功的微元为

$$\mathrm{d}W = 9.8 \times 10^2 x\mathrm{d}x$$

因此，弹簧所作的功为

$$W = \int_0^{0.2} 9.8 \times 10^2 x\mathrm{d}x = 9.8 \times 10^2 \times \left.\frac{x^2}{2}\right|_0^{0.2} = 19.6\,\text{J}.$$

图 7-12

例 8 一个圆柱形的储水桶高为 10m，底圆半径为 5m，桶内装满了水. 求把桶中的水全部吸出所需要做的功（见图 7-13）.

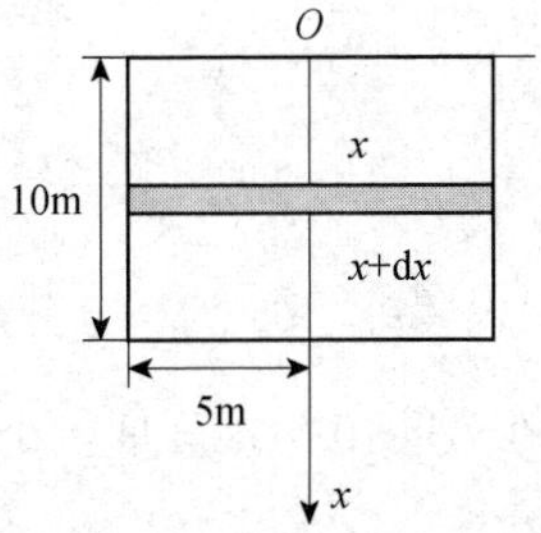

解：利用微元法求此变力所做的功. 取 x 为积分变量，$x \in [0,\ 10]$，在区间 $[0,\ 10]$ 上任取一小区间 $[x, x+\mathrm{d}x]$，与它对应的一薄层（圆柱）水的重量为 $9.8\pi \times 5^2 \mathrm{d}x$ kN，因把这一薄层水抽出（移动了 x m）所做的功近似于克服这一薄层水的重量所做的功，所以功的微元为

$$\mathrm{d}W = 9.8\pi \times 5^2 x\mathrm{d}x;$$

因此，抽尽水所做的功为

$$W = \int_0^{10} \mathrm{d}W = \int_0^{10} 9.8\pi \times 5^2 x\mathrm{d}x = 9.8 \times 25\pi \times \left.\frac{x^2}{2}\right|_0^{10} = 245\pi \times 50 = 12250\pi\ \text{kJ}.$$

图 7-13

7.2.2 液体的压力

由物理学可知，在距液体表面深 h 处，液体对各个方向的压强 p 是一样的，且有 $p = \gamma h$，其中 γ 是液体的比重（单位：N/m^3）.如果有一面积为 A 的薄片与液面平行地放在深 h 处，那么薄片一侧所受的总压力 P 为

$$P = p \cdot A = \gamma \cdot h \cdot A \tag{7-14}$$

然而当薄片与液面垂直放置时，薄片一侧不同深度的压强各不相等，因此不能直接用式（7-14）进行计算.

设薄片的形状为一曲边梯形，其位置及选择的坐标系如图 7-14 所示. Oy 轴为液体的表面，Ox 轴铅直向下，曲线 MN 的方程为 $y = f(x)$，$x \in [a,b]$. 在 x 处取一个垂直于 x 轴、底宽为 $\mathrm{d}x$ 的小曲边梯形，它的面积可用小矩形面积 $\mathrm{d}A = f(x)\mathrm{d}x$ 来近似代替，这个小矩形上受到的压力近似于把这个小矩形放在平行于液体表面、距液体表面深度为 x 的位置上一侧所受到的压力，故压力的微元为

$$\mathrm{d}P=\gamma x\mathrm{d}A=\gamma xf(x)\mathrm{d}x \tag{7-15}$$

因此，垂直于液面的薄片一侧所受的压力为

$$P=\int_a^b \mathrm{d}P=\gamma\int_a^b xf(x)\mathrm{d}x . \tag{7-16}$$

例 9 设有一竖直的闸门，形状是等腰梯形，尺寸与坐标系如图 7-15 所示. 当水面与闸门顶部平齐时，求闸门所受的水压力.

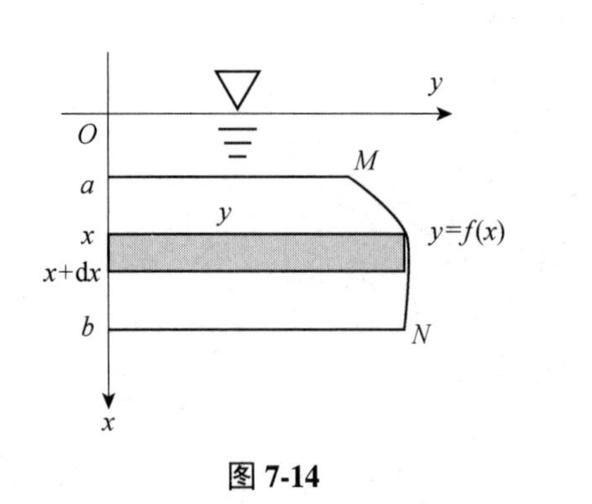

图 7-14

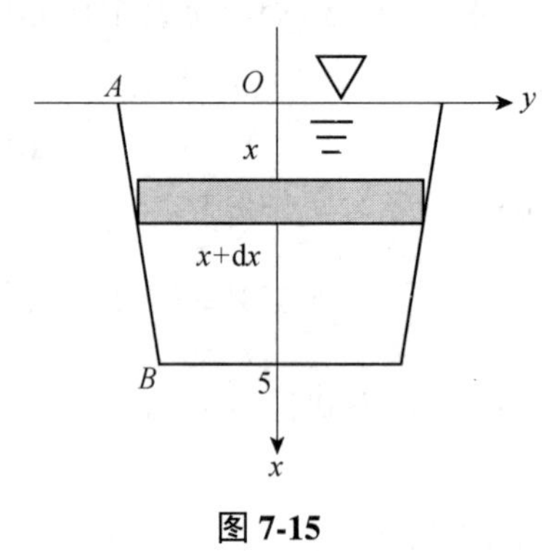

图 7-15

解：取 x 为积分变量，$x\in[0,5]$，闸门的一条边 AB 的方程为 $y=-\dfrac{x}{4}+3$

在区间 $[0,5]$ 上任取一小区间 $[x,x+\mathrm{d}x]$，在该区间上，由于

$$\gamma=9.8\times10^3(\mathrm{N/m^3}),\quad \mathrm{d}A=2y\mathrm{d}x=2\left(-\frac{x}{4}+3\right)\mathrm{d}x$$

可知压力的微元为

$$\mathrm{d}P=9.8\times10^3\times x\times2\left(-\frac{x}{4}+3\right)\mathrm{d}x=9.8\times10^3\times\left(-\frac{x^2}{2}+6x\right)\mathrm{d}x\cdot$$

所以，闸门所受的水压力为

$$P=\int_0^5 9.8\times10^3\times\left(-\frac{x^2}{2}+6x\right)\mathrm{d}x=9.8\times10^3\times\left(-\frac{x^3}{6}+3x^2\right)\Bigg|_0^5$$

$$=9.8\times10^3\times\left(-\frac{125}{6}+75\right)\approx5.3\times10^5\,\mathrm{N}.$$

7.3 在其他方面的应用举例

7.3.1 在经济上的应用

1. 已知边际函数求总函数

设某个经济函数 $u(x)$ 的边际函数为 $u'(x)$，则有

$$u(x)=u(0)+\int_0^x u'(x)\mathrm{d}x$$

例如，已知生产某产品的边际成本为$C'(x)$，x为产量，固定成本为$C(0)$，则总成本函数为

$$C(x)=C(0)+\int_0^x C'(x)\mathrm{d}x$$

已知销售某产品的边际收益为$R'(x)$，x为销售量，$R(0)=0$，则总收益函数为

$$R(x)=\int_0^x R'(x)\mathrm{d}x$$

已知利润函数$L(x)=R(x)-C(x)$（$R(x)$为收益函数，$C(x)$为成本函数，$L(x)$、$R(x)$、$C(x)$均可导），x为产量，则边际利润函数为

$$L'(x)=R'(x)-C'(x)$$

总利润为

$$L(x)=\int_0^x L'(x)\mathrm{d}x+L(0)=\int_0^x\left(R'(x)-C'(x)\right)\mathrm{d}x-C(0)$$

例 10 商店出售某种产品q（百件）的总成本为C（万元），已知边际成本是$C'(q)=3$，设固定成本为 0，其收益R（万元）的边际收益为$R'(q)=6-3q$．求：（1）销售量q为多少时利润最大？（2）若在利润最大的销售量q_1的基础上，减少 20 件的销量，总利润将下降多少？

解：（1）利润最大的销售量应该使边际收益与边际成本相等，即$6-3q=3$．则利润最大的销售量为$q_1=1$（百件），总利润表达式为$L(q)=R(q)-C(q)$．

因为$L'(q)=R'(q)-C'(q)=3-3q$，则

$$L(q)=\int_0^q L'(q)\mathrm{d}q+L(0)=\int_0^q\left(R'(q)-C'(q)\right)\mathrm{d}q-C(0)=\int(3-3q)\mathrm{d}q=3q-\frac{3}{2}q^2.$$

所以销售量q为 1（百件）时，利润最大，最大利润为$L(1)=3-\frac{3}{2}=\frac{3}{2}$（万元）．

（2）下降的总利润为

$$L(1)-L(0.8)=\frac{3}{2}-\frac{36}{25}=\frac{3}{50}\text{（万元）}.$$

所示总利润下降$\frac{3}{50}$万元.

2. 由变化率求总量

例 11 某工厂生产产品，在时刻t的总产量变化率为$x'(t)=80-10t$（件/小时），求由$t=0$到$t=2$这两个小时的总产量.

解：$Q=\int_0^2 x'(t)\mathrm{d}t=\int_0^2(80-10t)\mathrm{d}t=\left(80t-5t^2\right)\Big|_0^2=\left(80\times2-5\times2\times2\right)=140$.

所以总产量为 140 件.

7.3.2 在生物医药领域的应用

在生物医药领域，有许多指标具有累加性. 通过定积分的计算可以解决具有累积

性的指标问题.

例 12 由实验测定患者的胰岛素浓度 $C(t)=\begin{cases}8t-t^2 & 0\leqslant t<20\\ 20\mathrm{e}^{-k(t-4)} & t\geqslant 20\end{cases}$，其中 t 为时间（分钟），$k=\dfrac{\ln 2}{10}$. 求血液中的胰岛素在一小时内的平均浓度 $\overline{C}(t)$.

解：积分区间为 $t\in[0,60]$，胰岛素平均浓度为

$$\begin{aligned}\overline{C}(t)&=\frac{1}{60}\int_0^{60}C(t)\mathrm{d}t=\frac{1}{60}\left(\int_0^{20}C(t)\mathrm{d}t+\int_{20}^{60}C(t)\mathrm{d}t\right)\\&=\frac{1}{60}\left(\int_0^{20}\left(8t-t^2\right)\mathrm{d}t+\int_{20}^{60}\left(20\mathrm{e}^{-k(t-4)}\right)\mathrm{d}t\right)\\&=\frac{1}{60}\left(\left(8t^2-\frac{1}{3}t^3\right)\Big|_0^{20}-\frac{20}{k}\left(\mathrm{e}^{-k(t-4)}\right)\Big|_{20}^{60}\right)\\&=\frac{1}{60}\left(\left(3200-\frac{8000}{3}\right)-\frac{20}{k}\left(\mathrm{e}^{-56k}-\mathrm{e}^{-16k}\right)\right)\\&=\frac{1}{60}\left(\left(3200-\frac{8000}{3}\right)-\frac{20}{k}\left(\mathrm{e}^{-56k}-\mathrm{e}^{-16k}\right)\right)\approx 45\end{aligned}$$

所以，血液中的胰岛素在一小时内的平均浓度 $\overline{C}(t)$ 约为 45mL.

例 13 设有一段长为 L、截面半径为 R 的血管（见图 7-16），其左端动脉端的血压为 p_1，右端相对静脉的血压为 $p_2\left(p_1>p_2\right)$，血液黏滞系数为 η. 假设血管中的血液流动是稳定的，在序贯的横截面上离血管中心 r 处的血液流速为 $v(r)=\dfrac{p_1-p_2}{4\eta L}\left(R^2-r^2\right)$，求单位时间内的血流量 Q.

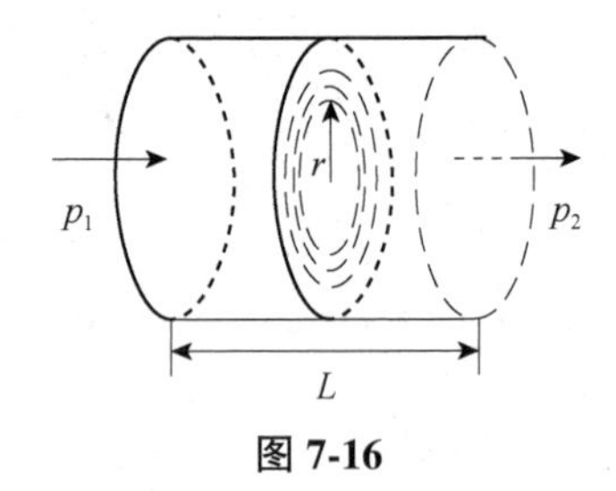

图 7-16

解：取内半径 r 为积分变量，$r\in\left[0,R\right]$，外半径为 $r+\mathrm{d}r$ 的小圆环. 则小圆环的面积微元为 $\Delta s\approx \mathrm{d}s=2\pi r\mathrm{d}r$，在小圆环上的血液流速可近似认为是相等的，所以小圆环的血流量微元为

$$\mathrm{d}Q=2\pi rv(r)\mathrm{d}r=2\pi\frac{P_1-P_2}{4\eta L}(R^2-r^2)r\mathrm{d}r$$

因此，单位时间内的血流量 Q 为

$$Q=\int_0^R\mathrm{d}Q=\int_0^R 2\pi\frac{P_1-P_2}{4\eta L}(R^2-r^2)r\mathrm{d}r=\frac{P_1-P_2}{2\eta L}\pi\left(\frac{1}{2}R^2r^2-\frac{1}{4}r^4\right)\Big|_0^R=\frac{P_1-P_2}{8\eta L}\pi R^4 .$$

7.4 定积分与反常积分应用的进一步认识

7.4.1 极坐标系下计算平面图形的面积

对于一些平面图形，利用极坐标计算面积更为方便.

定义 在极坐标下，有连续曲线$r=r(\theta)(\alpha\leqslant\theta\leqslant\beta)$及射线$\theta=\alpha$、$\theta=\beta$所围成的平面图形称为曲边扇形，如图7-17所示.

取极角θ为积分变量，$\theta\in[\alpha,\beta]$，在$[\alpha,\beta]$上任取一小区间$[\theta,\theta+\mathrm{d}\theta]$，该区间上的小曲边扇形的面积可以用半径为$r=r(\theta)$、中心角为$\mathrm{d}\theta$的小圆扇形的面积近似代替. 因此，曲边扇形的面积微元为

$$\mathrm{d}A=\frac{1}{2}\left[r(\theta)\right]^2\mathrm{d}\theta. \tag{7-17}$$

曲边扇形的面积为

$$A=\int_\alpha^\beta\frac{1}{2}\left[r(\theta)\right]^2\mathrm{d}\theta. \tag{7-18}$$

例 14 求心形线$r=2(1+\cos\theta)$所围成的面积（见图7-18）.

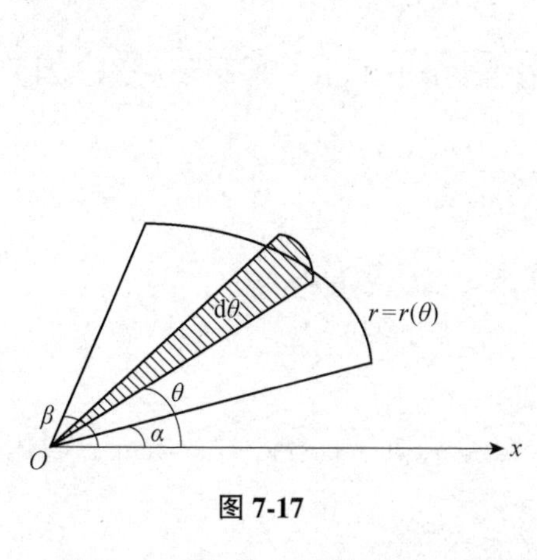

图 7-17

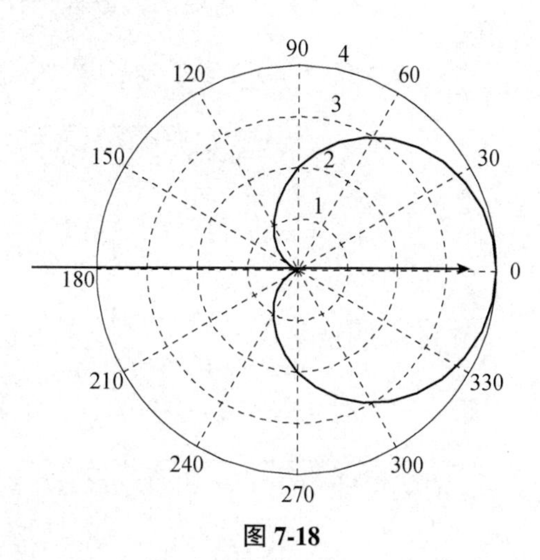

图 7-18

解：心形线关于极轴对称，因此所求面积A为极轴上方图形面积A_1的两倍. 对于面积A_1，取θ为积分变量，$\theta\in[0,\pi]$，得

$$\begin{aligned}A_1&=\frac{1}{2}\int_0^\pi 4\times(1+\cos\theta)^2\,\mathrm{d}\theta=2\int_0^\pi\left(1+2\cos\theta+\cos^2\theta\right)\mathrm{d}\theta\\&=2\int_0^\pi\left(\frac{3}{2}+2\cos\theta+\frac{1}{2}\cos 2\theta\right)\mathrm{d}\theta\\&=2\left(\frac{3}{2}\theta+2\sin\theta+\frac{1}{4}\sin 2\theta\right)\Bigg|_0^\pi=3\pi\end{aligned}$$

所求面积为$A=2A_1=6\pi$.

7.4.2 平面曲线的弧长

设有光滑曲线$y=f(x)$，求从$x=a$到$x=b$之间曲线的弧长s. 弧长的微元为

$$\mathrm{d}s=\sqrt{(\mathrm{d}x)^2+(\mathrm{d}y)^2}=\sqrt{1+(y')^2}\,\mathrm{d}x, \tag{7-19}$$

则所求弧长为

$$s=\int_a^b\sqrt{1+y'^2}\,\mathrm{d}x. \tag{7-20}$$

例 15 求曲线$y=x^{\frac{3}{2}}$从$x=0$到$x=1$之间曲线的弧长.

解： $y'=\frac{3}{2}x^{\frac{1}{2}}$，

$$s=\int_0^1\sqrt{1+y'^2}\,\mathrm{d}x=\int_0^1\sqrt{1+\left(\frac{3}{2}x^{\frac{1}{2}}\right)^2}\,\mathrm{d}x=\int_0^1\left(1+\frac{3}{2}x\right)^{\frac{1}{2}}\mathrm{d}x$$

$$=\frac{8}{27}\left(1+\frac{9}{4}x\right)^{\frac{3}{2}}\Bigg|_0^1=\frac{8}{27}\left(\frac{13}{4}\right)^{\frac{3}{2}}-\frac{8}{27}.$$

对应于有些曲线，利用参数方程来计算其弧长更为方便. 设曲线的参数方程为$\begin{cases}x=\varphi(t)\\y=\psi(t)\end{cases}$ $(\alpha\leqslant t\leqslant\beta)$，其中$\varphi'(t)$和$\psi'(t)$在区间$[\alpha,\beta]$上连续，此时弧长微元为

$$\mathrm{d}s=\sqrt{(\mathrm{d}x)^2+(\mathrm{d}y)^2}=\sqrt{[\varphi'(t)]^2+[\psi'(t)]^2}\,\mathrm{d}t \tag{7-21}$$

则所求弧长为

$$s=\int_\alpha^\beta\sqrt{[\varphi'(t)]^2+[\psi'(t)]^2}\,\mathrm{d}t. \tag{7-22}$$

例 16 求摆线$\begin{cases}x=a(t-\sin t)\\y=a(1-\cos t)\end{cases}$ $(a>0)$一拱$(0\leqslant t\leqslant 2\pi)$的长度.

解： $x'=a(1-\cos t)$，$y'=a\sin t$，因此，

$$\mathrm{d}s=\sqrt{[\varphi'(t)]^2+[\psi'(t)]^2}\,\mathrm{d}t=\sqrt{a^2(1-\cos t)^2+a^2\sin^2 t}\,\mathrm{d}t=a\sqrt{2(1-\cos t)}\,\mathrm{d}t=a\sqrt{4\sin^2\left(\frac{t}{2}\right)}\mathrm{d}t$$

当$0\leqslant t\leqslant 2\pi$时，$0\leqslant\frac{t}{2}\leqslant\pi$，所以$\sin\left(\frac{t}{2}\right)>0$.

则所求弧长为$s=\int_0^{2\pi}2a\sin\frac{t}{2}\mathrm{d}t=4a\left(-\cos\frac{t}{2}\right)\Bigg|_0^{2\pi}=8a.$

综合训练 7

1. 函数 $y=e^x$ 在区间 $[0,1]$ 上的平均值为________.

2. 函数 $f(x)=2\sin x+3\cos x$ 在区间 $[0, 2\pi]$ 上的平均值为________.

3. 已知曲线 $y=1-x^2$ 与直线 $y=0$，则它们所围成图形的面积为________.

4. 有一个等腰梯形闸门，它的两条底边各长 8m 和 6m，高为 10m，较长的底边与水面相齐，则闸门的一侧所受的水压为________.

5. 已知生产某产品的边际成本函数为 $C'(x)=x^2-10$，固定成本 $C(0)=50$，求生产 x 个产品的总成本函数为________.

6. 计算函数 $y=\dfrac{2x}{1+x^2}$ 在区间 $[0,1]$ 上的平均值.

7. 求由曲线 $y=\ln x$、$y=\ln 2$、$y=\ln 7$ 与直线 $x=0$ 所围成的图形面积.

8. 求由曲线 $y=x^2-4$ 和直线 $y=0$ 所围成的图形绕 x 轴旋转所围成的旋转体的体积.

9. 证明半径为 R 的球的体积为 $V=\dfrac{4}{3}\pi R^3$.

10. 有一口锅，其形状可视为抛物线 $y=ax^2$ 绕 y 轴旋转而成，已知深为 3m，锅口直径为 6m，求锅的容积.

11. 设把金属杆的长度从 a 拉到 $a+x$ 时，所需的力等于 $\dfrac{2k}{a}x$, 其中 k 为常数，试求将金属杆由长度 a 拉到 b 时所做的功.

12. 求双扭线 $r^2=a^2\cos\theta$（$a>0$）所围平面图形的面积.

13. 计算曲线 $x=\arctan t$ 和 $y=\dfrac{1}{2}\ln(1+t^2)$ 从 $t=0$ 到 $t=2$ 的弧长.

14. 设某商品的边际收益为 $R'(q)=150-\dfrac{q}{10}$. 求：(1) 销售第 20 个商品时的总收益和平均收益；(2) 如果已经销售了 30 个，再销售 20 个的总收益和平均收益.

思政聚焦

创新思维是指以新颖独创的方法解决问题的思维过程，通过这种思维能突破常规思维的界限，以超常规甚至反常规的方法、视角去思考问题，得出与众不同的解决方案.

【数学家小故事】——陈景润

陈景润是我国有名的数学家. 他不爱逛公园，不爱遛马路，就爱学习. 他学习起来，常常忘记了吃饭、睡觉. 有一天，陈景润在吃中饭的时候，摸摸脑袋发现头发太长了，应该快去理一理，要不，人家看见了，还当他是个大姑娘呢. 于是，他放下饭碗，就跑到理发店去了.

理发店里人很多，大家挨着次序理发. 陈景润拿到的牌子是三十八号. 他想：轮到我还早着哩，时间是多么宝贵啊，我可不能白白浪费掉. 他赶忙走出理发店，找了个安静的地方坐下来，然后从口袋里掏出个小本子，背起外文. 他背了一会，忽然想起上午读外文的时候，有个地方没看懂. 不懂的东西，一定要把他弄懂，这是陈景润的脾气.

他看了看表，才十二点半. 他想：先到图书馆去查一查，再回来理发还来得及，站起来就走了. 谁知道，他走了不多久，就轮到他理发了. 理发员大声地叫："三十八号！谁是三十八号？快来理发！"你想想，陈景润正在图书馆里看书，他能听见理发员喊三十八号吗？

单元 8 微分方程

1. 教学目的

1）知识目标

★ 了解微分方程的基本概念，会求 $y^{(n)} = f(x)$ 型方程、可分离变量的微分方程的解；

★ 会求一阶线性微分方程和一、二阶常系数线性微分方程的解；

★ 知道微分方程在电子技术中的应用；

★ 理解和掌握为实际问题而建立数学模型的方法.

2）素质目标

★ 通过对典型案例的探究，进一步了解微分方程建模的基本思想、方法及初步应用，基本掌握微分方程模型的建立过程，培养理论联系实际的能力；

★ 体会数学建模案例中隐含的哲学文化和思维方式，能够举一反三，开拓创新，善于将实际问题转化为数学问题.

2. 教学内容

★ 微分方程的基本概念；

★ $y^{(n)} = f(x)$ 型方程的求解；

★ 可分离变量的微分方程的求解；

★ 线性微分方程的解的结构；

★ 一阶线性微分方程的求解；

★ 常系数线性微分方程的求解；

★ 微分方程在电子技术中的应用.

3. 数学词汇

① 常微分方程—ordinary differential equation;

② 偏微分方程—partial differential equation;

③ 初始条件—initial condition,

④ 通解—general solution;

⑤ 线性的—linear;

⑥ 齐次的—homogenous.

8.1 微分方程模型

8.1.1 数学建模初步

微分方程是数学联系实际问题的重要渠道之一，将实际问题建立成微分方程模型最初并不是由数学家完成的，而是由化学家、生物学家和社会学家完成的. 数学建模过程如图 8-1 所示.

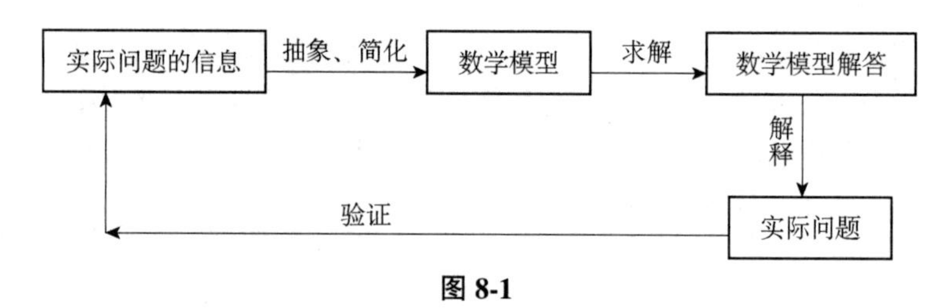

图 8-1

例 1 物体冷却过程的数学模型.

将某物体放置于空气中，在时刻 $t=0$ 时，测得它的温度为 $u_0=150$ ℃，10 分钟后测得温度为 $u_1=100$ ℃. 确定物体的温度与时间的关系，并计算 20 分钟后物体的温度. 假定空气的温度保持为 $u_a=24$ ℃.

解：设物体在时刻 t 的温度为 $u=u(t)$，由牛顿冷却定律可得

$$\frac{\mathrm{d}u}{\mathrm{d}t}=-k(u-u_a) \qquad (k>0,\ u>u_a)$$

这是关于未知函数 u 的一阶微分方程，利用微积分得

$$\frac{\mathrm{d}u}{u-u_a}=-k\mathrm{d}t$$

上式两边积分，得

$$\ln(u-u_a)=-kt+\widetilde{C} \qquad \widetilde{C}\text{ 为任意常数}$$

令 $\mathrm{e}^{\tilde{c}}=c$，进而 $u=u_a+C\mathrm{e}^{-kt}$.

根据初始条件，当 $t=0$ 时，$u=u_0$，得常数 $C=u_0-u_a$.

于是

$$u = u_a + (u_0 - u_a)e^{-kt}$$

再根据条件$t = 10$分钟，$u = u_1$，得到

$$u_1 = u_a + (u_0 - u_a)e^{-10k}$$

$$k = \frac{1}{10}\ln\frac{u_0 - u_a}{u_1 - u_a}$$

将$u_0 = 150$、$u_1 = 100$、$u_a = 24$代入上式，得到

$$k = \frac{1}{10}\ln\frac{150-24}{100-24} = \frac{1}{10}\ln 1.66 \approx 0.051.$$

从而，$u = 24 + 126e^{-0.051t}$.

当$t = 20$分钟时，物体的温度$u_2 \approx 70$ ℃，而且当$t \to +\infty$时，$u \to 24$ ℃.

经过一段时间后，物体的温度和空气的温度将会没有什么差别了. 事实上，经过2小时后，物体的温度已变为24℃，与空气的温度已相同. 刑事案件中，办案警察就是利用这一冷却过程的函数关系来判断死者死亡时间的.

例2　动力学问题.

物体由高空下落，除受重力作用外，还受到空气阻力的作用，空气的阻力可看作与速度的平方成正比，试确定物体下落过程所满足的关系式.

解： 设物体质量为m，空气阻力系数为k，又设在时刻t物体的下落速度为v，于是在时刻t物体所受外力的合力为$F = mg - kv^2$. 建立坐标系，取向下方向为正方向，根据牛顿第二定律得到关系式

$$m\frac{dv}{dt} = mg - kv^2$$

而且，满足初始条件$t = 0$时，$v = 0$.

从以上的论述可以看出，将实际问题转化为数学模型，正是许多科学研究和工程应用的理论根据. 以上只举出了常微分方程的一些简单的实例，其实在自然科学和人文科学的众多领域都存在大量的微分方程问题. 所以说，社会的生产实践是微分方程理论取之不尽的基本源泉. 此外，常微分方程与数学的其他分支的关系也是非常密切的，它们往往互相联系、互相促进. 例如，几何学就是常微分方程理论的丰富的源泉之一和有力工具. 考虑到常微分方程是一门与实际联系比较密切的数学基础课程，我们既应该注意它的实际背景与应用，又应该把重点放在应用数学方法研究微分方程本身的问题上. 因此，在学习中，不应该忽视实际例子及有关的习题，并从中注意培养解决实际问题的初步能力. 但是，按照课程的要求，我们要把主要精力集中到弄清常微分方程的一些基本理论和掌握各种类型方程的求解方法这两个方面，这是本课程的重点，也是我们解决实际问题的必要工具.

8.1.2　微分方程的概念

引例1 [Logistic方程]　逻辑斯谛（Logistic）方程是一种在许多领域都有着广泛应用的数学模型，下面我们借助树的增长来建立该模型.

一棵小树刚栽下去的时候长得比较慢，渐渐地，小树长高了而且长得越来越快，但长到某一高度后，它的生长速度趋于稳定，然后再慢慢降下来. 这一现象很具有普遍性. 现在我们来建立这种现象的数学模型.

如果假设树的生长速度与它目前的高度成正比，则显然不符合两头尤其是后期的生长情形，因为树不可能越长越快. 但如果假设树的生长速度正比于最大高度与目前高度的差，则又明显不符合中间一段的生长过程. 折中一下，我们假定它的生长速度既与目前的高度，又与最大高度与目前高度之差成正比.

设树生长的最大高度为 H（m），在 t（年）时的高度为 h（t），则有

$$\frac{\mathrm{d}h(t)}{\mathrm{d}t}=kh(t)[H-h(t)]$$

其中，k 是比例常数，且 $k>0$. 这个方程为 Logistic 方程，是一个含有一阶导数的方程.

引例 2 [串联回路模型] 由电阻器、电容器和电感器组合而成的串联回路，可抽象地表示为图 8-2 所示模型. 若 R 表示电阻器的阻值，C 表示电容器的容量，L 表示电感器的电感量，激励信号是电压源 $e(t)$，电流为 $i(t)$，则可建立如下数学模型：

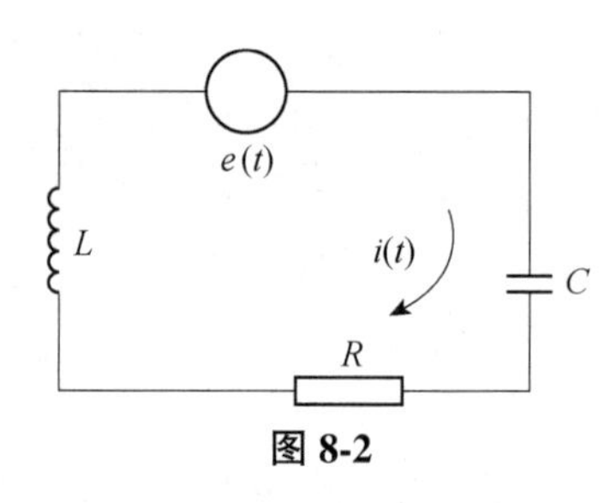

图 8-2

$$LC\frac{\mathrm{d}^2 i}{\mathrm{d}t^2}+RC\frac{\mathrm{d}i}{\mathrm{d}t}+i=C\frac{\mathrm{d}e}{\mathrm{d}t}$$

这是一个含有二阶导数的方程.

一般地，凡含有未知函数的导数（或微分）的方程称为**微分方程**. 未知函数是一元函数的微分方程称为**常微分方程**.

微分方程中所出现的未知函数导数的最高阶数称为微分方程的**阶**.

n 阶微分方程的一般形式为 $F(x,y,y',y'',\cdots,y^{(n)})=0$，其中 x 是自变量，y 是 x 的未知函数，$y,y',y'',\cdots,y^{(n)}$ 依次是未知函数的一阶、二阶、……、n 阶导数.

二阶及二阶以上的微分方程称为高阶微分方程.

如果函数 $y=f(x)$ 满足一个微分方程，则称它是该**微分方程的解**. 微分方程的解可以是显函数，也可以是由关系式 $F(x,y)=0$ 确定的隐函数. 如果微分方程的解中含有相互独立的任意常数，且常数的个数与微分方程的阶数相同时，这样的解称为**微分方程的通解**.

例如，$y=x^2+C$ 是方程 $y'=2x$ 的通解，$s=-0.2t^2+C_1t+C_2$ 是微分方程 $\frac{\mathrm{d}^2 s}{\mathrm{d}t^2}=-0.4$ 的通解.

用来确定通解中的任意常数的附加条件称为**初值条件**. 一阶微分方程的初值条件表示为 $y|_{x=x_0}=y_0$. 二阶微分方程的初值条件表示为 $y|_{x=x_0}=y_0$，$y'|_{x=x_0}=y_1$. 满足初值条件的微分方程的解称为微分方程的**特解**.

例如，$y=x^2$ 是微分方程 $y'=2x$ 满足初值条件 $y|_{x=0}=0$ 的特解.

例 3 验证函数 $y=C_1\mathrm{e}^{-x}+C_2\mathrm{e}^{-4x}$ 是微分方程 $y''+5y'+4y=0$ 的通解，并求满足初值条件 $y(0)=2$、$y'(0)=1$ 的特解.

解：先求出函数 $y=C_1\mathrm{e}^{-x}+C_2\mathrm{e}^{-4x}$ 的导数，

$$y'=-C_1\mathrm{e}^{-x}-4C_2\mathrm{e}^{-4x}\text{，}\quad y''=C_1\mathrm{e}^{-x}+16C_2\mathrm{e}^{-4x}$$

将 y'、y'' 代入原方程，得

$$C_1\mathrm{e}^{-x}+16C_2\mathrm{e}^{-4x}+5(-C_1\mathrm{e}^{-x}-4C_2\mathrm{e}^{-4x})+4(C_1\mathrm{e}^{-x}+C_2\mathrm{e}^{-4x})\equiv 0$$

即函数 $y=C_1\mathrm{e}^{-x}+C_2\mathrm{e}^{-4x}$ 满足原方程，所以说函数 $y=C_1\mathrm{e}^{-x}+C_2\mathrm{e}^{-4x}$ 是所给二阶微分方程的解，又因为该函数含有两个任意独立的常数，所以它是微分方程 $y''+5y'+4y=0$ 的通解.

将 $y(0)=2$ 和 $y'(0)=1$ 代入通解 $y=C_1\mathrm{e}^{-x}+C_2\mathrm{e}^{-4x}$，得

$$2=C_1+C_2\text{，}\quad 1=-C_1-4C_2\text{，}$$

解得 $C_1=3$，$C_2=-1$. 故所求微分方程的特解为

$$y=3\mathrm{e}^{-x}-\mathrm{e}^{-4x}$$

8.1.3 常见的几种微分方程

1. 可分离变量的微分方程

形如

$$\frac{\mathrm{d}y}{\mathrm{d}x}=f(x)g(y) \tag{8-1}$$

的微分方程称为**可分离变量的微分方程**. 其中，$f(x)$ 和 $g(y)$ 分别是连续函数，且 $g(y)\neq 0$.

例如，$\frac{\mathrm{d}y}{\mathrm{d}x}=-\frac{x}{y}$、$\frac{\mathrm{d}y}{\mathrm{d}x}=\mathrm{e}^{x+y}$、$\frac{\mathrm{d}y}{\mathrm{d}x}=\sin x\cos y$ 都是可分离变量的微分方程.

2. 一阶线性微分方程

形如

$$\frac{\mathrm{d}y}{\mathrm{d}x}+P(x)y=Q(x) \tag{8-2}$$

的微分方程称为**一阶线性微分方程**. “线性”是指方程中含有未知函数 y 和它的导数 y' 的项都是关于 y、y' 的一次项，$Q(x)$ 称为自由项.

当 $Q(x)\equiv 0$ 时，方程（8-2）称为**齐次**的；当 $Q(x)\neq 0$，方程（8-2）称为**非齐次**的.

例如，$y'+(\sin x)y=0$ 是一阶齐次线性微分方程；$y'-\frac{2}{x+1}y=(x+1)^3$ 是一阶非齐次线性微分方程.

3. 二阶常数齐次（非齐次）线性微分方程

形如

$$y''+py'+qy=f(x) \tag{8-3}$$

的微分方程称为二阶常系数线性微分方程，其中 p 和 q 为常数.

若 $f(x)\equiv 0$，则方程 $y''+py'+qy=0$ 称为**二阶常系数齐次线性微分方程**.

若 $f(x)\neq 0$，则方程 $y'+py'+qy=f(x)$ 称为**二阶常系数非齐次线性微分方程**.

例如，方程 $y''+y'+y=0$ 为二阶常系数齐次线性微分方程，方程 $y''+3y'+2y=xe^{-2x}$ 为二阶常系数非齐次线性微分方程.

8.2 微分方程的解

8.2.1 一阶微分方程求解

1. 可分离变量的微分方程

可分离变量的微分方程 $\dfrac{dy}{dx}=f(x)g(y)$ 的一般解法如下.

（1）分离变量：使微分方程的一边只含 y 的函数和 dy，另一边只含 x 的函数和 dx. 即 $\dfrac{dy}{g(y)}=f(x)dx$；

（2）对分离变量的方程两边积分：设函数 $y=\phi(x)$ 是方程 $\dfrac{dy}{dx}=f(x)g(y)$ 的解，则 $\dfrac{1}{g(y)}$ 是 x 的复合函数，于是 $\int\dfrac{dy}{g(y)}=\int f(x)dx$，得微分方程 $\dfrac{dy}{dx}=f(x)g(y)$ 的通解 $G(y)=F(x)+C$，其中，$G(y)$、$F(x)$ 分别是 $\dfrac{1}{g(y)}$ 和 $f(x)$ 的一个原函数.

例 4 求微分方程 $y'=-\dfrac{y}{x}$ 的通解.

解：分离变量，得 $\dfrac{dy}{y}=-\dfrac{dx}{x}$.

两边积分 $\int\dfrac{dy}{dx}=-\int\dfrac{dx}{x}$，得 $\ln|y|=-\ln|x|+C_1$，即 $|y|=e^{-\ln|x|+C_1}$，化简得 $|y|=e^{C_1}\left|\dfrac{1}{x}\right|$，$y=\pm e^{C_1}\dfrac{1}{x}$.

由于 $\pm e^{C_1}$ 仍是常数，可把它记为 C，则原方程的通解是

$$y=\frac{C}{x}，\ C\text{ 为任意常数.}$$

例 5 求微分方程 $xdx+ye^{-x}dy=0$ 的通解，并求当 $y|_{x=0}=1$ 时的特解.

解：将方程 $ye^{-x}dy=-xdx$ 分离变量得 $ydy=-xe^{x}dx$，两边积分得通解为

$$\frac{y^2}{2}=-xe^x+e^x+C，$$

将 $y|_{x=0}=1$ 代入上式，有 $\dfrac{1}{2}=1+C$，解得 $C=\dfrac{1}{2}$.

于是，原方程满足初始条件 $y|_{x=0}=1$ 的特解为 $y^2=2\mathrm{e}^x-2x\mathrm{e}^x+1$.

例 6 一条曲线经过点（0, 1），且该曲线上任意一点处切线的斜率为该点的横坐标加 1，求这条曲线的方程.

解：设所求曲线方程为 $y=y(x)$，由已知条件，有 $\frac{\mathrm{d}y}{\mathrm{d}x}=x+1$，分离变量并两边积分，得 $y=\frac{1}{2}x^2+x+C$，又已知曲线过（0, 1）点，代入得 $C=1$，从而

$$y=\frac{1}{2}x^2+x+1$$

即为所求曲线的方程. 而 $y=\frac{1}{2}x^2+x+1$ 对应的是一条过点（0, 1）点的曲线，称为微分方程的积分曲线. 将这条曲线沿 y 轴上、下平移 $|C|$ 个单位（C 为任意常数），得到的一组曲线称为微分方程的积分曲线簇.

2. 一阶线性微分方程

一阶线性微分方程方程

$$\frac{\mathrm{d}y}{\mathrm{d}x}+P(x)y=Q(x) \tag{8-4}$$

（1）令 $Q(x)=0$，得到与方程（8-4）对应的齐次方程

$$\frac{\mathrm{d}y}{\mathrm{d}x}+P(x)y=0 \tag{8-5}$$

方程（8-5）是可分离变量的，下面求它的通解.

分离变量 $$\frac{\mathrm{d}y}{y}=-P(x)\mathrm{d}x,$$

两边积分 $$\int\frac{\mathrm{d}y}{y}=-\int P(x)\mathrm{d}x,$$

得

$$\ln|y|=-\int P(x)+C_1\text{，或 } y=C\mathrm{e}^{-\int P(x)\mathrm{d}x}\quad(C=\pm\mathrm{e}^{C_1}) \tag{8-6}$$

（2）使用所谓的**常数变易法**求非齐次线性方程的通解. 这种方法是把方程（8-5）通解中的 C 换成 x 的未知函数 $C(x)$，即做变换

$$y=C(x)\mathrm{e}^{-\int P(x)\mathrm{d}x} \tag{8-7}$$

于是

$$\frac{\mathrm{d}y}{\mathrm{d}x}=C'(x)\mathrm{e}^{-\int P(x)\mathrm{d}x}-C(x)p(x)\mathrm{e}^{-\int P(x)\mathrm{d}x} \tag{8-8}$$

将式（8-7）和式（8-8）代入方程（8-4）得

$$C'(x)\mathrm{e}^{-\int P(x)\mathrm{d}x}-C(x)p(x)\mathrm{e}^{-\int P(x)\mathrm{d}x}+P(x)C(x)\mathrm{e}^{-\int P(x)\mathrm{d}x}=Q(x)$$

即 $$C'(x)\mathrm{e}^{-\int P(x)\mathrm{d}x}=Q(x)\text{，或 } C'(x)=Q(x)\mathrm{e}^{\int P(x)\mathrm{d}x}$$

两边积分，得

$$C(x)=\int Q(x)\mathrm{e}^{\int P(x)\mathrm{d}x}\mathrm{d}x+C.$$

将上式代入方程（8-4），便得非齐次线性微分方程的通解

$$y=\mathrm{e}^{-\int P(x)\mathrm{d}x}\left[\int Q(x)\mathrm{e}^{\int P(x)\mathrm{d}x}\mathrm{d}x+C\right] \tag{8-9}$$

式（8-9）也称**一阶非齐次线性微分方程的通解公式**. 将式（8-9）改写成两项之和

$$y=C\mathrm{e}^{-\int P(x)\mathrm{d}x}+\mathrm{e}^{-\int P(x)\mathrm{d}x}\int Q(x)\mathrm{e}^{\int P(x)\mathrm{d}x}\mathrm{d}x$$

上式右端第一项是对应的齐次线性微分方程（8-5）的通解，第二项是非齐次线性微分方程（8-4）的一个特解. 由此可知，一阶非齐次线性微分方程的通解等于对应的齐次方程的通解与非齐次方程的一个特解之和.

例 7 分别用式（8-7）和常数变易法求方程 $\frac{\mathrm{d}y}{\mathrm{d}x}-\frac{2}{x+1}y=(x+1)^3$ 的通解.

解：

（1）公式法. 它是一阶非齐次线性微分方程，有

$$P(x)=-\frac{2}{x+1}，\quad Q(x)=(x+1)^3$$

将它们代入式（8-9），得

$$y=\mathrm{e}^{\int\frac{2}{x+1}\mathrm{d}x}\left[\int(x+1)^3\mathrm{e}^{-\int\frac{2}{x+1}\mathrm{d}x}\mathrm{d}x+C\right]=\mathrm{e}^{2\ln|x+1|}\left[\int(x+1)^3\mathrm{e}^{-2\ln|x+1|}\mathrm{d}x+C\right]$$

$$=(x+1)^2\left[\int\frac{(x+1)^3}{(x+1)^2}\mathrm{d}x+C\right]=(x+1)^2\left[\frac{1}{2}(x+1)^2+C\right]$$

（2）常数变易法. 先求与原方程对应的齐次方程

$$\frac{\mathrm{d}y}{\mathrm{d}x}-\frac{2}{x+1}y=0$$

的通解. 用分离变量法，得到

$$\frac{1}{y}\mathrm{d}y=\frac{2}{x+1}\mathrm{d}x,$$

两边积分，得 $\ln|y|=2\ln|x+1|+C_1$，

$$y=C(1+x)^2\ （C=\pm\mathrm{e}^{C_1}）$$

用常数变易法将 C 换成 $C(x)$，即令

$$y=C(x)(1+x)^2,$$

有

$$\frac{\mathrm{d}y}{\mathrm{d}x}=C'(x)(1+x)^2+2C(x)(1+x).$$

将 y 及 $\frac{\mathrm{d}y}{\mathrm{d}x}$ 代入所给非齐次方程，有

$$C'(x)(1+x)^2+2C(x)(1+x)-\frac{2}{1+x}C(x)(1+x)^2=(1+x)^3,$$

化简，得 $C'(x)=1+x$，

两边积分，得 $$C(x)=\frac{1}{2}(1+x)^2+C,$$

再把上式代入 $y=C(x)(1+x)^2$，即得原方程的通解为

$$y=(1+x)^2\left[\frac{1}{2}(1+x)^2+C\right]$$

例 8 求方程 $x^2\mathrm{d}y+(2xy-x+1)\mathrm{d}x=0$ 满足初始条件 $y|_{x=1}=0$ 的特解.

解：先将方程变形为

$$\frac{\mathrm{d}y}{\mathrm{d}x}+\frac{2}{x}y=\frac{x-1}{x^2}$$

这是一阶非齐次线性微分方程，对应的齐次方程是

$$\frac{\mathrm{d}y}{\mathrm{d}x}+\frac{2}{x}y=0$$

用分离变量法求得它的通解为 $y=C\dfrac{1}{x^2}$.

用常数变易法，设非齐次方程的解为 $y=C(x)\dfrac{1}{x^2}$，

则 $$y'=C'(x)\frac{1}{x^2}-C(x)\frac{2}{x^3}.$$

把 y 和 y' 代入非齐次方程并化简，得 $C'(x)=x-1$，

两边积分，得 $$C(x)=\frac{1}{2}x^2-x+C.$$

因此，非齐次方程的通解为 $y=\dfrac{1}{2}-\dfrac{1}{x}+\dfrac{C}{x^2}$.

将初始条件 $y|_{x=1}=0$ 代入上式，得 $C=\dfrac{1}{2}$，故所求微分方程的特解为

$$y=\frac{1}{2}-\frac{1}{x}+\frac{1}{2x^2}$$

现将一阶微分方程的几种类型和解法归纳于表 8-1 中.

表 8-1

类型		方程	解法
可分离变量		$\frac{\mathrm{d}y}{\mathrm{d}x}=f(x)g(y)$	分离变量、两边积分
一阶线性	齐次	$\frac{\mathrm{d}y}{\mathrm{d}x}+P(x)y=0$	（1）分离变量、两边积分 （2）公式法：$y=C\mathrm{e}^{-\int P(x)\mathrm{d}x}$
	非齐次	$\frac{\mathrm{d}y}{\mathrm{d}x}+P(x)y=Q(x)$	（1）常数变易法 （2）公式法：$y=\mathrm{e}^{-\int P(x)\mathrm{d}x}\left[\int Q(x)\mathrm{e}^{\int P(x)\mathrm{d}x}\mathrm{d}x+C\right]$

8.2.2 二阶常系数齐次线性微分方程求解

定理 1 若函数 y_1、y_2 是二阶常系数齐次线性微分方程 $y''+py'+qy=0$ 的两个

解，则函数 $y=C_1y_1+C_2y_2$ 也是这个方程的解.其中，C_1和C_2 是任意常数.

例如，$y_1=\cos x$、$y_2=\sin x$ 是方程 $y''+y=0$ 的解，由定理 1，函数 $y=C_1\cos x+C_2\sin x$ 也是方程 $y''+y=0$ 的解，其中 C_1和C_2 是任意常数.

定义 设 y_1、y_2 是定义在区间 (a,b) 内的两个函数，若存在一个常数 C，使得对 (a,b) 内的一切 x 都有 $y_2=C\cdot y_1$ 成立，则称函数 y_1与y_2 在 (a,b) 内是**线性相关**的；否则称函数 y_1与y_2 在 (a,b) 内是**线性无关**的.

例 9 判断 x 和 $x\mathrm{e}^x$ 的线性相关性.

解：因为 $\dfrac{x\mathrm{e}^x}{x}=\mathrm{e}^x\neq C$（$C$ 为常数），所以，$x\mathrm{e}^x$ 与 x 线性无关.

同理可证明 $\sin x$与$\cos x$ 是两个线性无关的函数，而 $\sin 2x$ 与 $2\sin 2x$ 线性相关.

定理 2 若函数 y_1与y_2 是二阶常系数齐次线性微分方程 $y''+py'+qy=0$ 的两个线性无关的解，则

$$y=C_1y_1+C_2y_2 \tag{8-10}$$

是这个方程的通解，其中 C_1和C_2 为独立常数.

前文提到，一阶非齐次线性微分方程的通解由两个部分构成：一部分是对应的齐次方程的通解；另一部分是非齐次方程本身的一个特解. 以此类推二阶及更高阶的非齐次线性微分方程的通解也具有同样的结构.

定理 3 若函数 y^* 是二阶常系数非齐次线性微分方程

$$y''+py'+qy=f(x) \tag{8-11}$$

的一个特解.Y 是方程（8-11）所对应的齐次方程

$$y''+py'+qy=0 \tag{8-12}$$

的通解，那么 $y=Y+y^*$ 是方程（8-11）的通解.

例如，方程 $y''+y=x^2$ 对应的齐次方程 $y''+y=0$ 的通解为 $Y=C_1\cos x+C_2\sin x$，非齐次方程 $y''+y=x^2$ 的一个特解为 $y^*=x^2-2$，那么 $y=Y+y^*=C_1\cos x+C_2\sin x+x^2-2$ 就是非齐次线性微分方程 $y''+y=x^2$ 的通解.

在二阶常系数齐次线性微分方程（8-12）中，由于 p 和 q 均为常数，而指数函数 $y=\mathrm{e}^{rx}$ 与它的各阶导数都相差一个常数因子，因此，我们可以设想方程（8-12）具有 $y=\mathrm{e}^{rx}$ 形式的解，r 为待定常数.

将 $y=\mathrm{e}^{rx}$、$y'=r\mathrm{e}^{rx}$、$y''=r^2\mathrm{e}^{rx}$ 代入方程（8-12），得

$$\mathrm{e}^{rx}(r^2+pr+q)=0.$$

因为 $\mathrm{e}^{rx}\neq 0$，所以

$$r^2+pr+q=0, \tag{8-13}$$

其中，r^2 和 r 的系数及常数项是微分方程中 y''、y、y 的系数.只要 r 是方程（8-13）的根，则 e^{rx} 就一定是方程（8-12）的解. 因此，称方程（8-13）为方程（8-12）的特征方程. 特征方程（8-13）的根为特征根.所以求二阶常系数齐次线性微分方程（8-12）的解的问题，就归结为求它的特征方程（8-13）根的问题. 而特征方程（8-13）的根

分别是

$$r_{1,2}=\frac{-p\pm\sqrt{p^2-4q}}{2}$$

判别式$\Delta=p^2-4q$有三种情形，下面分别讨论.

① 当$\Delta>0$时，方程（8-13）有两个不相等的实根r_1和r_2，由$y=e^{rx}$得到方程（8-12）两个特解

$$y_1=e^{r_1x},y_2=e^{r_2x}$$

由于$r_1\neq r_2$，所以$\frac{y_1}{y_2}=e^{(r_1-r_2)x}\neq$常数，故$y_1$与$y_2$线性无关，因此，方程（8-12）的通解为

$$y=C_1e^{r_1x}+C_2e^{r_2x} \tag{8-14}$$

例 10　求方程$y''+2y'-3y=0$的通解.

解：特征方程为 $r^2+2r-3=0$，解得$r_1=1,r_2=-3$.

得到方程两个线性无关的解$y_1=e^x,y_2=e^{-3x}$.

于是，所求方程的通解为$y=C_1e^x+C_2e^{-3x}$.

② 当$\Delta=0$时，方程（8-13）有两个相等的实根$r_1=r_2=-\frac{p}{2}$，此时只得到方程（8-13）的一个特解$y_1=e^{r_1x}$，需再找一个与y_1线性无关的特解y_2，使$\frac{y_2}{y1}=u(x)\neq$常数.

例 11　求方程$y''-2y'+y=0$的通解.

解：特征方程为$r^2-2r+1=0$，解得$r_1=r_2=1$，故所求方程的通解为$y=(C_1+C_2x)e^x$.

③ $\Delta<0$时，方程（8-13）有一对共轭复数根$r_1=\alpha+i\beta,r_2=\alpha-i\beta$，得到方程（8-12）的两个复数解$y_1=e^{(\alpha+i\beta)x}$，$y_2=e^{(\alpha-i\beta)x}$.

为得到这两个解的实值函数形式，利用欧拉公式$e^{ix}=\cos x+i\sin x$，有

$$y_1=e^{(\alpha+i\beta)x}=e^{\alpha x}e^{i\beta x}=e^{\alpha x}(\cos\beta x+i\sin\beta x),$$
$$y_2=e^{(\alpha-i\beta)x}=e^{\alpha x}e^{-i\beta x}=e^{\alpha x}(\cos\beta x-i\sin\beta x).$$

根据定理 1,

$$\overline{y}_1=\frac{y_1+y_2}{2}=e^{\alpha x}\cos\beta x,\quad \overline{y}_2=\frac{y_1-y_2}{2i}=e^{\alpha x}\sin\beta x$$

仍是微分方程（8-12）的解，且$\frac{\overline{y}_1}{\overline{y}_2}=\frac{e^{\alpha x}\cos\beta x}{e^{\alpha x}\sin\beta x}=\cot\beta x$不是常数，即$\overline{y}_1$与$\overline{y}_2$线性无关，因此方程（8-12）的通解为

$$y=e^{\alpha x}(C_1\cos\beta x+C_2\sin\beta x) \tag{8-15}$$

例 12　求方程$y''+y'+y=0$的通解.

解：特征方程为$r^2+r+1=0$，解得$r_{1,2}=-\frac{1}{2}\pm\frac{\sqrt{3}}{2}i$，故所求方程的通解为

$$y=\mathrm{e}^{-\frac{1}{2}x}\left(C_1\cos\frac{\sqrt{3}}{2}x+C_2\sin\frac{\sqrt{3}}{2}x\right)$$

综上，求二阶常系数齐次线性微分方程 $y''+py'+qy=0$ 通解的步骤如下：

（1）写出微分方程的特征方程 $r^2+pr+q=0$；

（2）求出特征方程的特征根；

（3）根据特征根的三种不同情况，写出对应方程的通解.

特征方程的根与对应微分方程通解见表 8-2.

表 8-2

特征方程 $r^2+pr+q=0$ 的两个根 r_1、r_2	微分方程 $y''+py'+qy=0$ 的通解
两个不相等的实根 r_1，r_2 两个相等的实根 $r_1=r_2$ 一对共轭复根 $r_{1,2}=\alpha\pm\beta\mathrm{i}$	$y=c_1\mathrm{e}^{r_1x}+c_2\mathrm{e}^{r_2x}$ $y=(c_1+c_2x)\mathrm{e}^{r_1x}$ $y=\mathrm{e}^{\alpha x}(c_1\cos\beta x+c_2\sin\beta x)$

8.3 微分方程的应用

8.3.1 微分方程的实际应用

案例 1 [曲线的方程] 一曲线通过点 $(1,1)$，且曲线上任意点 $M(x,y)$ 处的切线与直线 OM 垂直，求此曲线的方程.

解： 设所求曲线方程为 $y=f(x)$，曲线在点 M 处切线的倾斜角为 α，直线 OM 的倾斜角为 β，根据导数的几何意义得切线的斜率为

$$\tan\alpha=\frac{\mathrm{d}y}{\mathrm{d}x},$$

又直线 OM 的斜率为 $\tan\beta=\dfrac{y}{x}$.由于切线与直线 OM 垂直，所以有微分方程：

$$\frac{\mathrm{d}y}{\mathrm{d}x}\cdot\frac{y}{x}=-1 \quad 或 \quad \frac{\mathrm{d}y}{\mathrm{d}x}=-\frac{x}{y}$$

案例 2 [混合溶液] 一容器盛盐水 100L，其中含盐 50g，现将浓度为 2g/L 的盐水流入容器内，其流速为 3L/min. 假使流入容器内的新盐水和原有盐水因搅拌而能在顷刻间成为均匀的溶液，此溶液又以 2L/min 的流速流出，求 30min 时容器中盐水的含盐量.

解： 设在时刻 t 时容器内盐水的含盐量为 $y=y(t)$. 因为每分钟流入 3L 溶液，且每 1L 溶液含盐 2g，所以在任一时刻 t 流入盐的速度为

$$v_1(t)=3\times2=6\ \mathrm{g/min}$$

同时，又以每分钟 2L 的速度流出溶液，故 t min 后溶液总量为 $[100+(3-2)t]$ L，

每 1L 溶液的含盐量为 $\frac{y}{100+t}$ g，因此排出盐的速度为

$$v_2(t)=\frac{2y}{100+t}\ \text{g/min}$$

所以，容器内含盐量的变化率为

$$\frac{\mathrm{d}y}{\mathrm{d}t}=v_1(t)-v_2(t)=6-\frac{2y}{100+t},$$

即有微分方程

$$\frac{\mathrm{d}y}{\mathrm{d}t}+\frac{2}{100+t}y=6,$$

且满足初始条件 $y|_{t=0}=50$.

这是一阶线性微分方程，其中

$$P(t)=\frac{2}{100+t},\quad Q(t)=6$$

利用公式法解方程，有

$$\begin{aligned}y&=\mathrm{e}^{-\int\frac{2}{100+t}\mathrm{d}t}\left[\int 6\cdot\mathrm{e}^{\int\frac{2}{100+t}\mathrm{d}t}\mathrm{d}t+C\right]=\mathrm{e}^{-2\ln(100+t)}\left[\int 6\mathrm{e}^{2\ln(100+t)}\mathrm{d}t+C\right]\\&=\frac{1}{(100+t)^2}\left[\int 6(100+t)^2\mathrm{d}t+C\right]=\frac{1}{(100+t)^2}\left[2(100+t)^3+C\right]\\&=2(100+t)+\frac{C}{(100+t)^2}.\end{aligned}$$

代入初始条件 $y|_{t=0}=50$，得

$$C=-100^2\times150.$$

所以，容器中盐水的含盐量与时刻 t 的函数关系为

$$y=2(100+t)-\frac{1500000}{(100+t)^2}.$$

将 $t=30$ 代入，求得在 30 min 时容器内盐水的含盐量为

$$y|_{t=30}=260-\frac{1500000}{130^2}\approx171\ \text{g}$$

根据实际问题建立微分方程模型并求出微分方程的解是数学应用的一个重要组成部分.

利用微分方程寻求实际问题中未知函数的一般步骤如下：

（1）分析问题，假设所求未知函数，找出变量间的关系，建立微分方程，并确定初值条件；

（2）求出微分方程的通解；

（3）根据初值条件确定通解中的任意常数，求出微分方程的特解.

8.3.2 微分方程模型举例

建立常微分方程模型，常用的方法有以下几种.

1）利用导数建立模型

事物都是变化的，变化就必然会有变化率，而导数就是变化率，因此，利用导数有可能建立起描述研究对象变化规律的微分方程模型.

例如，在考古学中，为了测定文物的年龄，可以考察其中的放射性物质（如镭、铀等），根据其裂变速度（变化率）与其存余量成正比，从而建立微分方程模型：

$$\frac{dR}{dt}=kR$$

2）利用问题中已知或隐含的等量关系建立模型

例如，与光学有关的问题，可能用入射角等于反射角来建立微分方程模型；与天文、气象有关的问题可能用等角轨迹线（切线相交成固定角的曲线）建立微分方程模型.

3）利用已知定律或公式建立模型

例如，与几何相关的问题可能用光滑曲线上点的切线斜率等于该点的导数建立模型，与力学有关的问题可能用牛顿第二运动定律建立模型，电路问题可能用基尔霍夫定律建立模型.

4）利用经典微分方程模型，在其他领域改进或直接套用其结果

例如，将 Malthus 模型和 Logistic 模型应用到经济、医学领域.

5）利用微元法建立模型

例如，利用微元法求旋转体的体积、变力做功、液体的静压力等.

案例 3 [醉酒驾车]　新的《机动车驾驶员驾车时血液中酒精含量规定》强制性地规定，血液中酒精含量大于或等于 1.0mg/mL 时驾驶机动车为醉酒驾车.有一起交通事故，在事故发生 3 小时后测得肇事司机血液中酒精含量为 0.62mg/mL，又过了 2 小时，测得肇事司机血液中酒精含量为 0.46mg/mL，试确定事故发生时肇事司机是否为醉酒驾车.

模型假设　人体血液中的酒精被吸收的速率与当时血液中的酒精含量成正比.

模型的建立　设 t 时刻人体血液中的酒精含量为 $x(t)$ （mg/mL）， $t=0$ 对应事故时刻，则由模型假设，有

$$\frac{dx}{dt}=-kx$$

其中，比例常数 $k>0$ ，且 $x(3)=0.62, x(5)=0.46$.

模型的求解　将其视为一阶线性微分方程，由通解公式得其通解为

$$x(t)=Ce^{-\int k dt}=Ce^{-kt}$$

由 $x(3)=0.62$， $x(5)=0.46$ ，得

$$Ce^{-3k}=0.62，\ Ce^{-5k}=0.46$$

解得

$$e^{-k}=\sqrt{0.46/0.62}=0.8614$$
$$C=0.62/(e^{-k})^3=0.62/0.8614^3=0.97$$

结果分析　肇事司机虽然近乎醉酒驾车，但从法律的角度，只能被认作是饮酒驾

车，只是罚单上的数额可能会比较大一些.

案例 4 [人口阻滞增长模型] 1837 年，荷兰生物学家 Verhulst 提出一个人口模型 $\frac{\mathrm{d}y}{\mathrm{d}t}=y(k-by), y(t_0)=y_0$，其中 k 和 b 的称为生命系数.

我们不详细讨论这个模型，只是应用它预测世界人口数的两个有趣的结果.

有生物学家估计 k 的自然值是 0.029. 利用 20 世纪 60 年代世界人口年平均增长率为 2%及 1965 年人口总数 33.4 亿这两个数据，计算得 $b=2$，从而估计得：

（1）世界人口总数将趋于极限 107.6 亿.

（2）到 2000 年时世界人口总数为 59.6 亿.

后一个数字很接近 2000 年时的实际人口数，世界人口在 1999 年刚进入 60 亿.

案例 5 [信息的传播] 当某种商品调价的通知下达时，有 10%的市民听到这一通知；2 小时以后，25%的市民知道了这一信息. 求 75%的市民知道了这一信息需要多少时间？

分析问题 信息传播内容可以是一则新闻、一条谣言或市场上某种新商品有关的信息，在初期，知道这一信息的人很少，但是随着时间的推移，知道的人越来越多，到一定时间，社会上大部分人都知道了这一信息. 这样的数量关系可以用逻辑斯蒂方程来描述.

模型假设 信息的传播速度既与目前的已知信息的人口比例 x，又与最大比例与目前比例之差成正比.

模型的建立 设 t 表示从信息产生算起的时间，x 表示已知信息的人口比例，则逻辑斯蒂方程变为

$$x=\frac{1}{1+B\mathrm{e}^{-bt}}$$

模型的求解 已知 $x(0)=10\%$，$x(2)=25\%$，把 $t=0$和$x=10\%$ 代入，得 $B=9$.

再把 $t=2$和$x=25\%$ 代入，得 $b=\frac{1}{2}\ln 3$.

当 $x=75\%$ 时，有

$$75\%=\frac{1}{1+9\mathrm{e}^{-\frac{t}{2}\ln 3}}$$

解的结果为 t=6.

结果分析 6 小时后，全市有 75%的人知道了这一信息.

综合训练 8

一、判断题

1. 任意微分方程都有通解.（　　）

2. 微分方程的通解中包含了它所有的解.（　　）

3. 函数 $y=3\sin x-4\cos x$ 是微分方程 $y''+y=0$ 的解.（　　）

4. 函数 $y=x^2\cdot e^x$ 是微分方程 $y''-2y'+y=0$ 的解.（　　）

5. $y'=\sin y$ 是一阶线性微分方程.（　　）

6. $y'=x^3y^3+xy$ 不是一阶线性微分方程.（　　）

7. $y''-2y'+5y=0$ 的特征方程为 $r^2-2r+5=0$.（　　）

8. $\frac{dy}{dx}=1+x+y^2+xy^2$ 是可分离变量的微分方程.（　　）

二、填空题

1. 设曲线 $y=f(x)$ 在点 (x,y) 处的切线斜率等于该点横坐标的 5 倍，则该曲线满足的微分方程为__________.

2. $y'''+\sin xy'-x=\cos x$ 的通解中应含__________个独立常数.

3. $y'=\frac{2y}{x}$ 的通解为__________.

4. $y''=e^{-2x}$ 的通解为__________.

5. $xy'''+2x^2y'^2+x^3y=x^4+1$ 是__________阶微分方程.

6. 微分方程 $y\cdot y''-(y')^6=0$ 是__________阶微分方程.

7. 微分方程 $(1+x^2)dy-\sqrt{1-y^2}dx=0$ 的通解为____________，满足初始条件 $y|_{x=0}=1$ 的特解为__________.

8. $\frac{dy}{dx}-\frac{2y}{x+1}=(x+1)^{\frac{5}{2}}$，其对应的齐次方程的通解为__________.

三、单项选择题

1. 下列方程是微分方程的是（　　）.

（A） $y\sin x+3\tan 2x=0$　　（B） $y=x^3+3x-5$

（C） $3y^2-y+2=0$　　（D） $\ln y dy=(x-y)dx$

2. 微分方程 $y'''-x^2y''-x^5=1$ 的通解中应含的独立常数的个数为（　　）.

（A）3　　（B）5　　（C）4　　（D）2

3. 下列函数中，（　　）是微分方程 $dy-2xdx=0$ 的解.

（A） $y=2x$　　（B） $y=x^2$　　（C） $y=-2x$　　（D） $y=-x$

4. $y=C_1e^x+C_2e^{-x}$ 是方程 $y''-y=0$ 的（　　），其中 C_1 和 C_2 为任意常数.

（A）通解　　（B）特解

（C）方程所有的解　　（D）上述都不对

5. 下列微分方程中，（　　）是二阶常系数齐次线性微分方程.

（A） $y''-2y=0$　　（B） $y''-xy'+3y^2=0$

（C） $5y''-4x=0$　　（D） $y''-2y'+1=0$

6. 过点 $(1,3)$ 且切线斜率为 $2x$ 的曲线方程 $y=y(x)$ 应满足的关系是（　　）.

（A）$y'=2x$　　（B）$y''=2x$

（C）$y'=2x$，$y(1)=3$　　（D）$y''=2x$，$y(1)=3$

四、解答题

1. 验证函数 $y=C\cdot e^{-3x}+e^{-2x}$（C 为任意常数）是方程 $\frac{dy}{dx}=e^{-2x}-3y$ 的通解，并求出满足初始条件 $y|_{x=0}=0$ 的特解.

2. 求一曲线方程，该曲线通过坐标原点，且它在点 (x,y) 处的切线的斜率等于 $3x+y$.

3. 一块甘薯被放于200℃的炉子内，其温度上升的规律用下面的微分方程表示：

$$\frac{dy}{dx}=-k(y-200)$$

其中，y 表示温度（单位：℃），x 表示时间（单位：min），k 为正整数.

（1）如果甘薯被放到炉子内时的温度为20℃，试求解上面的微分方程；

（2）根据30min后甘薯的温度达到120℃这一已知条件求出 k 的值.

4. 放射性物质镭的衰变速度与其当时的质量 M 成正比，大量实验测得，镭经过1600年，其质量只为开始时质量 $M(0)=M_0$ 的一半，试求镭的质量 $M(t)$ 与时间 t 的函数关系，并问经过200年所剩余下的镭有多少？

5. 已知物体在空气中冷却的速度与该物体同空气两者温度之差成正比.假设室温为20℃时，一物体由100℃冷却到60℃需用20min. 问经过多长时间可使此物体的温度从开始时的100℃降到30℃？

6. 水箱里有100L纯水，从 $t=0$ 时起，有每升含1g盐的盐水以1L/min的速度流入水箱中，同时混合水以同样的速度流出箱外，问何时箱内的盐量达到50g？

思政聚焦

数学思想的本质就是数学思维，数学思维并不空泛，每一道数学相关问题、应用都是它的载体. 本质上数学思维运用过程就是不断提出问题、解决问题的过程. 学习数学不只是知识层面的，在数学问题解决过程中理解和运用了数学概念、知识、法则、方法等，并发展了数学思维.

【数学家小故事】——伯努利家族

在17至18世纪的瑞士，有一个非常出名的家族，这就是伯努利家族. 这个家族中，众多父子兄弟都是科学家，其中有11位是数学家.

在先后出现的11位数学家中，雅各布·伯努利、约翰·伯努利两兄弟和丹尼尔·伯努利都非常出色，他们对数学界都做出了巨大的贡献.

雅各布·伯努利1654年12月27日生于瑞士巴塞尔，1705年8月16日卒于同地. 雅各布·伯努利出身于一个商人世家，他毕业于巴塞尔大学，1671年获艺术硕士学位，后来遵照父亲的意愿又取得神学硕士学位，但他却不顾父亲的反对，自学了数学和天文学.1687年，雅各布·伯努利成为巴塞尔大学的数学教授. 至逝世，他一直执掌着巴塞尔大学的数学教席. 雅各布·伯努利在数学上的贡献涉及微积分、微分方程、无穷级数求和、解析几何、概率论及变分法等领域.

约翰·伯努利是雅各布·伯努利的弟弟，比哥哥小13岁，1667年8月6日生于巴塞尔，1748年1月1日卒于巴塞尔，享年81岁，而哥哥只活了51岁.

约翰·伯努利于1685年18岁时获巴塞尔大学艺术硕士学位，这点同他的哥哥雅各布·伯努利一样. 他们的父亲老尼古拉要大儿子雅各布·伯努利学习法律，要小儿子约翰·伯努利从事家庭管理事务. 但约翰·伯努利在雅各布·伯努利的带领下进行反抗，去学习医学和古典文学. 约翰·伯努利于1690年获医学硕士学位，1694年又获得博士学位. 但他发现他骨子里的兴趣是数学. 他一直向雅各布·伯努利学习数学，并颇有造诣.

伯努利家族还有很多为科学发展做出过巨大贡献的人，星光闪耀的伯努利家族在整个世界科学界起着承前启后的作用，开辟了科学新时代，这个家族的存在也告诉我们，一个好的家庭环境、文化气氛的渲染可以培育出优秀的人才.

单元9 多元微积分基础

1. 教学目的

1）知识目标

★ 掌握多元函数的定义；

★ 了解多元函数及其偏导数的概念，会求二元函数的二阶偏导数；

★ 理解多元函数极值的必要条件，会用拉格朗日乘数法解多元条件极值问题.

★ 掌握多元函数微分法则、复合函数微分法则、隐函数求导法则；

★ 掌握二重积分的定义和计算；

★ 掌握二重积分在工业和工程中的相关应用.

2）素质目标

★ 现实生活中的函数，更多情形是多自变量的，将一元计算扩充至多元情形，不只是知识的拓广，也是生产和生活的需要，学会举一反三、拓展知识.

★ 学会用类比、图示、讨论等方式解决问题，培养坚韧不拔、坚持不懈的勇气，勇于克服困难，用所学知识解决更多实际问题，不断充实自己、挑战自我.

3）教学内容

★ 多元函数的定义；

★ 二元函数的偏导数、二阶偏导数；

★ 拉格朗日乘数法解多元条件极值问题；

★ 全增量与全微分；

★ 复合函数求导法则、隐函数求导法则；

★ 二重积分的计算；

★ 二重积分的应用.

3. 数学词汇

① 多元函数—multivariate function；

② 偏导数—partial derivative；

③ 条件极值—conditional extremum；

④ 重积分—multiple integral.

9.1 多元函数及偏导数的计算

9.1.1 多元函数的定义

引例 1 众所周知，矩形的面积＝长×宽. 若矩形的长为 x、宽为 y，则其面积

$$S = xy$$

就是 2 个自变量的函数.

引例 2 在中学数学里，已知

长方体的体积＝长×宽×高，

如果设长方体的长为 x、宽为 y、高为 z，那么长方体的体积

$$V = xyz$$

就是 3 个自变量的函数.

引例 3 设 20 人参与射击，若第 k 个人的成绩为 x_k 环，则其平均成绩

$$\bar{U} = \frac{1}{20}\left(x_1 + \cdots x_k + \cdots + x_{20}\right)$$

构成一个 20 个自变量的函数.

称 $V = xy$ 为二元函数、$V = xyz$ 为三元函数，从而引出 n 元函数的概念.

定义 1 如果对于变量 $x_1,\cdots,x_n$ 在 D 内的每一组取值，经关系 f，有确定的 u 值与之对应，则称 u 为 $x_1,\cdots,x_n$ 的函数，记为 $u = f\left(x_1,\cdots,x_n\right)$.

和一元函数相类似，定义 1 中的 D 也叫作函数的定义域. 例如，二元函数

$$z = \sqrt{1 - x^2 - y^2}$$

的定义域为 $x^2 + y^2 \leqslant 1$，这是一个由圆 $x^2 + y^2 = 1$ 所围成的圆形，不仅包括边界，也包含圆内的所有点（见图 9-1）.

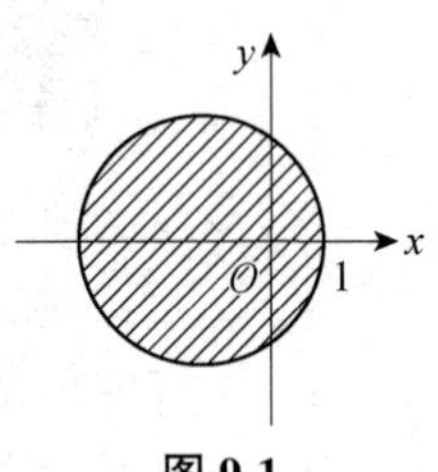

图 9-1

9.1.2 偏导数的计算

1. 二元函数的偏导数

设有二元函数 $z = f(x, y)$，让 y 固定不动，将 $f(x, y)$ 视为 x 的一元函数

$$g(x)=f(x,y),$$

若其导数存在，则称 $g'(x)$ 为 $z=f(x,y)$ 对 x 的偏导数，记为

$$\frac{\partial z}{\partial x} \text{ 或 } \frac{\partial f}{\partial x}.$$

类似地，让 x 固定不动，将 $f(x,y)$ 视为 y 的一元函数

$$h(y)=f(x,y),$$

若其导数存在，则称 $h'(y)$ 为 $z=f(x,y)$ 对 y 的偏导数，记为

$$\frac{\partial z}{\partial y} \text{ 或 } \frac{\partial f}{\partial y}.$$

为了简便，数学上也常采用脚标形式书写偏导数，即

$$\frac{\partial z}{\partial x}=z'_x,\ \frac{\partial z}{\partial y}=z'_y \text{ 或 } \frac{\partial f}{\partial x}=f'_x,\ \frac{\partial f}{\partial y}=f'_y.$$

总结上面论述，可得到偏导数的计算方法：

（1）求 $\frac{\partial f}{\partial x}$ 时，视 y 为常数，将 f 对 x 求导；

（2）求 $\frac{\partial f}{\partial y}$ 时，视 x 为常数，将 f 对 y 求导.

下面通过实例来了解偏导数的计算.

例 1 设 $z=x^4+y^4-4x^3y+2xy-3y$，求 $\frac{\partial z}{\partial x}$ 和 $\frac{\partial z}{\partial y}$.

解：视 y 为常数，对 x 求导得 $\frac{\partial z}{\partial x}=4x^3-12x^2y+2y$，

视 x 为常数，对 y 求导得 $\frac{\partial z}{\partial y}=4y^3-4x^3+2x-3$.

函数 $z=x^4+y^4-xy$ 中 x、y 互换时方程不变，这类函数常称为是关于 x、y 对称的函数，其偏导数

$$\frac{\partial z}{\partial x}=4x^3-y,\ \frac{\partial z}{\partial y}=4y^3-x,$$

不难看出，将 $\frac{\partial z}{\partial x}$ 中的字母 x、y 互换即可得到 $\frac{\partial z}{\partial y}$.

关于 x、y 对称的函数的偏导数计算通常都可利用上述方式进行简化.

例 2 设 $z=\ln\left(1+x^2+y^2\right)$，求 $\frac{\partial z}{\partial x}$ 和 $\frac{\partial z}{\partial y}$.

解：视 y 为常数，对 x 求导得

$$\frac{\partial z}{\partial x}=\frac{2x}{1+x^2+y^2},$$

注意：$z=\ln\left(1+x^2+y^2\right)$ 关于 x、y 对称，将 $\frac{\partial z}{\partial x}$ 中的 x、y 互换，得

$$\frac{\partial z}{\partial y}=\frac{2y}{1+y^2+x^2}.$$

例 3 设 $z=x^2y+xy^2-2x+1$，求 $z'_x(0,1)$ 和 $z'_y(0,1)$.

解： ∵ $z'_x=2xy+y^2-2$，$z'_y=x^2+2xy$

∴ $z'_x(0,1)=\left(2xy+y^2-2\right)\Big|_{\substack{x=0\\y=1}}=-1$，$z'_y(0,1)=\left(x^2+2xy\right)\Big|_{\substack{x=0\\y=1}}=0$.

与一元函数的导数计算不同的是，求 $z'_x(a,b)$ 时不仅可以视 y 为常数，而且可直接先取 $y=b$，从而

$$z'_x(a,b)=z'_x(x,b)\big|_{y=b}\text{；}$$

求 $z'_y(a,b)$ 时不仅可以视 x 为常数，而且可直接先取 $x=a$，从而

$$z'_y(a,b)=z'_y(a,y)\big|_{x=a}.$$

于是例 3 可以这样来计算：

（1）固定 $y=1$，有

$$z(x,1)=x^2-x+1\text{，}(z(x,1))'_x=2x-1\text{，}$$

从而 $z'_x(0,1)=(z(x,1))'_x\big|_{x=0}=-1$.

（2）固定 $x=0$，得

$$z(0,y)=1\text{，}(z(0,y))'_y=0\text{；}$$

从而 $z'_y(0,1)=(z(0,y))'_y\big|_{y=1}=0$.

2. 二阶偏导数的计算

引例 4 $z=x^2y+xy^2$ 的偏导数

$$z'_x=2xy+y^2\text{，}z'_y=x^2+2xy$$

仍然是 x 和 y 的函数，因此，可以继续求偏导数：

$$\left(z'_x\right)'_x=2y\text{，}\left(z'_x\right)'_y=2x+2y\text{；}$$

$$\left(z'_y\right)'_x=2x+2y\text{，}\left(z'_y\right)'_y=2x.$$

再继续求偏导，即引出高阶偏导数.

一般地，$z=f(x,y)$ 的一阶偏导数 z'_x 和 z'_y 仍然是 x 和 y 的函数，可在其基础上继续对 x 或 y 求偏导，为了简便，常引入下面记号：

$$\left(z'_x\right)'_x=z''_{xx}=\frac{\partial^2 z}{\partial x^2}\text{，}\left(z'_x\right)'_y=z''_{xy}=\frac{\partial^2 z}{\partial x\partial y}\text{，}$$

$$\left(z'_y\right)'_x=z''_{yx}=\frac{\partial^2 z}{\partial y\partial x}\text{，}\left(z'_y\right)'_y=z''_{yy}=\frac{\partial^2 z}{\partial y^2}.$$

并合称为 $z=f(x,y)$ 的二阶偏导数，其中 $\dfrac{\partial^2 z}{\partial x\partial y}$ 和 $\dfrac{\partial^2 z}{\partial y\partial x}$ 又称为二阶混合偏导数.

在引例 4 中，两个二阶混合偏导数相等. 一般当两个二阶混合偏导数连续时，有

$$\frac{\partial^2 z}{\partial x\partial y}=\frac{\partial^2 z}{\partial y\partial x}.$$

对 x 求 m 次偏导后再对 y 求 n 次偏导的 $m+n$ 阶偏导数常记为 $\dfrac{\partial^{m+n} f}{\partial^m x \partial^n y}$.

例 4 求 $z = xy + \mathrm{e}^x \cos y$ 的二阶偏导数.

解：先求一阶偏导数，

$$z'_x = y + \mathrm{e}^x \cos y\text{，}\quad z'_y = x - \mathrm{e}^x \sin y\text{；}$$

再继续求一次偏导数，得

$$\frac{\partial^2 z}{\partial x^2} = \left(z'_x\right)'_x = \mathrm{e}^x \cos y\text{，}\quad \frac{\partial^2 z}{\partial y^2} = \left(z'_y\right)'_y = -\mathrm{e}^x \cos y\text{，}$$

$$\frac{\partial^2 z}{\partial x \partial y} = \left(z'_x\right)'_y = 1 - \mathrm{e}^x \sin y = \frac{\partial^2 z}{\partial y \partial x}.$$

注意，$z = f(x,y)$ 在点 (a,b) 处的二阶偏导数的计算不能先固定 $x = a$ 或 $y = b$，必须先求出二阶偏导函数后再代入具体值.

例 5 求 $z = x^2 + y^2 + y\ln x$ 在点 $(1,0)$ 处的二阶偏导数.

解：先求一阶偏导数.

$$z'_x = 2x + \frac{y}{x}\text{，}\quad z'_y = 2y + \ln x\text{；}$$

再继续求一次偏导数，得

$$\frac{\partial^2 z}{\partial x^2} = \left(z'_x\right)'_x = 2 - \frac{y}{x^2}\text{，}\quad \frac{\partial^2 z}{\partial y^2} = \left(z'_x\right)'_y = 2\text{，}\quad \frac{\partial^2 z}{\partial x \partial y} = \left(z'_x\right)'_y = \frac{1}{x} = \frac{\partial^2 z}{\partial y \partial x}.$$

故

$$\left.\frac{\partial^2 z}{\partial x^2}\right|_{\substack{x=1\\y=0}} = 2\text{，}\quad \left.\frac{\partial^2 z}{\partial y^2}\right|_{\substack{x=1\\y=0}} = 2\text{，}\quad \left.\frac{\partial^2 z}{\partial x \partial y}\right|_{\substack{x=1\\y=0}} = 1 = \left.\frac{\partial^2 z}{\partial y \partial x y}\right|_{\substack{x=1\\y=0}}.$$

关于 x、y 对称的函数求二阶偏导时，也可利用 x、y 互换简便地得到计算结果.

例 6 求 $z = \ln\left(x^2 + y^2\right)$ 的二阶偏导数.

解：先求一阶偏导数，

$$z'_x = \frac{2x}{x^2 + y^2}\text{，}$$

再继续求一次偏导数，得

$$\frac{\partial^2 z}{\partial x^2} = \left(z'_x\right)'_x = \frac{2\left(y^2 - x^2\right)}{\left(x^2 + y^2\right)^2}\text{，}\quad \frac{\partial^2 z}{\partial x \partial y} = \left(z'_x\right)'_y = -\frac{4xy}{\left(x^2 + y^2\right)^2}\text{；}$$

注意：$z = \ln\left(x^2 + y^2\right)$ 关于 x、y 对称，将 z'_x、$\dfrac{\partial^2 z}{\partial x^2}$、$\dfrac{\partial^2 z}{\partial x \partial y}$ 中的 x 与 y 互换，得

$$z'_y = \frac{2y}{x^2 + y^2}\text{，}\quad \frac{\partial^2 z}{\partial y^2} = \frac{2\left(x^2 - y^2\right)}{\left(x^2 + y^2\right)^2}\text{，}\quad \frac{\partial^2 z}{\partial y \partial x y} = -\frac{4xy}{\left(x^2 + y^2\right)^2}.$$

3. 三元函数偏导数的计算

和二元函数偏导数的计算相类似，三元函数

$$u = f(x, y, z)$$

对某一变量求偏导时，另外的两个变量也都视为常数.

例 7　求 $u = x^2 + y^2 + z^2 - xyz$ 的二阶偏导数.

解：先求一阶偏导数，

$$u'_x = 2x - yz\text{，}\ u'_y = 2y - xz\text{，}\ u'_z = 2z - xy\text{；}$$

再求一次偏导数，得

$$\frac{\partial^2 u}{\partial x^2} = \left(u'_x\right)'_x = 2\text{，}\ \frac{\partial^2 u}{\partial x \partial y} = \left(u'_x\right)'_y = -z\text{，}\ \frac{\partial^2 u}{\partial x \partial z} = \left(u'_x\right)'_z = -y\text{；}$$

$$\frac{\partial^2 u}{\partial y^2} = \left(u'_y\right)'_y = 2\text{，}\ \frac{\partial^2 u}{\partial y \partial x} = \left(u'_y\right)'_x = -z\text{，}\ \frac{\partial^2 u}{\partial y \partial z} = \left(u'_y\right)'_z = -x\text{；}$$

$$\frac{\partial^2 u}{\partial z^2} = \left(u'_z\right)'_z = 2\text{，}\ \frac{\partial^2 u}{\partial z \partial x} = \left(u'_z\right)'_x = -y\text{，}\ \frac{\partial^2 u}{\partial z \partial y} = \left(u'_z\right)'_y = -x.$$

由例 7 不难看出，更多元的混合偏导也存在相等的特性.

9.1.3　条件极值

前文介绍过求一元函数的最值，例如，（1）求 $y = x^2$ 的最小值；

（2）求周长为 100m 的矩形的最大面积：前者无条件约束，其最值点需从 $y' = 0$ 的点中寻找；后者受周长为 100m 的条件约束，其目标函数是二元函数，但可由约束条件转化为一元函数，然后再从导数为 0 的点中寻找最值点.

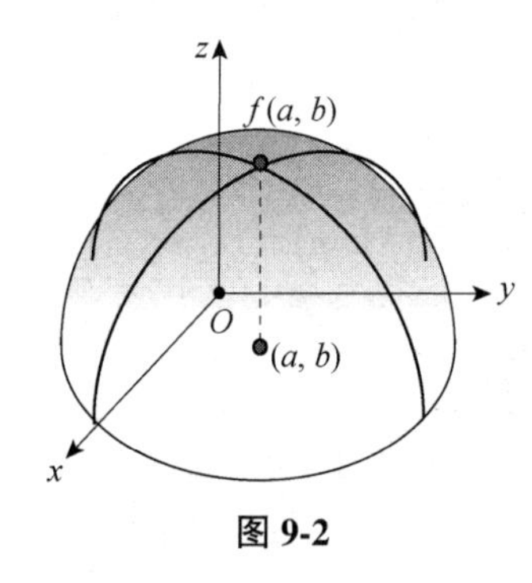

图 9-2

对于二元函数 $z = f(x, y)$，由图 9-2 不难看出，若 $f(a, b)$ 为极大值，则

$$g(x) = f(x, b) \quad 和 \quad h(y) = f(a, y)$$

分别在 $x = a$ 和 $y = b$ 取得极大值，进一步若导数存在，则根据一元函数极值的必要条件，有

$$g'(a) = 0\text{，}\ h'(b) = 0\text{，}$$

即 $f'_x(a, b) = f'_y(a, b) = 0$.

极小值情形也有相同的结论，于是可建立二元函数极值的必要条件.

定理 1　若 $f(x, y)$ 在点 (a, b) 处的偏导数存在，且 $f(a, b)$ 为极值，则

$$f'_x(a, b) = f'_y(a, b) = 0.$$

解多元函数的条件极值问题所用方法通常为拉格朗日（Lagrange）乘数法. 例如，求 $u = f\left(x_1, \cdots, x_n\right)$ 满足条件 $\varphi = 0$ 的最大值或最小值，计算方法如下：

（1）作辅助函数 $F = f + \lambda\varphi$（λ 为待定常数）；

（2）解方程组 $\begin{cases} \dfrac{\partial F}{\partial x_k} = 0 \\ \varphi = 0 \end{cases}$（$k = 1, \cdots, n$），求得驻点；

（3）计算驻点的函数值.

这种方法的缺点是不能直接判断是最大值还是最小值，不过根据经验，如果求得的是唯一驻点，那么该驻点的函数值便是所求的最大值或最小值.

下面通过具体例子来了解拉格朗日乘数法.

例 8 若矩形的周长为$2L$（L为常数），问矩形的长x和宽y各为多少时面积最大？

解：由矩形的周长为$2L$得约束条件

$$x+y=L,$$

问题要求面积的最大值，即目标函数为面积

$$S=xy.$$

下面采用拉格朗日乘数法：令$F=xy+\lambda(x+y-L)$，解方程组

$$\begin{cases}\dfrac{\partial F}{\partial x}=y+\lambda=0\\ \dfrac{\partial F}{\partial y}=x+\lambda=0\\ x+y=L\end{cases}$$

得$x=y=\dfrac{L}{2}$，即矩形的长和宽都为$\dfrac{L}{2}$时面积最大.

例 9 欲制作一个容积为8π的圆柱形开口容器，问底面半径r和高h为多少时，用材最省？

解：由圆柱形容器的容积为8π得约束条件：

$$\pi r^2h=8\pi,\ 即\ r^2h-8=0;$$

由用材最省，并注意到是开口容器，得目标函数，即表面积函数

$$S=\pi r^2+2\pi rh=\pi\left(r^2+2rh\right).$$

下面采用拉格朗日乘数法，注意S最小与$\dfrac{S}{\pi}$最小等价，因此，目标函数可以不带常系数π. 令

$$F=r^2+2rh+\lambda\left(r^2h-8\right),$$

解方程组：

$$\begin{cases}F_r'=2r+2h+\lambda\cdot 2rh=0 & (1)\\ F_h'=2r+\lambda\cdot r^2=0 & (2)\\ r^2h=8 & (3)\end{cases}$$

由式（2）得$\lambda r=-2$，代入式（1）得$r=h$.

再代入式（3）得$r=h=2$，即底面半径和高都为2时用材最省.

下面再来看三个变量的条件极值问题.

例 10 欲制作一个容积为216m^3的封闭长方体容器，问长、宽、高各为多少时，用材最省？

解：设长方体的长为x、宽为y、高为z，由长方体容积为216m^3得约束条件

$$xyz = 216;$$

由用材最省，并注意到是封闭容器，得目标函数，即表面积函数

$$S = 2xy + 2xz + 2yz.$$

下面采用拉格朗日乘数法，注意到 S 最小与 $\frac{S}{2}$ 最小等价，因此，目标函数可以不带常系数2．令

$$F = xy + xz + yz + \lambda(xyz - 216),$$

解方程组：

$$\begin{cases} F_x' = y + z + \lambda \cdot yz = 0 & (1) \\ F_y' = x + z + \lambda \cdot xz = 0 & (2) \\ F_z' = x + y + \lambda \cdot xy = 0 & (3) \\ xyz = 216 & (4) \end{cases}$$

式（1）乘以 x 、式（2）乘以 y 、式（3）乘以 z ，得

$$x(y+z) = y(x+z) = z(x+y) = -\lambda xyz,$$

从而 $x = y = z$ ，代入式（4），得

$$x = y = z = 6,$$

即长、宽、高均为 6m 时用材最省.

三元函数 $u = f(x, y, z)$ 具有两个约束条件：

$$\varphi(x, y, z) = 0, \quad \psi(x, y, z) = 0,$$

的最大值或最小值问题也可采用拉格朗日乘数法，具体解答步骤如下：

（1）作辅助函数 $F = f + \lambda\varphi + \mu\psi$ （ λ 、 μ 为待定常数）；

（2）解方程组 $\begin{cases} F_x' = 0 \\ F_y' = 0 \\ F_z' = 0 \\ \varphi = 0, \psi = 0 \end{cases}$ ，求得驻点；

（3）计算驻点的函数值.

9.2　多元函数微分法则

9.2.1　全增量与全微分

前文曾介绍过一元函数的微分法则，若函数 $y = f(x)$ 可导，则其增量

$$\Delta y = f(x + \Delta x) - f(x),$$

微分 $dy = f'(x)dx$ 、 $dy|_{x=x_0} = f'(x_0)dx$ ，其中对于自变量 x ，其增量 $\Delta x = dx$.

为了引出多元函数的全增量与全微分，先考察一个引例.

引例 5　设矩形的长为 x 、宽为 y ，若其长改变 Δx 、宽改变 Δy ，试讨论其面积

的改变值.

解：矩形的面积为

$$S = S(x, y) = xy,$$

当矩形的长 x 改变为 $x+\Delta x$、宽 y 改变为 $y+\Delta y$ 时，其面积的改变量

$$\Delta S = S(x+\Delta x, y+\Delta y) - S(x, y)$$
$$= (x+\Delta x)(y+\Delta y) - xy = y\Delta x + x\Delta y + \Delta x\Delta y.$$

当 Δx 与 Δy 同时趋向于 0 时，$\Delta x\Delta y$ 会“更快地”趋向于 0，因此 ΔS 主要依赖 $y\Delta x + x\Delta y$.

称

$$\Delta S = S(x+\Delta x, y+\Delta y) - S(x, y)$$

为面积 $S = S(x, y)$ 的全增量；称 $y\Delta x + x\Delta y$ 为 ΔS 的主部，也叫作面积函数

$$S = S(x, y) = xy$$

的全微分，并记为 $\mathrm{d}S$.

注意：$S'_x = y$，$S'_y = x$，若记 $\Delta x = \mathrm{d}x$、$\Delta y = \mathrm{d}y$，则

$$\mathrm{d}S = S'_x\Delta x + S'_y\Delta y = S'_x\mathrm{d}x + S'_y\mathrm{d}y.$$

一般地，对于多元函数 $u = f\left(x_1,\cdots,x_n\right)$，其全增量

$$\Delta u = f\left(x_1+\Delta x_1,\cdots,x_n+\Delta x_n\right) - f\left(x_1,\cdots,x_n\right);$$

全微分

$$\mathrm{d}u = f'_{x_1}\mathrm{d}x_1 + \cdots + f'_{x_n}\mathrm{d}x_n.$$

和一元函数相类似，如果是求 u 在某一点处的全微分，只需将该点代入 f 的各个偏导数中，求出值即可.

例 11　若 $z = x^2 + y^2 - xy$，求 $\mathrm{d}z$ 及 $\mathrm{d}z\big|_{\substack{x=1\\y=-1}}$.

解：先求一阶偏导数，

$$z'_x = 2x - y，\quad z'_y = 2y - x，$$

根据全微分的计算公式，得

$$\mathrm{d}z = z'_x\mathrm{d}x + z'_y\mathrm{d}y = (2x-y)\mathrm{d}x + (2y-x)\mathrm{d}y.$$

另一方面，将点 $(1,-1)$ 代入两个偏导数，得

$$z'_x(1,-1) = 3，\quad z'_y(1,-1) = -3，$$

故

$$\mathrm{d}z\big|_{\substack{x=1\\y=-1}} = 3\mathrm{d}x - 3\mathrm{d}y.$$

9.2.2　复合函数微分法则

一元复合函数

$$y = f(u)，\quad u = u(x)，$$

的变量之间的关系如图 9-3，其微分法则（也称为链式规则）为

$$y'_x = y'_u \cdot u'_x .$$

推广上述结果，考察二元复合函数

$$z = f(u,v), \quad u = u(x,y), \quad v = v(x,y),$$

其变量间的关系如图 9-4.

图 9-3　　**图 9-4**

类似地，由图 9-4 可得到其偏导数计算的链式规则：

$$z'_x = z'_u \cdot u'_x + z'_v \cdot v'_x, \quad z'_y = z'_u \cdot u'_y + z'_v \cdot v'_y .$$

计算方式如下：

（1）确定起始变量 z 到终端变量 x 或 y 的路径.

（2）依据下面规则进行转化.

① 箭头对应，$s \to t$ 对应 s'_t；

② 同一路径对应，$u \to v \to w$ 对应 $u'_v \cdot v'_w$，

（3）将每一路径上对应的关系式相加即为起始变量 z 对终端变量 x 或 y 的偏导数.

例 12　若 $z = uv$，$u = xy$，$v = x - y$，求 z'_x 和 z'_y.

解：直接复合出函数

$$z = xy(x-y) = x^2y - xy^2,$$

求偏导数，得

$$z'_x = 2xy - y^2, \quad z'_y = x^2 - 2xy .$$

例 13　若 $z = u\ln v$，$u = xy$，$v = x - y$，求 z'_y.

解：根据链式规则，得

$$z'_y = z'_u \cdot u'_y + z'_v \cdot v'_y,$$

注意：$z'_u = \ln v$，$z'_v = \dfrac{u}{v}$；$u'_y = x$，$v'_y = -1$. 故

$$z'_y = \ln v \cdot x + \frac{u}{v} \cdot (-1) = x\ln(x-y) - \frac{xy}{x-y} .$$

例 13 也可以直接复合出函数 $z = xy\ln(x-y)$ 进行求偏导计算，但其求导需用到一元复合函数的换元求导，不如上面的直接用公式计算简单、直接.

例 14　若 $z = \left(x^2 + y^2\right)^y$，求 z'_x 和 z'_y.

解：将 $z = \left(x^2 + y^2\right)^y$ 作如下分解.

$$z = u^v, \quad u = x^2 + y^2, \quad v = y,$$

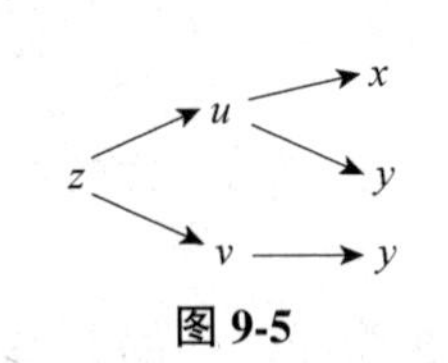

图 9-5

变量之间的关系如图 9-5 所示. 根据链式规则，得

$$z'_x = z'_u \cdot u'_x = vu^{v-1} \cdot 2x = \frac{2xy}{x^2+y^2}\left(x^2+y^2\right)^x,$$

$$z'_y = z'_u \cdot u'_y + z'_v \cdot v'_y = vu^{v-1} \cdot 2y + u^v \ln u \cdot 1$$

$$= \left(x^2+y^2\right)^x \left[\frac{2y^2}{x^2+y^2} + \ln\left(x^2+y^2\right)\right].$$

9.2.3 隐函数的求导法则

由单元 3 的内容可知，方程

$$F(x,y)=0$$

所确定的函数 $y=y(x)$ 称为隐函数，其求导方法为等式两边对 x 求导.

如果将 $F(x,y)$ 看作一个二元函数，并将其分解为

$$z=F(u,v), \quad u=x, \quad v=y(x),$$

变量之间的关系如图 9-6 所示. 根据多元链式规则，得

$$z'_x = z'_u \cdot u'_x + z'_v \cdot v'_x = F'_u \cdot 1 + F'_v \cdot y'(x),$$

注意：$F'_u = F'_x$，$F'_v = F'_y$，因此，对

$$z = F(x,y) = 0$$

两边对 x 求导，得 $z'_x = 0$，即 $F'_x \cdot 1 + F'_y \cdot y'(x) = 0$.

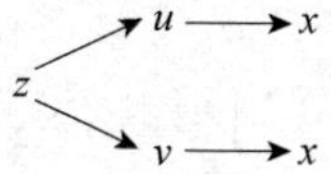

图 9-6

则方程 $F(x,y)=0$ 确定的函数 $y=y(x)$ 的导数为

$$y'(x) = -\frac{F'_x}{F'_y}.$$

例 15 若 $y=y(x)$ 由方程 $x^2+y^2-xe^y=x-2y+1$ 所确定，求 $y'(x)$.

解：令 $F=x^2+y^2-xe^y-x+2y-1$，则

$$F'_x = 2x-e^y-1, \quad F'_y = 2y-xe^y+2,$$

故

$$y'(x) = -\frac{F'_x}{F'_y} = -\frac{2x-e^y-1}{2y-xe^y+2}.$$

例 16 若 $y=y(x)$ 由方程 $2xy-\frac{x}{y}=2x-y+1$ 所确定，求 $y'(0)$.

解：注意 $x=0$ 时，由方程 $2xy-\frac{x}{y}=2x-y+1$ 解得 $y=1$. 令

$$F = 2xy - \frac{x}{y} - 2x + y - 1,$$

得 $F'_x = 2y-\frac{1}{y}-2$，$F'_y = 2x+\frac{x}{y^2}+1$，故

$$y'(x) = -\frac{F_x'}{F_y'} = -\frac{2y - \frac{1}{y} - 2}{2x + \frac{x}{y^2} + 1}, \quad y'(0) = 1.$$

更多元隐函数的偏导数计算，也可用上面方法类似处理.

例如，若 $z = z(x, y)$ 由方程

$$G(x, y, z) = 0$$

所确定，将 $G(x, y, z)$ 看作一个三元函数，并构建复合分解

$$S = G(u, v, w), \quad u = x, \quad v = y, \quad w = z(x, y),$$

变量之间的关系如图 9-7 所示. 根据链式规则，得

$$\begin{aligned} S_x' &= S_u' \cdot u_x' + S_v' \cdot v_x' + S_w' \cdot w_x' \\ &= G_u' \cdot 1 + G_v' \cdot 0 + G_w' \cdot z_x', \end{aligned}$$

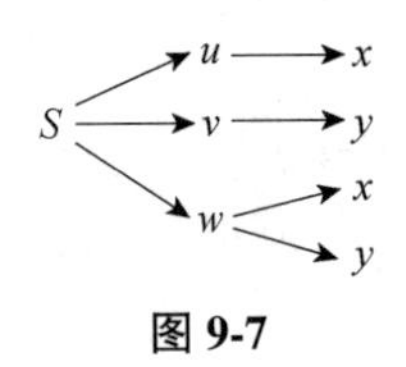

图 9-7

注意：$G_u' = G_x'$，$G_v' = G_y'$，$G_w' = G_z'$. 因此，对

$$S = G(u, v, w) = 0$$

两边对 x 求导，得 $S_x' = 0$，即 $z_x' = -\dfrac{G_x'}{G_z'}$.

同理，$z_y' = -\dfrac{G_y'}{G_z'}$.

总结上面讨论，有下面结果：

方程 $G(x, y, z) = 0$ 所确定的函数 $z = z(x, y)$ 的偏导数为

$$z_x' = -\frac{G_x'}{G_z'}, \quad z_y' = -\frac{G_y'}{G_z'}.$$

例 17 若 $z = z(x, y)$ 由方程 $x^2 + y^2 + z^2 = xyz + 1$ 所确定，求 z_x' 和 z_y'.

解：令 $G = x^2 + y^2 + z^2 - xyz - 1$，则

$$G_x' = 2x - yz, \quad G_y' = 2y - xz, \quad G_z' = 2z - xy,$$

故

$$z_x' = -\frac{G_x'}{G_z'} = -\frac{2x - yz}{2z - xy}, \quad z_y' = -\frac{G_y'}{G_z'} = -\frac{2y - xz}{2z - xy}.$$

隐函数偏导数的计算也可按方程两边同时对某个变量求导的方式进行.

例 18 若 $z = (x + 2y)^x$，求 z_x'.

解：两边取对数得 $\ln z = x \ln(x + 2y)$，然后方程两边对 x 求导，得

$$\frac{1}{z} z_x' = 1 \cdot \ln(x + 2y) + x \cdot \frac{1}{x + 2y},$$

即

$$z_x' = z\left(\ln(x + 2y) + \frac{x}{x + 2y}\right).$$

9.3 二重积分的计算与应用

9.3.1 平面区域的数学描述

讨论：若$a<b$，$c<d$，问直线$x=a$、$x=b$、$y=c$、$y=d$所围成的矩形区域D如何进行数学描述？

先画出图形（见图9-8），用几何方式直观描述.

此外，注意到x介于$x=a$和$x=b$之间，即$a\leqslant x\leqslant b$；y介于$y=c$和$y=d$之间，即$c\leqslant y\leqslant d$. 于是 D 可以用不等式表示为$\begin{cases}a\leqslant x\leqslant b\\c\leqslant y\leqslant d\end{cases}$. 借鉴上面的做法，一般 xOy 平面上的有界区域D，可以通过几何方式直观描述（见图9-9和图9-10）. 下面考察其不等式表示.

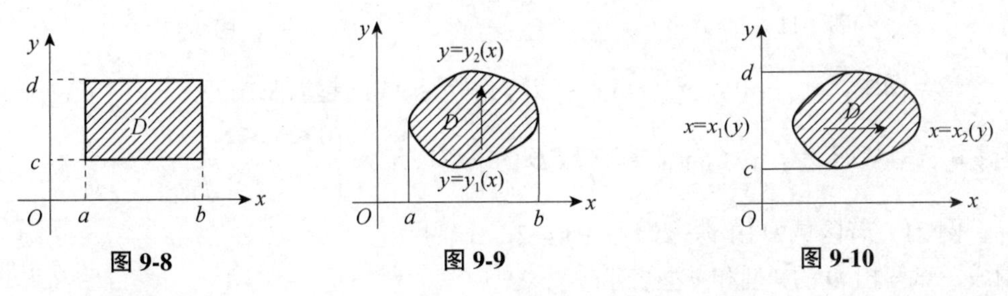

图9-8　　图9-9　　图9-10

（1）如图9-9所示，先找出D的最大x值$x_{\max}$和最小x值$x_{\min}$；再在D内画箭头线，找出箭头起端曲线的y值$y_1(x)$和终端曲线的y值$y_2(x)$. 则x介于$x_{\min}$和$x_{\max}$之间，y介于$y_1(x)$和$y_2(x)$之间，于是有$\begin{cases}x_{\min}\leqslant x\leqslant x_{\max}\\y_1(x)\leqslant y\leqslant y_2(x)\end{cases}$，称为$D$的$x$型表示.

（2）如图9-10所示，先找出D的最大y值$y_{\max}$和最小y值$y_{\min}$；再在D内画箭头线，找出箭头起端曲线的x值$x_1(y)$和终端曲线的x值$x_2(y)$. 则y介于$y_{\min}$和$y_{\max}$之间，x介于$x_1(y)$和$x_2(y)$之间，于是有$\begin{cases}y_{\min}\leqslant y\leqslant y_{\max}\\x_1(y)\leqslant x\leqslant x_2(y)\end{cases}$，称为$D$的$y$型表示.

（3）当箭头线的起端或终端在两条或两条以上的曲线上时，可分块进行表示.

下面通过具体例子来理解上述步骤.

例19　若区域D由$y=x^2$、$x=1$和x轴所围成，试写出D的x型和y型表示.

解： 区域D的平面图形如图9-11所示.

（1）图中，$x_{\min}=0$，$x_{\max}=1$；在D内画箭头线，起端曲线为x轴，即$y=0$，终端曲线为抛物线$y=x^2$，从而$0\leqslant y\leqslant x^2$，即区域$D$的$x$型表示为$\begin{cases}0\leqslant x\leqslant 1\\0\leqslant y\leqslant x^2\end{cases}$.

（2）图中，$y_{\min}=0$，$y_{\max}=1$；在D内画箭头线，起端曲线为$y=x^2$，即$x=\sqrt{y}$，

终端曲线为直线 $x=1$，从而 $\sqrt{y}\leqslant x\leqslant 1$，即区域 D 的 y 型表示为 $\begin{cases}0\leqslant y\leqslant 1\\ \sqrt{y}\leqslant x\leqslant 1\end{cases}$.

例 20 若区域 D 由 $y=x^2$、$x=y^2$ 所围成，试写出 D 的 x 型和 y 型表示.

解：区域 D 的平面图形如图 9-12 所示.

（1）图中，$x_{\min}=0$，$x_{\max}=1$；在 D 内画箭头线，起端曲线为 $y=x^2$，终端曲线为 $x=y^2$，从而 $x^2\leqslant y\leqslant\sqrt{x}$，即区域 D 的 x 型表示为 $\begin{cases}0\leqslant x\leqslant 1\\ x^2\leqslant y\leqslant\sqrt{x}\end{cases}$.

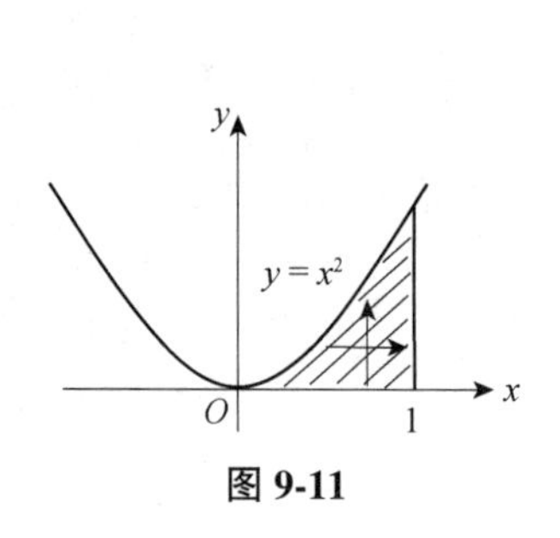

图 9-11

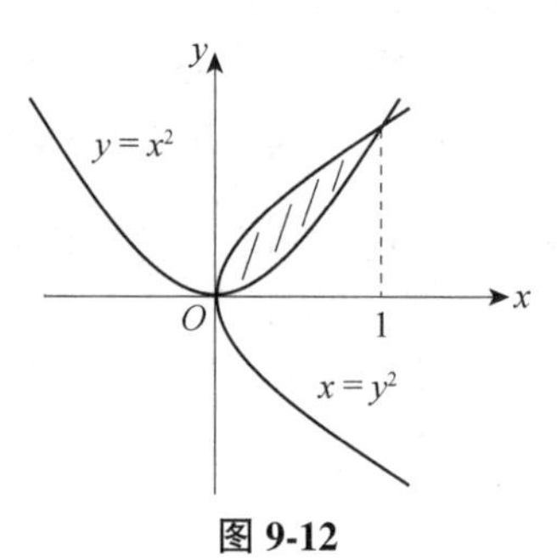

图 9-12

（2）图中，$y_{\min}=0$，$y_{\max}=1$；在 D 内画箭头线，起端曲线为 $x=y^2$，终端曲线为 $y=x^2$，从而 $y^2\leqslant x\leqslant\sqrt{y}$，即区域 D 的 y 型表示为 $\begin{cases}0\leqslant y\leqslant 1\\ y^2\leqslant x\leqslant\sqrt{y}\end{cases}$.

例 21 若区域 D 由 $y=x^2$、$x+y=2$、x 轴所围成，试写出 D 的 x 型和 y 型表示.

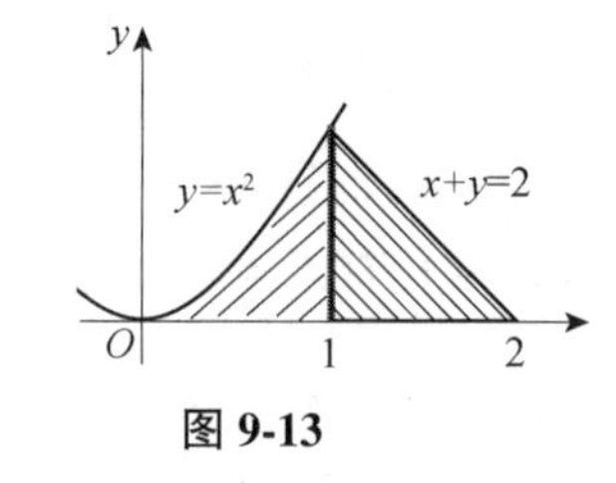

图 9-13

解：区域 D 的平面图形如图 9-13 所示.

（1）图中，$x_{\min}=0$，$x_{\max}=2$；在 D 内画箭头线，起端曲线为 x 轴，即 $y=0$，终端曲线为 $y=x^2$ 和 $x+y=2$. 因此，需以 $x=1$ 分块表示，即得 D 的 x 型表示为

$$\begin{cases}0\leqslant x\leqslant 1\\ 0\leqslant y\leqslant x^2\end{cases}+\begin{cases}1\leqslant x\leqslant 2\\ 0\leqslant y\leqslant 2-x\end{cases}.$$

（2）图中，$y_{\min}=0$，$y_{\max}=1$；在 D 内画箭头线，起端曲线为 $y=x^2$，终端曲线为 $x+y=2$，从而得 x 的取值范围为 $\sqrt{y}\leqslant x\leqslant 2-y$，即 D 的 y 型表示为

$$\begin{cases}0\leqslant y\leqslant 1\\ \sqrt{y}\leqslant x\leqslant 2-y\end{cases}.$$

9.3.2 二重积分的定义

引例 6（曲顶柱体的体积） 若 $f(x,y)$ 非负连续，如图 9-14 所示，求以曲面 $z=f(x,y)$ 为顶、以 $z=f(x,y)$ 在 xOy 平面上的垂直投影区域 D 为底的曲顶柱体的体

积V.

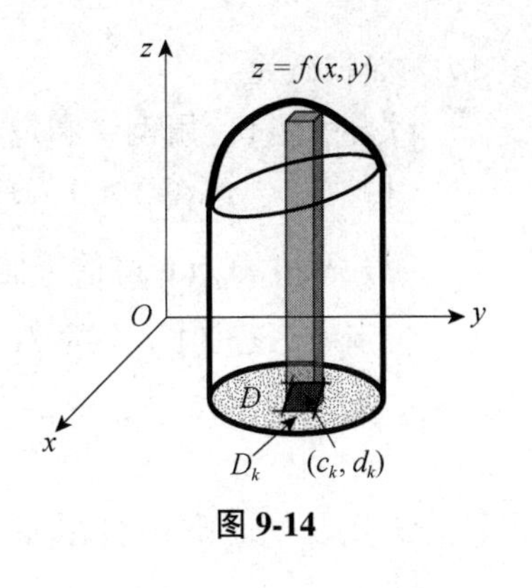

图 9-14

分析：由中学数学课程可知，平顶柱体的体积=底面积×高.

对于曲顶柱体，下面采用“分割、求和、取极限”的思想求其体积.

（1）将D分割成n个小区域D_1，…，D_n；

（2）当分割非常细的时候，D_k所对应的曲顶柱体可近似地视为平顶柱体. 假设D_k的面积为$\Delta\sigma_k$，任取一点$(c_k,d_k)\in D_k$，并以$f(c_k,d_k)$作为平顶柱体的高，则其体积$V_k\approx f(c_k,d_k)\Delta\sigma_k$，从而

$$V\approx\sum_{k=1}^{n}f(c_k,d_k)\Delta\sigma_k;$$

（3）令$\lambda=\max_{1\leqslant k\leqslant n}\lambda_k$，其中$\lambda_k$为$D_k$中任意两点间的最大距离，则

$$V=\lim_{\lambda\to 0}\sum_{k=1}^{n}f(c_k,d_k)\Delta\sigma_k.$$

引例7（平面薄片的质量） 如图9-15所示，若平面薄片所形成的区域D的面密度——单位面积上的质量为$\rho(x,y)$，求D的质量m.

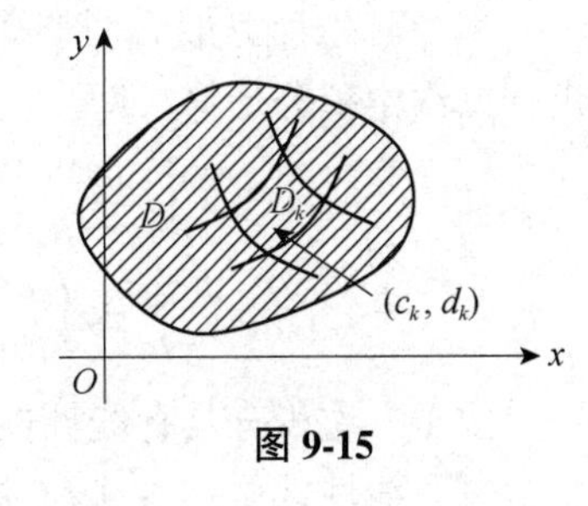

图 9-15

分析：由中学物理课程可知，

均匀薄片的质量=密度×面积.

对于非均匀薄片，下面采用“分割、求和、取极限”的思想求其质量.

（1）将D分割成n个小区域D_1，…，D_n；

（2）当分割非常细的时候，D_k所对应的薄片可近似地视为均匀薄片. 假设D_k的面积为$\Delta\sigma_k$，任取一点$(c_k,d_k)\in D_k$，并以$\rho(c_k,d_k)$作为D_k的密度，则其质量$m_k\approx\rho(c_k,d_k)\Delta\sigma_k$，从而

$$m\approx\sum_{k=1}^{n}\rho(c_k,d_k)\Delta\sigma_k;$$

（3）令$\lambda=\max_{1\leqslant k\leqslant n}\lambda_k$，其中$\lambda_k$为$D_k$中任意两点间的最大距离，则

$$m=\lim_{\lambda\to 0}\sum_{k=1}^{n}\rho(c_k,d_k)\Delta\sigma_k.$$

引例6和引例7，一个是几何问题，一个是物理问题，却都归结为相同结构的和式的极限，将这类问题抽象成数学概念便引出了二重积分.

定义2 称

$$\iint_D f(x,y)\mathrm{d}\sigma=\lim_{\lambda\to 0}\sum_{k=1}^{n}f(c_k,d_k)\Delta\sigma_k$$

为$z=f(x,y)$在区域D上的二重积分. 其中D叫作积分区域，$f(x,y)$叫作被积函数，

$d\sigma$ 为面积微元.

综合引例 6、引例 7 和定义 1，有

（1）以 $z = f(x,y) \geqslant 0$ 为顶、以区域 D 为底的曲顶柱体的体积 $V = \iint_D f(x,y)d\sigma$；

（2）密度为 $\rho(x,y)$ 的平面薄片 D 的质量 $m = \iint_D \rho(x,y)d\sigma$.

特别地，若（1）中的 $f(x,y)=1$，则 $V = D$ 的面积×1，从而有

$$区域D的面积 = \iint_D d\sigma.$$

9.3.3　二重积分的计算

若平面区域 D 具有下面表示：

（1）x 型 $\begin{cases} a \leqslant x \leqslant b \\ y_1(x) \leqslant y \leqslant y_2(x) \end{cases}$；（2）$y$ 型 $\begin{cases} c \leqslant y \leqslant d \\ x_1(y) \leqslant x \leqslant x_2(y) \end{cases}$.

则对于在包含边界的有界闭区域 $\bar{D}$ 上连续的函数 $f(x,y)$，有下面计算公式：

$$\iint_D f(x,y)d\sigma = \int_a^b dx\int_{y_1(x)}^{y_2(x)} f(x,y)dy = \int_c^d dy\int_{x_1(x)}^{x_2(x)} f(x,y)dx$$

积分时先计算最后面的那个定积分，然后将积分结果作为前一积分的被积函数进行二次定积分计算，即

$$\int_a^b dx\int_{y_1(x)}^{y_2(x)} f(x,y)dy = \int_a^b \left(\int_{y_1(x)}^{y_2(x)} f(x,y)dy\right)dx,$$

$$\int_c^d dy\int_{x_1(x)}^{x_2(x)} f(x,y)dx = \int_c^d \left(\int_{x_1(y)}^{x_2(y)} f(x,y)dx\right)dy.$$

由于二次积分具有线性性质和可加性，因此二重积分也具有下面性质.

（1）线性性质：$\iint_D (\alpha f + \beta g)\,d\sigma = \alpha\iint_D f d\sigma + \beta\iint_D g d\sigma$（$\alpha$ 与 β 为常数）.

（2）可加性：若 $D = D_1 + D_2$，且 $D_1 \cap D_2$ 的面积为 0，则 $\iint_D f d\sigma = \iint_{D_1} f d\sigma + \iint_{D_{12}} f d\sigma$.

例 22　计算 $\iint_D 2xyd\sigma$，其中 D 由 $y = x^2$、$x=1$ 和 x 轴所围成.

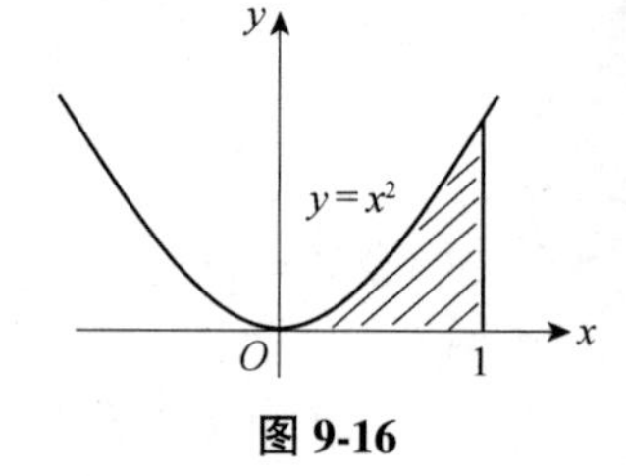

图 9-16

解：如图 9-16 所示，选择区域 D 的 x 型表示

$$\begin{cases} 0 \leqslant x \leqslant 1 \\ 0 \leqslant y \leqslant x^2 \end{cases}$$

于是重积分可化为二重积分：

$$\iint_D 2xyd\sigma = \int_0^1 dx\int_0^{x^2} 2xydy,$$

先计算后面的积分（其中 x 看作常数）：

$$\int_0^{x^2} 2xydy = x \cdot y^2\Big|_0^{x^2} = x^5,$$

将积分结果作为前一积分的被积函数，得

$$\iint_D 2xy\mathrm{d}\sigma = \int_0^1 x^5 \mathrm{d}x = \frac{1}{6}x^6\bigg|_0^1 = \frac{1}{6}.$$

例 23 计算 $\iint_D (\sqrt{x}+2y)\,\mathrm{d}\sigma$，其中 D 由 $y=x^2$，$x=y^2$ 所围成.

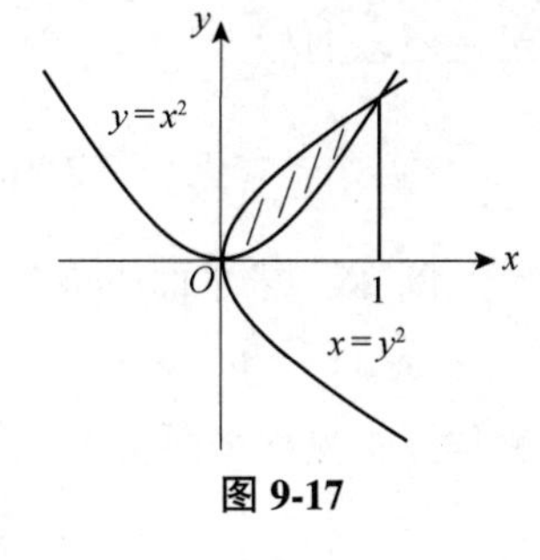

图 9-17

解：如图 9-17 所示，选择区域 D 的 x 型表示

$$\begin{cases} 0 \leqslant x \leqslant 1 \\ x^2 \leqslant y \leqslant \sqrt{x} \end{cases},$$

于是重积分可化为二重积分：

$$\iint_D (\sqrt{x}+2y)\,\mathrm{d}\sigma = \int_0^1 \mathrm{d}x \int_{x^2}^{\sqrt{x}} (\sqrt{x}+2y)\,\mathrm{d}y,$$

先计算后面的积分（其中 x 看作常数）：

$$\int_{x^2}^{\sqrt{x}} (\sqrt{x}+2y)\,\mathrm{d}y = \left(\sqrt{x}\cdot y + y^2\right)\bigg|_{x^2}^{\sqrt{x}} = 2x - x^{5/2} - x^4$$

将积分结果作为前一积分的被积函数，得

$$\iint_D (\sqrt{x}+2y)\,\mathrm{d}\sigma = \int_0^1 \left(2x - x^{5/2} - x^4\right)\mathrm{d}x = \frac{18}{35}.$$

例 24 计算 $\iint_D y\mathrm{d}\sigma$，其中 D 由 $y=x^2$、$x+y=2$、x 轴所围成.

解：如图 9-18 所示，注意区域 D 的 x 型表示需分块，故选择 y 型表示：

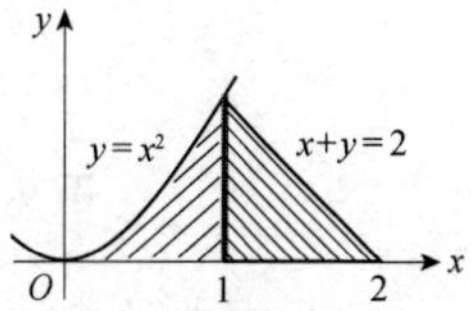

$$\begin{cases} 0 \leqslant y \leqslant 1 \\ \sqrt{y} \leqslant x \leqslant 2-y \end{cases},$$

图 9-18

于是重积分可化为二重积分：

$$\iint_D y\mathrm{d}\sigma = \int_0^1 \mathrm{d}y \int_{\sqrt{y}}^{2-y} y\mathrm{d}x,$$

先计算后面的积分（其中 y 看作常数）：

$$\int_{\sqrt{y}}^{2-y} y dx = y(2-y-\sqrt{y}) = 2y - y^2 - y^{3/2},$$

将积分结果作为前一积分的被积函数，得

$$\iint_D y\mathrm{d}\sigma = \int_0^1 \left(2y - y^2 - y^{3/2}\right)\mathrm{d}y = \left(y^2 - \frac{y^3}{3} - \frac{2}{5}y^{5/2}\right)\bigg|_0^1 = \frac{4}{15}.$$

9.3.4 二重积分的应用

下面仅讨论利用二重积分求面积、体积和质量.

例 25 求 $y=x$、$y=2x$、$y=2$ 所围图形的面积.

解：如图 9-19 所示，注意区域 D 的 x 型表示需分块，故选择 y 型表示：

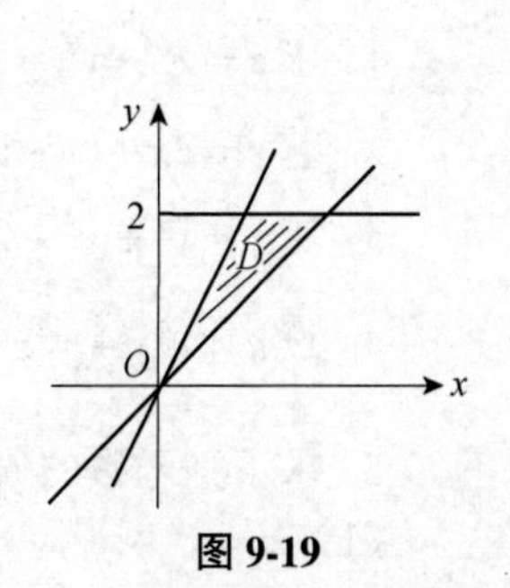

图 9-19

$$\begin{cases}0 \leqslant y \leqslant 2,\\ \dfrac{y}{2} \leqslant x \leqslant y.\end{cases}$$

于是所求面积为

$$A=\iint_D \mathrm{d}\sigma=\int_0^2 \mathrm{d}y\int_{\frac{y}{2}}^{y}\mathrm{d}x=\int_0^2 \frac{y}{2}\mathrm{d}y=\frac{1}{2}\cdot\frac{y^2}{2}\bigg|_0^2=1.$$

例 26 求平面 $2x+3y+z=6$ 与三个坐标平面所围立体的体积.

分析： 平面 $2x+3y+z=6$ 在三个坐标轴上的截距分别为 $x=3$、$y=2$、$z=6$，它与三个坐标平面所围立体是锥体，其体积可用体积计算公式得到.

$$V=\frac{1}{3}\times\frac{1}{2}\times3\times2\times6=6.$$

下面采用二重积分进行计算.

解： 先画出立体及其在 xOy 平面上的垂直投影图（见图 9-20 和图 9-21）.

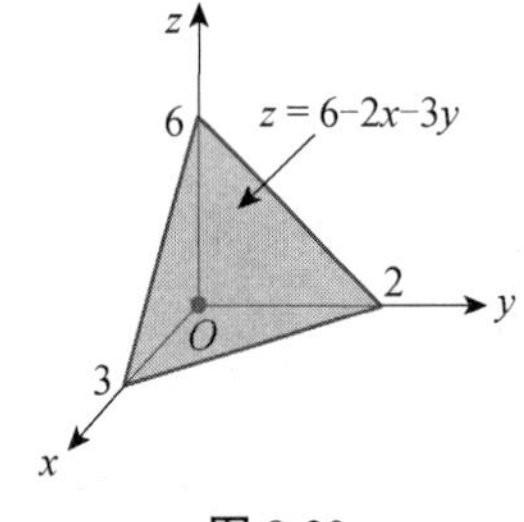

图 9-20

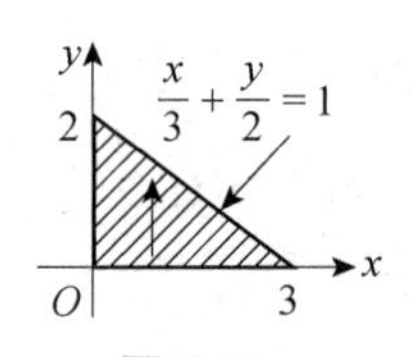

图 9-21

再根据曲顶柱体的体积计算公式进行计算，

$$V=\iint_D z\mathrm{d}\sigma=\iint_D(6-2x-3y)\mathrm{d}\sigma=\int_0^3\mathrm{d}x\int_0^{2\left(1-\frac{x}{3}\right)}(6-2x-3y)\mathrm{d}y$$

$$=\int_0^3\left((6-2x)y-\frac{3}{2}y^2\right)\bigg|_0^{2\left(1-\frac{x}{3}\right)}\mathrm{d}x=\frac{2}{3}\int_0^3(x-3)^2\mathrm{d}x=\frac{2}{9}(x-3)^3\bigg|_0^3=6.$$

综合训练 9

1. 求 $z=x^2+y^2-2xy+x-3y+1$ 在 $x=1$、$y=-1$ 时的偏导数.
2. 若 $z=2x+(y-1)\arctan\sqrt{x^2+y^2}$，求 $z'_x(0,1)$.
3. 求 $z=x^4+y^4-2x^2y$ 的二阶偏导数.
4. 设 $u=x^2y+y^2z+z^2x$，求 $\dfrac{\partial^3 u}{\partial x\partial y\partial z}$.
5. 求下列函数的偏导数.

（1）$z=x^2+y^2-xy$；　　（2）$z=x^2y+xy^2-2x+3y$.

6. 若$z=2xy+(y-1)\ln\sqrt{x^2+y^2}$，求$z'_x(0,1)$.

7. 求不列函数的二阶偏导数.

（1）$z=x^4+y^4-2xy$；（2）$z=x^2y-xy^2$.

8. 求$z=x^2+2y^2-xy$在$(x,y)=(0,1)$的二阶偏导数.

9. 设$u=x^2y+y^2z+z^2x$，求$\dfrac{\partial^3 u}{\partial x^2 \partial y}$.

10. 欲制作一个容积为16π的圆柱形罐头筒，问底半径r和高h各为多少时所用材料最省？

11. 欲制作一个底面为正方形、容积为108m^3的长方体开口容器，问底面边长和高各为多少时所用材料最省？

12. 若$z=u^2\ln v$，$u=xy$，$v=\dfrac{x}{y}$，求z'_x.

13. 求$z=x^2y+xy^2-2x+y+1$的全微分.

14. 计算$\iint_D (x+2y)\mathrm{d}\sigma$，其中$D$由$y=x^2$、$y=x$所围成.

15. 计算$\iint_D (2x+4y)\mathrm{d}\sigma$，其中$D$由$y=x^2$、$y=1$围成.

16. 计算$\iint_D 3x^2y\mathrm{d}\sigma$，其中$D$由$y=x^2$、$x+y=2$、$x$轴所围成.

思政聚焦

数学和哲学作为两门最古老的学科，二者一直都是相互渗透的. 从微积分的诞生到形成直至发展，都充分印证了唯物主义方法论，并且微积分传统的思想方法中所反映出的对立统一、量变与质变、否定之否定等思想也正是哲学中三大辩证法的体现.

【数学家小故事】——拉格朗日

拉格朗日（1736—1813），法国著名的数学家、力学家、天文学家，变分法的开拓者和分析力学的奠基人．他曾获得 18 世纪“欧洲最大之希望、欧洲最伟大的数学家”的赞誉．

拉格朗日出生在意大利的都灵．由于是长子，父亲一心想让他学习法律，然而拉格朗日对法律毫无兴趣，偏偏喜爱上文学．直到 16 岁时，拉格朗日仍十分偏爱文学，对数学尚未产生兴趣．16 岁那年，他偶然读到一篇介绍牛顿微积分的文章《论分析方法的优点》，使他对牛顿产生了无限崇拜和敬仰之情，于是他下决心要成为牛顿式的数学家．在进入都灵皇家炮兵学院学习后，拉格朗日开始有计划地自学数学．由于勤奋刻苦，他进步很快，尚未毕业就担任了该校的数学教学工作，20 岁时就被正式聘任为该校的数学副教授．从这一年起，拉格朗日开始研究“极大和极小”问题．他采用的是纯分析的方法．1758 年 8 月，拉格朗日把自己的研究方法写信告诉了欧拉，欧拉对此给予了极高的评价．从此，两位大师开始频繁通信，就在这一来一往中，诞生了数学的一个新的分支——变分法．

最值得一提的是，拉格朗日完成了自牛顿以后最伟大的经典著作——《论不定分析》．此书是他历经 37 个春秋书写成的，出版时，他已 50 多岁．在这部著作中，拉格朗日把宇宙谱写成由数字和方程组成的有节奏的旋律，把动力学发展到登峰造极的地步，并把固体力学和流体力学这两个分支统一起来．他利用变分原理，建立起了优美而和谐的力学体系，可以说，这是整个现代力学的基础．伟大的科学家哈密顿把这本巨著誉为“科学诗篇”．

单元 10 Fourier 级数

1. 教学目的

1）知识目标

★ 了解级数的概念、级数的收敛和发散；

★ 掌握 Fourier 级数和系数，能对简单问题作 Fourier 展开和进行分析.

2）素质目标

★ 体会从有限多个数的和到无穷多个数的和的变化过程，体验从低级到高级、从特殊到一般的认知规律，领悟辩证唯物主义思想.

★ 学会用类比、演示、推理等方式解决问题，培养坚韧不拔、坚持不懈的优良品质，勇于克服困难，用所学知识解决更多实际问题，不断充实自己、挑战自我.

★ 在解决类似的复杂的数学问题时，善于用“变量替换”的方法把复杂问题简单化，善于抓住事物内在的本质规律.

2. 教学内容

★ 级数；

★ Fourier 级数.

3. 数学词汇

① 级数—series；

② 求和—summation；

③ 收敛—convergence；

④ 发散—divergency.

10.1 级数

10.1.1 级数的定义

在中学阶段曾学习过数列，例如，

（1）等差数列：1，2，…，n，…；

（2）等比数列：1，r，…，r^{n-1}，….

一般，一串数$\{a_n\}$排成的一个列

$$a_1, \ a_2, \ \cdots, \ a_n, \ \cdots$$

叫作数列，a_n叫作数列的通项. 将数列的所有项相加后的式子

$$a_1+\cdots+a_n+\cdots=\sum_{n=1}^{+\infty}a_n$$

就叫作级数. 这样的无穷多个项相加，其和可能是有限值，也可能不是有限值，从而引出下面定义.

10.1.2 级数的敛散性

定义 1 设级数$\sum\limits_{n=1}^{+\infty}a_n$的前$n$项和$S_n=a_1+\cdots+a_n$，若

$$\lim_{n\to\infty}S_n=S<+\infty,$$

则称级数$\sum\limits_{n=1}^{+\infty}a_n$收敛于$S$，记为$\sum\limits_{n=1}^{+\infty}a_n=S$，否则就称级数$\sum\limits_{n=1}^{+\infty}a_n$发散.

例如，（1）等差数列$1+\cdots+n+\cdots$的前n项和

$$A_n=1+\cdots+n=\frac{n(n+1)}{2}\to+\infty \quad (n\to\infty),$$

所以该级数是发散的.

（2）等比数列$1+r+\cdots+r^{n-1}+\cdots$的前$n$项和

$$B_n=1+r+\cdots+r^{n-1}.$$

当$r=1$时，$B_n=n\to\infty$（$n\to\infty$）；当$r\neq1$时，$B_n=\dfrac{1-r^n}{1-r}$.

① $r=-1$时，因为$(-1)^n$始终在-1和1两点摆动，所以$\lim\limits_{n\to\infty}(-1)^n$不存在，从而$\lim\limits_{n\to\infty}B_n$不存在.

② $|r|>1$时，因为$\lim\limits_{n\to\infty}r^n=\infty$不存在，从而$\lim\limits_{n\to\infty}B_n$也不存在，

③ $|r|<1$时，因为$\lim\limits_{n\to\infty}r^n=0$，从而$\lim\limits_{n\to\infty}B_n=\dfrac{1}{1-r}$，即$\sum\limits_{n=0}^{+\infty}r^n$收敛于$\dfrac{1}{1-r}$.

综上所述，有下面结论成立：

（1）$|r|\geqslant 1$时，$\sum\limits_{n=0}^{+\infty}r^n$ 发散；

（2）$|r|<1$时，$\sum\limits_{n=0}^{+\infty}r^n=\dfrac{1}{1-r}$.

例 1 判断调和级数$\sum\limits_{n=1}^{+\infty}\dfrac{1}{n}$的敛散性.

解：注意$x>0$时有$e^x>1+x$，两边取对数，得

$$x>\ln(1+x).$$

令$x=\dfrac{1}{k}$（k为正整数），得

$$\frac{1}{k}>\ln\left(1+\frac{1}{k}\right)=\ln\frac{k+1}{k},$$

使$k=1$，2，…，n，得

$$\begin{aligned}S_n&=1+\frac{1}{2}+\frac{1}{3}+\cdots+\frac{1}{n}>\ln\frac{2}{1}+\ln\frac{3}{2}+\cdots+\ln\frac{n+1}{n}\\&=\ln\left(\frac{2}{1}\times\frac{3}{2}\times\cdots\times\frac{n+1}{n}\right),\end{aligned}$$

当$n\to\infty$时，有$\ln(n+1)\to+\infty$，从而$\lim\limits_{n\to\infty}S_n=+\infty$，故调和级数$\sum\limits_{n=1}^{+\infty}\dfrac{1}{n}$发散.

例 2 判断级数$\sum\limits_{n=1}^{+\infty}\dfrac{1}{n(n+1)}$的敛散性.

解：注意对于正整数k，有$\dfrac{1}{k(k+1)}=\dfrac{1}{k}-\dfrac{1}{k+1}$，从而

$$\begin{aligned}S_n&=\sum_{k=1}^{n}\frac{1}{k(k+1)}=\sum_{k=1}^{n}\left(\frac{1}{k}-\frac{1}{k+1}\right)\\&=\left(1-\frac{1}{2}\right)+\left(\frac{1}{2}-\frac{1}{3}\right)+\cdots+\left(\frac{1}{n}-\frac{1}{n+1}\right)=1-\frac{1}{n+1}.\end{aligned}$$

当$n\to\infty$时有$S_n\to 1$，从而$\sum\limits_{n=1}^{+\infty}\dfrac{1}{n(n+1)}=1$.

例 1 和例 2 一个是估值、一个是求和，一般级数$\sum\limits_{n=1}^{+\infty}a_n$由估值得到其敛散性都比较困难，更别说求和. 下面结论常用于判断级数的敛散性.

定理 1（级数收敛的必要条件） 若$\sum\limits_{n=1}^{\infty}a_n$收敛，则$\lim\limits_{n\to\infty}a_n=0$.

定理 1 的逆命题不成立. 例如，$\lim\limits_{n\to\infty}\dfrac{1}{n}=0$，而调和级数$\sum\limits_{n=1}^{+\infty}\dfrac{1}{n}$却发散.

例 3 判断下面级数的敛散性.

（1）$\sum_{n=1}^{+\infty}\sqrt{n}$；（2）$\sum_{n=1}^{+\infty}\frac{n+1}{n}$.

解：依据级数收敛的必要条件有

（1）因为 $\lim_{n\to\infty}\sqrt{n}=\infty\neq 0$，所以 $\sum_{n=1}^{+\infty}\sqrt{n}$ 发散.

（2）因为 $\lim_{n\to\infty}\frac{n+1}{n}=1\neq 0$，所以 $\sum_{n=1}^{+\infty}\frac{n+1}{n}$ 发散.

10.2 Fourier 级数

17 世纪，微积分诞生之后，级数作为一种工具对数学的发展也起到了巨大的推动作用. 18 世纪，稍微复杂一点的代数函数和超越函数展开成三角级数的工作已开始出现. 1822 年，法国数学家傅里叶（Fourier）出版了他的专著《热的解析理论》. 在书中傅里叶应用三角级数求解热传导方程，将前人在特殊情形下应用的三角级数方法发展成为了内容丰富的一般理论，导出了傅里叶积分，修正了函数的概念，指出任何周期函数都可以用正、余弦函数构成的无穷级数来表示，因而有限区间上的任一函数做周期延拓以后，也就都可以展开成为三角级数. 为了纪念傅里叶的伟大成就，后人将其所建立的三角级数称为傅里叶级数.

10.2.1 三角函数系的正交性

定理 2 三角函数序列

$$1,\ \sin x,\ \cos x,\ \cdots,\ \sin nx,\ \cos nx,\ \cdots$$

中，任何两个不同函数的乘积在区间 $[-\pi,\pi]$ 上的积分都为 0.

分析：先看 1 与 sin 和 cos 的正交性.

① $\int_{-\pi}^{\pi}1\cdot\sin nx\mathrm{d}x=0$（奇函数在对称区间上的积分为 0），

② $\int_{-\pi}^{\pi}1\cdot\cos nx\mathrm{d}x=\left.\frac{\sin nx}{n}\right|_{-\pi}^{\pi}=0$（$\sin n\pi=0$）；

再看 sin 与 cos 的正交性.

③ $\int_{-\pi}^{\pi}\cos mx\cdot\sin nx\mathrm{d}x=0$（奇函数在对称区间上的积分为 0）.

最后再探讨 sin 与 sin 及 cos 与 cos 的正交性，先建立恒等式

④ $2\sin mx\cdot\sin nx=\cos(m-n)x-\cos(m+n)x$；

⑤ $2\cos mx\cdot\cos nx=\sin(m-n)x+\sin(m+n)x$.

再由 1 与 sin 及 cos 的正交性，当 $m\neq n$ 时，即得

$$\int_{-\pi}^{\pi}\sin mx\cdot\sin nx\mathrm{d}x=0,\quad \int_{-\pi}^{\pi}\cos mx\cdot\cos nx\mathrm{d}x=0.$$

当 $m=n$ 时，同样由 1 与 cos 的正交性，有

$$\int_{-\pi}^{\pi}\sin^2 nx\mathrm{d}x=\frac{1}{2}\int_{-\pi}^{\pi}(1-\cos 2nx)\mathrm{d}x=\pi-\frac{1}{2}\int_{-\pi}^{\pi}1\cdot\cos 2nx\mathrm{d}x=\pi,$$

$$\int_{-\pi}^{\pi}\cos^2 nx\mathrm{d}x=\frac{1}{2}\int_{-\pi}^{\pi}(1+\cos 2nx)\mathrm{d}x=\pi+\frac{1}{2}\int_{-\pi}^{\pi}1\cdot\cos 2nx\mathrm{d}x=\pi,$$

结论：

$$\int_{-\pi}^{\pi}\sin^2 nx\mathrm{d}x=\int_{-\pi}^{\pi}\cos^2 nx\mathrm{d}x=\pi.$$

10.2.2 傅里叶系数和傅里叶级数

假设 $f(x)$ 可以展开成三角级数：

$$f(x)=\frac{a_0}{2}+\sum_{n=1}^{\infty}(a_n\cos nx+b_n\sin nx),\tag{10-1}$$

逐项积分，得

$$\int_{-\pi}^{\pi}f(x)\mathrm{d}x=\int_{-\pi}^{\pi}\frac{a_0}{2}\mathrm{d}x+\sum_{n=1}^{\infty}\left(a_n\int_{-\pi}^{\pi}1\cdot\cos nx\mathrm{d}x+b_n\int_{-\pi}^{\pi}1\cdot\sin nx\mathrm{d}x\right),$$

再根据定理 2 中 1 与 $\sin nx$ 和 $\cos nx$ 的正交性，得

$$\int_{-\pi}^{\pi}1\cdot\sin nx\mathrm{d}x=0,\quad\int_{-\pi}^{\pi}1\cdot\cos nx\mathrm{d}x=0,$$

从而

$$a_0=\frac{1}{\pi}\int_{-\pi}^{\pi}f(x)\mathrm{d}x.$$

将式（10-1）两边同乘以 $\sin mx$，得

$$f(x)\sin mx=\frac{a_0}{2}\sin mx+\sum_{n=1}^{\infty}(a_n\sin mx\cdot\cos nx+b_n\sin mx\cdot\sin nx),$$

然后逐项积分：

$$\int_{-\pi}^{\pi}f(x)\sin mx\mathrm{d}x=\frac{a_0}{2}\int_{-\pi}^{\pi}1\cdot\sin mx\mathrm{d}x$$
$$+\sum_{n=1}^{\infty}\left(a_n\int_{-\pi}^{\pi}\sin mx\cdot\cos nx\mathrm{d}x+b_n\int_{-\pi}^{\pi}\sin mx\cdot\sin nx\mathrm{d}x\right),$$

再根据定理 2 中的正交性知，在 Σ 中仅当 $n=m$ 的项不是 0，于是有

$$\int_{-\pi}^{\pi}f(x)\sin mx\mathrm{d}x=b_m\int_{-\pi}^{\pi}\sin^2 mx\mathrm{d}x=\pi b_m,$$

即，

$$b_m=\frac{1}{\pi}\int_{-\pi}^{\pi}f(x)\sin mx\mathrm{d}x.$$

将式（10-1）两边同乘以 $\cos mx$，类似可得

$$a_m=\frac{1}{\pi}\int_{-\pi}^{\pi}f(x)\cos mx\mathrm{d}x.$$

总结上面讨论，引出下面定义.

定义 2 设 n 为正整数，称系数

$$a_0=\frac{1}{\pi}\int_{-\pi}^{\pi}f(x)\mathrm{d}x,\quad a_n=\frac{1}{\pi}\int_{-\pi}^{\pi}f(x)\cos nx\mathrm{d}x,$$

$$b_n=\frac{1}{\pi}\int_{-\pi}^{\pi}f(x)\sin nx\mathrm{d}x$$

为 $f(x)$ 在 $[-\pi,\pi]$ 上的 Fourier 系数，级数

$$\frac{a_0}{2}+\sum_{n=1}^{\infty}\left(a_n\cos nx+b_n\sin nx\right)$$

为 $f(x)$ 在 $[-\pi,\pi]$ 上的 Fourier 级数.

10.2.3　函数在 $[-\pi,\pi]$ 上的傅里叶展开

函数的傅里叶展开指的是将函数展开成傅里叶级数，即

$$f(x)=\frac{a_0}{2}+\sum_{n=1}^{\infty}\left(a_n\cos nx+b_n\sin nx\right).$$

注意：右边是无穷多项的和，自然会涉及级数的收敛与发散. 是否对所有的 x 它都收敛于 $f(x)$ 呢？

定理 3 [狄利克雷（Dirichlet）收敛定理]　若 $f(x)$ 在 $[-\pi,\pi]$ 上除可能有有限个第一类间断点和极值点外处处连续，则其傅里叶级数在 $[-\pi,\pi]$ 上收敛，且在 $f(x)$ 的连续点 x 处

$$\frac{a_0}{2}+\sum_{n=1}^{\infty}\left(a_n\cos nx+b_n\sin nx\right)=f(x).$$

成立.

根据狄利克雷收敛定理，$f(x)$ 在其连续点处可以展开成傅里叶级数.

例 4　写出

$$f(x)=\begin{cases}-1 & -\pi\leqslant x<0\\ 1 & 0\leqslant x<\pi\end{cases}$$

的傅里叶级数的前 3 项.

解：如图 10-1 所示，不难看出，$f(x)$ 是奇函数. 根据奇、偶函数在对称区间上积分的性质得

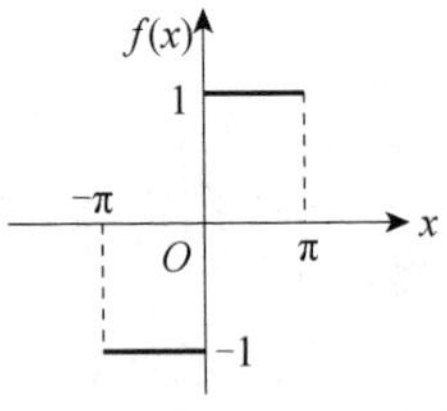

图 10-1

（1）$a_0=0$，$a_n=0$；

（2）$b_n=\frac{1}{\pi}\int_{-\pi}^{\pi}f(x)\sin nx\mathrm{d}x=\frac{2}{\pi}\int_0^{\pi}\sin nx\mathrm{d}x=-\frac{2}{n\pi}\cos nx\Big|_0^{\pi}=\frac{2}{n\pi}\left(1-(-1)^n\right)$.

即，

$$b_1=\frac{4}{\pi},\quad b_2=0,\quad b_3=\frac{4}{3\pi},\quad b_4=0,\quad b_5=\frac{4}{5\pi}.$$

注意到 $f(x)$ 在 $(-\pi,\pi)$ 内除 $x=0$ 外都连续，故有

$$f(x)=\frac{4}{\pi}\left(\sin x+\frac{1}{3}\sin 3x+\frac{1}{5}\sin 5x+\cdots\right)\ (-\pi<x<0\text{ 或 }0<x<\pi).$$

由例 4 不难看到，因为 $\sin nx\big|_{x=0}=0$，所以 $f(x)$ 的傅里叶级数在 $x=0$ 收敛于 0，而 $f(0)=1$，因此 $f(x)$ 在不连续的点 $x=0$ 处不能进行傅里叶展开.

此外，$f(x)$ 展开成傅里叶级数实际上是一种不同频率正弦波的叠加逼近. 例如，在例 4 中舍弃掉过于高频的噪声，可用三个正弦波叠加

$$\frac{4}{\pi}\left(\sin x+\frac{1}{3}\sin 3x+\frac{1}{5}\sin 5x\right)$$

去逼近矩形信号 $f(x)=\begin{cases}-1 & -\pi\leqslant x<0\\ 1 & 0\leqslant x<\pi\end{cases}$. 不同频率正弦波的叠加逼近效果如图 10-2 所示.

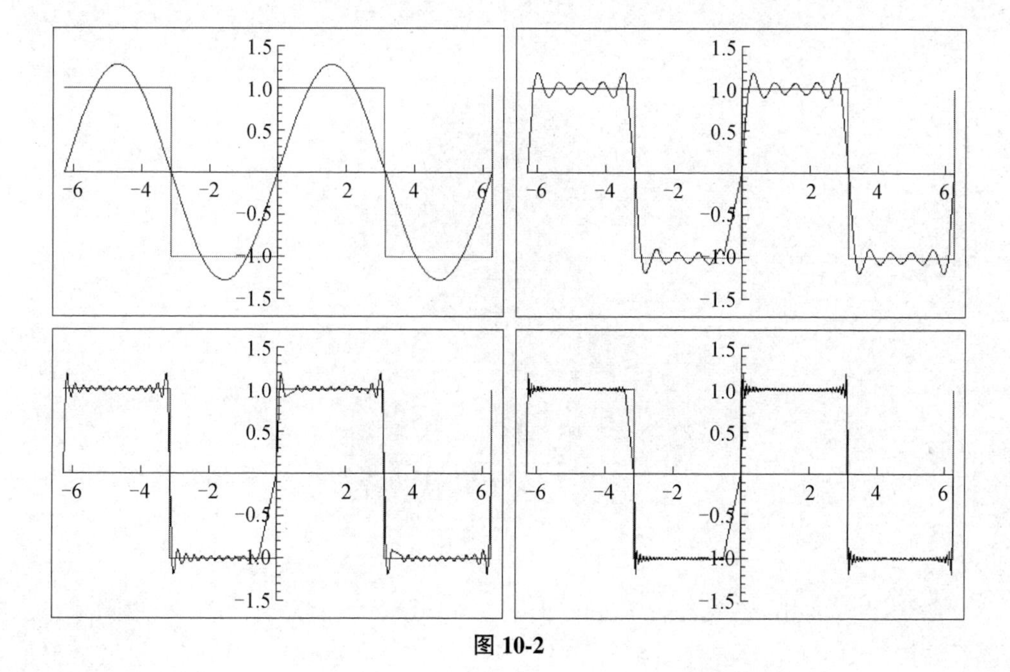

图 10-2

综合训练 10

1. 判断下面级数的敛散性.

（1）$\sum\limits_{n=1}^{+\infty}2^n$；　　（2）$\sum\limits_{n=1}^{+\infty}\frac{1}{3^n}$.

2. 判断下面级数的敛散性.

（1）$\sum\limits_{n=1}^{+\infty}\frac{1}{2^n}$；　　（2）$\sum\limits_{n=1}^{+\infty}\frac{1}{n}$

3. 写出 $f(x)=\begin{cases}0 & -\pi \leqslant x<0 \\ 1 & 0 \leqslant x<\pi\end{cases}$ 的傅里叶级数的前 3 项.

思政聚焦

人类必须用纯理智的思索，才能走进数学城堡的大门. 数学也是训练人抽象思维的最佳方式，所有的科学都需要依靠实验，只有数学不用实验证明，反而用来解析实验.

【数学家小故事】——傅里叶

傅里叶（JeanBaptiste Joseph Fourier，1768—1830），法国数学家、物理学家，法国科学院院士，提出傅里叶级数，并将其应用于热传导理论上. 1807 年，傅里叶向巴黎科学院呈交了《热的传播》论文. 在该论文中，他推导出著名的热传导方程，并在求解该方程时发现解函数可以由三角函数构成的级数形式表示，从而提出任一函数都可以展成三角函数的无穷级数. 傅里叶级数（三角级数）、傅里叶分析等理论均由此创立. 其他贡献有：最早使用定积分符号，改进了代数方程符号法则的证法和实根个数的判别法等. 傅里叶变换的基本思想首先由傅里叶提出，所以以其名字来命名以示纪念.

从现代数学的眼光来看，傅里叶变换是一种特殊的积分变换. 傅里叶变换能将满足一定条件的函数表示成三角函数（正弦和/或余弦函数）或者它们的积分的线性组合. 在不同的研究领域，傅里叶变换具有多种不同的变体形式，如连续傅里叶变换和离散傅里叶变换.

单元 11 积分变换

1. 教学目的

1）知识目标

★ 了解复数及其三角和指数表示，掌握复数的四则运算；

★ 掌握 Laplace 变换及其逆变换，能用它们解常微分方程.

2）素质目标

★ 体会从有限多个数的和到无穷多个数的和的变化过程，体验从低级到高级、从特殊到一般的认知规律，领悟辩证唯物主义思想.

★ 学会用类比、演示、推理等方式解决问题，用所学知识解决更多实际问题，在解决类似的复杂的数学问题时，善于用“变量替换”的方法把复杂问题简单化，善于抓住事物内在的本质规律.

2. 教学内容

★ 复数及其表示；

★ Laplace 变换；

★ Laplace 逆变换及其应用.

3. 数学词汇

① 复数—complex number；

② 变换—transform.

11.1 复数及其表示

复数最早出现在公元 1 世纪希腊数学家海伦研究的平顶金字塔不可能问题之中. 18 世纪末及 19 世纪与 20 世纪，由复数扩展建立的复变函数理论得到了长足的发展，并广泛应用于理论物理、弹性物理、天体力学、流体力学、电学等众多领域.

11.1.1 复数及其四则运算

在中学阶段曾学习过解代数方程. 例如，用求根公式解代数方程

$$x^2+2x+2=0,$$

可以得到 $x=\dfrac{-2\pm\sqrt{-4}}{2}$，但是在实数范围内，$\sqrt{-4}$ 是没有意义的.

为了使 $\sqrt{-4}$ 有意义，引入 $i=\sqrt{-1}$，于是就有

$$\sqrt{-4}=\sqrt{4\cdot(-1)}=2i,$$

从而方程 $x^2+2x+2=0$ 的根为 $x=-1\pm i$.

更进一步地，引入下面定义.

定义 1 设 a、b 为实数，称

（1）$i=\sqrt{-1}$ 为虚单位，bi（$b\neq 0$）为纯虚数；

（2）$z=a+bi$ 为复数，其中 a 叫作 z 的实部，b 叫作 z 的虚部，记为

$$a=\operatorname{Re} z,\quad b=\operatorname{Im} z;$$

（3）$z=a+bi=0$ 当且仅当 $a=b=0$.

注意，$i=\sqrt{-1}$ 是一个虚拟的数，因此复数也就不能像实数一样比较大小.

为了使复数能像实数一样进行四则运算，需用到下面等式：

$$i^2=-1,\quad i^3=i^2\cdot i=-i,\quad i^4=(i^2)^2=(-1)^2=1.$$

除此之外，还需用到合并同类项的知识，即将 i 看作一个字母，将 i 的倍数按合并同类项的方式进行计算. 于是便有

（1）$(1+2i)+(3+4i)=(1+3)+(2i+4i)=4+6i$；

（2）$(1+2i)-(3+4i)=(1-3)+(2i-4i)=-2-2i$；

（3）$(1+2i)\times(3+4i)=1\times(3+4i)+2i\times(3+4i)=3+4i+6i-8=-5+10i$.

对于除式，如 $\dfrac{1+2i}{3+4i}$，不能像前面一样直接用实部和虚部做除法运算，但注意形如 $a+bi$ 的分母如果再乘以一个 $a-bi$，那么就可以将分母化为 a^2+b^2. 例如，

$$\frac{1+2i}{3+4i}=\frac{(1+2i)\times(3-4i)}{(3+4i)\times(3-4i)}=\frac{11+2i}{3^2+4^2}=\frac{11}{25}+\frac{2}{25}i.$$

在上面的除法运算中，$3+4i$ 乘以 $3-4i$，为了运算方便，引入下面定义.

定义 2 设$z=a+bi$，称$\overline{z}=a-bi$为z的共轭复数，称$|z|=\sqrt{a^2+b^2}$为z的模.

由定义 2 易见$z\cdot\overline{z}=|z|^2$.

11.1.2 复数的三角和指数表示

由定义 1 不难看出，复数

$$z=x+y\mathrm{i}$$

由实数对x和y唯一确定. 如果分别以实部x和虚部y形成的数轴分别为横轴和竖轴，那么这两条坐标轴便构成一个平面，这样的平面称为复平面.

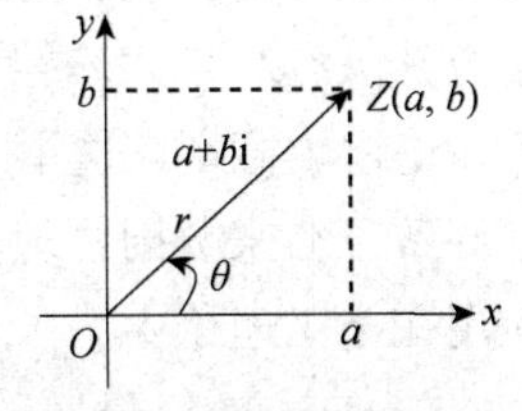

图 11-1 复数的几何表示

易见，复数$z=a+bi$与复平面上的点$Z(a,b)$一一对应. 如图 11-1 所示，当点$Z(a,b)$确定后，向量$\overrightarrow{OZ}$也就唯一确定，从而复数$z=a+bi$与复平面上的向量$\overrightarrow{OZ}$也一一对应. 因此，复数$z=a+bi$可以用复平面上的点$Z(a,b)$或向量$\overrightarrow{OZ}$进行几何表示.

复数$z=a+bi$的模为

$$r=\sqrt{a^2+b^2},$$

以正实轴为始边、OZ为终边的角称为z的辐角，记为$\operatorname{Arg} z$.

若$z\neq 0$，且幅角θ满足$0\leqslant\theta<2\pi$，则称θ为z的幅角主值，记为$\arg z$.

由图 11-1 易见

$$a=r\cos\theta，\ b=r\sin\theta；$$

$$\tan\theta=\frac{b}{a}，\ \operatorname{Arg}z=\arg z+2k\pi\left(k\text{为整数}\right).$$

于是复数$z=a+bi$可以表示为

$$z=r(\cos\theta+\mathrm{i}\sin\theta)$$

称为z的三角表示.

由复数$z=a+bi$的三角表示及欧拉公式$\mathrm{e}^{\mathrm{i}\theta}=\cos\theta+\mathrm{i}\cdot\sin\theta$，得

$$z=re^{\mathrm{i}\theta}$$

称为z的指数表示.

例 1 将复数$z=-\sqrt{12}-2\mathrm{i}$化为三角和指数形式.

解： z的模$r=\sqrt{(-\sqrt{12})^2+(-2)^2}=4$. 设其幅角主值为$\theta$，则

$$\tan\theta=\frac{-2}{-\sqrt{12}}=\frac{\sqrt{3}}{3}.$$

注意z对应的点$(-\sqrt{12},-2)$在第三象限，故$\theta=\frac{7\pi}{6}$，从而

$$z=4\left(\cos\frac{7\pi}{6}+\mathrm{i}\sin\frac{7\pi}{6}\right)=4\mathrm{e}^{\frac{7}{6}\pi\mathrm{i}}.$$

11.2 Laplace 变换

拉普拉斯（Pierre-Simon Laplace，1749—1827）是法国著名的数学家和天文学家，是天体力学的主要奠基人，是天体演化学的创立者之一，是分析概率论的创始人，也是应用数学的先驱. 他在研究天体力学和物理学的过程中，创造和发展了许多新的数学方法. 1812 年，拉普拉斯在《概率的分析理论》中总结了当时他对整个概率论的研究，论述了概率在选举、审判、调查、气象等方面的应用，引入了“拉普拉斯变换”，并导致了后来英国物理学家海维塞德（Oliver Heaviside，1850—1925）将微积分运算应用在电工理论中.

Laplace 变换最早用于解决电力工程计算中遇到的一些基本问题，后来逐渐地在电学、力学、控制工程等系统分析中得到了广泛的应用，是研究输入–输出描述的连续线性时不变系统（Continuous Linear Time Invariant System）的强有力工具.

11.2.1 Laplace 变换的定义

对于等比级数

$$\sum_{n=0}^{+\infty} r^n = \frac{1}{1-r} \quad (|r|<1),$$

用 x 替换 r，得

$$\sum_{n=0}^{+\infty} x^n = \frac{1}{1-x} \quad (|x|<1).$$

其中，x^n 是幂数形式，因此 $\sum\limits_{n=0}^{+\infty} x^n$ 是幂级数. 设一般幂级数 $\sum\limits_{n=0}^{+\infty} a(n)x^n$ 的和为 $A(x)$，即

$$\sum_{n=0}^{+\infty} a(n)x^n = A(x),$$

将其连续化，即 $n=0$，1，⋯变成 t，$0 \leqslant t < +\infty$，上述等比级数变为积分形式，有

$$\int_0^{+\infty} a(t)x^t \mathrm{d}t = A(x),$$

注意 $x = \mathrm{e}^{\ln x}$，让 $s = -\ln x$，得

$$A\left(\mathrm{e}^{-s}\right) = \int_0^{+\infty} a(t)\mathrm{e}^{-st}\mathrm{d}t,$$

从而引出拉普拉斯变换的定义.

定义 3 称 $F(s) = \int_0^{+\infty} f(t)\mathrm{e}^{-st}\mathrm{d}t$ 为 $f(t)$ 的 Laplace 变换，记为 $F(s) = L[f(t)]$.

不难看出，拉普拉斯变换实际上是一个算子，即 $f(t) \mapsto F(s)$.

例 2 求下面函数的 Laplace 变换.

（1）$f(t)=1$；（2）$g(t)=\mathrm{e}^{-at}$（a为常数）.

解：根据 Laplace 变换的定义，得

（1）$L[f(t)]=\int_0^{+\infty}1\cdot\mathrm{e}^{-st}\mathrm{d}t=-\frac{1}{s}\mathrm{e}^{-st}\Big|_0^{+\infty}=-\frac{1}{s}\left(\lim\limits_{t\to+\infty}\mathrm{e}^{-st}-1\right)$；

（2）$L[g(t)]=\int_0^{+\infty}\mathrm{e}^{-(s+a)t}\mathrm{d}t=-\frac{1}{s+a}\mathrm{e}^{-(s+a)t}\Big|_0^{+\infty}=-\frac{1}{s+a}\left(\lim\limits_{t\to+\infty}\mathrm{e}^{-(s+a)t}-1\right)$.

注意，$\mathrm{Re}(s)>0$ 时 $\lim\limits_{t\to+\infty}\mathrm{e}^{-st}=0$，$\mathrm{Re}(s+a)>0$ 时 $\lim\limits_{t\to+\infty}\mathrm{e}^{-(s+a)t}=0$. 因此

$$L[f(t)]=\frac{1}{s}\ (\mathrm{Re}(s)>0),\quad L[g(t)]=\frac{1}{s+a}\ (\mathrm{Re}(s+a)>0).$$

由例 2 可得出下面结论：

$$L[1]=\frac{1}{s}\ (\mathrm{Re}(s)>0);\quad L\left[\mathrm{e}^{-at}\right]=\frac{1}{s+a}\ (a\text{为常数},\ \mathrm{Re}(s+a)>0).$$

不难看出，并不是所有复数的 Laplace 变换都存在.

Laplace 变换存在定理　若 $f(t)$ 在 $[0,+\infty)$ 内满足下面条件：

（1）除可能有有限个第一类间断点外处处连续；

（2）存在常数 $M>0$ 和 $k\geqslant 0$，使得

$$|f(t)|\leqslant M\mathrm{e}^{kt}.$$

则 $f(t)$ 的 Laplace 变换 $F(s)$ 在半平面 $\mathrm{Re}(s)>k$ 上存在.

11.2.2　典型时间函数的 Laplace 变换

时间函数指的是以时间 t 为自变量的函数. 典型的时间函数有很多，如单位阶跃函数，

$$u(t)=\begin{cases}0 & t<0\\ 1 & t\geqslant 0\end{cases}.$$

例 3　设 $u(t)$ 为单位阶跃函数，a 为常数，求 $u(t)$ 和 $\mathrm{e}^{-at}u(t)$ 的 Laplace 变换.

解：根据 Laplace 变换的定义，得

$$L[u(t)]=\int_0^{+\infty}u(t)\mathrm{e}^{-st}\mathrm{d}t=\int_0^{+\infty}\mathrm{e}^{-st}\mathrm{d}t=-\frac{1}{s}\mathrm{e}^{-st}\Big|_0^{+\infty}=\frac{1}{s}\ (\mathrm{Re}(s)>0).$$

$$L\left[\mathrm{e}^{-at}u(t)\right]=\int_0^{+\infty}\mathrm{e}^{-at}u(t)\mathrm{e}^{-st}\mathrm{d}t=\int_0^{+\infty}\mathrm{e}^{-(s+a)t}\mathrm{d}t$$

$$=-\frac{1}{s+a}\mathrm{e}^{-(s+a)t}\Big|_0^{+\infty}=\frac{1}{s+a}\ (\mathrm{Re}(s+a)>0).$$

11.2.3　Laplace 变换的性质

总结上节例题可得出，有下面结果：

$$L[u(t)]=\frac{1}{s},\quad L\left[\mathrm{e}^{-at}u(t)\right]=\frac{1}{s+a}.$$

即若 $L[u(t)]=\frac{1}{s}=F(s)$，则

$$L\left[e^{-at}u(t)\right]=\frac{1}{s+a}=F(s+a).$$

性质 1（频移性质） 若 $L[f(t)]=F(s)$，则

$$L\left[e^{-at}f(t)\right]=F(s+a).$$

根据积分的线性性质，在广义积分收敛的公共域内不难得到 Laplace 变换的线性性质.

性质 2（线性性质） 若 $L[f(t)]=F(s)$，$L[g(t)]=G(s)$，则

$$L[\alpha f(t)+\beta g(t)]=\alpha F(s)+\beta G(s)\text{（}\alpha\text{和}\beta\text{为常数）}.$$

由性质 2 可得到下面结论：

若 ω为实常数，则当 $\mathrm{Re}(s)>0$ 时有

（1）$L[\sin\omega t]=\frac{\omega}{s^2+\omega^2}$；

（2）$L[\cos\omega t]=\frac{s}{s^2+\omega^2}$.

下面考察时域微分性质. 根据牛顿–莱布尼茨公式，得

$$\int_a^b (u\cdot v)'\mathrm{d}t=(u\cdot v)\Big|_a^b\text{，即}\int_a^b\left(u'\cdot v+u\cdot v'\right)\mathrm{d}t=(u\cdot v)\Big|_a^b,$$

于是有分部积分规则：

$$\int_a^b u'\cdot v\mathrm{d}t=(u\cdot v)\Big|_a^b-\int_a^b u\cdot v'\mathrm{d}t.$$

将定积分的分部积分规则推广至广义积分，可推得下面的性质.

性质 3（时域微分性质） 若 $L[f(t)]=F(s)$，则 $L\left[f'(t)\right]=sF(s)-f(0)$.

性质 3 的证明用到了保证广义积分收敛的条件

$$f(t)e^{-st}\Big|_{t=+\infty}=0,$$

一般工程计算时这样的条件总能满足，在此不再进行更深入细致的探讨.

让 $g(t)=f^{(n-1)}(t)$，则由性质 3，有

$$L\left[g'(t)\right]=sL[g(t)]-g(0),$$

即，

$$L\left[f^{(n)}(t)\right]=sL\left[f^{(n-1)}(t)\right]-f^{(n-1)}(0),$$

由此递推即可建立 Laplace 变换一般的时域微分性质结论.

若 $L[f(t)]=F(s)$，n 为正整数，则

（1）$L\left[f'(t)\right]=sF(s)-f(0)$，$L\left[f''(t)\right]=s^2F(s)-sf(0)-f'(0)$；

（2）$L\left[f^{(n)}(t)\right]=s^nF(s)-s^{n-1}f(0)-s^{n-2}f'(0)-\cdots-f^{(n-1)}(0)$.

根据上述结果，可得到下面结论：

若 n 为正整数，则 $L\left[t^n\right]=\frac{n!}{s^{n+1}}$.

利用时域微分性质，不难推得下面性质.

例4 设a为实常数，求$f(t)=t^2e^{-at}$数的Laplace变换.

解：由$L[e^{-at}]=\dfrac{1}{s+a}=F(s)$及频域微分性质，得

$$L[t^2e^{-at}]=(-1)^2F''(s),$$

注意，$F'(s)=-\dfrac{1}{(s+a)^2}$，$F''(s)=\dfrac{2}{(s+a)^3}$，故$L\left[t^2e^{-at}\right]=\dfrac{2}{(s+a)^3}$.

11.3 Laplace逆变换及其应用

11.3.1 Laplace逆变换及其线性性质

若$f(t)$的Laplace变换为$F(s)$，即

$$L[f(t)]=F(s)$$

则称$f(t)$为$F(s)$的Laplace逆变换，记为$f(t)=L^{-1}[F(s)]$.

若$L[f(t)]=F(s)$，$L[g(t)]=G(s)$，α和β为常数，则由Laplace变换的线性性质，有

$$L[\alpha f(t)+\beta g(t)]=\alpha F(s)+\beta G(s),$$

于是有

$$L^{-1}[\alpha F(s)+\beta G(s)]=\alpha f(t)+\beta g(t)=\alpha L^{-1}[F(s)]+\beta L^{-1}[\beta G(s)],$$

此即说明Laplace逆变换也具有线性性质.

例5 设a、b为不相等的常数，求下面Laplace变换的逆变换.

（1）$F(s)=\dfrac{1}{(s+a)(s+b)}$；（2）$G(s)=\dfrac{1}{(s+a)(s+b)^2}$.

解：由等式$\dfrac{1}{mn}=\dfrac{1}{m-n}\left(\dfrac{1}{n}-\dfrac{1}{m}\right)$（$mn\neq 0$、$m\neq n$），得

（1）$F(s)=\dfrac{1}{b-a}\left(\dfrac{1}{s+a}-\dfrac{1}{s+b}\right)$；

（2）
$$\begin{aligned}G(s)&=\frac{1}{(s+a)(s+b)}\cdot\frac{1}{s+b}=\frac{1}{b-a}\left(\frac{1}{s+a}-\frac{1}{s+b}\right)\cdot\frac{1}{s+b}\\&=\frac{1}{b-a}\cdot\frac{1}{(s+a)(s+b)}-\frac{1}{b-a}\cdot\frac{1}{(s+b)^2}\\&=\frac{1}{(b-a)^2}\left(\frac{1}{s+a}-\frac{1}{s+b}\right)-\frac{1}{b-a}\cdot\frac{1}{(s+b)^2}.\end{aligned}$$

将上述等式两边取Laplace逆变换，并由其线性性质，得

（1）$L^{-1}[F(s)]=\dfrac{1}{b-a}\left(L^{-1}\left[\dfrac{1}{s+a}\right]-L^{-1}\left[\dfrac{1}{s+b}\right]\right)$；

（2）$L^{-1}[G(s)]=\frac{1}{(b-a)^2}\left(L^{-1}\left[\frac{1}{s+a}\right]-L^{-1}\left[\frac{1}{s+b}\right]\right)-\frac{1}{b-a}L^{-1}\left[\frac{1}{(s+b)^2}\right]$.

再根据 $L[\mathrm{e}^{-at}]=\frac{1}{s+a}$ 和 $L[t\mathrm{e}^{-at}]=\frac{1}{(s+a)^2}$，得

（1）$L^{-1}[F(s)]=\frac{1}{b-a}(\mathrm{e}^{-at}-\mathrm{e}^{-bt})$；

（2）$L^{-1}[G(s)]=\frac{1}{(b-a)^2}(\mathrm{e}^{-at}-\mathrm{e}^{-bt})-\frac{1}{b-a}t\mathrm{e}^{-bt}$.

为了应用方便，根据前面的讨论结果建立常用的 Laplace 逆变换见表 11-1.

表 11-1

Laplace 变换	原函数	Laplace 变换	原函数
$\frac{1}{s}$	1	$\frac{1}{s}$	$u(t)$
$\frac{1}{s+a}$	e^{-at}	$\frac{1}{(s+a)^2}$	$t\mathrm{e}^{-at}$
$\frac{\omega}{s^2+\omega^2}$	$\sin\omega t$	$\frac{s}{s^2+\omega^2}$	$\cos\omega t$
$\frac{n!}{s^{n+1}}$	t^n	$\frac{1}{(s+a)(s+b)}$	$\frac{1}{b-a}(\mathrm{e}^{-at}-\mathrm{e}^{-bt})$
$\frac{1}{(s+a)(s+b)^2}$	$\frac{1}{(b-a)^2}(\mathrm{e}^{-at}-\mathrm{e}^{-bt})-\frac{1}{b-a}t\mathrm{e}^{-bt}$		

注意，$\frac{1}{s}$ 的逆变换有两种，应用时需根据具体的变量取值范围恰当地选择其原函数是 1 或 $u(t)$.

11.3.2 Laplace 变换在解微分方程中的应用

在前面内容的学习中，我们已经了解了利用不定积分求解微分方程的困难性，即使是常系数的线性微分方程，利用特征方程求得通解后，由初始条件求出特解的计算一般也会比较烦琐.

根据 Laplace 变换的线性性质和时域微分性质，在方程两边同时取 Laplace 变换后，便可将常系数的线性微分方程转换为代数多项式方程，然后再利用 Laplace 逆变换即可简便地求得微分方程的解.

例 6 求方程 $y'-y=\mathrm{e}^t$ 满足 $y(0)=1$ 的特解.

解： 方程两边进行 Laplace 变换并由其线性性质，得

$$L[y']-L[y]=L[\mathrm{e}^t].$$

设 $L[y(t)]=Y(s)$，根据时域微分性质 $L[y'(t)]=sY(s)-y(0)$ 及 $y(0)=1$ 知

$$L[y'(t)]=sY(s)-1,$$

注意 $L[e^t]=\frac{1}{s-1}$，于是有

$$sY(s)-1-Y(s)=\frac{1}{s-1}，即 Y(s)=\frac{1}{s-1}-\frac{1}{(s-1)^2},$$

将上式两边进行 Laplace 逆变换并由其线性性质，得

$$y(t)=L^{-1}[F(s)]=L^{-1}\left[\frac{1}{s-1}\right]-L^{-1}\left[\frac{1}{(s-1)^2}\right],$$

再依据表 11-1 取 $a=-1$，得

$$y(t)=\mathrm{e}^t-t\mathrm{e}^t=(1-t)\mathrm{e}^t.$$

例 7 求方程 $y'+2y=1$ 满足 $y(0)=0$ 的特解.

解：方程两边进行 Laplace 变换并由其线性性质，得

$$L[y']+2L[y]=L[1].$$

设 $L[y(t)]=Y(s)$，根据时域微分性质 $L[y'(t)]=sY(s)-y(0)$ 及 $y(0)=0$ 知

$$L[y'(t)]=sY(s),$$

注意 $L[1]=\frac{1}{s}$，于是有

$$sY(s)+2Y(s)=\frac{1}{s}，即 Y(s)=\frac{1}{s(s+2)},$$

将上式两边进行 Laplace 逆变换并由其线性性质，得

$$y(t)=L^{-1}[F(s)]=L^{-1}\left[\frac{1}{s(s+2)}\right],$$

再依据表 11-1 取 $a=0$、$b=2$，得

$$y(t)=\frac{1}{2}(1-\mathrm{e}^{-2t}).$$

综合训练 11

1. $z=2\left(\sin\frac{\pi}{5}+i\cos\frac{\pi}{5}\right)$ 的指数形式为（　　）.
2. 求 $z=-\sqrt{2}-\mathrm{i}$ 的三角形式和指数形式.
3. 设 a、b 为实常数，写出 $f(t)=\mathrm{e}^{-at}-\mathrm{e}^{-bt}$ 的 Laplace 变换.
4. 求方程 $y'+y=\mathrm{e}^{-t}$ 满足 $y(0)=0$ 的特解.

思政聚焦

我们要努力掌握科学的思维方法，提高科学思维能力，其中包括提高创新思维能

力. 深入理解创新思维，可以从创新思维的科学性、实践性，以及提高创新思维能力的方法与路径来认识.

【数学家小故事】——拉普拉斯

拉普拉斯是一位讨论了天体力学和太阳系怎么起源的天文学家，可能从名字上大家会联想到拉格朗日. 你还别说，拉格朗日和拉普拉斯这两位不光是名字有点像，他们俩都是奠定了天体力学的天文学家，而且他们俩的成长经历也有相似处.

最开始拉普拉斯的父亲也没想让拉普拉斯去研究科学，而是希望他能够到教堂里面去找一个份工作谋生，能吃饱饭就行了，所以就把他送到学校里去读了神学专业. 但是，学校的老师们发现拉普拉斯的数学很好，觉得不应该浪费了其特殊的数学才能，于是老师们纷纷劝其不要放弃数学研究的机会，还写信把拉普拉斯推荐给了巴黎科学院的负责人.

这个时候拉普拉斯只有19岁，和当时的拉格朗日一样. 就这样19岁的拉普拉斯来到了巴黎. 一开始巴黎科学院的负责人没看出拉普拉斯有什么特殊才能，所以就给拉普拉斯留了一道难题，他们定了一个期限，时间为一周，结果没想到拉普拉斯拿回去用了一个晚上就算出来了. 第二天这位负责人感到很不可思议，于是又给拉普拉斯留了一道难题，可是拉普拉斯当场就算出来了. 负责人就赶紧推荐拉普拉斯到巴黎科学院工作，希望这位才华横溢的年轻人能够尽快地开展科学研究. 但是那个时候巴黎科学院有很多人的想法很顽固，不太愿意接受一个这么年轻的人到科学院工作.

拉普拉斯就只能等着，这一等就等了五年时间，不过这五年时间他也没闲着，而是继续挑战了当时的数学和天文学里面的问题. 此时的拉格朗日已经很出名了，拉普拉斯也知道拉格朗日，所以拉普拉斯就想沿着拉格朗日的道路继续往前研究，所以也研究了行星运动的轨道，如卫星对行星的引力作用等问题. 随着研究的不断深入，拉普拉斯获得很多成果，这下这些科学院的院士们都对这个年轻人刮目相看，最后他们终于同意让拉普拉斯进入科学院，而且一进来就获得了副院士头衔.

单元 12 线性代数基础

1. 教学目的

1）知识目标

★ 掌握线性代数的基本知识和基本理论，掌握行列式、矩阵和线性方程组等基础知识；

★ 理解行列式与矩阵的基本性质、线性方程组的解及解空间的结构，掌握相关的数学运算法则；

★ 了解线性规划的概念，掌握化标准型的方法，会求解线性规划问题的最优解；

★ 掌握应用线性代数的相关知识分析问题、转化问题、解决问题的思路和方法.

2）素质目标

★ 通过对线性代数基本知识、基本理论和运算法则的学习，系统了解行列式、矩阵、线性方程组的解及解空间的结构，掌握必要的数学运算技能和计算能力.

★ 通过对抽象的代数知识的学习，树立崇尚科学、实事求是、做事严谨. 尊重客观规律的优良品质，培养学生的抽象思维能力和逻辑推理能力.

★ 提高运用数学方法分析问题和解决问题（包括解决实际问题）的能力，为后继课程的学习和数学知识的拓宽打下坚实的基础，为进行科学研究和实际工作提供适用的数学方法和计算手段.

2. 教学内容

★ 行列式与矩阵的概念、性质和基本运算；

★ 初等变换、线性方程组及应用.

3. 数学词汇

① 行列式—determinant；

② 矩阵—matrix；

③ 对称矩阵—symmetric matrix；

④ 对角矩阵—diagonal matrix；

⑤ 行初等变换—elementary row operations；

⑥ 线性规划—linear programming；

⑦ 决策变量—decision variable.

12.1 行列式

12.1.1 二阶、三行列式

行列式的概念最早出现在解线性方程组的过程中. 设二元线性方程组为

$$\begin{cases} a_{11}x_1 + a_{12}x_2 = b_1 \\ a_{21}x_1 + a_{22}x_2 = b_2 \end{cases}$$

用加减消元法解该方程组，当 $a_{11}a_{22} - a_{21}a_{12} \neq 0$，得到方程组的解

$$\begin{cases} x_1 = \dfrac{b_1a_{22} - b_2a_{12}}{a_{11}a_{22} - a_{21}a_{12}} \\ x_2 = \dfrac{a_{11}b_2 - a_{21}b_1}{a_{11}a_{22} - a_{21}a_{12}} \end{cases}$$

可以发现，方程组的解仅与方程组中未知数的系数和常数项有关.其中分母 $a_{11}a_{22} - a_{21}a_{12}$ 由方程组的四个系数所确定.

定义 1 把二元线性方程组的 4 个系数 a_{11}、a_{12}、a_{21}、a_{22} 按它们在方程组中的相对位置排成 2 行 2 列的数表（横排称行，竖排称列）

$$\begin{matrix} a_{11} & a_{12} \\ a_{21} & a_{22} \end{matrix}$$

表达式 $a_{11}a_{22} - a_{21}a_{12}$ 称为该数表所确定的二阶行列式，用 $\begin{vmatrix} a_{11} & a_{12} \\ a_{21} & a_{22} \end{vmatrix}$ 表示，一般记为

$$D = \begin{vmatrix} a_{11} & a_{12} \\ a_{21} & a_{22} \end{vmatrix} = a_{11}a_{22} - a_{21}a_{12}$$

二阶行列式中的数 a_{11}、a_{12}、a_{21}、a_{22} 叫作该行列式的元素或元，数 $a_{ij}(i,j=1,2)$ 的第一个下标 i 称为行标，表明该元素位于第 i 行；第二个下标 j 称为列标，表明该元素位于第 j 列.

可以看出，$a_{11}a_{22} - a_{21}a_{12}$ 就是这个行列式的主对角线（左上角到右下角的对角线）上两个元素的乘积，减去次对角线（左下角到右上角的对角线）上两个元素的乘积所

得的差.称这种分析方法称为对角线法.

如果方程组的解中的两个分子也用行列式来表示，就有

$$b_1a_{22}-b_2a_{12}=\begin{vmatrix}b_1 & a_{12}\\ b_2 & a_{22}\end{vmatrix}，\quad a_{11}b_2-a_{21}b_1=\begin{vmatrix}a_{11} & b_1\\ a_{21} & b_2\end{vmatrix}.$$

若记

$$D=\begin{vmatrix}a_{11} & a_{12}\\ a_{21} & a_{22}\end{vmatrix}，\quad D_1=\begin{vmatrix}b_1 & a_{12}\\ b_2 & a_{22}\end{vmatrix}，\quad D_2=\begin{vmatrix}a_{11} & b_1\\ a_{21} & b_2\end{vmatrix}.$$

则方程组的解可以写成

$$x_1=\frac{D_1}{D}，\quad x_2=\frac{D_2}{D}\quad (D\neq 0).$$

注意，分母D是方程组中未知数x_1和x_2的系数按原来的位置次序所确定的二阶行列式，称为这个方程组的系数行列式；而D_1和D_2则是方程组的常数项b_1和b_2构成的常数列，分别替换行列式D中的第一列、第二列的元素所得到的二阶行列式.

例 1　计算下列行列式.

（1）$\begin{vmatrix}-2 & 3\\ -5 & 4\end{vmatrix}$；（2）$\begin{vmatrix}\sin a & \cos a\\ -\cos a & \sin a\end{vmatrix}$.

解：（1）$\begin{vmatrix}-2 & 3\\ -5 & 4\end{vmatrix}=(-2)\times 4-3\times(-5)=-8+15=7$；

（2）$\begin{vmatrix}\sin a & \cos a\\ -\cos a & \sin a\end{vmatrix}=\sin^2 a+\cos^2 a=1$.

例 2　用行列式法求解二元线性方程组.

$$\begin{cases}3x_1-x_2-3=0\\ x_1+2x_2-8=0\end{cases}$$

解：将方程组变形为

$$\begin{cases}3x_1-x_2=3\\ x_1+2x_2=8\end{cases}$$

因为

$$D=\begin{vmatrix}3 & -1\\ 1 & 2\end{vmatrix}=6+1=7\neq 0，\quad D_1=\begin{vmatrix}3 & -1\\ 8 & 2\end{vmatrix}=6+8=14，\quad D_2=\begin{vmatrix}3 & 3\\ 1 & 8\end{vmatrix}=24-3=21.$$

所以方程组的解为

$$x_1=\frac{D_1}{D}=\frac{14}{7}=2，\quad x_2=\frac{D_2}{D}=\frac{21}{7}=3.$$

类似地，通过对三元一次方程组

$$\begin{cases}a_{11}x_1+a_{12}x_2+a_{13}x_3=b_1\\ a_{21}x_1+a_{22}x_2+a_{23}x_3=b_2\\ a_{31}x_1+a_{32}x_2+a_{33}x_3=b_3\end{cases}$$

的解与系数关系进行探讨，给出三阶行列式的定义.

定义 2　设有 9 个数排成 3 行 3 列的数表

$$\begin{matrix} a_{11} & a_{12} & a_{13} \\ a_{21} & a_{22} & a_{23} \\ a_{31} & a_{32} & a_{33} \end{matrix}$$

记

$$D=\begin{vmatrix} a_{11} & a_{12} & a_{13} \\ a_{21} & a_{22} & a_{23} \\ a_{31} & a_{32} & a_{33} \end{vmatrix}=a_{11}a_{22}a_{33}+a_{12}a_{23}a_{31}+a_{13}a_{21}a_{32}$$

$$-a_{11}a_{23}a_{32}-a_{12}a_{21}a_{33}-a_{13}a_{22}a_{31}$$

称为数表所确定的**三阶行列式**.

例 3 用对角线法计算行列式$\begin{vmatrix} 1 & -1 & 0 \\ 4 & -5 & -3 \\ 2 & 3 & 6 \end{vmatrix}$.

解： $\begin{vmatrix} 1 & -1 & 0 \\ 4 & -5 & -3 \\ 2 & 3 & 6 \end{vmatrix}=1\times(-5)\times6+(-1)\times(-3)\times2+0\times4\times3-0\times(-5)\times2-(-1)\times4\times6-$

$$\begin{aligned}&1\times(-3)\times3\\ &=-30+6+24+9\\ &=9.\end{aligned}$$

例 4 求解方程

$$\begin{vmatrix} 1 & 1 & 1 \\ 2 & 3 & x \\ 4 & 9 & x^2 \end{vmatrix}=0.$$

解： 方程左端的三阶行列式为

$$D=3x^2+4x+18-9x-2x^2-12=x^2-5x+6.$$

从而有 $x^2-5x+6=0$，即 $(x-2)(x-3)=0$.

解得，$x=2$ 或 $x=3$.

对角线法只适用于二阶、三阶行列式，而对于更高阶的行列式是不适用的.

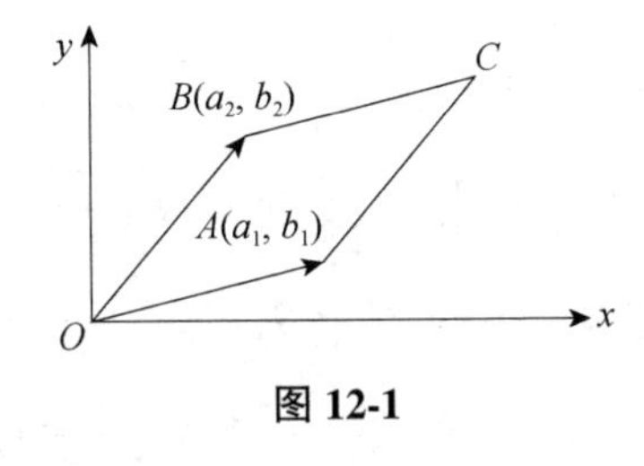

图 12-1

例 5 如图 12-1 所示，一个飞机模型的零件在 xOy 平面上是一个平行四边形 $OACB$，A、B 两点的坐标分别为(a_1,b_1)和(a_2,b_2)，求此零件的面积.

解： 在该直角坐标系中，$\overrightarrow{OA}=(a_1,b_1)$，$\overrightarrow{OB}=(a_2,b_2)$.

所以，$s_{OABC}=\begin{vmatrix} a_1 & b_1 \\ a_2 & b_2 \end{vmatrix}=a_1b_2-a_2b_1$.

过原点的两个几何向量$\overrightarrow{OA}$、$\overrightarrow{OB}$构成的平行四边形面积等于 A、B 两点坐标的向量所构成的二阶行列式的绝对值.

12.1.2 n阶行列式

为了弄清楚三阶行列式的结构特点，进而研究更高阶的行列式，下面先介绍全排列的相关知识，进而给出n阶行列式的概念.

定义 3 把n个不同元素排成一列，叫作这n个元素的全排列，简称排列.n个元素构成的排列共有$n\times(n-1)\times(n-2)\times\cdots\times3\times2\times1=n!$个.

例如，由数 1、2、3 三个数字构成的排列有 123、132、213、231、312、321. 排列总数为$3!=3\times2\times1=6$.

在n个不同自然数的排列中，规定元素由小到大的排序为标准次序，对应的排列称标准排列.于是在任意一个排列中，当一对元素的先后次序与标准次序不同时，就称它构成了 1 个逆序，该排列中所有逆序的总数就叫作这个排列的逆序数.所以对于$P_1P_2\cdots P_n$这n个自然数的排列，如果某个元素$P_i(i=1,2,\cdots,n)$前比P_i大的数有个t_i个，就说元素P_i的逆序数是t_i，全体元素的逆序数之和就是该排列的逆序数，记为t，即有

$$t=t_1+t_2+\cdots+t_n=\sum_{i=1}^{n}t_i\ .$$

例如，由 1、2、3 构成的排列中，排列 123 为标准排列，逆序数为 0，可以计算 1、2、3 的所有排列的逆序数，即

$$t(123)=0+0+0=0\ ,\quad t(132)=0+0+1=1\ ,\quad t(213)=0+1+0=1\ ,$$
$$t(231)=0+0+2=2\ ,\quad t(312)=0+1+1=2\ ,\quad t(321)=0+1+2=3.$$

逆序数为奇数的排列叫作奇排列，逆序数为偶数的排列叫作偶排列.

定义 4 在排列中，将任意两个元素对调，其余元素不动，可以得到一个新的排列，称这种得到新排列的方法叫作对换. 将两个相邻元素对换，叫作相邻对换.

事实上，在一个排列中，任意两个元素对换，排列改变奇偶性.而标准排列的逆序数为 0，是个偶排列. 因此，一个排列要变换成标准排列，经过的对换次数就是排列奇偶性的变换次数，即奇排列对换成标准排列的对换次数为奇数，偶排列对换成标准排列的对换次数为偶数.

结合排列和逆序数的概念再来分析三阶行列式的结构.根据三阶行列式的定义

$$D=\begin{vmatrix}a_{11} & a_{12} & a_{13}\\ a_{21} & a_{22} & a_{23}\\ a_{31} & a_{32} & a_{33}\end{vmatrix}=a_{11}a_{22}a_{33}+a_{12}a_{23}a_{31}+a_{13}a_{21}a_{32}$$
$$-a_{11}a_{23}a_{32}-a_{12}a_{21}a_{33}-a_{13}a_{22}a_{31}$$

观察发现：

（1）三阶行列式的右侧恰好是 6 项的代数和，与数 1、2、3 构成的排列数相等，且每一项都是 3 个元素的乘积，这三个元素位于不同行不同列.

（2）各项的行标都是标准排列 123，列标是 1、2、3 的某一个排列，可表示为$P_1P_2P_3$，且列标对应排列$P_1P_2P_3$的奇偶性（逆序数t的奇偶性）和该项的符号密切相关，即各项的符号可以表示为$(-1)^t$. 故而，每一项可以表示为

$$(-1)^{t(P_1P_2P_3)}a_{1P_1}a_{2P_2}a_{3P_3}$$

所以，三阶行列式就可以表示成如下形式：

$$D=\begin{vmatrix} a_{11} & a_{12} & a_{13} \\ a_{21} & a_{22} & a_{23} \\ a_{31} & a_{32} & a_{33} \end{vmatrix}=\sum(-1)^{t(P_1P_2P_3)}a_{1P_1}a_{2P_2}a_{3P_3}.$$

同样，二阶行列式也可以表示成类似的形式：

$$D=\begin{vmatrix} a_{11} & a_{12} \\ a_{21} & a_{22} \end{vmatrix}=a_{11}a_{22}-a_{21}a_{12}=\sum(-1)^{t(P_1P_2)}a_{1P_1}a_{2P_2}.$$

依此，可以将行列式进行推广，得到更一般的情形.

定义 5 由 n^2 个数，排成 n 行 n 列的数表

$$\begin{matrix} a_{11} & a_{12} & \cdots & a_{1n} \\ a_{21} & a_{22} & \cdots & a_{2n} \\ \vdots & \vdots & \ddots & \vdots \\ a_{n1} & a_{n2} & \cdots & a_{nn} \end{matrix}$$

作出表中位于不同行不同列的 n 个数的乘积，并冠以符号 $(-1)^t$，得到形如

$$(-1)^{t(P_1P_2\cdots P_n)}a_{1P_1}a_{2P_2}\cdots a_{nP_n}$$

的项，其中 $P_1P_2\cdots P_n$ 为自然数 $1,2,\cdots,n$ 的一个排列，t 为排列的逆序数.由于数 $1,2,\cdots,n$ 的排列共有 $n!$ 个，所以对应的这 $n!$ 项的代数和

$$\sum(-1)^{t(P_1P_2\cdots P_n)}a_{1P_1}a_{2P_2}\cdots a_{nP_n}$$

称为 n 阶行列式，记作

$$D=\begin{vmatrix} a_{11} & a_{12} & \cdots & a_{1n} \\ a_{21} & a_{22} & \cdots & a_{2n} \\ \cdots & \cdots & \cdots & \cdots \\ a_{n1} & a_{n2} & \cdots & a_{nn} \end{vmatrix},$$

即

$$D=\begin{vmatrix} a_{11} & a_{12} & \cdots & a_{1n} \\ a_{21} & a_{22} & \cdots & a_{2n} \\ \cdots & \cdots & \cdots & \cdots \\ a_{n1} & a_{n2} & \cdots & a_{nn} \end{vmatrix}=\sum(-1)^{t(P_1P_2\cdots P_n)}a_{1P_1}a_{2P_2}\cdots a_{nP_n},$$

简记作 $\det(a_{ij})$，其中数 a_{ij} 为行列式 D 的 (i,j) 元.

n 阶行列式简称行列式，需要注意的是当 $n=1$ 时，$D=|a_{11}|=a_{11}$，不要和绝对值的记号相混淆.

形如下列形式的行列式分别称为 n 阶对角形行列式和 n 阶下三角形行列式，由定义可知，它们的值都是主对角线上元素的乘积.

$$\begin{vmatrix} a_{11} & 0 & \cdots & 0 \\ 0 & a_{22} & \cdots & 0 \\ \vdots & \vdots & & \vdots \\ 0 & 0 & \cdots & a_{nn} \end{vmatrix} = a_{11}a_{22}\cdots a_{nn}, \quad \begin{vmatrix} a_{11} & 0 & \cdots & 0 \\ a_{21} & a_{22} & \cdots & 0 \\ \vdots & \vdots & & \vdots \\ a_{n1} & a_{n2} & \cdots & a_{nn} \end{vmatrix} = a_{11}a_{22}\cdots a_{nn}.$$

例 6 计算下列行列式.

（1）$D_1 = \begin{vmatrix} 0 & a_{12} & 0 & 0 \\ 0 & 0 & 0 & a_{24} \\ a_{31} & 0 & 0 & 0 \\ 0 & 0 & a_{43} & 0 \end{vmatrix}$；（2）$D_2 = \begin{vmatrix} 0 & 0 & 0 & a_{14} \\ 0 & 0 & a_{23} & a_{24} \\ 0 & a_{32} & a_{33} & a_{34} \\ a_{41} & a_{42} & a_{43} & a_{44} \end{vmatrix}$.

解：（1）根据行列式的定义，每一项中乘积元素来自不同的行不同的列，得

$$D_1 = (-1)^{t(2413)} a_{12}a_{24}a_{31}a_{43} = -a_{12}a_{24}a_{31}a_{43};$$

（2）根据行列式的定义，每一项中乘积元素来自不同的行不同的列，得

$$D_2 = (-1)^{t(4321)} a_{14}a_{23}a_{32}a_{41} = a_{14}a_{23}a_{32}a_{41}.$$

事实上，上述行列式 D_2 为四阶斜三角行列式.对于斜三角行列式，有这样的结论，其值等于 $(-1)^{\frac{n(n-1)}{2}}$ 乘以次对角线上所有元素的乘积.

12.1.3 行列式的性质

通过对行列式概念的学习，对行列式的定义及一些特殊行列式值的计算有了一定的了解，下面介绍行列式的相关性质.

记 $D = \begin{vmatrix} a_{11} & a_{12} & \cdots & a_{1n} \\ a_{21} & a_{22} & \cdots & a_{2n} \\ \cdots & \cdots & \cdots & \cdots \\ a_{n1} & a_{n2} & \cdots & a_{nn} \end{vmatrix}$，将行列式 D 的行列进行对应的互换，即将每一行换至对应列的位置，得到新行列式，记为 D^{T}，则称 D^{T} 为 D 的转置行列式.

例 7 写出下列行列式的转置行列式，并计算行列式、转置行列式的值.

（1）$D_1 = \begin{vmatrix} 1 & 2 \\ -1 & 0 \end{vmatrix}$；（2）$D_2 = \begin{vmatrix} 1 & 0 & 0 \\ -1 & 2 & 1 \\ 3 & 4 & -1 \end{vmatrix}$.

解：（1）根据对角线法可得，$D_1 = \begin{vmatrix} 1 & 2 \\ -1 & 0 \end{vmatrix} = 0 + 2 = 2$.

由转置的定义，根据对角线法进行计算得 $D_1^{\mathrm{T}} = \begin{vmatrix} 1 & -1 \\ 2 & 0 \end{vmatrix} = 0 + 2 = 2$.

（2）$D_2 = \begin{vmatrix} 1 & 0 & 0 \\ -1 & 2 & 1 \\ 3 & 4 & -1 \end{vmatrix} = -2 + 0 + 0 - 0 - 0 - 4 = -6$.

$$D_2^{\mathrm{T}}=\begin{vmatrix}1 & -1 & 3\\0 & 2 & 4\\0 & 1 & -1\end{vmatrix}=-2+0+0-0-0-4=-6 .$$

通过上述例子可以发现，上述行列式和它的转置行列式的值相同.事实上，行列式与它的转置行列式相等对于每个行列式都满足（证明略）. 并且，行列式中的行与列具有相同的地位，即凡是对行成立的对列也同样成立，反之亦然.

性质 1 行列式与它的转置行列式相等.

以 r_i 表示行列式的第 i 行，以 c_i 表示行列式的第 i 列. 对换 i和j 两行可以记作 $r_i \leftrightarrow r_j$，对换 i和j 两列可以记作 $c_i \leftrightarrow c_j$. 通过对行列式进行一次对换，行列式的值会改变正负号.

性质 2 对换行列式的两行（列），行列式改变符号.

推论 如果行列式有两行（列）完全相同，则此行列式等于零.

证明： 对换行列式的两行，根据性质 2 则有 $D=-D$，故 $D=0$.

性质 3 行列式的某一行（列）中所有元素都乘以同一个数 k，等于用数 k 乘以此行列式.第 i 行（列）乘 k，记作 $r_i \times k$ （$c_i \times k$）.

推论 行列式中某一行（列）的所有元素的公因子可以提到行列式记号的外面.

第 i 行（列）提出公因子 k，记作 $r_i \div k$ （$c_i \div k$），即

$$\begin{vmatrix}a_{11} & a_{12} & \cdots & a_{1n}\\ \vdots & \vdots & & \vdots\\ ka_{i1} & ka_{i2} & \cdots & ka_{in}\\ \vdots & \vdots & & \vdots\\ a_{n1} & a_{n2} & \cdots & a_{nn}\end{vmatrix}=k\begin{vmatrix}a_{11} & a_{12} & \cdots & a_{1n}\\ \vdots & \vdots & & \vdots\\ a_{i1} & a_{i2} & \cdots & a_{in}\\ \vdots & \vdots & & \vdots\\ a_{n1} & a_{n2} & \cdots & a_{nn}\end{vmatrix}$$

性质 4 行列式中如果有两行（列）元素成比例，则此行列等于零.

性质 5 若行列式的某一行（列）的元素都是两数之和，如下第 i 行的元素都是两数之和.

$$D=\begin{vmatrix}a_{11} & a_{12} & \cdots & a_{1n}\\ \vdots & \vdots & & \vdots\\ a_{i1}+b_{i1} & a_{i2}+b_{i2} & \cdots & a_{in}+b_{in}\\ \vdots & \vdots & & \vdots\\ a_{n1} & a_{n2} & \cdots & a_{nn}\end{vmatrix}$$

则 D 等于下列两个行列式之和.

$$D=\begin{vmatrix}a_{11} & a_{12} & \cdots & a_{1n}\\ \vdots & \vdots & & \vdots\\ a_{i1} & a_{i2} & \cdots & a_{in}\\ \vdots & \vdots & & \vdots\\ a_{n1} & a_{n2} & \cdots & a_{nn}\end{vmatrix}+\begin{vmatrix}a_{11} & a_{12} & \cdots & a_{1n}\\ \vdots & \vdots & & \vdots\\ b_{i1} & b_{i2} & \cdots & b_{in}\\ \vdots & \vdots & & \vdots\\ a_{n1} & a_{n2} & \cdots & a_{nn}\end{vmatrix}$$

此性质表明，当行列式某一行（列）的元素为两数之和时，此行列式关于该行（列）

可分解为两个行列式之和. 例如，

$$D=\begin{vmatrix}a_{11}+a & a_{12}+b\\a_{21}+c & a_{22}+d\end{vmatrix}=\begin{vmatrix}a_{11} & a_{12}\\a_{21}+c & a_{22}+d\end{vmatrix}+\begin{vmatrix}a & b\\a_{21}+c & a_{22}+d\end{vmatrix}$$

$$=\begin{vmatrix}a_{11} & a_{12}\\a_{21} & a_{22}\end{vmatrix}+\begin{vmatrix}a_{11} & a_{12}\\c & d\end{vmatrix}+\begin{vmatrix}a & b\\a_{21} & a_{22}\end{vmatrix}+\begin{vmatrix}a & b\\c & d\end{vmatrix}$$

性质 6 把行列式的某一行（列）的各元素乘以同一个数，然后加到另一行（列）对应的元素上去，行列式不变.即

$$\begin{vmatrix}a_{11} & a_{12} & \cdots & a_{1n}\\\vdots & \vdots & & \vdots\\a_{i1} & a_{i2} & \cdots & a_{in}\\\vdots & \vdots & & \vdots\\a_{j1} & a_{j2} & \cdots & a_{jn}\\\vdots & \vdots & & \vdots\\a_{n1} & a_{n2} & \cdots & a_{nn}\end{vmatrix}\xlongequal{r_j+kr_i}\begin{vmatrix}a_{11} & a_{12} & \cdots & a_{1n}\\\vdots & \vdots & & \vdots\\a_{i1} & a_{i2} & \cdots & a_{in}\\\vdots & \vdots & & \vdots\\a_{j1}+ka_{i1} & a_{j2}+ka_{i2} & \cdots & a_{jn}+ka_{in}\\\vdots & \vdots & & \vdots\\a_{n1} & a_{n2} & \cdots & a_{nn}\end{vmatrix}$$

上述性质 2、3、6 是行列式关于行（列）的三种运算，在计算行列式时，利用这些性质可以简化计算. 特别地，通常会利用性质 6 将行列式的部分元素化为 0，使得变成三角形行列式，从而得到其值.

例 8 计算下列行列式的值.

（1）$D=\begin{vmatrix}1 & 1 & -1 & 2\\-1 & -1 & 1 & 1\\2 & 4 & -6 & 1\\1 & 2 & 2 & 2\end{vmatrix}$；（2）$D=\begin{vmatrix}3 & 1 & 1 & 1\\1 & 3 & 1 & 1\\1 & 1 & 3 & 1\\1 & 1 & 1 & 3\end{vmatrix}$.

解：（1）根据性质 6、性质 2，结合三角行列式的结论，得

$$D\xlongequal[r_4-r_1]{\substack{r_2+r_1\\r_3-2r_1}}\begin{vmatrix}1 & 1 & -1 & 2\\0 & 0 & 0 & 3\\0 & 2 & -4 & -3\\0 & 1 & 3 & 0\end{vmatrix}\xlongequal{r_4\leftrightarrow r_2}-\begin{vmatrix}1 & 1 & -1 & 2\\0 & 1 & 3 & 0\\0 & 2 & -4 & -3\\0 & 0 & 0 & 3\end{vmatrix}$$

$$\xlongequal{r_3-2r_2}-\begin{vmatrix}1 & 1 & -1 & 2\\0 & 1 & 3 & 0\\0 & 0 & -10 & -3\\0 & 0 & 0 & 3\end{vmatrix}=30;$$

（2）可以发现，此行列式的一个特点是每一列 4 个元素之和为 6，可以将每行都加到第一行，提取公因数，结合性质和三角行列式的结论，得

$$D\xlongequal{r_1+r_2+r_3+r_4}\begin{vmatrix}6 & 6 & 6 & 6\\1 & 3 & 1 & 1\\1 & 1 & 3 & 1\\1 & 1 & 1 & 3\end{vmatrix}\xlongequal{r_1\div 6}6\begin{vmatrix}1 & 1 & 1 & 1\\1 & 3 & 1 & 1\\1 & 1 & 3 & 1\\1 & 1 & 1 & 3\end{vmatrix}\xlongequal[r_4-r_1]{\substack{r_2-r_1\\r_3-r_1}}6\begin{vmatrix}1 & 1 & 1 & 1\\0 & 2 & 1 & 1\\0 & 0 & 2 & 1\\0 & 0 & 0 & 2\end{vmatrix}=48.$$

12.1.4 行列式计算

由前面内容可知，二阶、三阶行列式可以利用对角线法进行计算，对于一些特殊的行列式也可以根据定义或者应用行列式的性质进行计算. 但对于高阶行列式而言，可以借用已有的解决低阶行列式的方法来计算高阶行列式. 下面先介绍余子式和代数余子式的概念.

定义 6 在n阶行列式D中，把元素a_{ij}所在的第i行和第j列元素删除后，留下来的$n-1$阶行列式叫作元素a_{ij}的余子式，记作M_{ij}. 若记$A_{ij}=(-1)^{i+j}M_{ij}$，则称A_{ij}为元素a_{ij}的代数余子式.

$$D=\begin{vmatrix} a_{11} & a_{12} & \cdots & a_{1j-1} & a_{1j} & a_{1j+1} & \cdots & a_{1n} \\ a_{21} & a_{22} & \cdots & a_{2j-1} & a_{2j} & a_{2j+1} & \cdots & a_{2n} \\ \vdots & \vdots & & \vdots & \vdots & \vdots & & \vdots \\ a_{i-11} & a_{i-12} & \cdots & a_{i-1j-1} & a_{i-1j} & a_{i-1j+11} & \cdots & a_{i-1n} \\ a_{i1} & a_{i2} & \cdots & a_{ij-1} & a_{ij} & a_{ij+1} & \cdots & a_{in} \\ a_{i+11} & a_{i+12} & \cdots & a_{i+1j-1} & a_{i+1j} & a_{i+1j+1} & \cdots & a_{i+1n} \\ \vdots & \vdots & & \vdots & \vdots & \vdots & & \vdots \\ a_{n1} & a_{n2} & \cdots & a_{nj-1} & a_{nj} & a_{nj+1} & \cdots & a_{nn} \end{vmatrix}$$

$$M_{ij}=\begin{vmatrix} a_{11} & a_{12} & \cdots & a_{1j-1} & a_{1j+1} & \cdots & a_{1n} \\ a_{21} & a_{22} & \cdots & a_{2j-1} & a_{2j+1} & \cdots & a_{2n} \\ \vdots & \vdots & & \vdots & \vdots & \vdots & \vdots \\ a_{i-11} & a_{i-12} & \cdots & a_{i-1j-1} & a_{i-1j+1} & \cdots & a_{i-1n} \\ a_{i+11} & a_{i+12} & \cdots & a_{i+1j-1} & a_{i+1j+1} & \cdots & a_{i+1n} \\ \vdots & \vdots & \cdots & \vdots & \vdots & & \vdots \\ a_{n1} & a_{n2} & \cdots & a_{nj-1} & a_{nj+1} & \cdots & a_{nn} \end{vmatrix}$$

$$A_{ij}=(-1)^{i+j}M_{ij}=(-1)^{i+j}\begin{vmatrix} a_{11} & a_{12} & \cdots & a_{1j-1} & a_{1j+1} & \cdots & a_{1n} \\ a_{21} & a_{22} & \cdots & a_{2j-1} & a_{2j+1} & \cdots & a_{2n} \\ \vdots & \vdots & & \vdots & \vdots & \vdots & \vdots \\ a_{i-11} & a_{i-12} & \cdots & a_{i-1j-1} & a_{i-1j+1} & \cdots & a_{i-1n} \\ a_{i+11} & a_{i+12} & \cdots & a_{i+1j-1} & a_{i+1j+1} & \cdots & a_{i+1n} \\ \vdots & \vdots & \cdots & \vdots & \vdots & & \vdots \\ a_{n1} & a_{n2} & \cdots & a_{nj-1} & a_{nj+1} & \cdots & a_{nn} \end{vmatrix}$$

以四阶行列式$D=\begin{vmatrix} a_{11} & a_{12} & a_{13} & a_{14} \\ a_{21} & a_{22} & a_{23} & a_{24} \\ a_{31} & a_{32} & a_{33} & a_{34} \\ a_{41} & a_{42} & a_{43} & a_{44} \end{vmatrix}$为例，元素$a_{23}$的余子式和代数余子式分别为

$$M_{23}=\begin{vmatrix}a_{11}&a_{12}&a_{14}\\a_{31}&a_{32}&a_{34}\\a_{41}&a_{42}&a_{44}\end{vmatrix}，\quad A_{23}=(-1)^{2+3}M_{23}=-M_{23}=-\begin{vmatrix}a_{11}&a_{12}&a_{14}\\a_{31}&a_{32}&a_{34}\\a_{41}&a_{42}&a_{44}\end{vmatrix}.$$

例 9　写出四阶行列式

$$D=\begin{vmatrix}1&0&5&-4\\15&-9&6&13\\-2&3&12&7\\10&-14&8&11\end{vmatrix}$$

的元素 a_{32} 的余子式和代数余子式.

解：元素 a_{32} 的余子式为删除第三行和第二列后，剩下元素按原来顺序组成的三阶行列式，而元素 a_{32} 的代数余子式为余子式 M_{32} 前面加一个符号因子$(-1)^{3+2}$，即

$$M_{32}=\begin{vmatrix}1&5&-4\\15&6&13\\10&8&11\end{vmatrix}，\quad A_{32}=(-1)^{3+2}M_{32}=-\begin{vmatrix}1&5&-4\\15&6&13\\10&8&11\end{vmatrix}.$$

12.2　矩阵及其运算

12.2.1　矩阵的概念

设线性方程组

$$\begin{cases}x_1-3x_2+x_3=4\\2x_1+x_2-x_3=3\\3x_1-2x_2+2x_3=7\end{cases},$$

若把方程组中未知数的系数和常数项分离出来，按原来的位置次序排成一个数表，如下，

$$\begin{pmatrix}1&-3&1&4\\2&1&-1&3\\3&-2&2&7\end{pmatrix},$$

则这个数表就是**矩阵**.

表 12-1 是某校各个二级学院部分公共选修课选课人数的统计表.

表 12-1

	中国文化概论	中国传统武术	营养与健康	社交礼仪	文化遗产概览	创新中国	C 语言程序设计
汽车学院	8	15	8	0	9	20	10
电信学院	8	10	0	8	10	13	26
机电学院	12	9	5	6	10	16	14

续表

	中国文化概论	中国传统武术	营养与健康	社交礼仪	文化遗产概览	创新中国	C 语言程序设计
艺术学院	10	6	15	18	20	9	8
经管学院	9	8	12	25	11	0	1
生物学院	13	12	20	3	0	2	1

同样，对于表 12-1，将其中的数字分离出来，按原来的位置次序排成一个数表，如下，

$$\begin{pmatrix} 8 & 15 & 8 & 0 & 9 & 20 & 10 \\ 8 & 10 & 0 & 8 & 10 & 13 & 26 \\ 12 & 9 & 5 & 6 & 10 & 16 & 14 \\ 10 & 6 & 15 & 18 & 20 & 9 & 8 \\ 9 & 8 & 12 & 25 & 11 & 0 & 1 \\ 13 & 12 & 20 & 3 & 0 & 2 & 1 \end{pmatrix}$$

则这个数表就是矩阵.

定义 7 由 $m \times n$ 个数 a_{ij}（$i=1,2,3,\cdots m$； $j=1,2,3,\cdots,n$）排成 m 行 n 列数表，并用圆括号括起来，

$$\begin{pmatrix} a_{11} & a_{12} & \cdots & a_{1n} \\ a_{21} & a_{22} & \cdots & a_{2n} \\ \vdots & \vdots & & \vdots \\ a_{m1} & a_{m2} & \cdots & a_{mn} \end{pmatrix}$$

称为 m 行 n 列矩阵，简称 $m \times n$ 矩阵. 矩阵通常用黑体大写字母 $\boldsymbol{A}$、$\boldsymbol{B}$、$\boldsymbol{C}$ 等表示，如上述矩阵可以记作 $\boldsymbol{A}$ 或 $\boldsymbol{A}_{m\times n}$，有时也记作 $\boldsymbol{A}=(a_{ij})_{m\times n}$，其中 a_{ij} 称为矩阵 $\boldsymbol{A}$ 的第 i 行第 j 列元素.

特别地，当 $m=n$ 时，称 $\boldsymbol{A}$ 为 n 阶矩阵，或 n 阶方阵，可记作 $\boldsymbol{A}$ 或 $\boldsymbol{A}_n$，即

$$\boldsymbol{A}_n = \begin{pmatrix} a_{11} & a_{12} & \cdots & a_{1n} \\ a_{21} & a_{22} & \cdots & a_{2n} \\ \vdots & \vdots & & \vdots \\ a_{n1} & a_{n2} & \cdots & a_{nn} \end{pmatrix}$$

由 n 阶方阵 $\boldsymbol{A}$ 的元素所构成的行列式（各个元素的位置不变），称为方阵 $\boldsymbol{A}$ 的行列式，记作 $|\boldsymbol{A}|$ 或 $\det(\boldsymbol{A})$.

$$|\boldsymbol{A}| = \begin{vmatrix} a_{11} & a_{12} & \cdots & a_{1n} \\ a_{21} & a_{22} & \cdots & a_{2n} \\ \vdots & \vdots & & \vdots \\ a_{n1} & a_{n2} & \cdots & a_{nn} \end{vmatrix}$$

但是需要注意，方阵 $\boldsymbol{A}$ 和方阵 $\boldsymbol{A}$ 的行列式 $|\boldsymbol{A}|$ 是两个不同的概念. 方阵 $\boldsymbol{A}$ 是个数

表，行列式$|\boldsymbol{A}|$是个实数.

由行列式$|\boldsymbol{A}|$的各个元素的代数余子式$A_{ij}=(-1)^{i+j}M_{ij}$所构成的如下矩阵，记为$\boldsymbol{A}^*$，称为矩阵$\boldsymbol{A}$的伴随矩阵，简称伴随阵.

$$\boldsymbol{A}^*=\begin{pmatrix} A_{11} & A_{21} & \cdots & A_{n1} \\ A_{12} & A_{22} & \cdots & A_{n2} \\ \vdots & \vdots & & \vdots \\ A_{1n} & A_{2n} & \cdots & A_{nn} \end{pmatrix}.$$

当$m=1$或$n=1$时，矩阵只有一行，或只有一列，即

$$\boldsymbol{A}=(a_{11}\ a_{12}\ \ldots\ a_{1n}) \qquad 或 \qquad \boldsymbol{A}=\begin{pmatrix} a_{11} \\ a_{21} \\ \vdots \\ a_{m1} \end{pmatrix},$$

分别称之为**行矩阵**和**列矩阵**.

在n阶方阵中，从左上角到右下角的对角线为**主对角线**，从右上角到左下角的对角线称为**次对角线**.

除了主对角线上的元素外，其余元素全为零的n阶方阵叫作**对角矩阵**，记作，

$$\boldsymbol{A}=\mathrm{diag}(\lambda_1,\lambda_2,\cdots,\lambda_n)=\begin{pmatrix} \lambda_1 & 0 & \cdots & 0 \\ 0 & \lambda_2 & \cdots & 0 \\ \vdots & \vdots & & \vdots \\ 0 & 0 & \cdots & \lambda_n \end{pmatrix}$$

主对角线上的元素都为1的对角矩阵叫作**单位矩阵**，记作$\boldsymbol{E}$或$\boldsymbol{E}_n$，即

$$\boldsymbol{E}=\begin{pmatrix} 1 & 0 & \cdots & 0 \\ 0 & 1 & \cdots & 0 \\ \vdots & \vdots & & \vdots \\ 0 & 0 & \cdots & 1 \end{pmatrix}$$

主对角线一侧所有元素都为零的方阵，叫作**三角矩阵**，分为**上三角矩阵**与**下三角矩阵**两种.

上三角矩阵：

$$\boldsymbol{A}_n=\begin{pmatrix} a_{11} & a_{12} & \cdots & a_{1n} \\ 0 & a_{22} & \cdots & a_{2n} \\ \cdots & \cdots & \cdots & \cdots \\ 0 & 0 & \cdots & a_{nn} \end{pmatrix}$$

下三角矩阵：

$$\boldsymbol{B}_n=\begin{pmatrix} a_{11} & 0 & \cdots & 0 \\ a_{21} & a_{22} & \cdots & 0 \\ \cdots & \cdots & \cdots & \cdots \\ a_{n1} & a_{n2} & \cdots & a_{nn} \end{pmatrix}$$

所有元素全为零的矩阵称为**零矩阵**，$m\times n$ 阶的零矩阵记作 O 或 $O_{m\times n}$. 需要注意的是，不同阶的零矩阵是不同的.

把矩阵 $\boldsymbol{A}$ 的行依次转换成同序数的列所得到的矩阵叫作 **$\boldsymbol{A}$ 的转置矩阵**，记作 $\boldsymbol{A}^{\mathrm{T}}$. 例如，

$$\boldsymbol{A}=\begin{pmatrix}1&2&3\\5&7&8\end{pmatrix} \text{的转置矩阵为} \boldsymbol{A}^{\mathrm{T}}=\begin{pmatrix}1&5\\2&7\\3&8\end{pmatrix}.$$

例 10 设 $\boldsymbol{A}=\begin{pmatrix}1&-3&1&4\\2&1&-1&3\\3&-2&2&7\end{pmatrix}$，求 $\boldsymbol{A}^{\mathrm{T}}$ 和 $(\boldsymbol{A}^{\mathrm{T}})^{\mathrm{T}}$.

解：$\boldsymbol{A}^{\mathrm{T}}=\begin{pmatrix}1&2&3\\-3&1&-2\\1&-1&2\\4&3&7\end{pmatrix}$，$(\boldsymbol{A}^{\mathrm{T}})^{\mathrm{T}}=\begin{pmatrix}1&-3&1&4\\2&1&-1&3\\3&-2&2&7\end{pmatrix}=\boldsymbol{A}$.

事实上，对任何矩阵 $\boldsymbol{A}$，都有 $(\boldsymbol{A}^{\mathrm{T}})^{\mathrm{T}}=\boldsymbol{A}$.

设 $\boldsymbol{A}$ 为 n 阶方阵，如果满足等式 $\boldsymbol{A}^{\mathrm{T}}=\boldsymbol{A}$，即元素关系有 $a_{ij}=a_{ji},(i,j=1,2,\cdots,n)$，那么 $\boldsymbol{A}$ 称为对称矩阵，简称对称阵.对称阵的特点是，元素以主对角线为对称轴对应相等.

若矩阵 $\boldsymbol{A}$ 和 $\boldsymbol{B}$ 的行数和列数分别相等，则称 $\boldsymbol{A}$ 和 $\boldsymbol{B}$ 为同型矩阵；如果矩阵 $\boldsymbol{A}=(a_{ij})_{m\times n},\boldsymbol{B}=(b_{ij})_{m\times n}$ 的对应元素分别相等，即 $a_{ij}=b_{ij}$ $(i=1,2,\cdots,m$； $j=1,2,\cdots,n)$，那么就说这两个矩阵相等，记作 $\boldsymbol{A}=\boldsymbol{B}$.

例 11 设矩阵 $\boldsymbol{A}=\begin{pmatrix}x&-1&-8\\0&y&4\end{pmatrix}$，$\boldsymbol{B}=\begin{pmatrix}3&-1&z\\0&2&4\end{pmatrix}$，且 $\boldsymbol{A}=\boldsymbol{B}$，求 x、y、z 的值.

解：因为 $\boldsymbol{A}=\boldsymbol{B}$，所以

$$\begin{pmatrix}x&-1&-8\\0&y&4\end{pmatrix}=\begin{pmatrix}3&-1&z\\0&2&4\end{pmatrix},$$

$$x=3,\ y=2,\ z=-8.$$

12.2.2 矩阵的运算

矩阵是从实际问题中抽象出来的一个数学概念. 如何将不同的矩阵联系起来，对解决实际问题进行一定的简化？它们又在什么条件下可以进行一些运算？这些运算具有什么性质？这些就是接着要讨论的主要内容.

1. 矩阵的加法运算

定义 8 设 $\boldsymbol{A}=(a_{ij})$，$\boldsymbol{B}=(b_{ij})_{m\times n}$ 为同型矩阵，则矩阵 $\boldsymbol{A}$ 与 $\boldsymbol{B}$ 的和记作 $\boldsymbol{A}+\boldsymbol{B}$，并规定 $\boldsymbol{A}+\boldsymbol{B}=(a_{ij}+b_{ij})$，即

$$A+B=\begin{pmatrix} a_{11}+b_{11} & a_{12}+b_{12} & \cdots & a_{1n}+b_{1n} \\ a_{21}+b_{21} & a_{22}+b_{22} & \cdots & a_{2n}+b_{2n} \\ \vdots & \vdots & & \vdots \\ a_{m1}+b_{m1} & a_{m2}+b_{m2} & \cdots & a_{mn}+b_{mn} \end{pmatrix}_{m\times n}.$$

需要注意，两个矩阵进行加法运算的前提是这两个矩阵必须为同型矩阵.

矩阵的加法满足以下算律（设 $\boldsymbol{A}$、$\boldsymbol{B}$、$\boldsymbol{C}$ 都是同型矩阵）：

（1）交换律　$\boldsymbol{A}+\boldsymbol{B}=\boldsymbol{B}+\boldsymbol{A}$；

（2）结合律　$(\boldsymbol{A}+\boldsymbol{B})+\boldsymbol{C}=\boldsymbol{A}+(\boldsymbol{B}+\boldsymbol{C})$；

（3）同型零矩阵满足　$\boldsymbol{A}+\boldsymbol{O}=\boldsymbol{A}$.

（4）设矩阵 $\boldsymbol{A}=(a_{ij})$，记 $-\boldsymbol{A}=(-a_{ij})$，称 $-\boldsymbol{A}$ 为矩阵 $\boldsymbol{A}$ 的负矩阵，显然有 $\boldsymbol{A}+(-\boldsymbol{A})=\boldsymbol{O}$ 成立. 因此，通过加法运算来定义同型矩阵 $\boldsymbol{A}$ 和 $\boldsymbol{B}$ 的减法运算，即

$$\boldsymbol{A}-\boldsymbol{B}=\boldsymbol{A}+(-\boldsymbol{B}).$$

例 12　设矩阵 $\boldsymbol{A}=\begin{pmatrix} 12 & 3 & -5 \\ 1 & -9 & 0 \\ 3 & 6 & 8 \end{pmatrix}, \boldsymbol{B}=\begin{pmatrix} 1 & 8 & 9 \\ 6 & 5 & 4 \\ 3 & 2 & 1 \end{pmatrix}$，求 $\boldsymbol{A}+\boldsymbol{B}$ 及 $\boldsymbol{A}-\boldsymbol{B}$.

解： $\boldsymbol{A}+\boldsymbol{B}=\begin{pmatrix} 12+1 & 3+8 & -5+9 \\ 1+6 & -9+5 & 0+4 \\ 3+3 & 6+2 & 8+1 \end{pmatrix}=\begin{pmatrix} 13 & 11 & 4 \\ 7 & -4 & 4 \\ 6 & 8 & 9 \end{pmatrix}$，

$$\boldsymbol{A}-\boldsymbol{B}=\begin{pmatrix} 12-1 & 3-8 & -5-9 \\ 1-6 & -9-5 & 0-4 \\ 3-3 & 6-2 & 8-1 \end{pmatrix}=\begin{pmatrix} 11 & -5 & -14 \\ -5 & -14 & -4 \\ 0 & 4 & 7 \end{pmatrix}.$$

2. 矩阵的数乘运算

定义 9　设 k 是任意一个实数，$\boldsymbol{A}=(a_{ij})$ 是一个 $m\times n$ 矩阵，规定实数 k 与矩阵 $\boldsymbol{A}$ 的乘积为

$$k\boldsymbol{A}=(ka_{ij})_{m\times n}=\begin{pmatrix} ka_{11} & ka_{12} & \cdots & ka_{1n} \\ ka_{21} & ka_{22} & \cdots & ka_{2n} \\ \vdots & \vdots & & \vdots \\ ka_{m1} & ka_{m2} & \cdots & ka_{mn} \end{pmatrix},$$

并且 $k\boldsymbol{A}=\boldsymbol{A}k$.

对任意的实数 k、l 和矩阵 $\boldsymbol{A}=(a_{ij})_{m\times n}$，$\boldsymbol{B}=(b_{ij})_{m\times n}$，矩阵的数乘满足以下运算律：

（1）数对矩阵的分配律　$k(\boldsymbol{A}+\boldsymbol{B})=k\boldsymbol{A}+k\boldsymbol{B}$；

（2）矩阵对数的分配律　$(k+l)\boldsymbol{A}=k\boldsymbol{A}+l\boldsymbol{A}$；

（3）数与矩阵的结合律　$(kl)\boldsymbol{A}=k(l\boldsymbol{A})=l(k\boldsymbol{A})$.

例 13　设矩阵 $\boldsymbol{A}=\begin{pmatrix} 3 & -2 \\ 5 & 0 \\ 1 & 6 \end{pmatrix}$，$\boldsymbol{B}=\begin{pmatrix} 4 & -3 \\ 8 & 2 \\ -1 & 7 \end{pmatrix}$，求 $3\boldsymbol{A}-2\boldsymbol{B}$.

解：先进行矩阵的数乘运算 3***A*** 和 2***B***，然后求矩阵 3***A*** 和 2***B*** 的差.

因为 $$3\boldsymbol{A}=\begin{pmatrix}3\times3 & 3\times(-2)\\3\times5 & 3\times0\\3\times1 & 3\times6\end{pmatrix}=\begin{pmatrix}9 & -6\\15 & 0\\3 & 18\end{pmatrix},$$

$$2\boldsymbol{B}=\begin{pmatrix}2\times4 & 2\times(-3)\\2\times8 & 2\times2\\2\times(-1) & 2\times7\end{pmatrix}=\begin{pmatrix}8 & -6\\16 & 4\\-2 & 14\end{pmatrix};$$

所以 $$3\boldsymbol{A}-2\boldsymbol{B}=\begin{pmatrix}9 & -6\\15 & 0\\3 & 18\end{pmatrix}-\begin{pmatrix}8 & -6\\16 & 4\\-2 & 14\end{pmatrix}=\begin{pmatrix}1 & 0\\-1 & -4\\5 & 4\end{pmatrix}.$$

例 14 已知矩阵 $\boldsymbol{A}=\begin{pmatrix}3 & -1 & 2\\1 & 5 & 7\\5 & 4 & -3\end{pmatrix}$，$\boldsymbol{B}=\begin{pmatrix}7 & 5 & -4\\5 & 1 & 9\\3 & -2 & 1\end{pmatrix}$，且 $\boldsymbol{A}+2\boldsymbol{X}=\boldsymbol{B}$，求矩阵 $\boldsymbol{X}$.

解：由 $\boldsymbol{A}+2\boldsymbol{X}=\boldsymbol{B}$，得 $\boldsymbol{X}=\frac{1}{2}(\boldsymbol{B}-\boldsymbol{A})$.

因为 $$\boldsymbol{B}-\boldsymbol{A}=\begin{pmatrix}7 & 5 & -4\\5 & 1 & 9\\3 & -2 & 1\end{pmatrix}-\begin{pmatrix}3 & -1 & 2\\1 & 5 & 7\\5 & 4 & -3\end{pmatrix}=\begin{pmatrix}4 & 6 & -6\\4 & -4 & 2\\-2 & -6 & 4\end{pmatrix},$$

所以， $$\boldsymbol{X}=\frac{1}{2}(\boldsymbol{B}-\boldsymbol{A})=\frac{1}{2}\begin{pmatrix}4 & 6 & -6\\4 & -4 & 2\\-2 & -6 & 4\end{pmatrix}=\begin{pmatrix}2 & 3 & -3\\2 & -2 & 1\\-1 & -3 & 2\end{pmatrix}.$$

3. 矩阵与矩阵的乘法运算

例 15 [建材预算] 某学校明后两年计划建造教学楼与宿舍楼，建筑面积及材料用量分别见表 12-2 至表 12-4.

建筑面积（单位：100m^2）见表 12-2.

表 12-2

	教学楼	宿舍楼
明　年	20	10
后　年	30	20

材料（每 100m^2 建筑面积）的平均耗用量见表 12-3.

表 12-3

	钢材/吨	水泥/吨	木材/m^2
教学楼	2	18	4
宿舍楼	1.5	15	5

因此，明后两年三种建筑材料的用量见表 12-4.

表 12-4

	钢材/吨	水泥/吨	木材/m²
明年	$20\times2+10\times1.5=55$	$20\times18+10\times15=510$	$20\times4+10\times15=130$
后年	$30\times2+20\times1.5=90$	$30\times18+20\times15=840$	$30\times4+20\times5=220$

如果把上述三个表格用矩阵表示，则有

$$\boldsymbol{A}=\begin{pmatrix}20 & 10\\30 & 20\end{pmatrix},$$

$$\boldsymbol{B}=\begin{pmatrix}2 & 18 & 4\\1.5 & 15 & 5\end{pmatrix},$$

$$\boldsymbol{C}=\begin{pmatrix}20\times2+10\times1.5 & 20\times18+10\times15 & 20\times4+10\times5\\30\times2+20\times1.5 & 30\times18+20\times15 & 30\times4+20\times5\end{pmatrix},$$

由上述矩阵可看出，矩阵 $\boldsymbol{C}$ 的第一行三个元素，依次等于矩阵 $\boldsymbol{A}$ 的第一行所有元素与矩阵 $\boldsymbol{B}$ 的第一、第二、第三列各对应元素的乘积之和；矩阵 $\boldsymbol{C}$ 的第二行三个元素，依次等于矩阵 $\boldsymbol{A}$ 的第二行所有元素与矩阵 $\boldsymbol{B}$ 的第一、第二、第三列各对应元素的乘积之和.

类似于上述矩阵 $\boldsymbol{A}$、$\boldsymbol{B}$、$\boldsymbol{C}$ 之间的关系，给出矩阵的乘法运算法则.

定义 10 设 $\boldsymbol{A}=(a_{ij})$ 是一个 $m\times s$ 矩阵，$\boldsymbol{B}=(b_{ij})$ 是一个 $s\times n$ 矩阵，则称 $m\times n$ 矩阵 $\boldsymbol{C}=(c_{ij})$ 为矩阵 $\boldsymbol{A}$ 与 $\boldsymbol{B}$ 的乘积，其中

$$c_{ij}=a_{i1}b_{1j}+a_{i2}b_{2j}+\cdots+a_{is}b_{sj}=\sum_{k=1}^{s}a_{ik}b_{kj}\,,(i=1,2,3.\cdots,m,\ j=1,2,3,\cdots,n),$$

记作 $\boldsymbol{C}=\boldsymbol{AB}$.

必须注意：

（1）只有当左矩阵 $\boldsymbol{A}$ 的列数等于右矩阵 $\boldsymbol{B}$ 的行数时，$\boldsymbol{A}$ 和 $\boldsymbol{B}$ 才能作乘法运算 $\boldsymbol{C}=\boldsymbol{AB}$；

（2）两个矩阵的乘积 $\boldsymbol{C}=\boldsymbol{AB}$ 亦是矩阵，它的行数等于左矩阵 $\boldsymbol{A}$ 的行数，它的列数等于右矩阵 $\boldsymbol{B}$ 的列数；

（3）乘积矩阵 $\boldsymbol{C}=\boldsymbol{AB}$ 的第 i 行第 j 列的元素等于 $\boldsymbol{A}$ 的第 i 行元素与 $\boldsymbol{B}$ 的第 j 列对应元素的乘积之和.

例 16 设矩阵 $\boldsymbol{A}=\begin{pmatrix}2 & -1\\-4 & 0\\3 & 5\end{pmatrix}$，$\boldsymbol{B}=\begin{pmatrix}9 & -8\\-7 & 10\end{pmatrix}$，求 $\boldsymbol{AB}$.

解： $\boldsymbol{AB}=\begin{pmatrix}2 & -1\\-4 & 0\\3 & 5\end{pmatrix}\begin{pmatrix}9 & -8\\-7 & 10\end{pmatrix}=\begin{pmatrix}2\times9+(-1)\times(-7) & 2\times(-8)+(-1)\times10\\-4\times9+0\times(-7) & -4\times(-8)+0\times10\\3\times9+5\times(-7) & 3\times(-8)+5\times10\end{pmatrix}$

$$=\begin{pmatrix}25 & -26\\-36 & 32\\-8 & 26\end{pmatrix}.$$

例 17　已知 $\boldsymbol{A}=\begin{pmatrix}3 & 2 & -1\\2 & -3 & 5\end{pmatrix}$，$\boldsymbol{B}=\begin{pmatrix}1 & 3\\-5 & 4\\3 & 6\end{pmatrix}$，求 $\boldsymbol{AB}$ 和 $\boldsymbol{BA}$.

解： $\boldsymbol{AB}=\begin{pmatrix}3 & 2 & -1\\2 & -3 & 5\end{pmatrix}\begin{pmatrix}1 & 3\\-5 & 4\\3 & 6\end{pmatrix}=\begin{pmatrix}-10 & 11\\32 & 24\end{pmatrix}$；

$$\boldsymbol{BA}=\begin{pmatrix}1 & 3\\-5 & 4\\3 & 6\end{pmatrix}\begin{pmatrix}3 & 2 & -1\\2 & -3 & 5\end{pmatrix}=\begin{pmatrix}9 & -7 & 14\\-7 & -22 & 25\\21 & -12 & 27\end{pmatrix}.$$

在例 16 中，由于矩阵 $\boldsymbol{B}$ 有 2 列，矩阵 $\boldsymbol{A}$ 有 3 行，$\boldsymbol{B}$ 的列数不等于 $\boldsymbol{A}$ 的行数，所以 $\boldsymbol{BA}$ 无意义. 因此，从例 16、例 17 可知，当乘积矩阵 $\boldsymbol{AB}$ 有意义时，$\boldsymbol{BA}$ 不一定有意义；即使乘积 $\boldsymbol{AB}$ 和 $\boldsymbol{BA}$ 都有意义，$\boldsymbol{AB}$ 和 $\boldsymbol{BA}$ 也不一定相等. 因此，**矩阵乘法不满足交换律**，即在一般情况下，$\boldsymbol{AB}\neq\boldsymbol{BA}$.

矩阵的乘法满足以下运算律（假设运算都可行，k 为任意实数）：

（1）左分配律　$\boldsymbol{A}(\boldsymbol{B}+\boldsymbol{C})=\boldsymbol{AB}+\boldsymbol{AC}$；

右分配律　$(\boldsymbol{B}+\boldsymbol{C})\boldsymbol{A}=\boldsymbol{BA}+\boldsymbol{CA}$；

（2）结合律　$(\boldsymbol{AB})\boldsymbol{C}=\boldsymbol{A}(\boldsymbol{BC})$，$k(\boldsymbol{AB})=(k\boldsymbol{A})\boldsymbol{B}=\boldsymbol{A}(k\boldsymbol{B})$.

（3）$\boldsymbol{I}_m\boldsymbol{A}_{m\times n}=\boldsymbol{A}_{m\times n}$，$\boldsymbol{A}_{m\times n}\boldsymbol{I}_n=\boldsymbol{A}_{m\times n}$，特别地，$\boldsymbol{I}_n\boldsymbol{A}_n=\boldsymbol{A}_n\boldsymbol{I}_n=\boldsymbol{A}_n$.

12.2.3　逆矩阵

在数的乘法中，代数方程 $ax=b(a\neq 0)$ 的解为

$$x=\frac{b}{a}=a^{-1}b.$$

如果将这一思想应用到矩阵的运算中，那么形式 $ax=b$ 的矩阵方程

$$\boldsymbol{AX}=\boldsymbol{B}$$

的解便可以写成

$$\boldsymbol{X}=\boldsymbol{A}^{-1}\boldsymbol{B}$$

但是，这里的 $\boldsymbol{A}^{-1}$ 又具有什么含义呢？

定义 11　设 $\boldsymbol{A}$ 为 n 阶方阵，$\boldsymbol{E}$ 是 n 阶单位矩阵，如果存在一个 n 阶方阵 $\boldsymbol{B}$，使

$$\boldsymbol{AB}=\boldsymbol{BA}=\boldsymbol{E},$$

则称矩阵 $\boldsymbol{A}$ 为**可逆矩阵**，简称 $\boldsymbol{A}$ 可逆，并称方阵 $\boldsymbol{B}$ 为 $\boldsymbol{A}$ 的**逆矩阵**，记作 $\boldsymbol{B}=\boldsymbol{A}^{-1}$，即

$$\boldsymbol{AA}^{-1}=\boldsymbol{A}^{-1}\boldsymbol{A}=\boldsymbol{E}.$$

例如，对于矩阵

$$A=\begin{pmatrix}0&1&1\\1&1&2\\2&-1&0\end{pmatrix},\quad B=\begin{pmatrix}2&-1&1\\4&-2&1\\-3&2&-1\end{pmatrix},$$

有，

$$AB=\begin{pmatrix}0&1&1\\1&1&2\\2&-1&0\end{pmatrix}\begin{pmatrix}2&-1&1\\4&-2&1\\-3&2&-1\end{pmatrix}=\begin{pmatrix}1&0&0\\0&1&0\\0&0&1\end{pmatrix},$$

$$BA=\begin{pmatrix}2&-1&1\\4&-2&1\\-3&2&-1\end{pmatrix}\begin{pmatrix}0&1&1\\1&1&2\\2&-1&0\end{pmatrix}=\begin{pmatrix}1&0&0\\0&1&0\\0&0&1\end{pmatrix},$$

故 $\boldsymbol{A}$ 和 $\boldsymbol{B}$ 满足 $\boldsymbol{AB}=\boldsymbol{BA}=\boldsymbol{E}$．所以矩阵 $\boldsymbol{A}$ 可逆，其逆矩阵 $\boldsymbol{A}^{-1}=\boldsymbol{B}$.事实上，矩阵 $\boldsymbol{B}$ 也是可逆的，且 $\boldsymbol{B}^{-1}=\boldsymbol{A}$．即 $\boldsymbol{A}$ 是 $\boldsymbol{B}$ 的逆矩阵，$\boldsymbol{B}$ 也是 $\boldsymbol{A}$ 的逆矩阵，称 $\boldsymbol{A}$ 和 $\boldsymbol{B}$ 互为逆矩阵，简称 $\boldsymbol{A}$ 与 $\boldsymbol{B}$ 互逆. 事实上，如果矩阵 $\boldsymbol{A}$ 是可逆的，则 $\boldsymbol{A}$ 的逆矩阵是唯一确定的.

定理 1 若矩阵 $\boldsymbol{A}$ 可逆，则 $\boldsymbol{A}$ 的行列式不等于零（$|\boldsymbol{A}|\neq 0$）.

定理 2 若 $|\boldsymbol{A}|\neq 0$，则矩阵 $\boldsymbol{A}$ 可逆，且 $\boldsymbol{A}^{-1}=\dfrac{1}{|\boldsymbol{A}|}\boldsymbol{A}^*$，其中 $\boldsymbol{A}^*$ 为 $\boldsymbol{A}$ 的伴随矩阵.

例 18 判断矩阵 $\boldsymbol{A}=\begin{pmatrix}-2&4\\0&2\end{pmatrix}$ 是否可逆，若可逆，求 $\boldsymbol{A}$ 的逆矩阵.

解： 因为 $|\boldsymbol{A}|=2\neq 0$，所以 $\boldsymbol{A}$ 可逆，

根据代数余子式 $A_{ij}=(-1)^{i+j}M_{ij}$，得

$$A_{11}=2,\quad A_{12}=0,$$
$$A_{21}=-4,\quad A_{22}=-2.$$

所以，$\boldsymbol{A}^*=\begin{pmatrix}2&-4\\0&-2\end{pmatrix}$.

从而，$\boldsymbol{A}^{-1}=\dfrac{1}{|\boldsymbol{A}|}\boldsymbol{A}^*=\dfrac{1}{2}\begin{pmatrix}2&-4\\0&-2\end{pmatrix}=\begin{pmatrix}1&-2\\0&-1\end{pmatrix}$.

例 19 判断矩阵 $\boldsymbol{A}=\begin{pmatrix}1&2&3\\2&2&1\\3&4&3\end{pmatrix}$ 是否可逆，若可逆，求 $\boldsymbol{A}$ 的逆矩阵.

解： 因为 $|\boldsymbol{A}|=2\neq 0$，所以 $\boldsymbol{A}$ 可逆，即存在逆矩阵，

根据代数余子式 $A_{ij}=(-1)^{i+j}M_{ij}$，得，

$$A_{11}=2,\quad A_{12}=-3,\quad A_{13}=2$$
$$A_{21}=6,\quad A_{22}=-6,\quad A_{23}=2$$
$$A_{31}=-4,\quad A_{32}=5,\quad A_{33}=-2$$

所以，$A^* = \begin{pmatrix} 2 & 6 & -4 \\ -3 & -6 & 5 \\ 2 & 2 & -2 \end{pmatrix}$.

从而，$A^{-1} = \dfrac{1}{|A|} A^* = \dfrac{1}{2}\begin{pmatrix} 2 & 6 & -4 \\ -3 & -6 & 5 \\ 2 & 2 & -2 \end{pmatrix} = \begin{pmatrix} 1 & 3 & -2 \\ -\dfrac{3}{2} & -3 & \dfrac{5}{2} \\ 1 & 1 & -1 \end{pmatrix}$.

根据定理 2，可以得到下列推论.

推论 若 $AB = E$（或 $BA = E$），则 $B = A^{-1}$.

此外，通过定义可以证明可逆矩阵具有下列性质.

性质 1 若矩阵 A 可逆，则 A^{-1} 也可逆，且 $(A^{-1})^{-1} = A$

性质 2 若矩阵 A 可逆，实数 $k \neq 0$，则 kA 也可逆，且 $(kA)^{-1} = k^{-1}A^{-1}$.

性质 3 若 n 阶矩阵 A 和 B 都可逆，则 AB 也可逆，且 $(AB)^{-1} = B^{-1}A^{-1}$.

性质 4 如果矩阵 A 可逆，则 A^{T} 也可逆，且 $(A^{\mathrm{T}})^{-1} = (A^{-1})^{\mathrm{T}}$.

下面介绍在已知逆矩阵 A^{-1} 的情况下如何解用矩阵方程表示的线性方程组 $AX = B$.

按矩阵的乘法，对矩阵方程 $AX = B$ 的两边左乘逆矩阵 A^{-1}，得

$$A^{-1}AX = A^{-1}B,$$

从而有

$$X = A^{-1}B.$$

就是线性方程组 $AX = B$ 的解.

例 20 已知线性方程组

$$\begin{cases} 2x_1 + 2x_2 + 3x_3 = 2 \\ x_1 - x_2 = 2 \\ -x_1 + 2x_2 + x_3 = 4 \end{cases},$$

解此方程组.

解：设

$$A = \begin{pmatrix} 2 & 2 & 3 \\ 1 & -1 & 0 \\ -1 & 2 & 1 \end{pmatrix},\quad X = \begin{pmatrix} x_1 \\ x_2 \\ x_3 \end{pmatrix},\quad B = \begin{pmatrix} 2 \\ 2 \\ 4 \end{pmatrix}.$$

则所给线性方程组可以写成如下矩阵形式，

$$AX = B.$$

由定理 2，$A^{-1} = \dfrac{1}{|A|}A^*$，系数矩阵 A 的逆矩阵为 $A^{-1} = \begin{pmatrix} 1 & -4 & -3 \\ 1 & -5 & -3 \\ -1 & 6 & 4 \end{pmatrix}$.

所以，

$$\begin{pmatrix} x_1 \\ x_2 \\ x_3 \end{pmatrix} = \boldsymbol{X} = \boldsymbol{A}^{-1}\boldsymbol{B} = \begin{pmatrix} 1 & -4 & -3 \\ 1 & -5 & -3 \\ -1 & 6 & 4 \end{pmatrix}\begin{pmatrix} 2 \\ 2 \\ 4 \end{pmatrix} = \begin{pmatrix} -18 \\ -20 \\ 26 \end{pmatrix}.$$

即，$\begin{cases} x_1 = -18 \\ x_2 = -20 \\ x_3 = 26 \end{cases}$.

12.2.4 矩阵的秩

矩阵的秩不仅与讨论可逆矩阵的问题有密切关系，而且在讨论线性方程组的解的情况中也有重要应用.为了建立矩阵秩的概念，首先给出矩阵子式的概念.

定义 12 在 $m\times n$ 矩阵 $\boldsymbol{A}$ 中，任取 k 行 k 列 $(k\leqslant m, k\leqslant n)$，位于这些行列交叉处的 k^2 个元素，按原来次序组成的 k 阶行列式，称为矩阵 $\boldsymbol{A}$ 的一个 k **阶子式**.

如矩阵

$$\boldsymbol{A} = \begin{pmatrix} 2 & -1 & 4 & 5 & 6 \\ 0 & 3 & 2 & 4 & -2 \\ 0 & 0 & -1 & 3 & 7 \\ 0 & 0 & 0 & 0 & 0 \end{pmatrix},$$

在 $\boldsymbol{A}$ 的第 1、3 行与第 2、4 列交点上的 4 个元素按原来次序组成的行列式 $\begin{vmatrix} -1 & 5 \\ 0 & 3 \end{vmatrix}$，称为 $\boldsymbol{A}$ 的一个二阶子式.

一个 $m\times n$ 矩阵 $\boldsymbol{A}$ 的 k 阶子式共有 $C_m^k \cdot C_n^k$ 个，组成的不为零的 k 阶行列式称为 k 阶非零子式. 如果矩阵 $\boldsymbol{A}$ 有不为零的 k 阶子式 D，且所有高于 k 阶的子式（如果存在）全为 0，则 D 称为矩阵 $\boldsymbol{A}$ 的最高阶非零子式. 一个 n 阶方阵 $\boldsymbol{A}$ 的 n 阶子式，就是方阵 $\boldsymbol{A}$ 的行列式 $|\boldsymbol{A}|$.

定义 13 矩阵 $\boldsymbol{A}$ 的非零子式的最高阶数 k 称为矩阵 $\boldsymbol{A}$ 的秩，记作 $R(\boldsymbol{A})$.

规定零矩阵的秩为零.

由定义可知，$R(\boldsymbol{A}) = k$，则 $\boldsymbol{A}$ 至少有一个 k 阶子式不为零，且任一 $k+1$ 阶子式（如果存在的话）的值一定为零，所有高于 $k+1$ 阶子式（如果存在）的值也一定为零.

例 21 求矩阵

$$\boldsymbol{A} = \begin{pmatrix} 1 & -2 & 3 & 5 \\ 0 & 1 & 2 & 1 \\ 1 & -1 & 5 & 6 \end{pmatrix}$$ 的秩.

解： 因为取 $\boldsymbol{A}$ 的第 1、2 两行和第 1、2 两列构成的一个二阶子式

$$\begin{vmatrix} 1 & -2 \\ 0 & 1 \end{vmatrix} \neq 0,$$

所以，$\boldsymbol{A}$ 的非零子式的最高阶数至少为 2，即 $3 \geqslant R(\boldsymbol{A}) \geqslant 2$. $\boldsymbol{A}$ 中共有四个三阶子式：

$$\begin{vmatrix}1 & -2 & 3\\0 & 1 & 2\\1 & -1 & 5\end{vmatrix}=0，\begin{vmatrix}1 & -2 & 5\\0 & 1 & 1\\1 & -1 & 6\end{vmatrix}=0，\begin{vmatrix}1 & 3 & 5\\0 & 2 & 1\\1 & 5 & 6\end{vmatrix}=0，\begin{vmatrix}-2 & 3 & 5\\1 & 2 & 1\\-1 & 5 & 6\end{vmatrix}=0，$$

即所有三阶子式 Q 全为零，故 $R(\boldsymbol{A})=2$.

从例 21 可以看出，当矩阵的行、列数都较大时，根据定义求矩阵的秩的计算量会很大，且容易出错，后续会将介绍一种较为简便的求矩阵秩的方法——矩阵的初等变换.

12.3 初等变换和线性方程组

12.3.1 矩阵的初等变换

矩阵的初等变换作为矩阵的一种十分重要的运算，不仅可以用来计算矩阵的秩，而且在讨论线性方程组的解中也起着非常重要的作用.

定义 14 对矩阵的行做下列三种变换，称为矩阵的**初等行变换**：

（1）互换任意两行的位置，用 $r_i \leftrightarrow r_j$ 表示第 i 行与第 j 行互换；

（2）用一个非零常数乘以矩阵的某一行，用 $k \times r_i$ 表示用数 k 乘以第 i 行；

（3）用一个常数乘以矩阵的某一行，并加到另一行上，用 $r_i + kr_j$ 表示第 j 行的 k 倍加到第 i 行上.

把定义中的行换成列，对矩阵的列做上述三种变换，称为矩阵的**初等列变换**（符号表示将“r”换成“c”即可）.

矩阵的初等行变换和初等列变换统称初等变换.

关于矩阵的初等变换有下面结论：

（1）矩阵的三种初等变换都是可逆的，且其逆变换是同一类型的初等变换；

（2）如果矩阵 $\boldsymbol{A}$ 经过有限次初等变换变成矩阵 $\boldsymbol{B}$，就称 $\boldsymbol{A}$ 与 $\boldsymbol{B}$ 等价，记作 $\boldsymbol{A}\sim\boldsymbol{B}$.

下面介绍两个特殊的矩阵，行阶梯形矩阵和行最简形矩阵.

定义 15 满足下列两个条件的非零矩阵称为**行阶梯形矩阵**：

（1）若矩阵有零行（元素全部为零的行），则非零行（元素不全为零的行）全在零行的上方；

（2）从左到右，所有非零行的第一个不为零的元素（称为首非零元素）下方的元素都为零.

对于一个行阶梯形矩阵而言，若满足下面条件：

（1）非零行的首非零元素为 1；

（2）所有行首非零元素所在列的其他元素全为 0.

则称该行阶梯形矩阵为**行最简形矩阵**. 若对行最简形矩阵施以行初等变换就会变成更简单的矩阵（左上角是一个单位矩阵，其余元素全为 0），称为**标准形**.

如下，矩阵 $\boldsymbol{A}$ 是一个行阶梯形矩阵，对 $\boldsymbol{A}$ 施以**行初等变换**可变成行最简形矩阵 $\boldsymbol{B}$. 若对行最简形矩阵 $\boldsymbol{B}$ 施以**初等变换**变成更简单的矩阵 $\boldsymbol{F}$（左上角是一个单位矩阵，其余元素全为 0），称 $\boldsymbol{F}$ 是 $\boldsymbol{B}$ 的标准形.

$$\boldsymbol{A}=\begin{pmatrix}-1 & -1 & 4 & -9 & -12\\ 0 & 2 & -2 & 4 & 6\\ 0 & 0 & -1 & 3 & 7\\ 0 & 0 & 0 & 0 & 0\end{pmatrix},\quad \boldsymbol{B}=\begin{pmatrix}1 & 0 & 0 & -2 & -10\\ 0 & 1 & 0 & -1 & 4\\ 0 & 0 & 1 & -3 & -7\\ 0 & 0 & 0 & 0 & 0\end{pmatrix},$$

$$\boldsymbol{F}=\begin{pmatrix}1 & 0 & 0 & 0 & 0\\ 0 & 1 & 0 & 0 & 0\\ 0 & 0 & 1 & 0 & 0\\ 0 & 0 & 0 & 0 & 0\end{pmatrix}.$$

若矩阵 $\boldsymbol{B}$ 是矩阵 $\boldsymbol{A}$ 经过有限次初等变换得到的矩阵，则矩阵 $\boldsymbol{A}$ 与矩阵 $\boldsymbol{B}$ 中非零子式的最高阶数相等，即变换前后矩阵的秩始终相等. 事实上，矩阵的初等变换作为一种运算，它不会改变矩阵的秩. 可以发现，行阶梯形矩阵的非零子式的最高阶数就是它非零行的行数，因此有下面定理.

定理 3　矩阵的秩等于通过初等变换化成的行阶梯形矩阵的非零行的行数.

根据定理 3 可知，为了求矩阵 $\boldsymbol{A}$ 的秩，可以利用矩阵的初等变换将 $\boldsymbol{A}$ 化为行阶梯形矩阵，然后求秩.

例 22　求矩阵

$$\boldsymbol{A}=\begin{pmatrix}2 & -4 & 4 & 10 & -4\\ 0 & 1 & -1 & 3 & 1\\ 1 & -2 & 1 & -4 & 2\\ 4 & -7 & 4 & -4 & 5\end{pmatrix}\text{的秩.}$$

解：因为

$$\boldsymbol{A}=\begin{pmatrix}2 & -4 & 4 & 10 & -4\\ 0 & 1 & -1 & 3 & 1\\ 1 & -2 & 1 & -4 & 2\\ 4 & -7 & 4 & -4 & 5\end{pmatrix}\overset{r_1\leftrightarrow r_3}{\sim}\begin{pmatrix}1 & -2 & 1 & -4 & 2\\ 0 & 1 & -1 & 3 & 1\\ 2 & -4 & 4 & 10 & -4\\ 4 & -7 & 4 & -4 & 5\end{pmatrix}\underset{-4r_1+r_4}{\overset{-2r_1+r_3}{\sim}}$$

$$\begin{pmatrix}1 & -2 & 1 & -4 & 2\\ 0 & 1 & -1 & 3 & 1\\ 0 & 0 & 2 & 18 & -8\\ 0 & 1 & 0 & 12 & -3\end{pmatrix}\overset{-r_2+r_4}{\sim}\begin{pmatrix}1 & -2 & 1 & -4 & 2\\ 0 & 1 & -1 & 3 & 1\\ 0 & 0 & 2 & 18 & -8\\ 0 & 0 & 1 & 9 & -4\end{pmatrix}\overset{\frac{1}{2}r_3+r_4}{\sim}$$

$$=\begin{pmatrix}1 & -2 & 1 & -4 & 2\\ 0 & 1 & -1 & 3 & 1\\ 0 & 0 & 2 & 18 & -8\\ 0 & 0 & 0 & 0 & 0\end{pmatrix}.$$

矩阵 $\boldsymbol{A}$ 的对应的行阶梯形矩阵为 $\boldsymbol{B}=\begin{pmatrix}1&-2&1&-4&2\\0&1&-1&3&1\\0&0&2&18&-8\\0&0&0&0&0\end{pmatrix}$，非零行数为 3，即秩 $r(\boldsymbol{B})=3$，所以 $R(\boldsymbol{A})=R(\boldsymbol{B})=3$.

例 23 设矩阵

$$\boldsymbol{A}=\begin{pmatrix}2&0&5&2\\-2&4&1&0\end{pmatrix},\quad \boldsymbol{B}=\begin{pmatrix}-1&1&4&0\\3&-2&5&-3\\2&0&-6&4\\0&1&1&2\end{pmatrix}.$$

求 $R(\boldsymbol{A})$，$R(\boldsymbol{B})$，$R(\boldsymbol{AB})$.

解： 因为

$$\boldsymbol{A}=\begin{pmatrix}2&0&5&2\\-2&4&1&0\end{pmatrix}\overset{r_1+r_2}{\sim}\begin{pmatrix}2&0&5&2\\0&4&6&2\end{pmatrix},$$

所以 $R(\boldsymbol{A})=2$；

因为

$$\boldsymbol{B}=\begin{pmatrix}-1&1&4&0\\3&-2&5&-3\\2&0&-6&4\\0&1&1&2\end{pmatrix}\underset{2r_1+r_3}{\overset{3r_1+r_2}{\sim}}\begin{pmatrix}-1&1&4&0\\0&1&17&-3\\0&2&2&4\\0&1&1&2\end{pmatrix}\underset{-r_1+r_4}{\overset{2r_2+r_3}{\sim}}$$

$$\begin{pmatrix}-1&1&4&0\\0&1&17&-3\\0&0&-32&10\\0&0&-16&5\end{pmatrix}\overset{-\frac{1}{2}r_3+r_4}{\sim}\begin{pmatrix}-1&1&4&0\\0&1&17&-3\\0&0&-32&10\\0&0&0&0\end{pmatrix}.$$

所以 $R(\boldsymbol{B})=3$；

因为

$$\boldsymbol{AB}=\begin{pmatrix}2&0&5&2\\-2&4&1&0\end{pmatrix}\begin{pmatrix}-1&1&4&0\\3&-2&5&-3\\2&0&-6&4\\0&1&1&2\end{pmatrix}$$

$$=\begin{pmatrix}8&4&-20&24\\16&-10&6&-8\end{pmatrix}\overset{-2r_1+r_2}{\sim}\begin{pmatrix}8&4&-20&24\\0&-18&46&-56\end{pmatrix}.$$

所以 $R(\boldsymbol{AB})=2$.

12.3.2 线性方程组的解

在求解由两个二元线性方程组成的方程组的基础上进行推广，就是求解由 n 个未知数 n 个方程组成的线性方程组的克莱姆法则.

设含有n个未知数、n个方程的方程组

$$\begin{cases} a_{11}x_1 + a_{12}x_2 + \cdots + a_{1n}x_n = b_1 \\ a_{21}x_1 + a_{22}x_2 + \cdots + a_{2n}x_n = b_2 \\ \cdots\cdots\cdots \\ a_{n1}x_1 + a_{n2}x_2 + \cdots + a_{nn}x_n = b_n \end{cases}$$

其中，a_{ij}表示系数，b_i是常数，x_i是未知数（也称为未知量），$i, j = 1,2,\cdots,n$.

克莱姆法则：

若线性方程组的系数矩阵$\boldsymbol{A}$的行列式不等于零，即

$$|\boldsymbol{A}| = \begin{vmatrix} a_{11} & \cdots & a_{1n} \\ \vdots & & \vdots \\ a_{n1} & \cdots & a_{nn} \end{vmatrix} \neq 0 .$$

则方程组有唯一解，为

$$x_1 = \frac{|\boldsymbol{A}_1|}{|\boldsymbol{A}|}, x_2 = \frac{|\boldsymbol{A}_2|}{|\boldsymbol{A}|}, \cdots, x_n = \frac{|\boldsymbol{A}_n|}{|\boldsymbol{A}|}$$

其中，$\boldsymbol{A}_j\,(j = 1,2,\cdots,n)$ 是把系数矩阵$\boldsymbol{A}$中第j列的元素用方程组右端的常数项代替后得到的n阶矩阵，即

$$\boldsymbol{A}_j = \begin{pmatrix} a_{11} & \cdots & a_{1,j-1} & b_1 & a_{1,j+1} & \cdots & a_{1n} \\ \vdots & & \vdots & \vdots & \vdots & & \vdots \\ a_{n1} & \cdots & a_{n,j-1} & b_n & a_{n,j+1} & \cdots & a_{nn} \end{pmatrix}.$$

可以看出，克莱姆法则解决的是方程组个数与未知数个数相等并且系数行列式不等于零的线性方程组的解. 对于方程组个数与未知数个数不相等的一般线性方程组，其解的计算介绍如下.

设含有n个未知数、m个方程的方程组

$$\begin{cases} a_{11}x_1 + a_{12}x_2 + \cdots + a_{1n}x_n = b_1 \\ a_{21}x_1 + a_{22}x_2 + \cdots + a_{2n}x_n = b_2 \\ \cdots\cdots\cdots \\ a_{m1}x_1 + a_{m2}x_2 + \cdots + a_{mn}x_n = b_m \end{cases}$$

其中，a_{ij}表示系数，$b_i\ (i = 1,2,\cdots,m)$是常数，$x_j (j = 1,2,\cdots,n)$是未知数，矩阵形式可表示成$\boldsymbol{AX} = \boldsymbol{b}$.

通过对该方程组的系数矩阵$\boldsymbol{A}$和增广矩阵$\boldsymbol{B} = (\boldsymbol{A}, \boldsymbol{b})$进行初等变换，根据系数矩阵与增广矩阵的秩的关系，进而讨论线性方程组解的存在性及有解时解是否唯一.

定理 4 记n元线性方程组的系数矩阵的秩为$R(\boldsymbol{A})$，增广矩阵的秩为$R(\boldsymbol{A}, \boldsymbol{b})$，其解的情况如下：

（1）若$R(\boldsymbol{A}) < R(\boldsymbol{A}, \boldsymbol{b})$，线性方程组无解；

（2）若$R(\boldsymbol{A}) = R(\boldsymbol{A}, \boldsymbol{b}) = n$，线性方程组有唯一解；

（3）若$R(\boldsymbol{A}) = R(\boldsymbol{A}, \boldsymbol{b}) < n$，线性方程组有无限多解.

当方程组右端常数项$b_1 = b_2 = \cdots = b_m = 0$时，称该方程组为**齐次线性方程组**，矩

阵形式为 $\boldsymbol{AX}=\boldsymbol{O}$；

当 b_1，b_2，$\cdots,b_m$ 不全为 0 时，方程组称为**非齐次线性方程组**，矩阵形式为 $\boldsymbol{AX}=\boldsymbol{b}$.

例 24 解齐次线性方程组.

$$\begin{cases} x_1+2x_2+2x_3+x_4=0 \\ 2x_1+x_2-2x_3-2x_4=0 \\ x_1-x_2-4x_3-3x_4=0 \end{cases}.$$

解：对系数矩阵 $\boldsymbol{A}$ 施初等行变换化为行最简形矩阵

$$\boldsymbol{A}=\begin{pmatrix} 1 & 2 & 2 & 1 \\ 2 & 1 & -2 & -2 \\ 1 & -1 & -4 & -3 \end{pmatrix} \underset{r_3-r_1}{\overset{r_2+2r_1}{\sim}} \begin{pmatrix} 1 & 2 & 2 & 1 \\ 0 & -3 & -6 & -4 \\ 0 & -3 & -6 & -4 \end{pmatrix}$$

$$\underset{r_2\div(-3)}{\overset{r_3-r_2}{\sim}} \begin{pmatrix} 1 & 2 & 2 & 1 \\ 0 & 1 & 2 & \frac{4}{3} \\ 0 & 0 & 0 & 0 \end{pmatrix} \overset{r_1-2r_2}{\sim} \begin{pmatrix} 1 & 0 & -2 & -\frac{5}{3} \\ 0 & 1 & 2 & \frac{4}{3} \\ 0 & 0 & 0 & 0 \end{pmatrix},$$

所以 $R(\boldsymbol{A})=2<4$，原方程组有无限解，从而可得原方程组的同解方程组

$$\begin{cases} x_1-2x_3-\frac{5}{3}x_4=0 \\ x_2+2x_3+\frac{4}{3}x_4=0 \end{cases},$$

所以，

$$\begin{cases} x_1=2x_3+\frac{5}{3}x_4 \\ x_2=-2x_3-\frac{4}{3}x_4 \end{cases}$$，（其中 x_3 和 x_4 可任意取值，称为**自由未知量**）

于是令 $x_3=k_1,x_4=k_2,(k_1,k_2\in R)$，则有原方程组的通解为

$$\begin{cases} x_1=2k_1+\frac{5}{3}k_2 \\ x_2=-2k_1-\frac{4}{3}k_2 \\ x_3=k_1 \\ x_4=k_2 \end{cases},$$

写成向量形式为

$$\begin{pmatrix} x_1 \\ x_2 \\ x_3 \\ x_4 \end{pmatrix}=\begin{pmatrix} 2k_1+\frac{5}{3}k_2 \\ -2k_1-\frac{4}{3}k_2 \\ k_1 \\ k_2 \end{pmatrix}=k_1\begin{pmatrix} 2 \\ -2 \\ 1 \\ 0 \end{pmatrix}+k_2\begin{pmatrix} \frac{5}{3} \\ -\frac{4}{3} \\ 0 \\ 0 \end{pmatrix}.$$

例 25 求解非齐次线性方程组

$$\begin{cases} x_1 + x_2 - 3x_3 - x_4 = 1 \\ 3x_1 - x_2 - 3x_3 + 4x_4 = 4 \\ x_1 + 5x_2 - 9x_3 - 8x_4 = 0 \end{cases}.$$

解：对方程组的增广矩阵 $\boldsymbol{B} = (\boldsymbol{A}, \boldsymbol{b})$ 施初等行变换化成行最简形矩阵

$$\boldsymbol{B} = (\boldsymbol{A}, \boldsymbol{b}) = \begin{pmatrix} 1 & 1 & -3 & -1 & 1 \\ 3 & -1 & -3 & 4 & 4 \\ 2 & 5 & -9 & -8 & 0 \end{pmatrix} \underset{r_3 - r_1}{\overset{r_2 - 3r_1}{\sim}} \begin{pmatrix} 1 & 1 & -3 & -1 & 1 \\ 0 & -4 & 6 & 7 & 1 \\ 0 & 4 & -6 & -7 & -1 \end{pmatrix}$$

$$\underset{r_2 \div (-4)}{\overset{r_3 + r_2}{\sim}} \begin{pmatrix} 1 & 1 & -3 & -1 & 1 \\ 0 & 1 & -\frac{3}{2} & -\frac{7}{4} & -\frac{1}{4} \\ 0 & 0 & 0 & 0 & 0 \end{pmatrix} \overset{r_1 - r_2}{\sim} \begin{pmatrix} 1 & 0 & -\frac{3}{2} & \frac{3}{4} & \frac{5}{4} \\ 0 & 1 & -\frac{3}{2} & -\frac{7}{4} & -\frac{1}{4} \\ 0 & 0 & 0 & 0 & 0 \end{pmatrix}$$

所以，$\boldsymbol{R}(\boldsymbol{A}) = \boldsymbol{R}(\boldsymbol{B}) = 2 < 4$，原方程组有无限解，从而可得原方程组的同解方程组

$$\begin{cases} x_1 - \frac{3}{2}x_3 + \frac{3}{4}x_4 = \frac{5}{4} \\ x_2 - \frac{3}{2}x_3 - \frac{7}{4}x_4 = -\frac{1}{4} \end{cases},$$

所以，

$$\begin{cases} x_1 = \frac{3}{2}x_3 - \frac{3}{4}x_4 + \frac{5}{4} \\ x_2 = \frac{3}{2}x_3 + \frac{7}{4}x_4 - \frac{1}{4} \end{cases}，（其中 x_3 和 x_4 取任意值）$$

于是令 $x_3 = k_1, x_4 = k_2, (k_1, k_2 \in R)$，则可得原方程组的通解为

$$\begin{cases} x_1 = \frac{3}{2}k_1 - \frac{3}{4}k_2 + \frac{5}{4} \\ x_2 = \frac{3}{2}k_1 + \frac{7}{4}k_2 - \frac{1}{4} \\ x_3 = k_1 \\ x_4 = k_2 \end{cases},$$

通解的向量形式为

$$\begin{pmatrix} x_1 \\ x_2 \\ x_3 \\ x_4 \end{pmatrix} = k_1 \begin{pmatrix} \frac{3}{2} \\ \frac{3}{2} \\ 1 \\ 0 \end{pmatrix} + k_2 \begin{pmatrix} -\frac{3}{4} \\ \frac{7}{4} \\ 0 \\ 1 \end{pmatrix} + \begin{pmatrix} \frac{5}{4} \\ -\frac{1}{4} \\ 0 \\ 0 \end{pmatrix}.$$

综合训练 12

1. 计算下列行列式的值.

（1）$\begin{vmatrix}1 & -3\\-1 & 4\end{vmatrix}$；　（2）$\begin{vmatrix}-1 & 3 & 1\\0 & 2 & -2\\0 & -2 & 1\end{vmatrix}$；　（3）$\begin{vmatrix}3 & 1 & -1\\-5 & 1 & 3\\2 & 0 & 1\end{vmatrix}$；

（4）$\begin{vmatrix}1 & 2 & 3 & 4\\1 & 3 & 4 & 1\\1 & 4 & 1 & 2\\1 & 1 & 2 & 3\end{vmatrix}$；　（5）$\begin{vmatrix}0 & 1 & 1 & 1\\1 & 0 & 1 & 1\\1 & 1 & 0 & 1\\1 & 1 & 1 & 0\end{vmatrix}$；

2. 按自然数从小到大为标准次序，求下列各排列的逆序数.

（1）1234；（2）3214；（3）2431；（4）$13\cdots(2n-1)24\cdots(2n)$.

3. 写出四阶行列式中含有因子 $a_{14}a_{21}$ 的项.

4. 写出三阶行列式 $\begin{vmatrix}1 & -3 & 1\\0 & 5 & x\\-1 & 2 & -2\end{vmatrix}=0$ 中 a_{23}和a_{31} 的余子式和代数余子式.

5. 求 $f(x)=\begin{vmatrix}x+1 & -x & -1\\2 & x-1 & 1\\x & 1 & x\end{vmatrix}$ 中 x^2 的系数.

6. 求解方程 $\begin{vmatrix}1 & 1 & 2\\-1 & 1 & x^2-2\\2 & x^2+1 & 1\end{vmatrix}=0$ 的解.

7. 计算下列各题.

（1）$\begin{pmatrix}1 & 2\\0 & -5\end{pmatrix}+\begin{pmatrix}-1 & -2\\2 & 4\end{pmatrix}$；　（2）$\begin{pmatrix}2 & -5\\4 & 3\end{pmatrix}-\begin{pmatrix}1 & -3\\-2 & 4\end{pmatrix}$；

（3）$-2\begin{pmatrix}2 & 0 & -5 & 1\\-1 & 4 & 3 & -2\end{pmatrix}$；　（4）$\begin{pmatrix}-1 & 2 & 3\end{pmatrix}\begin{pmatrix}3\\2\\1\end{pmatrix}$；

（5）$\begin{pmatrix}3\\2\\1\end{pmatrix}\begin{pmatrix}-1 & 2 & 3\end{pmatrix}$；　（6）$\begin{pmatrix}2 & -5\\1 & 3\end{pmatrix}\begin{pmatrix}4 & -3\\2 & 4\end{pmatrix}$；

（7）$\begin{pmatrix}-1 & 2 & 3\\3 & -1 & 0\end{pmatrix}\begin{pmatrix}2 & 5 & -1\\1 & 2 & -3\\-1 & 0 & 2\end{pmatrix}$；　（8）$\begin{pmatrix}-2 & 0 & 2\\3 & -4 & 0\\0 & 3 & 4\end{pmatrix}\begin{pmatrix}3 & -6 & 0\\-2 & 0 & 4\\0 & 5 & -1\end{pmatrix}$；

（9）$\begin{pmatrix}0 & 1\\1 & 0\end{pmatrix}\begin{pmatrix}5 & -3\\2 & 1\end{pmatrix}\begin{pmatrix}0 & -1\\1 & 0\end{pmatrix}$.

8. 设$A=\begin{pmatrix}1 & 1 & 1\\1 & 1 & -1\\1 & -1 & 1\end{pmatrix}$ $B=\begin{pmatrix}1 & 2 & 3\\-1 & -2 & 4\\0 & 5 & 1\end{pmatrix}$

求$AB-2A$及$A^{\mathrm{T}}B$.

9. 已知$A=\begin{pmatrix}1 & 2 & 3\\0 & 2 & 0\\0 & 1 & 3\end{pmatrix}$，$B=\begin{pmatrix}1 & 0 & 0\\2 & 1 & 0\\3 & 2 & 1\end{pmatrix}$，求$A+2B$与$B^{-1}$.

10. 计算下列矩阵的逆矩阵.

（1）$\begin{pmatrix}-1 & 2\\2 & -5\end{pmatrix}$；（2）$\begin{pmatrix}1 & 2 & -1\\3 & 4 & -2\\5 & -4 & 1\end{pmatrix}$；（3）$\begin{pmatrix}0 & 0 & \frac{1}{5}\\2 & 1 & 0\\4 & 3 & 0\end{pmatrix}$.

11. 已知线性方程组

$$\begin{cases}2x_1+2x_2+3x_3=2\\x_1-x_2=2\\-x_1+2x_2+x_3=4\end{cases},$$

利用逆矩阵解该线性方程组.

思政聚焦

在人类进行的各项活动中，要做成一件事情，往往要受到各种主客观条件的限制，一个自然的想法是：“如何在现有条件下以最小的代价获得最佳效果？”这就是通常所说的优化问题，相应的数学方法就是优化方法. 学会用数学思维和方法解决问题，以最小的成本达到最大的目标.

【数学家小故事】——阿瑟·凯莱

“我们对于数学应该怎么去看待？数学应该像一个从远处一眼就看见的美丽乡村，人们能够在其中漫步，详细研究一切山坡、峡谷、小溪、岩石、树木和花草. 然而就像对其他事物一样，对于数学的美，我们只能意会，不能言传.”这段话是阿瑟·凯莱在担任英国科学促进协会主席时的就职演说. 这段话诠释了他一生的工作，也很好地诠释了数学. 阿瑟·凯莱是英国纯粹数学的近代学派带头人，他一生的成就完全可以与欧拉、柯西比肩.

阿瑟·凯莱于1821年8月16日生于英国的萨里郡里士满，1895年1月26日卒于剑桥. 阿瑟·凯莱8岁的时候，他的父亲退休回到了英国，阿瑟·凯莱被送到一个私立学校. 14岁的时候又被送去伦敦的国王学院. 阿瑟·凯莱在很小的时候如同高斯一样，显露出了卓越的数学才能，他十分擅长数值计算，并且把这些计算当作娱乐. 阿瑟·凯莱的老师们一致认为他是一个天生的数学家. 阿瑟·凯莱17岁的时候进入三一学院学习. 他在大学期间最爱做的事情是读各种古典小说，但是他并没有将数学落下. 大学三年级的时候，主考人因为他的数学太好了，而在他的名字下面画了一条线，意思是“在第一名之上”的最出众的一类人. 1842年，阿瑟·凯莱毕业了并在三一学院任聘3年，开始了毕生从事的数学研究. 期间一共发表了25篇论文. 这些论文规划了他以后将近50年的研究生涯的方向，包括n维几何、不变量理论、平面曲线的枚举几何学及椭圆函数理论等. 因未继续受聘，又不愿担任圣职（这是当时继续在剑桥大学从事数学研究的一个必要条件），于1846年加入林肯法律协会学习，并于1849年成为律师，以后14年他以律师为职业，同时继续数学研究. 1850年开始，阿瑟·凯莱和希尔维斯特发展了更一般的代数形式变换理论，而矩阵是他们手中极为有效的工具，矩阵代数于是被确立出来了. 矩阵这个名词是希尔维斯特在1850年首次引进的，他称一个m行、n列的阵列为“矩阵”. 而阿瑟·凯莱则是首先将矩阵作为独立研究对象的数学家，他从1855年起就发表了一系列的矩阵研究论文，奠定了矩阵论的基础. 特别是1858年发表的《矩阵论的研究报告》一文，在这篇论著中，阿瑟·凯莱定义了零矩阵、单位矩阵、逆矩阵、矩阵的特征方程和特征根，建立了矩阵的各种运算，同时推导了许多关于矩阵性质的理论，其中就有著名的凯莱–哈密顿定理. 1863年，由于大学法规的变化，阿瑟·凯莱被聘任为剑桥大学纯粹数学的第一位萨德勒教授，直至逝世.

阿瑟·凯莱作为矩阵的奠基人，一生的著作十分丰富，共发表了数学论文大约966篇. 他的数学论文几乎涉及纯粹数学的所有领域，包括非欧几何、线性代数、群论和高维几何，全都收集在共有4开本13大卷的《凯莱数学论文集》中，每卷约有600页.

单元 13 概率论基础

1. 教学目的

1）知识目标

★ 理解随机事件的相关概念、概率的定义及古典概型，能应用条件概率相关的公式进行实际问题的概率计算；

★ 理解随机变量、分布函数的概念，掌握常见的离散型随机变量和连续型随机变量，并能求解相关问题的概率分布；

★ 理解期望、方差、协方差与相关系数的实际含义，能运用这些数字特征解决实际问题.

2）素质目标

★ 帮助学生积累学习数学的经验，培养学生由浅入深地分析问题、解决问题的思维方式.

★ 锻炼学生质疑、独立思考的习惯与精神，帮助学生逐步建立正确的随机观念.

★ 培养学生能够自觉地以概率的思想去观察生活，通过建立简单的数学模型解决实际问题的能力.

2. 教学内容

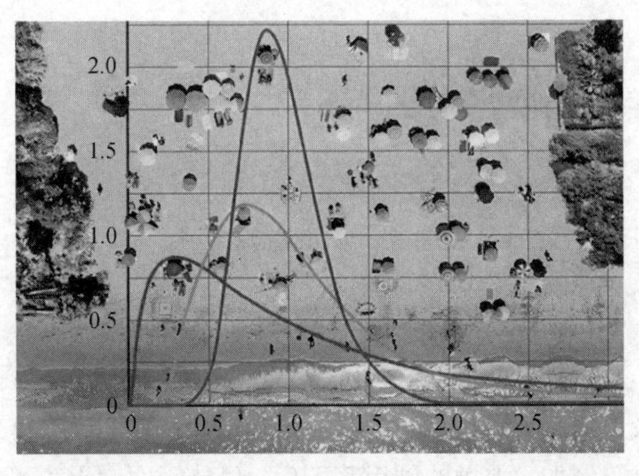

★ 随机事件及其运算、概率的定义及其确定方法、概率的性质、条件概率和事件的独立性；

★ 随机变量、分布函数、离散型随机变量、连续型随机变量；

★ 数字特征、期望、方差.

3. 数学词汇

① 随机事件—random event；

② 概率—probability；

③ 分布函数—distribution function；

④ 数字特征—numeric characteristic；

⑤ 方差—variance；

⑥ 数学期望—mathematical expectation；

⑦ 大数定律—law of large number；

⑧ 中心极限定理— central limit theorem.

13.1 随机事件及其概率

现实生活中，有些现象事前可以预言. 例如，在一个标准大气压下将水加热到100℃便会沸腾，这类现象称为确定性现象，研究这类现象的数学工具有分析、几何、代数、微分方程等.

现实生活中，有些现象的事物本身的含义不确定. 例如，情绪稳定与不稳定、身体健康与不健康等，这类现象叫作模糊现象，研究这类现象的数学工具有模糊数学.

现实生活中，也有些现象事前不可以预言，即使是在相同条件下重复进行试验，每次实验的结果也未必相同. 例如，抛硬币、掷骰子、预报天气等，这类现象叫作随机现象，研究这类现象的数学工具就是概率论和统计学.

确定性现象与随机现象的共同特点是"事物本身的含义"确定，随机现象与模糊现象的共同特点则是"不确定"（随机现象中事件的结果不确定，模糊现象中事物本身的含义不确定）.

13.1.1 随机事件与事件的概率

1. 随机现象

在现实世界中我们经常遇到两类不同的现象.

（1）**确定性现象** 在一定的条件下必然发生或必然不发生的现象. 例如，由地面上抛一枚硬币，它必然会下落；同性电荷，必然相斥；标准大气压下，30℃的水必然不结冰等.

（2）**随机现象** 在一定的条件下，具有多种可能的结果，但事先不能确定将会发生哪种结果的现象. 例如，上抛的硬币落下后，可能正面向上也可能反面向上，事先不能确定；在装有红球、白球的口袋里任意摸取一个，取出的是红球还是白球，事先也不能确定等.

下面再举一些例子.

例1 在水平平坦路面上，行驶的汽车失去动力后最终停止.

例2 导体有电流通过时必然发热.

例3 某篮球运动员投篮一次，其结果可能投进，也可能投不进.

例4 从含有一定数量次品的一批产品中任取3件，取出的3件产品中所含次品的个数可能为0、1、2、3，事先不能确定.

上述例1、例2是确定性现象，而例3、例4是随机现象.

随机现象的特点是：一方面，事先不能预言发生哪一种结果，具有偶然性；另一方面，在相同的条件下进行大量重复试验，会呈现某种规律性. 例如，在相同条件下，多次抛掷一枚均匀的硬币，落下后正面向上和反面向上的次数约各占总抛掷次数的一半；对含有次品的一批产品进行多次重复抽查，查出的次品率大致等于这批产品的次品率. 这种规律性称为统计规律性.

这说明随机现象的统计规律性是客观存在的，是在相同的条件下进行大量重复试验时呈现出来的，重复的次数越多，统计规律性会表现得越明显. 也就是说，在偶然性里孕育着必然性，必然性通过无数的偶然性表现出来.随机现象是偶然性与必然性的辩证统一.

2. 随机事件

随机现象是通过随机试验去研究的.随机试验的含义是广泛的，它包含科学试验、测量等. 但它应满足以下条件：

（1）可以在相同条件下重复进行；

（2）试验的所有可能结果是已知的（可有多个）；

（3）每次试验出现上述可能结果中的一个，但事先不能肯定将出现哪一个结果.

称这样的试验为随机试验，简称试验.

在一定的条件下，随机试验的每一个可能的结果称为一个随机事件，简称事件，用字母A、B、C等表示. 例如，上抛一枚硬币，落下后“正面向上”是一个事件，“反面向上”也是一个事件，可分别记作：A={正面向上}，B={反面向上}.

从含有次品的一批产品中任取3件进行检验，可能出现的事件：

A_0 = {不含次品}，A_1={有1件次品}，A_2={有2件次品}，A_3={有3件次品}；

还可能出现的事件：

B={至少有2件次品}，C={不超过1件次品}等.

在一定的研究范围内不能再分的事件称为基本事件，由两个或两个以上基本事件组成的事件称为复合事件. 例如，上抛硬币落下后出现的“正面向上”和“反面向上”都是基本事件；检验3件产品后出现的“没有次品”“有1件次品”“有2件次品”“有3件次品”也都是基本事件；而“至少有2件次品”是由“有2件次品”“有3件次品”组成的复合事件，“不超过1件次品”是由“没有次品”“有1件次品”组成的复合事件.

在每次试验中必然发生的事件称为**必然事件**，记作Ω，如例1与例2都是必然事件；每次试验中必然不发生的事件称为**不可能事件**，记作Φ. 例如，“标准大气压下 30℃的纯水结冰”是不可能事件，“从不含次品的一批产品中任取 1 件恰是次品”也是不可能事件. 必然事件和不可能事件实质上都是确定性现象的表现，为便于讨论，通常把它们看作随机事件的特例.

3. 事件间的关系和运算

1）事件的包含关系

一些事件相互间存在着关系. 例如，抽查 3 件产品，事件 A={有 2 件次品}，B={至少有 1 件次品}，那么事件 A 的发生必然导致事件 B 的发生.对于事件间的这种关系，我们有如下的定义.

定义 1 如果事件 A 发生必然导致事件 B 发生，则称事件 A 包含于事件 B，记作 $A\subset B$ 或 $B\supset A$.

我们常用图示法直观地表示事件间的关系：用一个矩形表示必然事件 Ω，矩形内的一些封闭图形表示随机事件 A、B 等. 一次试验可理解为向 Ω 中随机地“投入”一点，若此点落在图形 B 中就表示事件 B 发生. 图 13-1 就表示 $A\subset B\subset \Omega$，因为落入 A 中的点必落入 B 中，落入 B 中的点也落入 Ω 中.

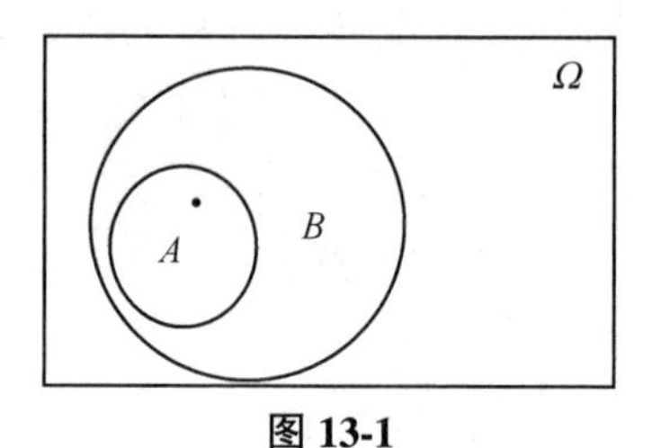

图 13-1

事件的包含关系有以下性质：

（1）$A\subset A$；

（2）$\Phi\subset A\subset \Omega$；

（3）若 $A\subset B$，$B\subset C$，则 $A\subset C$.

2）事件的相等关系

定义 2 若事件 $A\subset B$，同时 $B\subset A$，则称事件 A 与 B 相等，记作 $A=B$.

3）事件的和

定义 3 在一次试验中，“事件 A 与事件 B 至少有一个发生”的事件称为事件 A 与事件 B 的和，记作 $A+B$.

图 13-2 中阴影部分表示 $A+B$.

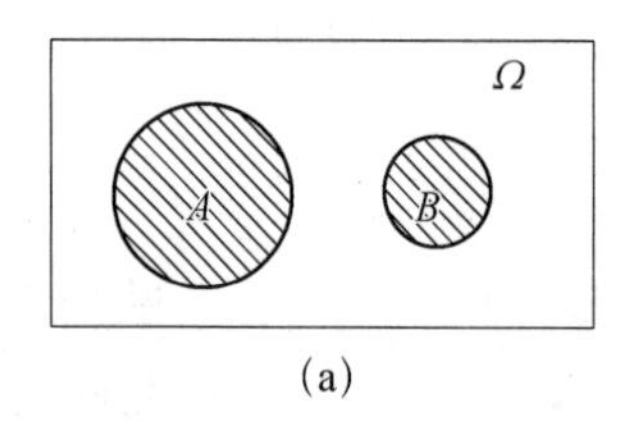

(a)

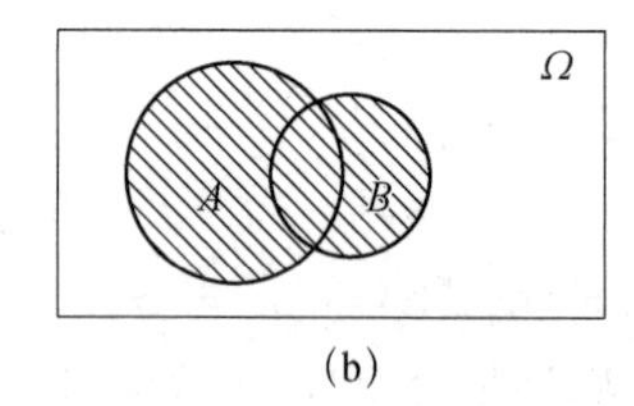

(b)

图 13-2

需要注意的是，$A+B$ 表示“事件 A 与事件 B 至少有一个发生”，与“事件 A 与事件 B 恰有 1 个发生”（“A 发生 B 不发生”或“B 发生 A 不发生”）是不同的，$A+B$ 意味着事件 A 与 B 可能只有一个发生，也可能都发生.

事件的和有如下性质：

$A \subset A+B$ ， $B \subset A+B$ ， $A+B=B+A$.

类似地，“事件 A_1、A_2、…、A_n 中至少有一个发生”的事件称为事件 A_1、A_2、…、A_n 的和，记作 $A_1+A_2+A_3+\cdots+A_n=\sum_{i=1}^{n}A_i$.

4）事件的积

定义 4 在一次试验中，“事件 A 与事件 B 同时发生”的事件称为事件 A 与事件 B 的积，记作 AB .

图 13-3（a）中阴影部分表示 AB ，图 13-3（b）表示 AB 是不可能事件.

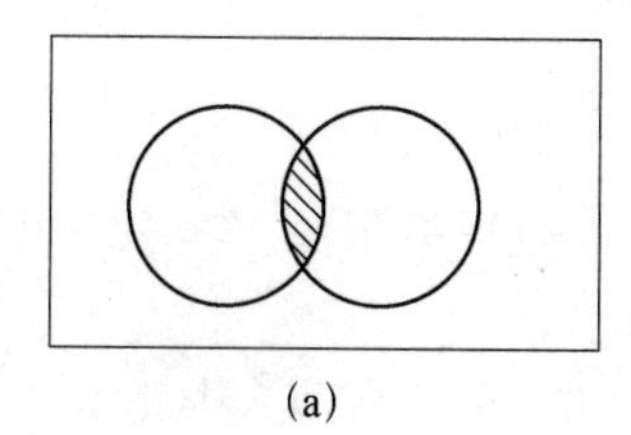

(a)

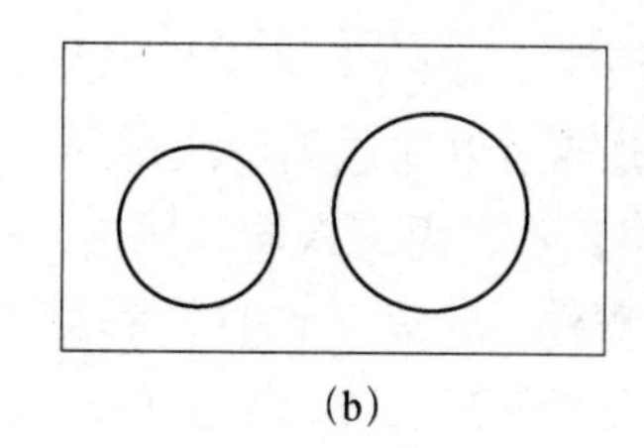

(b)

图 13-3

事件的积有如下性质：

$A \supset AB$ ， $B \supset AB$ ， $AB=BA$.

类似地，“事件 A_1、A_2、…、A_n 同时发生”这一事件称为事件 A_1、A_2、…、A_n 的积，记作 $A_1A_2A_3\cdots A_n=\prod_{i=1}^{n}A_i$.

例 5 一电路如图 13-4 所示. 设事件 A、B、C 分别表示元件 a、b、c 畅通无故障，事件 D 表示整个线路畅通无故障. 试用事件 A、B、C 表示事件 D.

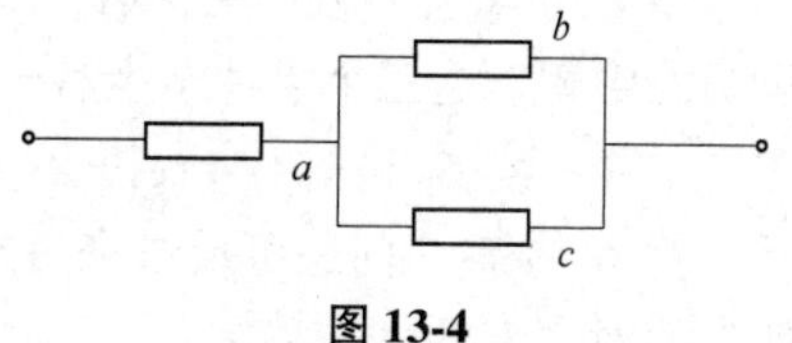

图 13-4

解： 由电学的知识可以知道， $D=AB+AC$ ，或 $D=A(B+C)$.

5）互不相容事件

定义 5 如果在一次试验中事件 A 与事件 B 不可能同时发生，那么事件 A 与事件 B 称为互不相容（或互斥）的，记作 $AB=\varPhi$.

图 13-3（b）中的事件 A 与 B 就是互不相容的.

一次射击，事件 A_0 ={未击中}，A_1 ={命中 1 环}，A_2 ={命中 2 环}，……，A_{10} ={命中 10 环}. 这些事件的每两个都是互不相容的，通常称这些事件组成一个互不相容事件组.

6）对立事件

定义 6 事件“ A 不发生”称为事件“ A 发生”的对立事件（或逆事件），记作 $\overline{A}$.

图 13-5 的阴影部分就表示事件 A 的对立事件 $\overline{A}$. 例如，在一批含有次品的产品中抽查 3 件，事件 A ={没有次品}，事件 B = {至少有 1 件次品}，

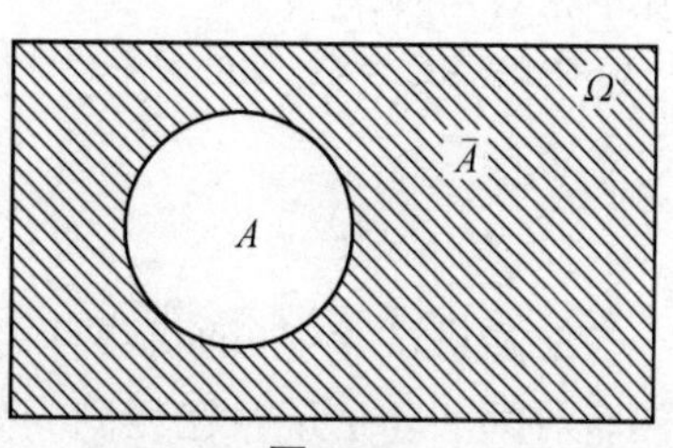

图 13-5

事件B是事件A的对立事件，即$B=\overline{A}$或$A=\overline{B}$.

对立事件有如下性质：

$A+\overline{A}=\Omega$，$A\cdot\overline{A}=\Phi$，$\overline{\overline{A}}=A$，$\overline{\Omega}=\Phi$，$\overline{\Phi}=\Omega$.

4. 事件的运算律

事件的运算律主要有：

（1）交换律　$A+B=B+A$，$AB=BA$；

（2）结合律　$(A+B)+C=A+(B+C)$，$(AB)C=A(BC)$；

（3）分配律　$A(B+C)=(AB)+(AC)$，$A+(BC)=(A+B)(A+C)$；

（4）反演律　$\overline{A+B}=\overline{A}\cdot\overline{B}$，$\overline{AB}=\overline{A}+\overline{B}$.

这些运算律可以通过图示法得到验证.

例 6　甲、乙、丙三人同时射击，设事件$A=\{$甲中靶$\}$，$B=\{$乙中靶$\}$，$C=\{$丙中靶$\}$. 试用事件A、B、C的关系表示以下事件.

（1）三人都中靶；（2）至少有一人中靶；（3）至多有两人中靶.

解： 设事件$D=\{$三人都中靶$\}$，$E=\{$至少有一人中靶$\}$，$F=\{$至多有两人中靶$\}$.

（1）D事件的发生即“三人都中靶”，必须要事件A、B、C同时发生，所以有$D=ABC$；

（2）“至少有一人中靶”这一事件的发生表示事件A、B、C至少有一个发生，由事件和的定义可得$E=A+B+C$.

（3）“至多有两人中靶”这一事件的发生表示“没有人中靶”“恰有一人中靶”“恰有两人中靶”这三个事件至少有一个发生，所以有

$$F=\overline{A}\cdot\overline{B}\cdot\overline{C}+A\cdot\overline{B}\cdot\overline{C}+\overline{A}\cdot B\cdot\overline{C}+\overline{A}\cdot\overline{B}\cdot C+A\cdot B\cdot\overline{C}+A\cdot\overline{B}\cdot C+\overline{A}\cdot B\cdot C.$$

例 6 的第 3 问还可反过来考虑：事件“最多有两个人中靶”是事件“三人都中靶”的对立事件，于是有

$$F=\{\text{最多有两人中靶}\}=\overline{ABC}.$$

显然后者更简明. 所以在解决实际问题时我们应从多方面进行考虑，选择最简明的事件表达式.

例 7　某一随机试验，其基本事件组成的集合（也称基本事件全集）$\Omega=\{e_0,e_1,e_2,e_3\}$，事件$A=\{e_0\}$，事件$B=\{e_1,e_2,e_3\}$，事件$C=\{e_2,e_3\}$. 判断$A$、$B$、$C$中哪两个是互不相容事件，哪两个是对立事件.

解： 因为$A+B=\Omega$，且$AB=\Phi$，所以A和B互为对立事件，显然，A和B是互不相容事件.

因为$AC=\Phi$，且$A+C=\{e_0,e_2,e_3\}\neq\Omega$，所以$A$和$C$是互不相容事件，但不是对立事件.

5. 事件的概率

在随机试验中，随机事件可能出现，也可能不出现，随机事件的发生带有偶然性，然而对同一随机现象在相同的条件下进行大量试验，又会呈现出一种确定的规律. 这一情况告诉我们，随机事件发生的可能性的大小是可以度量的.

定义 7　在一定的条件下进行 n 次重复试验，其中事件 A 发生的次数 m 称为事件 A 的**频数**，频数 m 与试验次数 n 的比称为事件的**频率**，记作 $f_n(A)=\frac{m}{n}$.

例如，有人进行投掷硬币试验，记录见表 13-1.

表 13-1

投掷次数 n	"正面向上"次数 m	频率 $\frac{m}{n}$
2048	1061	0.5181
4040	2408	0.5069
12000	6019	0.5016
24000	12012	0.5005
30000	14984	0.4996
72088	36124	0.5011

可以看出，投掷次数很大时"正面向上"的频率稳定于 0.5 附近.

又例如，某工厂生产某种产品，抽检记录见表 13-2.

表 13-2

抽检件数 n	10	50	100	200	500	1000	2000
次品数 m	1	3	4	9	27	52	98
次品率 $\frac{m}{n}$	0.10	0.06	0.04	0.045	0.054	0.052	0.049

可以看出次品的频率在 0.05 左右摆动，并随抽检件数的增多，逐渐稳定于 0.05.

上述实例说明，当试验次数 n 增大时，事件 A 的频率常常稳定在一个常数附近，通常把这一规律称为事件频率的稳定性.

频率不仅反映了事件发生的可能性的大小，而且还具有以下三个性质：

（1）对任一事件 A，有 $0\leqslant f_n(A)\leqslant 1$.

（2）对必然事件 Ω，有 $f_n(\Omega)=1$；对不可能事件 Φ，有 $f_n(\Phi)=0$.

（3）对事件 A_1, A_2, …, A_n，若它们两两互不相容，则

$$P(A_1+A_2+\cdots+A_n)=P(A_1)+P(A_2)+\cdots+P(A_n).$$

英国逻辑学家约翰（John Venn，1834—1923）和奥地利数学家理查德（Richard Von Mises，1883—1953）提出，获得一个事件的概率值的唯一方法是通过对该事件进行大量前后相互独立的随机试验，针对每次试验均记录下绝对频率值和相对频率值 $h_n(A)$. 随着试验次数 n 的增加，会出现如下事实：相对频率值会趋于稳定，它在一个特定的值上下浮动，即相对频率值趋向于一个固定值 $P(A)$，这个极限值称为**统计概率**，即

$$P(A)=\lim_{n\to\infty}h_n(A).$$

定义 8　在一定的条件下进行 n 次重复试验，当 n 充分大时，如果事件 A 的频率稳定在某一个确定的常数 p 附近，就把数值 p 称为随机事件 A 的概率，记作 $P(A)=p$.

例如，在投掷硬币的试验中，令事件 A={正面向上}，由于其频率稳定在 0.5 附近，所以

$$P(A)=0.5.$$

又例如，某厂产品抽检，令事件 B={取一个是次品}，由于频率稳定在 0.05 附近，所以

$$P(B)=0.05.$$

频率是个试验值，具有偶然性，是随机波动的变数，它近似地反映事件发生的可能性的大小；概率是频率的稳定值，概率能够精确地反映出事件发生的可能性的大小.

由频率的性质，可以推出概率的如下性质.

性质 1 事件 A 的概率满足

$$0 \leqslant P(A) \leqslant 1.$$

性质 2 必然事件的概率为 1，即 $P(\Omega)=1$；不可能事件的概率为零，即 $P(\Phi)=0$.

性质 3 若事件 A_1，A_2，…，A_n 两两互不相容，则

$$P\left(\sum_{i=1}^{n} A_i\right)=\sum_{i=1}^{n} P(A_i).$$

由于随机现象的结果具有不确定性，因此，随机现象不能呈现事物的必然规律.

6. 古典概型

我们从概率的稳定性引出了概率的统计定义，但频率的计算，必须通过大量的重复试验才能得到稳定的常数，这是比较困难的.

在某些特殊的情况下，并不需要进行大量重复试验，只需根据事件的特点，对事件及其相互关系进行分析对比，就可直接计算出概率值. 例如，抛掷硬币，每次试验的结果只有两种，即“正面向上”和“反面向上”，如果硬币是均匀的，抛掷又是任意的，那么两种结果发生的可能性是相等的，各占 $\frac{1}{2}$，从而认为 P{正面向上}=$\frac{1}{2}$，P{反面向上}=$\frac{1}{2}$.

定义 9 如果随机试验的结果只有有限个，每个事件发生的可能性相等且互不相容，这样的随机试验称为拉普拉斯试验，这种条件下的概率模型叫作古典概型.

古典概型是概率论中最直观和最简单的模型，它具有有限性、等可能性和互斥性三个特点. 概率的许多运算规则，也都首先是在这种模型下得到的.

由古典概型的等可能性，假设随机试验 Ω 的样本点总数 n 为有限，事件 A 在试验中发生的次数为 m，则 A 在试验中发生的可能性（概率）为

$$P(A)=\frac{m}{n}.$$

这种概率又称为古曲概率.

上述定义也叫概率的古典定义，它同样具备概率统计定义的三个性质. 下面通过具体例子来了解古典概型中事件的概率的计算.

例 8 抛一枚均匀的硬币 2 次，若 $A=\{$恰有一次是反面$\}$，求 $P(A)$.

解： 抛一枚均匀的硬币 2 次的随机试验 Ω 的所有事件有

（正，正）、（正，反）、（反，正）、（反，反），

即样本点总数 $n=4$．在这 4 个样本中，恰有一次是反面的有

（正，反）和（反，正），

即 A 出现的次数 $m=2$，故 $P(A)=\dfrac{2}{4}=0.5$.

例 9 掷二颗均匀骰子 1 次，若 $B=\{$点数之和为 7$\}$，求 $P(B)$.

解： 掷二颗均匀骰子的随机试验 Ω 的样本点总数为

$$C_6^1\cdot C_6^1=6\times 6=36\,.$$

点数和为 7 的事件有

（1，6）、（2，5）、（3，4）、（4，3）、（5，2）、（6，1），

可能出现 6 次，故 $P(B)=\dfrac{6}{36}=\dfrac{1}{6}$.

一般从 n 个不同的元素中任取 m 个元素并成一组的个数 C_n^m 的计算公式为

$$C_n^m=\frac{n!}{m!(n-m)!}\,.$$

例 10 设盒中有 3 个红球、5 个白球. 求：

（1）从中任取一球，求取出的是红球的概率；取出的是白球的概率.

（2）从中任取两球，求两个都是白球的概率；一个红球和一个白球的概率.

（3）从中任取 5 球，求取出的 5 个球中恰有 2 个白球的概率；至多有一个红球的概率.

解：（1）设 $A=\{$取出的是红球$\}$，$B=\{$取出的是白球$\}$，则

$$P(A)=\frac{C_3^1}{C_8^1}=\frac{3}{8}\,;\quad P(B)=\frac{C_5^1}{C_8^1}=\frac{5}{8}\,.$$

（2）设 $C=\{$两个都是白球$\}$，$D=\{$一个红球和一个白球$\}$，则

$$P(C)=\frac{C_5^2}{C_8^2}=\frac{5\times 4}{2\times 1}\times\frac{2\times 1}{8\times 7}\approx 0.357;\quad P(D)=\frac{C_3^1C_5^1}{C_8^2}=\frac{3\times 5\times 2\times 1}{8\times 7}\approx 0.536.$$

（3）设 $E=\{$取到的 5 个球中恰有 2 个白球$\}$，$F=\{$至少有两个白球$\}$，$G=\{$至多有一个红球$\}$. 则

$$P(E)=\frac{C_3^3C_5^2}{C_8^5}\approx 0.179;\quad P(F)=\frac{C_3^0C_5^5+C_3^1C_5^4}{C_8^5}\approx 0.286\,.$$

例 11 某电话局的电话号码除局号外，后四位数可由 0，1，2，…，9 这十个数字中的任意四个组成（可重复）.任取一电话号码，求它的后四位数是由 4 个不同数字组成的概率.

解： 设 $A=\{$后四位数由不同数字组成$\}$.

基本事件总数 $n=10^4$，事件 A 包含的基本事件个数 $m=P_{10}^4$，所以，

$$P(A)=\frac{m}{n}=\frac{P_{10}^{4}}{10^{4}}=\frac{10\times9\times8\times7}{10\times10\times10\times10}=\frac{63}{125}.$$

例 12　10 件产品中含有 2 件次品，从中任取 3 件（取后不放回），求以下事件的概率：

（1）事件 $A=\{3$ 件中没有次品$\}$；（2）事件 $B=\{$恰有一件次品$\}$；

（3）事件 $C=\{$至少有一件次品$\}$.

解：基本事件总数为从 10 件产品中任取 3 件的组合种数 $n=C_{10}^{3}=120$.

（1）事件 A 包含的基本事件个数 $m_A=C_8^3=56$，故所求概率为

$$P(A)=\frac{m_A}{n}=\frac{56}{120}=\frac{7}{15};$$

（2）事件 B 包含的基本事件个数 $m_B=C_8^2\cdot C_2^1=56$，故所求概率为

$$P(B)=\frac{m_B}{n}=\frac{56}{120}=\frac{7}{15};$$

（3）事件 C 包括“恰有一件次品”和“恰有两件次品”，它包含的基本事件个数为

$$m_C=C_8^2\cdot C_2^1+C_8^1\cdot C_2^2=64,$$

故所求概率为

$$P(C)=\frac{m_C}{n}=\frac{64}{120}=\frac{8}{15}.$$

7. 几何概型

古典概型的样本点个数只能为有限个，下面介绍一种样本点个数为无穷的概率模型——几何概型.

定义 10　如果每个事件发生的概率只与构成该事件区域的长度或面积或体积成比例，那么这样的概率模型称为几何概型.

几何概型的特点有以下几点.

（1）无限性：一次试验中，所有可能出现的结果有无穷多个；

（2）等可能性：每个单位事件发生的可能性都相等.

由定义 10，设 Ω 是几何点集，μ 是它的一个度量指标，$G\subset\Omega$. 若随机地向 Ω 中投放一点 M，M 落在 G 中的概率只与 μ 成正比，而与 G 的形状和位置无关，则根据几何概型的等可能性得 M 落在 G 中的概率为

$$P=\frac{\mu(G)}{\mu(\Omega)},$$

其中，$\mu(G)$ 是 G 关于 μ 的度量，P 叫作几何概率.

下面通过具体例子看几何概率的计算.

例 13（射箭比赛）　奥运会射箭比赛的箭靶（见图 13-6）涂有五个彩色分环，从外到内分别为白、黑、蓝、红，靶心为金色——也叫黄心；靶面直径为 122cm，靶心直径为 12.2cm，运动员站在离靶 70m 远处. 假设射箭都能中靶，且射中靶面任

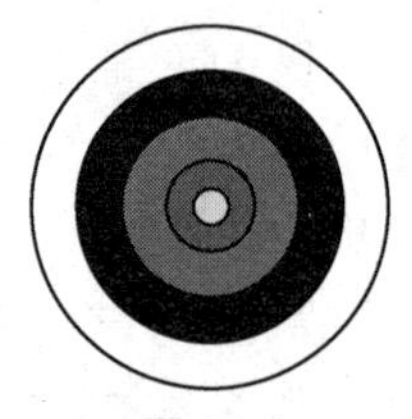
图 13-6

一点都是等可能的，问射中黄心的概率有多大？

解： 如图13-6所示，设Ω为靶面、G为靶心，取μ为面积，则

（1）靶面的面积$\mu(\Omega)=\pi\times\left(\dfrac{122}{2}\right)^2$；

（2）靶心面的面积$\mu(G)=\pi\times\left(\dfrac{12.2}{2}\right)^2$.

从而射中黄心的概率$P=\dfrac{\mu(G)}{\mu(\Omega)}=0.01$.

例 14 某同学午睡醒来，发现手表已经停了，他打开收音机，想听电台报时，求他等待时间不超过10分钟的概率.

解： 注意电台是1小时报一次时间，因此，$\Omega=[0,60]$."等待时间不超过10分钟"表明打开收音机的时刻在$G=[50,60]$时段内，取μ为时段长度，则

$$\mu(\Omega)=60,\quad \mu(G)=60-50=10,$$

从而等待时间不超过10分钟的概率$P=\dfrac{\mu(G)}{\mu(\Omega)}=\dfrac{1}{6}\approx 0.167$.

8. 概率的加法公式

1）互不相容事件的概率加法公式

由概率的性质3可知，如果事件A与B互不相容，那么

$$P(A+B)=P(A)+P(B)$$

例 15 两人下棋，甲获胜的概率为0.5，乙获胜的概率为0.4，求两人下成和棋的概率.

解： 设$A=\{$甲获胜$\}$，$B=\{$乙获胜$\}$，$C=\{$下成和棋$\}$，则

$$P(A)=0.5,\quad P(B)=0.4,\quad A+B=\overline{C}.$$

从而$P(C)=1-P(\overline{C})=1-P(A+B)=1-P(A)-P(B)=0.1$.

例 16 从一批含有一等品、二等品和废品的产品中任取1件，取得一等品、二等品的概率（也称作一等品率、二等品率）分别为0.73及0.21，求产品的合格率及废品率.

解： 分别用A_1、A_2、A表示取出1件是一等品、二等品及合格品的事件，则$\overline{A}$表示取出1件是废品的事件，由题意，$A=A_1+A_2$，且A_1与A_2互不相容. 所以，

$$P(A)=P(A_1+A_2)=P(A_1)+P(A_2)=0.73+0.21=0.94,$$

$$P(\overline{A})=1-P(A)=1-0.94=0.06.$$

例 17 袋中有20个球，其中白球3个，黑球17个.从中任取3个球，求至少有1个白球的概率.

解： 设事件$A_i=\{$任取的3个球中恰有i个白球$\}$ $(i=0,\ 1,\ 2,\ 3)$，$A=\{$任取的3个球中至少有1个白球$\}$.

基本事件总数$n=C_{20}^3$，事件A包含的基本事件个数$m=C_3^1C_{17}^2+C_3^2C_{17}^1+C_3^3C_{17}^0$.

故所求概率为

$$P(A)=\frac{m}{n}=\frac{460}{1140}=\frac{23}{57}.$$

2）任意事件的概率加法公式

设 A、B 是两个任意事件，则有

$$P(A+B)=P(A)+P(B)-P(AB)$$

例 18 某电路板上装有甲、乙两根熔丝，已知甲熔丝熔断的概率为 0.85，乙熔丝熔断的概率为 0.76，甲、乙熔丝同时熔断的概率为 0.62，问该电路板上甲、乙熔丝至少有一根熔断的概率是多少？

解：设 $A=\{$甲熔丝熔断$\}$，$B=\{$乙熔丝熔断$\}$，则

$$P(A)=0.85, \quad P(B)=0.76, \quad P(AB)=0.62.$$

该电路板上甲、乙熔丝至少有一根熔断的事件为 $A+B$，由概率加法公式，得

$$P(A+B)=P(A)+P(B)-P(AB)=0.85+0.76-0.62=0.99.$$

13.1.2 条件概率、全概率公式

1. 条件概率

引例 1 设 100 件产品中有 98 件合格、2 件不合格，其中 98 件合格品中有 60 件优等品、28 件一级品. 现从中任取一件，若取到的是合格品，那么它是优等品的概率有多大？

分析：题设 100 件产品中有 98 件合格，从这 100 件产品中任取一件取到的是合格品，因此选取就只能是在 98 件合格品中进行，即样本点总数为 98 而不是 100.

进一步，若取出的是优等品，则选取只能是在 60 件优等品中进行，于是所求概率

$$P=\frac{60}{98}\approx 0.6122.$$

引例 1 所求的是“在取得的是合格品的条件下，产品为优等品”的概率. 在实际问题中，除了要计算事件 A 的概率 $P(A)$ 外，有时还需计算在“事件 B 已发生”的条件下，事件 A 发生的概率. 像这种“事件 A 发生的条件下，事件 B 发生”的概率称为条件概率，并记为

$$P(B|A).$$

一般来说，$P(A|B)$ 与 $P(A)$ 是不相等的.例如，在掷一枚骰子中，设事件 A={出现 4 点}，则 $P(A)=\frac{1}{6}$. 如果事件 B={出现偶数点}已发生，这时事件 A 发生的概率 $P(A|B)=\frac{1}{3}$，显然

$$P(A|B)\neq P(A).$$

接下来探究条件概率 $P(B|A)$ 如何计算.

例 19 在对 1000 人的问卷调查中，其饮酒人数和高血压人数见表 13-3.

表 13-3

血压	饮	不饮	总计
正常	120	780	900
高	80	20	100
总计	200	800	1000

现随机地抽出一份问卷，A表示此被访者是饮酒者，B表示此被访者患有高血压，求概率$P(A)$、$P(B)$、$P(AB)$、$P(B|A)$.

分析：首先由题设知样本点总数为1000.

其次，饮酒人数为200，高血压人数为100，既饮酒又是高血压的人数为80. 因此，随机地抽出一份问卷，

（1）A发生就只能是从200中取1份，有200种可能，$P(A)=\dfrac{200}{1000}$；

（2）B发生就只能是从100中取1份，有100种可能，$P(B)=\dfrac{100}{1000}$；

（3）AB发生就只能是从80中取1份，有80种可能，$P(AB)=\dfrac{80}{1000}$.

最后考察$P(B|A)$. 当A发生后，这时不需要考虑不饮酒的人数，因此，样本点的总数为饮酒总人数 200 而不是 1000. 此外应注意在饮酒的条件下患高血压的人数为80，于是

$$P(B|A)=\frac{80}{200}=\frac{80/1000}{200/1000}=\frac{P(AB)}{P(A)}.$$

例19诱导的是条件概率的计算公式：

$$P(B|A)=\frac{P(AB)}{P(A)}.$$

同理可得，

$$P(B|A)=\frac{P(AB)}{P(A)}.$$

例 20　某种显像管正常使用10000小时的概率是0.8，正常使用15000小时的概率是0.4. 问使用了10000小时的显像管再使用到15000小时的概率是多少？

解：设A={正常使用10000小时}，B={正常使用15000小时}，则

$B|A$={使用了10000小时的显像管再使用到15000小时}.

由于“正常使用 15000 小时”一定有“正常使用 10000 小时”，所以$B\subset A$. 于是，根据事件交的关系$AB=B$，由上述公式得

$$P(B|A)=\frac{P(AB)}{P(A)}=\frac{P(B)}{P(A)}=\frac{0.4}{0.8}=\frac{1}{2}.$$

例 21　已知一批产品中有1%的不合格品，而合格品中优等品占90%，现从这批产品中任取一件，求取得的是优等品的概率.

解：设A={取得的是优等品}，B={取得的是合格品}，则

$$P(A|B)=0.9, \quad P(\overline{B})=0.01,$$

从而
$$P(B)=1-P(\overline{B})=1-0.01=0.99.$$

另一方面，由 $A\subset B$ 可得 $A=AB$，再由条件概率计算公式，得

$$P(A)=P(AB)=P(A|B)P(B)=0.9\times0.99=0.891.$$

2. 乘法公式

由条件概率的计算公式，得

$$P(B|A)=\frac{P(AB)}{P(A)}, \quad P(A|B)=\frac{P(BA)}{P(B)}.$$

注意，$P(AB)=P(BA)$，于是便得到了乘法公式，

$$P(AB)=P(A)P(B|A)=P(B)P(A|B)$$

可以证明，概率的乘法公式可以推广到有限个事件积的情形，下面给出公式：

$$P(A_1A_2\cdots A_n)=P(A_1)\cdot P(A_2|A_1)\cdot P(A_3|A_1A_2)\cdots P(A_n|A_1A_2\cdots A_{n-1}).$$

例 22 100 台电视机中有 3 台次品，其余都是正品，无放回地从中连续取 2 台，试求：

（1）两次都取得正品的概率；

（2）第二次才取得正品的概率.

解：设事件 A={第一次取得正品}，B={第二次取得正品}，则事件 AB={两次都取得正品}，$\overline{A}B$={第二次才取得正品}. 于是有

（1）$P(AB)=P(A)\cdot P(B|A)=\dfrac{97}{100}\times\dfrac{96}{99}\approx0.94$；

（2）$P(\overline{A}B)=P(\overline{A})\cdot P(B|\overline{A})=\dfrac{3}{100}\times\dfrac{97}{99}\approx0.029$.

例 23 有 5 把钥匙，其中只有 1 把能把门打开，但分不清是哪把，逐把试开，求：

（1）第三次才打开门的概率 P_1；

（2）三次内把门打开的概率 P_2.

解：设 A_i={第 i 次打开门}（i=1, 2, 3, 4, 5）. 则 $\overline{A_1}\,\overline{A_2}A_3$={第三次才打开门}，$A_1+\overline{A_1}A_2+\overline{A_1}\,\overline{A_2}A_3$={三次内把门打开}，且 A_1、$\overline{A_1}A_2$、$\overline{A_1}\,\overline{A_2}A_3$ 两两互不相容. 于是，

（1）$P_1=P(\overline{A_1}\,\overline{A_2}A_3)=P(\overline{A_1})\cdot P(\overline{A_2}|\overline{A_1})\cdot P(A_3|\overline{A_1}\,\overline{A_2})=\dfrac{4}{5}\times\dfrac{3}{4}\times\dfrac{1}{3}=\dfrac{1}{5}$；

（2）$P_2=P(A_1)+P(\overline{A_1}A_2)+P(\overline{A_1}\,\overline{A_2}A_3)=P(A_1)+P(\overline{A_1})\cdot P(A_2|\overline{A_1})+P(\overline{A_1}\,\overline{A_2}A_3)$

$$=\frac{1}{5}+\frac{4}{5}\times\frac{1}{4}+\frac{1}{5}=\frac{3}{5}.$$

例 24 设有一雷达探测设备，在监视区域有飞机出现的条件下雷达会以 0.99 的概率正确报警，在监视区域没有飞机出现的条件下雷达也会以 0.1 的概率错误报警. 假定飞机出现在监视区域的概率为 0.05，问

（1）飞机没有出现但雷达却有报警的概率是多少？

（2）飞机有出现而雷达却不报警的概率是多少？

解：设 $A=\{$飞机出现$\}$，$B=\{$雷达报警$\}$，则

$$P(A)=0.05\text{，}P(B|A)=0.99\text{，}P(B|\overline{A})=0.1.$$

从而

$$P(\overline{A})=1-P(A)=0.95\text{，}P(\overline{B}|A)=1-P(B|A)=0.01.$$

（1）飞机没有出现但雷达却有报警的事件为 $\overline{A}B$，由概率乘法公式，得

$$P(\overline{A}B)=P(\overline{A})P(B|\overline{A})=0.95\times0.1=0.095\text{；}$$

（2）飞机有出现而雷达却不报警的事件为 $A\overline{B}$，由概率乘法公式，得

$$P(A\overline{B})=P(A)P(\overline{B}|A)=0.05\times0.01=0.0005.$$

3. 全概率公式

现实生活中的问题常常会涉及各种类型的概率计算，由于条件限制或者样本空间复杂，其直接计算往往会较为烦杂. 分割样本空间，将求复杂事件的概率转变为对多个简单事件的概率的计算，是全概率公式的核心所在.

全概率公式是概率论中的一个重要公式，它主要展示“化整为零”的数学思想，即将复杂问题分割为多个简单问题进行分析处理.

一般地，若 H_1，H_2，…，H_n 是一组互不相容的事件，而且它们的和是必然事件，即

$$H_1+H_2+\cdots+H_n=\Omega\text{，}$$

那么对于任意事件 A，都有

$$P(A)=\sum_{i=1}^{n}P(H_i)P(A|H_i).$$

称上式为**全概率公式**.

例 25 甲袋中装有 3 个白球、5 个红球，乙袋中装有 4 个白球、2 个红球.从甲袋中任取 2 个球放入乙袋，然后再从乙袋中任取 1 个球，求这个球是白球的概率.

解：设 H_i=\{从甲袋中任取 2 个球，其中恰有 i 个白球\}，$i=0, 1, 2$，则 H_0、H_1、H_2 两两互不相容，且 $H_0+H_1+H_2=\Omega$；设 $A=\{$从乙袋任取 1 个球是白球$\}$，则

$$\begin{aligned}P(A)&=P(H_0)P(A|H_0)+P(H_1)P(A|H_1)+P(H_2)P(A|H_2)\\&=\frac{20}{56}\times\frac{4}{8}+\frac{30}{56}\times\frac{5}{8}+\frac{6}{56}\times\frac{6}{8}=\frac{266}{448}\approx0.594.\end{aligned}$$

例 26 某厂有四条流水线生产同一种产品，且生产互不相容，其产量分别占总产量的 15%、25%、20%和 35%，次品率也分别为 0.4%、0.2%、0.3%和 0.1%. 现从该产品中任取一件，问取出是次品的概率是多少？

解：设 $A_k=\{$第 k 条流水线生产的$\}$（$1\leqslant k\leqslant4$），$B=\{$取出的是次品$\}$，则

$$P(A_1)=0.15\text{，}P(A_2)=0.25\text{，}P(A_3)=0.2\text{，}P(A_4)=0.35\text{；}$$

$$P(B|A_1)=0.004\text{，}P(B|A_2)=0.002\text{，}P(B|A_3)=0.003\text{，}P(B|A_4)=0.001.$$

注意所检测的产品仅由这四条流水线生产，且生产互不相容，即

$$A_iA_j=\phi\,(i\neq j),\ A_1+A_2+A_3+A_4=\Omega.$$

根据全概率公式，得

$$P(B)=P(A_1)P(B|A_1)+P(A_2)P(B|A_2)+P(A_3)P(B|A_3)+P(A_4)P(B|A_4)$$
$$=0.15\times0.004+0.25\times0.002+0.2\times0.003+0.35\times0.001=0.00205.$$

4. 贝叶斯公式

大数据、人工智能、海难搜救、生物医学、邮件过滤，这些看起来彼此不相关的领域在推理或决策时往往都会用到同一个数学公式——贝叶斯公式.

由乘法公式

$$P(AB)=P(A)P(B|A)=P(B)P(A|B),$$

得

$$P(A|B)=\frac{P(A)P(B|A)}{P(B)}.$$

注意到 $A\overline{A}=\Phi$，$A+\overline{A}=\Omega$，再根据全概率公式：

$$P(B)=P(A)P(B|A)+P(\overline{A})P(B|\overline{A}),$$

于是有两个事件的**贝叶斯公式**为

$$P(A|B)=\frac{P(A)P(B|A)}{P(A)P(B|A)+P(\overline{A})P(B|\overline{A})}.$$

例 27 有一个通信系统，假设信源发射 0、1 两个状态信号（编码过程省略），其中发射 0 的概率为 0.58，发射 1 的概率为 0.42，信源发射 0 时接收端分别以 0.92 和 0.08 的概率收到 0 和 1，信源发射 1 时接收端分别以 0.94 和 0.06 的概率收到 1 和 0，求接收端收到 0 的条件下，信源发射的确是 0 的概率.

解：设 $A=\{$信源发射的是 0$\}$，$B=\{$接收端收到 0$\}$，由贝叶斯公式，得

$$P(A|B)=\frac{P(A)P(B|A)}{P(A)P(B|A)+P(\overline{A})P(B|\overline{A})}.$$

注意到

$$P(A)=0.58,\quad P(\overline{A})=0.42;$$
$$P(B|A)=0.92,\quad P(B|\overline{A})=0.06.$$

于是有

$$P(A|B)=\frac{P(A)P(B|A)}{P(A)P(B|A)+P(\overline{A})P(B|\overline{A})}$$
$$=\frac{0.58\times0.92}{0.58\times0.92+0.42\times0.06}=0.9549.$$

13.1.3 事件的独立性与伯努利概型

1. 事件的独立性

引例 2 [取后放回的概率] 在 20 个产品中有 2 个次品，从中依次取出两个产品，取后放回. 求：

（1）第二次取得次品的概率；

（2）第一次取得次品，第二次也取得次品的概率；

（3）第一次取得正品，第二次取得次品的概率.

解：设 $A=\{$第一次取得正品$\}$，$B=\{$第二次取得次品$\}$.

（1）不论第一次取得的是正品还是次品，都要放回，所以第二次取得次品的概率为

$$P(B)=\frac{2}{20}=\frac{1}{10}.$$

（2）事件"第一次取得次品，第二次也取得次品"可表示为 $B|\overline{A}$，因此，

$$P(B|\overline{A})=\frac{2}{20}=\frac{1}{10}.$$

（3）类似地，可求得 $$P(B|A)=\frac{2}{20}=\frac{1}{10}.$$

由上面的计算可见：

$$P(B)=P(B|\overline{A})=P(B|A)=\frac{1}{10}.$$

即事件 A 发生与否和事件 B 的发生无关，对于这样的事件 B 和 A 给出如下的定义.

定义 11 在同一随机试验中若事件 A 的发生不影响事件 B 发生的概率，即

$$P(B|A)=P(B)$$

成立，则称**事件 B 对事件 A 是独立的**，否则称为不独立的.

例如，办公室有甲、乙两台电脑，令事件 $A=\{$甲电脑发生故障$\}$，$B=\{$乙电脑发生故障$\}$.显然甲电脑是否发生故障对乙电脑发生故障的概率没影响，所以事件 B 对事件 A 是独立的.

关于独立事件有如下结论：

（1）若事件 B 对事件 A 是独立的，则事件 A 对事件 B 也是独立的，通常可说**事件 A 与 B 相互独立**.

事实上，若事件 B 对事件 A 是独立的，即 $P(B|A)=P(B)$，那么

$$P(A|B)=\frac{P(AB)}{P(B)}=\frac{P(A)\cdot P(B|A)}{P(B)}=\frac{P(A)\cdot P(B)}{P(B)}=P(A)$$

也成立. 这说明事件 A 对事件 B 也是独立的.

（2）事件 A 与 B 相互独立的充分且必要条件是

$$P(AB)=P(A)\cdot P(B).$$

这是独立事件的概率乘法公式，进一步有

$$P(A+B)=P(A)+P(B)-P(A)\cdot P(B).$$

这是独立事件的概率加法公式.

（3）若事件 A 与 B 相互独立，则 A 与 $\overline{B}$、$\overline{A}$ 与 B、$\overline{A}$ 与 $\overline{B}$ 三对事件也相互独立.

事件的独立性概念也可以推广到有限多个事件，即如果事件 $A_1,A_2,\cdots,A_n$ 中的任一事件 $A_i\ (i=1,\ 2,\cdots,n)$ 的概率不受其他 $n-1$ 个事件是否发生的影响，则称事件 $A_1,A_2,\cdots,A_n$ 是互相独立的，并且有

$$P(A_1A_2\cdot\cdots\cdot A_n)=P(A_1)P(A_2)\cdot\cdots\cdot P(A_n).$$

在实际问题中，事件间是否相互独立一般是根据问题的实际意义判定的. 如前文提及的甲、乙两台电脑“发生故障”就认为是相互独立的；又如10台机床互不联系各自运转，其中任一台机床发生故障与其他 9 台机床发生故障通常也认为是相互独立的. 但是，地球上“甲地地震”与“乙地地震”就不能轻易认为它们一定是相互独立的，因为它们之间可能存在某种内在联系.

例 28 甲、乙两人同时各自向某目标射击一次，射击的命中率分别为0.7和0.6. 求：

（1）两人同时击中的概率；

（2）甲击中而乙不中的概率；

（3）甲、乙两人恰有一人击中的概率；

（4）至少有一人击中的概率.

解： 设事件 $A=\{$甲击中$\}$，$B=\{$乙击中$\}$，则 $\overline{A}=\{$甲未中$\}$，$\overline{B}=\{$乙未中$\}$，且 A、B 相互独立，$P(A)=0.7$，$P(B)=0.6$，$P(\overline{A})=0.3$，$P(\overline{B})=0.4$.

（1）事件“两人同时击中”可表示为 AB，故

$$P(AB)=P(A)\cdot P(B)=0.7\times0.6=0.42\text{；}$$

（2）事件“甲击中乙不中”可表示为 $A\overline{B}$，故

$$P(A\overline{B})=P(A)\cdot P(\overline{B})=0.7\times0.4=0.28\text{；}$$

（3）事件“甲、乙二人恰有一人击中”可表示为 $A\overline{B}+\overline{A}B$，而 $A\overline{B}$ 与 $\overline{A}B$ 互不相容，故

$$P(A\overline{B}+\overline{A}B)=P(A\overline{B})+P(\overline{A}B)=P(A)\cdot P(\overline{B})+P(\overline{A})\cdot P(B)$$
$$=0.7\times0.4+0.3\times0.6=0.28+0.18=0.46.$$

（4）方法一　事件“至少有一人击中”可表示为 $A\overline{B}+\overline{A}B+AB$，且 $A\overline{B}$、$\overline{A}B$ 和 AB 两两互不相容，因此

$$P\ (A\overline{B}+\overline{A}B+AB)=P\ (A\overline{B}+\overline{A}B)+P(AB)=0.46+0.42=0.88.$$

方法二　事件“至少有一人击中”的对立事件是“两人都没击中”.“两人都没击中”可表示为 $\overline{A}\cdot\overline{B}$，所以事件“至少有一人击中”又可表示为 $\overline{\overline{A}\cdot\overline{B}}$，故

$$P\ (\overline{\overline{A}\cdot\overline{B}})=1-P(\overline{A}\cdot\overline{B})=1-P(\overline{A})\cdot P(\overline{B})=1-0.3\times0.4=0.88.$$

方法三　事件“至少有一人击中”就是 $A+B$，故

$$P(A+B)=P(A)+P(B)-P(AB)=P(A)+P(B)-P(A)\cdot P(B)$$
$$=0.7+0.6-0.7\times0.6=0.88.$$

例 29 保险公司办理某项事故保险，每个投保人发生此项事故的概率为0.004，发生事故后保险公司将予以赔偿. 现有300人投保，问保险公司将进行赔偿的概率.

解： 保险公司进行赔偿的对立事件是保险公司不发生赔偿，即300个投保人都不发生事故. 由于每个投保人不发生事故的概率都是（1−0.004），所以保险公司不发生赔偿的概率是 $(1-0.004)^{300}$，于是保险公司进行赔偿的概率就是

$$P=1-(1-0.004)^{300}=1-0.996^{300}\approx0.7.$$

2. 贝努里概型

在实际问题中有时会遇到这样的情况：在相同的条件下进行了 n 次相互独立的试验，每次试验只有两个可能的结果 A 与 $\overline{A}$．其中，$P(A)=p$，$P(\overline{A})=1-p=q$．称这样的 n 次试验构成一个 **n 次独立试验概型**，也称作**伯努利概型**.

下面通过实例来计算在 n 次独立试验中事件 A 出现 k 次的概率.

例 30　8 个元件中有 3 个次品，有放回地连续抽取 4 次，每次 1 个. 求所取的 4 个恰有 2 个是次品的概率.

解：设事件 A_i={第 i 次取到次品}（i=1，2，3，4），则 $\overline{A_i}$={第 i 次取到正品}（i=1，2，3，4）；又设 B={所取 4 次有 2 次是次品}，显然

$$B=A_1A_2\overline{A_3}\,\overline{A_4}+A_1\overline{A_2}A_3\overline{A_4}+A_1\overline{A_2}\,\overline{A_3}A_4+\overline{A_1}A_2A_3\overline{A_4}+\overline{A_1}A_2\overline{A_3}A_4+\overline{A_1}\,\overline{A_2}A_3A_4 .$$

并且上式右边各事件之间互不相容.

因为是有放回地连续抽取，故

$$P(A_i)=\frac{3}{8}，\ P(\overline{A_i})=1-\frac{3}{8}=\frac{5}{8}，\ i=(1,2,3,4) .$$

于是，

$$\begin{aligned}P(B)&=P(A_1A_2\overline{A_3}\,\overline{A_4})+P(A_1\overline{A_2}A_3\overline{A_4})+P(A_1\overline{A_2}\,\overline{A_3}A_4)+P(\overline{A_1}A_2A_3\overline{A_4})\\&\quad+P(\overline{A_1}A_2\overline{A_3}A_4)+P(\overline{A_1}\,\overline{A_2}A_3A_4)\\&=\left(\frac{3}{8}\right)^2\times\left(1-\frac{3}{8}\right)^2+\left(\frac{3}{8}\right)^2\times\left(1-\frac{3}{8}\right)^2+\left(\frac{3}{8}\right)^2\times\left(1-\frac{3}{8}\right)^2+\left(\frac{3}{8}\right)^2\times\left(1-\frac{3}{8}\right)^2\\&\quad+\left(\frac{3}{8}\right)^2\times\left(1-\frac{3}{8}\right)^2+\left(\frac{3}{8}\right)^2\times\left(1-\frac{3}{8}\right)^2\\&=C_4^2\times\left(\frac{3}{8}\right)^2\times\left(1-\frac{3}{8}\right)^2=C_4^2\times\left(\frac{3}{8}\right)^2\times\left(\frac{5}{8}\right)^2\approx 0.33 .\end{aligned}$$

一般地，对于前文介绍的伯努利概型，在 n 次试验中事件 A 出现 k 次的概率为

$$P_n(k)=C_n^k p^k q^{n-k}\qquad (k=0,1,2,\cdots,n)$$

例 31　在含有 4 件次品的 1000 件元件中任取 4 件，每次取一件，取后不放回. 求所取 4 件中恰有 3 件次品的概率.

解：每取一个元件可看作一次试验. 设 A={取到一件次品}. 由于元件数量较大，因此，每次试验中事件 A 发生的概率可近似地看作相同，所以可看作是 4 次独立试验. 由上述公式得

$$\begin{aligned}P_4(3)&=C_4^3\times(0.004)^3\times 0.996=4\times(0.004)^3\times 0.996\\&\approx 2.56\times 10^{-9}.\end{aligned}$$

例 32　一批玉米种子的发芽率为 0.8，现每穴种 4 粒.求每穴至少有 2 棵苗的概率.

解：设事件 A={一粒种子发芽}，则 $P(A)=0.8$，$P(\overline{A})=1-0.8=0.2$．每穴 4 粒种子可看作 4 次独立试验，所以每穴至少有 2 棵苗的概率为 $P_4(k\geqslant 2)$．

方法一　$P_4(k\geqslant 2)=P_4(2)+P_4(3)+P_4(4)=C_4^2\times 0.8^2\times 0.2^2+C_4^3\times 0.8^3\times 0.2^1+C_4^4\times 0.8^4$

$$= 0.1536 + 0.4096 + 0.4096 = 0.9728 .$$

方法二 $P_4(k \geqslant 2) = 1 - P_4(k < 2) = 1 - P_4(0) - P_4(1) = 1 - C_4^0 \times 0.2^4 - C_4^1 \times 0.8^1 \times 0.2^3$

$$= 1 - 0.0016 - 0.0256 = 0.9728 .$$

两种方法结果一样，方法二计算量较小.

13.2 随机变量及其数字特征

13.2.1 随机变量及其分布

随机事件是随机试验中的结果，其概率的计算，无论是用加法、乘法公式，还是用全概率、贝叶斯公式，都仅局限在简单的数学推导和计算的范畴. 将随机试验中的结果用变量的取值进行表示，例如，

（1）抛钱币 $X = 1$ 表示{出现正面}、$X = 0$ 表示{出现反面}；

（2）掷骰子 $X = k$ 表示{出现 k 点}.

便建立起了随机事件与实数轴上点的对应关系，这种对应不仅以数量直观地表现了随机事件，也可借助变量与函数进行分析和演绎.

上述以数量取值表示随机试验中的结果的变量就称为**随机变量**.

随机变量可能是自变量，也可能是因变量或函数.随机变量的取值可能是一系列离散的实数值，如某一时段内公共汽车站等车的乘客人数；也可能是一单值实函数，如家用电器的寿命随使用时间而呈指数衰减.

在不同的条件下，由于偶然因素影响，随机变量的取值也具有随机性和不确定性. 例如，抛钱币的结果有出现正面和出现反面，可让 X=1 和 X=0，也可以让 X=1 和 X=−1，但这些取值落在某个范围的概率则是一定的. 因此，对于随机变量，重要的不是它的取值，而是它的概率分布. 为此，引入下面定义.

定义 12 设 X 是随机变量，x 为实数，称

$$F(x) = P(X \leqslant x)$$

为 X 的概率分布函数（其中 $P(X \leqslant x)$ 是事件$\{X \leqslant x\}$的概率）.

注意 $X \leqslant -\infty$ 是不可能事件，其概率为 0；$X \leqslant +\infty$ 是必然事件，其概率为 1. 再综合概率相关定义和性质，有

$$F(-\infty) = 0，\ F(+\infty) = 1，\ 0 \leqslant F(x) \leqslant 1 .$$

1. 离散型随机变量的分布

若随机变量 X 的取值只有有限个或可数个，则称 X 为**离散型随机变量**.

由于离散型随机变量取值的可数性，因此其概率分布状况也就可以通过列表或矩阵精确描述.

定义 13 若概率 $P(X = x_k) = p_k$（$k = 1,2,\cdots$），则

X	x_1	x_2	…	x_k	…
P_k	p_1	p_2	…	p_k	…

称为离散型随机变量 X 的分布列（表示概率分布律），当且仅当

$$\sum_{k=1}^{n} p_k = 1.$$

离散型随机变量 X 的分布列也可等价地采用矩阵形式：

$$X \sim \begin{pmatrix} x_1 & x_2 & \cdots & x_n & \cdots \\ p_1 & p_2 & \cdots & p_n & \cdots \end{pmatrix}$$

进行描述. 根据概率的性质，不难得出，任一离散型随机变量的分布列都具备以下两个基本性质：

（1）随机变量取任何值时，其概率不会为负，即

$$p_k \geqslant 0\ (k=1,\ 2,\ 3\cdots);$$

（2）随机变量取遍所有可能值时，其相应的概率之和等于 1，即

$$\sum_{k=1}^{n} p_k = 1，或 \sum_{k=1}^{\infty} p_k = 1.$$

其中，$\sum_{k=1}^{\infty} p_k = 1$ 是指 $\lim_{n\to\infty}\sum_{k=1}^{n} p_k = 1$.

例 33　一射手对某一目标进行射击，一次命中的概率为 0.8. 求：（1）一次射击的分布列；（2）直到击中目标为止所需射击次数的分布列.

解：（1）一次射击是随机现象，设 $\{X=1\}$ 表示击中目标，$\{X=0\}$ 表示没击中目标，则

$$p_1 = P(X=0) = 0.2，\quad p_2 = P(X=1) = 0.8.$$

所以一次射击的分布列为

X	0	1
p_k	0.2	0.8

（2）设到击中目标为止，射击的次数是随机变量 Y，则 Y 的取值范围是 $1,2,\cdots,k,\cdots$，所以随机变量 Y 的分布列为

Y	1	2	…	k	…
p_k	0.8	0.2×0.8	…	$0.2^{k-1}\times0.8$	…

例 34　如果 X 的分布列为

X	−2	−1	0	1	3
p_k	$\frac{1}{5}$	$\frac{1}{6}$	$\frac{1}{5}$	$\frac{1}{15}$	$\frac{11}{30}$

求 $Y = X^2$ 的分布列及 $P(Y \leqslant 4)$.

解： 要求 $Y=X^2$ 的分布列，须先找出 Y 的可取值范围.

因为 X 的取值范围为 $\{-2,-1,0,1,3\}$，所以 Y 的可取值范围为 $\{0,1,4,9\}$. 又因为

$$p_1=P(Y=0)=P(X=0)=\frac{1}{5},$$

$$p_2=P(Y=1)=P(\{X=-1\}\cup\{X=1\})=P(X=-1)+P(X=1)=\frac{1}{6}+\frac{1}{15}=\frac{7}{30}$$

$$p_3=P(Y=4)=P(X=-2)=\frac{1}{5},\quad p_4=P(Y=9)=P(X=3)=\frac{11}{30};$$

且

$$\sum_{k=1}^{4}p_k=p_1+p_2+p_3+p_4=\frac{1}{5}+\frac{7}{30}+\frac{1}{5}+\frac{11}{30}=1,$$

所以 $Y=X^2$ 的分布列为

Y	0	1	4	9
p_k	$\frac{1}{5}$	$\frac{7}{30}$	$\frac{1}{5}$	$\frac{11}{30}$

$$P(Y\leqslant 4)=P(\{Y=0\}+\{Y=1\}+\{Y=4\})=P(Y=0)+P(Y=1)+P(Y=4)$$
$$=\frac{1}{5}+\frac{7}{30}+\frac{1}{5}=\frac{19}{30}.$$

例 35 设随机变量 X 的分布列是

X	-1	0	1
p_k	0.3	0.5	0.2

求 X 的分布函数.

解： X 的可能取值为 -1、0、1，它们把区间（$-\infty,+\infty$）划分为（$-\infty,-1$）、$[-1,0)$、$[0,1)$、$[1,+\infty)$ 4 个子区间.

下面分四种情况进行讨论.

（1）当 $x\in$（$-\infty,-1$）时，

$$F(x)=P(X\leqslant x)=\sum_{x_k<-1}p_k=0;$$

（2）当 $x\in[-1,0)$ 时，

$$F(x)=P(X\leqslant x)=P(X=-1)=0.3;$$

（3）当 $x\in[0,1)$ 时，

$$F(x)=P(X\leqslant x)=P(X=-1)+P(X=0)=0.3+0.5=0.8;$$

（4）当 $x\in[1,+\infty)$ 时，

$$F(x)=P(X\leqslant x)=P(X=-1)+P(X=0)+P(X=1)=0.3+0.5+0.2=1.$$

故随机变量 X 的分布函数为

$$F(x)=P(X\le x)=\begin{cases}0 & x<-1\\ 0.3 & -1\leqslant x<0\\ 0.8 & 0\leqslant x<1\\ 1 & x\geqslant 1\end{cases}.$$

2. 几种常见的离散型随机变量

1）0–1 分布

如果随机变量 X 的分布列为

X	0	1
p_k	q	p

其中，$p+q=1,\ p>0,\ q>0$，则称 X 服从 0–1 分布，记作 X ～0–1 分布.

0–1 分布适应于一次试验仅有两个结果的随机现象. 例如，一次运行中电力是否超载、一次射击是否命中、抽取一件产品是否合格等，随机变量都服从 0–1 分布.

2）二项分布

如果随机变量 X 的分布列为

X	0	1	2	…	k	…	n
p_k	$C_n^0q^n$	$C_n^1pq^{n-1}$	$C_n^2p^2q^{n-2}$	…	$C_n^kp^kq^{n-k}$	…	$C_n^np^n$

或 $p_k=P(X=k)=C_n^kp^kq^{n-k}\ (k=0,1,2,\cdots,n)$，其中 $0<p<1$，$0<q<1$，$p+q=1$，则称 X 服从**二项分布**，记作 $X\sim B(n,p)$.

二项分布适用于 n 次独立试验，特别在产品的抽样检验中有着广泛的应用.

当二项分布 $n=1$ 时，即为 0–1 分布.

例 36 假设产妇生男生女的概率都是 0.5，妇产医院现有 3 名产妇要分娩 3 名新生儿，求所生男孩数 $X=0$、1、2、3 的概率.

解：产妇生男生女是两个结果的随机试验，其中生男生女的概率 $p=q=0.5$.

3 名产妇分娩就相当于 3 重伯努利试验，因此，所生男孩数 $X\sim B(3,0.5)$，其概率 $P(X=k)=C_3^kp^kq^{3-k}$（$k=0,1,2,3$）.

例 37 已知某厂生产的螺钉次品率为 1%，任取 200 只螺钉，求其中至少有 5 只次品的概率.

解：设取到的次品数为 X，它是一个随机变量. 根据实际情况，生产的螺钉数量是相当大的，任取 200 只螺钉，可以看作 200 次独立试验，所以 $X\sim B$（200, 0.01），这时

$$p_k=P(X=k)=C_{200}^k\ (0.01)^k(0.99)^{200-k}.$$

设事件 $A=\{$任取 200 只螺钉中，至少有 5 只次品$\}$，则

$$P(A)=P(X\geqslant 5)=1-P(X<5)=1-\sum_{k=0}^{4}C_{200}^k(0.01)^k(0.99)^{200-k}=0.051746.$$

当 n 很大时，计算 $p_k=C_n^kp^kq^{n-k}$ 是很麻烦的，为此我们给出下面的定理.

泊松定理 在n次独立试验中，以p_n表示在一次试验中事件A发生的概率，且随着n增大，p_n减小. 若$n \to \infty$时有$\lambda_n = np_n \to \lambda$（常数），则事件$A$发生$k$次的概率为

$$\lim_{n\to\infty} C_n^k P_n^k (1-p_n)^{n-k} = \frac{\lambda^k}{k!} e^{-\lambda} \quad (k=0,1,2,\cdots,n,\cdots).$$

该定理说明，对于二项分布$B(n,p)$来说，当n充分大，p相对很小时（一般$p \leqslant 0.01$），可用下面的近似公式：

$$C_n^k p^k (1-p)^{n-k} \approx \frac{\lambda^k}{k!} \mathrm{e}^{-\lambda}，其中 \lambda = np.$$

3）泊松分布

如果随机变量X的分布列为

$$p_k = P(X=k) = \frac{\lambda^k}{k!} e^{-\lambda} \ (k=0,1,2,\cdots,n,\cdots),$$

则称X服从泊松分布，记作$X \sim P(\lambda)$，其中λ为正实数.

泊松分布适用于随机试验的次数n很大，每次试验事件A发生的概率p很小的情形.

例如，电话总机某段时间内的呼叫数、商店某段时间内的顾客流动数、棉纺厂细纱机上的纱锭在某段时间内的断头个数等随机变量都服从泊松分布.

例 38 某地新生儿先天性心脏病的发病概率为 8‰，那么该地 120 名新生儿中有 4 人患先天性心脏病的概率是多少？

解： $p=0.008$，$n=120$，从而$\lambda = np = 0.96$.

记X为该地新生儿先天性心脏病的发病人数，并采用泊松分布$X \sim P(0.96)$，得

$$P(X=4) = \frac{0.96^4}{4!} \mathrm{e}^{-4} \approx 0.0136,$$

即该地 120 名新生儿中有 4 人患先天性心脏病的概率约为 0.0136.

例 39 通过某交叉路口的汽车流量服从泊松分布. 若在一分钟内没有汽车通过的概率为 0.2，求在两分钟内通过多于一辆车的概率.

解： 设每分钟通过的汽车数量为随机变量X. 根据题意，$X \sim P(\lambda)$，即

$$P(X=k) = \frac{\lambda^k}{k!} \mathrm{e}^{-\lambda}.$$

因为$P(X=0)=0.2$，所以$\dfrac{\lambda^0}{0!}\mathrm{e}^{-\lambda} = 0.2$，即$\lambda = \ln 5$.

于是，
$$P(X=k) = \frac{1}{5 \times k!} (\ln 5)^k.$$

设事件A={两分钟内通过的车辆多于一辆}，则$\overline{A}$={两分钟内通过的车辆不多于一辆}，它包含以下三种情形：

（1）第一分钟和第二分钟都没有车辆通过，这时记作$\{X=0\} \cdot \{X=0\}$；

（2）第一分钟没有车辆通过，第二分钟有一辆车通过，这时记作$\{X=0\} \cdot \{X=1\}$；

（3）第一分钟有一辆车通过，第二分钟没有车辆通过，这时记作$\{X=1\}\cdot\{X=0\}$.

由于以上三种情形中事件$\{X=0\}$与$\{X=1\}$的发生是相互独立的，所以

$$\begin{aligned}P(\overline{A})&=P(\{X=0\}\cdot\{X=0\})+P(\{X=0\}\cdot\{X=1\})+P(\{X=1\}\cdot\{X=0\})\\&=P(X=0)\cdot P(X=0)+P(X=0)\cdot P(X=1)+P(X=1)\cdot P(X=0)\\&=0.2\times0.2+0.2\times\frac{\ln 5}{5}+0.2\times\frac{\ln 5}{5}\approx0.5286.\end{aligned}$$

因此，$P(A)=1-P(\overline{A})\approx1-0.5286=0.4714$.

3. 连续型随机变量的分布

现实生活中的随机变量的取值不都是有限或可数的，如电脑的寿命、乘客在公共汽车站的等车时间等，这些随机变量就可以在某一区间范围连续取值.

若随机变量X可在某一区间范围连续取值，则称X为**连续型随机变量**.

引例3 假设射击靶是一半径为50cm的圆盘，某人射击总能中靶，但他击中靶圆中心的概率为0，若以X表示中靶点到圆心的距离，则X的取值范围为区间$(0,50]$，因此，X是一个连续型随机变量. 考察事件$\{X\leqslant x\}$：

（1）$x\leqslant0$时，因为X是距离，所以$X\leqslant x<0$是不可能事件，而$P(X=0)=0$，于是有

$$P(X\leqslant x)=0；$$

（2）$x>50$时，$X\leqslant50<x$是必然事件，所以

$$P(X\leqslant x)=1.$$

（3）假设$0<x\leqslant50$时$P(0<X\leqslant x)=kx^2$，那么

$$P(X\leqslant x)=P(X\leqslant0)+P(0<X<x)=kx^2；$$

且由于射击总中靶可知

$$P(0<X\leqslant50)=k\cdot50^2=1，\ k=\frac{1}{2500}.$$

综合上所述，可得到X的概率分布函数

$$F(x)=P(X\leqslant x)=\begin{cases}0 & x\leqslant0\\ \dfrac{1}{2500}x^2 & 0<x\leqslant50\\ 1 & x>50\end{cases}.$$

若令$f(t)=\begin{cases}\dfrac{t}{1250} & 0<t\leqslant50\\ 0 & 其他\end{cases}$，则有

（1）$f(t)\geqslant0$，$\int_{-\infty}^{+\infty}f(t)\,\mathrm{d}t=\int_0^{50}\frac{t}{1250}\mathrm{d}t=\frac{1}{2500}t^2\Big|_0^{50}=1$；

（2）$F'(x)=f(x)$（$x\neq50$），$F(x)=\int_{-\infty}^{x}f(t)\,\mathrm{d}t$.

定义14 设X是随机变量，如果存在一个非负函数$f(x)$，对任意实数$a,\ b\ (a<b)$满足：

$$P(a \leqslant X < b)=\int_a^b f(x)\mathrm{d}x,$$

则称 X 为**连续型随机变量**，称 $f(x)$ 为 X 的**概率密度函数**，简称**概率密度**或**分布密度**.

对此定义，需要补充说明以下几点：

（1）a 可为 $-\infty$，b 可为 $+\infty$，相应的定积分成为收敛的广义积分（无穷积分）；

（2）连续型随机变量 X 取任一实数值的概率为零，即 $P(X=c)=0$，c 为任意实数. 因此，不难得出以下结果：

$$P(a<X<b)=P(a<X\leqslant b)=P(a\leqslant X<b)=P(a\leqslant X\leqslant b)=\int_a^b f(x)\mathrm{d}x.$$

（3）由定积分的几何意义可知，定义 14 中的概率 $P(a\leqslant X<b)$，在数值上等于曲线 $y=f(x)$、x 轴、直线 $x=a$ 和 $x=b$ 围成的曲边梯形的面积.

连续型随机变量 X 的概率密度函数具有如下两个性质：

（1）$f(x)\geqslant 0, -\infty<x<+\infty$；

（2）$\int_{-\infty}^{+\infty} f(x)\mathrm{d}x=1$.

例 40 若连续型随机变量 X 的概率密度 $f(x)=\begin{cases} kx & 0\leqslant x\leqslant 1 \\ 0 & \text{其他} \end{cases}$，求 k.

解：由 $\int_{-\infty}^{+\infty} f(x)\mathrm{d}x=1$，得

$$\int_{-\infty}^{+\infty} f(x)\mathrm{d}x=\int_0^1 kx\,\mathrm{d}x=k\left.\frac{x^2}{2}\right|_0^1=\frac{k}{2}=1,$$

故 $k=2$.

例 41 设随机变量 X 的概率密度函数为

$f(x)=\begin{cases} \dfrac{1}{b-a} & a\leqslant x\leqslant b(a<b) \\ 0 & \text{其他} \end{cases}$，求 X 的分布函数 $F(x)$.

解：由分布函数定义 $F(x)=P(X\leqslant x)=\int_{-\infty}^{x} f(t)\mathrm{d}t$，可得

当 $x<a$ 时，$f(x)=0$，故 $F(x)=\int_{-\infty}^{x} f(t)\mathrm{d}t=\int_{-\infty}^{x} 0\cdot\mathrm{d}t=0$；

当 $a\leqslant x\leqslant b$ 时，$f(x)=\dfrac{1}{b-a}$，故

$$F(x)=P(X\leqslant x)=\int_{-\infty}^{x} f(t)\mathrm{d}t=\int_{-\infty}^{a} f(t)\mathrm{d}t+\int_a^x f(t)\mathrm{d}t=\int_a^x \frac{1}{b-a}\mathrm{d}t=\frac{x-a}{b-a};$$

当 $x>b$ 时，有 $f(x)=0$，故

$$F(x)=\int_{-\infty}^{x} f(t)\mathrm{d}t=\int_{-\infty}^{a} 0\cdot\mathrm{d}t+\int_a^b \frac{1}{b-a}\mathrm{d}t+\int_b^x 0\cdot\mathrm{d}t=1.$$

所以，随机变量 X 的分布函数为

$$F(x)=P(X\leqslant x)=\begin{cases} 0 & x<a \\ \dfrac{x-a}{b-a} & a\leqslant x\leqslant b \\ 1 & x>b \end{cases}.$$

不难看出，分布函数$F(x)$具有如下性质：

① $0 \leqslant F(x) \leqslant 1$，且$F(-\infty)=\lim\limits_{x\to-\infty}P(X\leqslant x)=0$，$F(+\infty)=\lim\limits_{x\to+\infty}P(X\leqslant x)=1$；

② $F(x)$是单调不减函数，即当$x_1<x_2$时，$F(x_1)\leqslant F(x_2)$；

③ $P(a\leqslant X\leqslant b)=\int_a^b f(x)\mathrm{d}x=F(b)-F(a)$.

若已知连续型随机变量X的概率分布函数$F(x)=P(X\leqslant x)$，则

$$P(X\leqslant b)=F(b)，\ P(X>a)=1-P(X\leqslant a)=1-F(a)，$$

$$P(a<X\leqslant b)=P(X\leqslant b)-P(X\leqslant a)=F(b)-F(a).$$

于是便建立起了利用概率分布函数求概率的计算公式：

$$P(X\leqslant b)=F(b)，\ P(X>a)=1-F(a)；$$

$$P(a<X\leqslant b)=F(b)-F(a).$$

例42 若连续型随机变量X的概率分布函数为

$$F(x)=\begin{cases}0 & x<0\\ x^2 & 0\leqslant x\leqslant 1\\ 1 & x>1\end{cases}，$$

求概率$P(X\leqslant 0.4)$，$P(X>0.5)$和$P(0.2<X\leqslant 0.6)$.

解：注意，$F(x)=P(X\leqslant x)$.

（1）由公式$P(X\leqslant b)=F(b)$，得

$$P(X\leqslant 0.4)=F(0.4)=0.4^2=0.16；$$

（2）由公式$P(X>a)=1-F(a)$，得

$$P(X>0.5)=1-F(0.5)=1-0.5^2=0.75；$$

（3）由公式$P(a<X\leqslant b)=F(b)-F(a)$，得

$$P(0.2\leqslant X\leqslant 0.6)=F(0.6)-F(0.2)=0.36-0.04=0.32.$$

若已知连续型随机变量X的密度函数$f(t)$，则

$$P(a<X\leqslant b)=F(b)-F(a)=\int_{-\infty}^b f(t)\,\mathrm{d}t-\int_{-\infty}^a f(t)\,\mathrm{d}t=\int_a^b f(t)\,\mathrm{d}t；$$

$$P(X\leqslant b)=P(-\infty<X\leqslant b)=\int_{-\infty}^b f(t)\,\mathrm{d}t，$$

$$P(X>a)=P(a<X\leqslant+\infty)=\int_a^{+\infty} f(t)\,\mathrm{d}t.$$

于是便建立起了用密度函数求概率的计算公式：

$$P(a<X\leqslant b)=\int_a^b f(t)\,\mathrm{d}t；$$

$$P(X\leqslant b)=\int_{-\infty}^b f(t)\,\mathrm{d}t，\ P(X>a)=\int_a^{+\infty} f(t)\,\mathrm{d}t.$$

例43 若连续型随机变量X的概率密度为

$$f(x)=\begin{cases}3x^2 & 0\leqslant x\leqslant 1\\ 0 & 其他\end{cases}，$$

求概率$P(X\leqslant 0.6)$，$P(X>0.8)$和$P(0.2<X\leqslant 2)$.

解：由计算公式，得

$$P(X \leqslant 0.6)=\int_{-\infty}^{0.6} f(x)\,\mathrm{d}x=\int_{0}^{0.6} 3x^2\mathrm{d}x=x^3\Big|_0^{0.6}=0.216,$$

$$P(X>0.8)=\int_{0.8}^{1} 3x^2\mathrm{d}x=x^3\Big|_{0.8}^{1}=0.488,$$

$$P(0.2<X \leqslant 2)=\int_{0.2}^{2} f(t)\,\mathrm{d}t=\int_{0.2}^{1} 3x^2\mathrm{d}x=x^3\Big|_{0.2}^{1}=0.92.$$

4. 几种常见的连续型随机变量

1）均匀分布

定义 15 如果随机变量 X 的概率密度为

$$f(x)=\begin{cases}\dfrac{1}{b-a} & a<x<b \\ 0 & 其他\end{cases},$$

则称 X 服从区间 $[a,b]$ 上的均匀分布，记为 $X \sim U(a,b)$，其图形如图 13-7 所示.

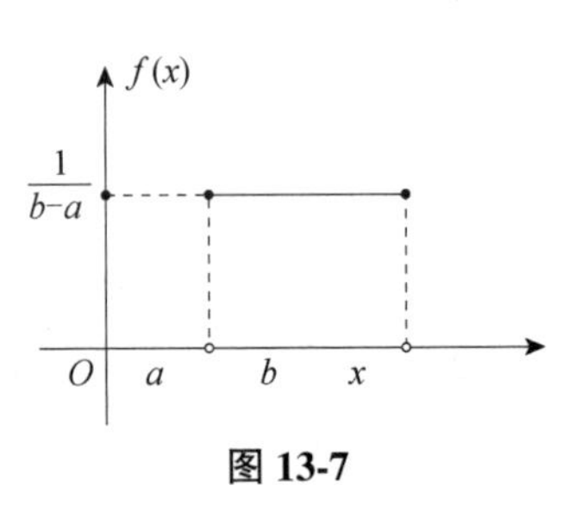

图 13-7

不难推得，若 $X \sim U(a,b)$，则其概率分布函数

$$F(x)=\begin{cases}0 & x<a \\ \dfrac{x-a}{b-a} & a \leqslant x<b \\ 1 & x \geqslant b\end{cases}.$$

例 44 设电阻的阻值 X 是一个随机变量，均匀分布在 900Ω～1100Ω 范围内. 求 X 的概率密度函数及 X 落在[950, 1050]内的概率.

解：根据题意，电阻值 X 的概率密度函数为

$$f(x)=\begin{cases}\dfrac{1}{1100-900} & 900 \leqslant x \leqslant 1100 \\ 0 & x<900,\ 或\ x>1100\end{cases},$$

即
$$f(x)=\begin{cases}\dfrac{1}{200} & 900 \leqslant x \leqslant 1100 \\ 0 & x<900,\ 或\ x>1100\end{cases}.$$

所以，
$$P(950 \leqslant X \leqslant 1050)=\int_{950}^{1050} \frac{1}{200}\mathrm{d}x=0.5.$$

2）指数分布

定义 16 如果随机变量 X 的概率密度

$$f(x)=\begin{cases}\lambda \mathrm{e}^{-\lambda x} & x \geqslant 0 \\ 0 & x<0\end{cases}(\lambda>0),$$

则称 X 服从参数为 λ 的指数分布，记为 $X \sim E(\lambda)$.

不难推得，若 $X \sim E(\lambda)$，则其概率分布函数 $F(x)=\begin{cases}1-\mathrm{e}^{-\lambda x} & x \geqslant 0 \\ 0 & x<0\end{cases}$.

例 45 假设某种电子元件的寿命 X（年）服从参数为 0.5 的指数分布，求该种

电子元件寿命超过 2 年的概率.

解：由题设知 $X \sim E(1.5)$，因此，X 的概率分布函数为

$$F(x)=\begin{cases}1-e^{-0.5x} & x\geqslant 0\\ 0 & x<0\end{cases},$$

故 $P(X>2)=1-F(2)=e^{-1}\approx 0.3679$.

3）正态分布

定义 17　如果连续型随机变量 X 的概率密度函数为

$$f(x)=\frac{1}{\sqrt{2\pi}\sigma}e^{-\frac{(x-\mu)^2}{2\sigma^2}}\ (-\infty<x<+\infty)$$

其中，μ和σ为常数，且$\sigma>0$，则称 X 服从**正态分布** $N(\mu,\sigma^2)$，记作 $X \sim N(\mu,\sigma^2)$.

由密度函数表达式可知，正态分布完全可以由常数μ和σ这两个参数确定. 换句话说，对于不同的μ和σ的值，可以得到不同的概率密度函数.

正态分布概率密度函数 $f(x)$ 的图形称为**正态曲线**（或高斯曲线）. 图 13-8 中绘出的三条正态曲线，它们的μ都等于 0，σ分别为 2、1、0.5；图 13-9 中绘出的三条正态曲线，它们的μ都等于 1，σ分别为 2、1、0.5. 从图中可以看出，正态曲线具有以下性质：

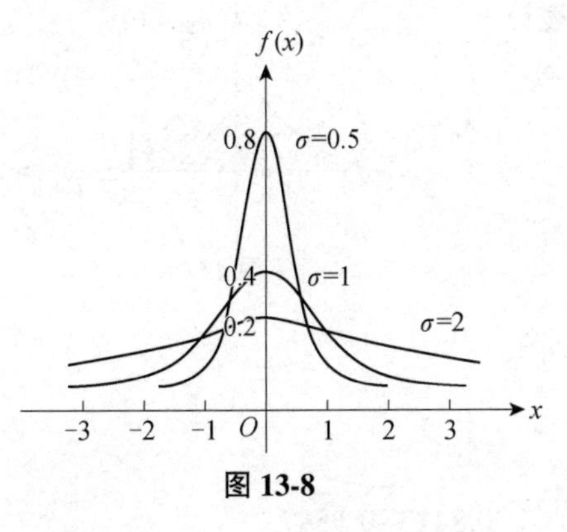

图 13-8

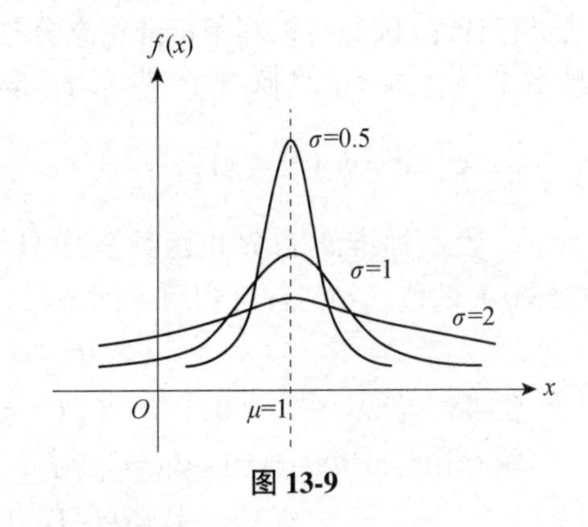

图 13-9

（1）曲线位于 x 轴的上方，以直线 $x=\mu$ 为对称轴，向左、向右对称地无限延伸，并且以 x 轴为渐进线；

（2）当 $x=\mu$ 时曲线处于最高点，当 x 向左、右远离 μ 时，曲线逐渐降低，整条曲线呈现“中间高，两边低”的钟形形状.

由于曲线对称于直线 $x=\mu$，因此参数 μ 的大小决定曲线的位置（随机变量取值的集中位置）；参数σ的大小决定曲线的形状，σ越大，曲线越“矮胖”（随机变量取值越分散）；σ越小，曲线越“高瘦”（随机变量取值越集中于 $x=\mu$ 的附近）.

但是不论μ、σ取什么可取值，正态曲线与 x 轴围成的“开口曲边梯形”的面积恒等于 1，即

$$\int_{-\infty}^{+\infty}\frac{1}{\sqrt{2\pi}\sigma}e^{-\frac{(x-\mu)^2}{2\sigma^2}}dx=1.$$

特别地，当 $\mu=0$、$\sigma=1$ 时，随机变量 X 的概率密度函数为 $f(x)=\frac{1}{\sqrt{2\pi}}\mathrm{e}^{-\frac{x^2}{2}}$，这种正态分布称为标准正态分布，记作 $N(0,1)$. 通常把相应的概率密度函数记作 $\varphi(x)$，即

$$\varphi(x)=\frac{1}{\sqrt{2\pi}}\mathrm{e}^{-\frac{x^2}{2}}，\quad -\infty<x<+\infty .$$

下面讨论正态分布的概率计算问题.

根据分布函数的定义，正态分布 $N(\mu,\sigma^2)$ 的分布函数为

$$F(x)=P(X\leqslant x)=\int_{-\infty}^{x}\frac{1}{\sqrt{2\pi}\sigma}\mathrm{e}^{-\frac{(t-\mu)^2}{2\sigma^2}}\mathrm{d}t .$$

标准正态分布 $N(0,1)$ 的分布函数通常记作 $\varPhi(x)$，则

$$\varPhi(x)=\int_{-\infty}^{x}\frac{1}{\sqrt{2\pi}}\mathrm{e}^{-\frac{t^2}{2}}\mathrm{d}t .$$

如图 13-10 所示，对于确定的 $x\in(-\infty,+\infty)$，$\varPhi(x)$ 的值等于图中阴影部分的面积. 由于积分 $\varPhi(x)=\int_{-\infty}^{x}\frac{1}{\sqrt{2\pi}}\mathrm{e}^{-\frac{t^2}{2}}\mathrm{d}t$ 不能用普通的积分法进行计算，因此可以利用**标准正态分布函数表**计算事件 $\{X\leqslant x\}$ 的概率，即查表求出 $\varPhi(x)=\int_{-\infty}^{x}\frac{1}{\sqrt{2\pi}}\mathrm{e}^{-\frac{t^2}{2}}\mathrm{d}t=P(X\leqslant x)$.

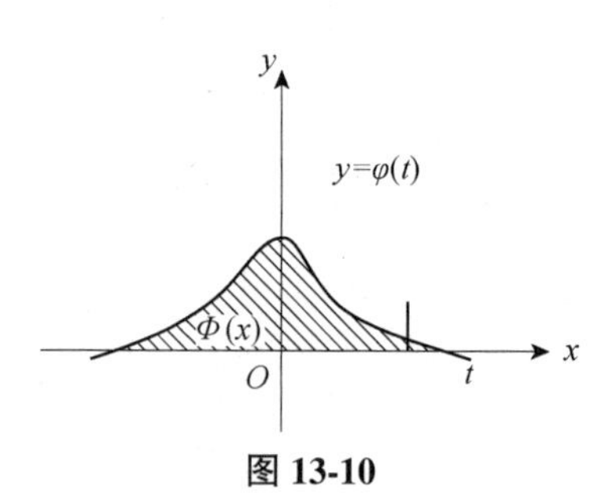

图 13-10

一般，标准正态分布函数表中只给出 $\varPhi(x)$（$x>0$）的值，$\varPhi(-x)$ 可利用下列公式计算

$$\varPhi(-x)=1-\varPhi(x) .$$

例 46 若 $X\sim N$（0, 1），求 $P(X<-1)$.

解：由公式 $\varPhi(-x)=1-\varPhi(x)$，得

$$P(X<-1)=\varPhi(-1)=1-\varPhi(1)=1-0.8413=0.1587.$$

若要计算 X 落在区间（a,b）的概率，可按下式计算

$$P(a<X<b)=\int_{a}^{b}\frac{1}{\sqrt{2\pi}}\mathrm{e}^{-\frac{t^2}{2}}\mathrm{d}t=\int_{-\infty}^{b}\frac{1}{\sqrt{2\pi}}\mathrm{e}^{-\frac{t^2}{2}}\mathrm{d}t-\int_{-\infty}^{a}\frac{1}{\sqrt{2\pi}}\mathrm{e}^{-\frac{t^2}{2}}\mathrm{d}t$$
$$=\varPhi(b)-\varPhi(a),$$

即
$$P(a<X<b)=\varPhi(b)-\varPhi(a) .$$

例 47 若 $X\sim N$（0, 1），求 $P(-2.32<X<1.2)$ 和 $P(X>2)$.

解：（1）$P(-2.32<X<1.2)=\varPhi(1.2)-\varPhi(-2.32)$

$=\varPhi(1.2)-[1-\varPhi(2.32)]=\varPhi(1.2)+\varPhi(2.32)-1=0.8849+0.9898-1=0.8747$；

（2）$P(X>2)=1-P(X\leqslant 2)=1-\varPhi(2)=1-0.9772=0.0228$.

例 48 若 $X\sim N$（0, 1），且 $P(X<a)=0.1587$，求 a.

解：因为 $P(X<a)=\varPhi(a)=0.1587<0.5$，所以 $a<0$，故

$\Phi(-a)=1-\Phi(a)=1-0.1587=0.8413$.

查表，可得 $-a=1.0$，即 $a=-1.0$.

任何一个服从正态分布的随机变量 X，都可以通过变换化为服从标准正态分布的随机变量 Y（Y 叫作标准化随机变量，变换的过程叫作标准化变换）. 即，

如果 $X\sim N(\mu,\sigma^2)$，那么令 $Y=\dfrac{X-\mu}{\sigma}$，则 $Y\sim N$（0, 1）. 即

$$P(X\leqslant x)=P\left(\frac{X-\mu}{\sigma}\leqslant\frac{x-\mu}{\sigma}\right)=P\left(Y\leqslant\frac{x-\mu}{\sigma}\right)=\Phi\left(\frac{x-\mu}{\sigma}\right).$$

13.2.2 数学期望

随机变量的分布是对随机变量的一种整体的描述.但对一般随机变量，知道一个随机变量的概率分布函数，也就掌握了这个随机变量的统计规律性，要完全确定一个随机变量的概率分布函数是较困难的. 不过在许多实际问题中，人们并不需要完全知道随机变量的分布，只要得到它的某些特征就够了. 了解一个事物的本质不一定非得要弄清它的所有细节，有时只需知道事物的某些特征就能对事物进行有效描述.

例如，准确确定明天每一时刻的气温基本上是不可能的，气象台通常的做法是通过预报最高气温、最低气温、平均气温来对明天的气温进行刻画. 在测量某物体的长度时，由于各种随机因素的影响，测量的结果是一随机变量.在实际工作中，往往关心的是测量长度的平均数——物体的平均长度，以及所测得的长度与平均长度的偏离程度（偏离程度越小，表示测量结果的精度越高）.“平均长度”与“偏离程度”都表现为一些数字，这些数字反映了随机变量的某些特征，通常把表示随机变量取值的平均状况和偏离程度等的量，叫作随机变量的**数字特征**.

1. 离散型随机变量的数学期望

引例 4 某班有 20 人，某次测验成绩按分数段分组取中值（组中值）的人数分布见表 13-4，试估计该班该次测验的平均成绩.

表 13-4

成绩	65	75	85	95	100
人数	1	4	8	5	2

分析：将测验成绩乘人数后相加，然后再除以总人数，即得该班该次测验的平均成绩.

$$\overline{U}=\frac{65\times1+75\times4+85\times8+95\times5+100\times2}{20}=86.$$

上式也可将分子拆项后进行计算：

$$\overline{U}=65\times\frac{1}{20}+75\times\frac{4}{20}+85\times\frac{8}{20}+95\times\frac{5}{20}+100\times\frac{2}{20}=86.$$

测验成绩可用矩阵表示为

$$X \sim \begin{pmatrix} 65 & 75 & 85 & 95 & 100 \\ 1/20 & 4/20 & 8/20 & 5/20 & 2/20 \end{pmatrix},$$

上式说明平均值$\overline{U}$的计算可用X的取值与它出现的频率相乘后求和.

定义 18 如果离散型随机变量X的分布列为

X	x_1	x_2	…	x_n
P_n	p_1	p_2	…	p_n

则称$x_1p_1 + x_2p_2 + \cdots + x_np_n = \sum_{k=1}^{n} x_kp_k$为$X$的**数学期望**（简称**期望**或**均值**），记作$E(X)$，即$E(X) = \sum_{k=1}^{n} x_kp_k$.

当X的可取值是无穷个时，要求级数$\sum_{k=1}^{\infty} |x_k| p_k$收敛，否则就说$X$的数学期望不存在.

对于离散型随机变量X的函数$Y = f(X)$，如果$f(X)$的数学期望存在，则有

$$E(f(X)) = \sum_{k=1}^{n} f(x_k)p_k \quad (k = 1,2,\cdots).$$

例 49 A、B两台自动机床生产同一种标准件，生产 1000 只产品所出的次品数各用X、Y表示，经过一段时间的考察，X、Y的分布列分别如下：

X	0	1	2	3
$P(X = k)$	0.7	0.1	0.1	0.1

Y	0	1	2	3
$P(Y = k)$	0.5	0.3	0.2	0.0

问哪一台机床加工的质量好些？

解：质量好坏，可以用随机变量X和Y的均值来比较.

$$E(X) = 0\times0.7 + 1\times0.1 + 2\times0.1 + 3\times0.1 = 0.6$$

$$E(Y) = 0\times0.5 + 1\times0.3 + 2\times0.2 + 3\times0.0 = 0.7$$

因为$E(X) < E(Y)$，所以在自动机床A加工 1000 只产品中，所出的次品平均数较少. 从这个意义上来说，自动机床A所加工的产品的质量较高.

例 50 设随机变量X的概率分布为

X	-1	0	2	3
P_k	$\frac{1}{8}$	$\frac{1}{4}$	$\frac{3}{8}$	$\frac{1}{4}$

求：$E(X)$，E（X^2）.

解：$E(X)=(-1)\times\frac{1}{8}+0\times\frac{1}{4}+2\times\frac{3}{8}+3\times\frac{1}{4}=\frac{11}{8}$；

$$E(X^2)=(-1)^2\times\frac{1}{8}+0^2\times\frac{1}{4}+2^2\times\frac{3}{8}+3^2\times\frac{1}{4}=\frac{31}{8}.$$

2. 连续型随机变量的数学期望

定义 19 设 $f(x)$ 是连续型随机变量 X 的概率密度函数，若积分 $\int_{-\infty}^{+\infty}|x|f(x)\mathrm{d}x$ 收敛，则称积分 $\int_{-\infty}^{+\infty}xf(x)\mathrm{d}x$ 为连续型**随机变量 X 的数学期望**，记作 $E(X)$，即

$$E(X)=\int_{-\infty}^{+\infty}xf(x)\mathrm{d}x.$$

同样，对于连续型随机变量 X 的函数 $Y=g(X)$，如果 $g(X)$ 的数学期望存在，则有

$$E[g(X)]=\int_{-\infty}^{+\infty}g(x)f(x)\mathrm{d}x,$$

其中，$f(x)$ 是 X 的概率密度函数.

例 51 若连续型随机变量 X 的概率密度为

$$f(x)=\begin{cases}3x^2 & 0\leqslant x\leqslant 1\\ 0 & \text{其他}\end{cases},$$

求 $E(X)$ 和 $E(X^2)$.

解：由定义 19 得

$$E(X)=\int_{-\infty}^{+\infty}xf(x)\,\mathrm{d}x=\int_0^1 x\cdot 3x^2\,\mathrm{d}x=\frac{3}{4}x^4\Big|_0^1=\frac{3}{4};$$

$$E(X^2)=\int_{-\infty}^{+\infty}x^2f(x)\,\mathrm{d}x=\int_0^1 x^2\cdot 3x^2\,\mathrm{d}x=\frac{3}{5}x^5\Big|_0^1=\frac{3}{5}.$$

例 52 随机变量 X 在 $[a,b]$ 服从均匀分布，其概率密度函数为

$$f(x)=\begin{cases}\dfrac{1}{b-a} & 0\leqslant x\leqslant a\\ 0 & \text{其他}\end{cases},$$

求 $E(X)$.

解：$E(X)=\int_{-\infty}^{+\infty}xf(x)\mathrm{d}x=\int_a^b\frac{x}{b-a}\cdot\mathrm{d}x=\frac{1}{b-a}\left[\frac{x^2}{2}\right]_a^b=\frac{a+b}{2}.$

利用定义计算可得到服从正态分布的随机变量的数学期望，即，若 $X\sim N(\mu,\sigma^2)$，则 $E(X)=\mu$. 说明正态分布的参数 μ 就是随机变量 X 的数学期望.

随机变量的数学期望具有下列性质（证明从略）：

性质 1 若 a、b 为常数，则 $E(aX+b)=aE(X)+b$.

性质 2 对于任意随机变量 X、Y，有 $E(X+Y)=E(X)+E(Y)$.

性质 3 若 X、Y 相互独立，则 $E(X\cdot Y)=E(X)\cdot E(Y)$.

由性质 1，取 $b=0$，得 $E(aX)=aE(X)$；取 $a=0$，得 $E(b)=b$.

13.2.3　方差

前文利用均值比较得出了两台机器加工质量的优劣，现实生活中，这样的均值比较也可能会成为一种欺骗.

例如，A、B 两公司的员工数都是 10 人，A 公司每人的月工资为 5000 元，B 公司经理的月工资为 32000 元、其他人的月工资均为 2000 元，那么 A、B 两公司的月平均工资都是 5000 元. 很明显，这样的比较对 B 公司的非经理人员来说就是一种不公正的“被平均”.

数学上应怎样刻画 B 公司非经理人员的不公正呢？

1. 离散型随机变量的方差

随机变量的数学期望描述了其取值的平均状况，但这只是问题的一个方面，我们还应知道随机变量在其均值附近是如何变化的、其分散程度如何，这就需要研究随机变量的方差.

引例 5　有两个工厂生产同一种设备，其使用寿命 X 、Y（小时）的概率分布如下.

X	800	900	1000	1100	1200
$P(X=k)$	0.1	0.2	0.4	0.2	0.1

Y	800	900	1000	1100	1200
$P(Y=k)$	0.2	0.2	0.2	0.2	0.2

试比较两厂生产的产品的质量.

解： $E(X)=800\times0.1+900\times0.2+1000\times0.4+1100\times0.2+1200\times0.1=1000$（小时）;

$E(Y)=800\times0.2+900\times0.2+1000\times0.2+1100\times0.2+1200\times0.2=1000$（小时）.

两厂生产的设备使用寿命的均值相等，但从分布列中可以看出，第一个厂的产品的使用寿命比较集中在 1000 小时左右，而第二个厂产品的使用寿命却比较分散，说明第二个厂的产品的质量的稳定性比较差. 如何用一个数值来描述随机变量的分散程度呢？在概率中通常用“方差”这一统计特征数来描述这种分散程度.

定义 20　如果离散型随机变量 X 的分布列为

$$P(X=x_k)=p_k\ (k=1,2,\cdots,n),$$

则称 $\sum\limits_{k=1}^{n}[x_k-E(X)]^2p_k$ 为随机变量 X 的**方差**，记作 $D(X)$，即

$$D(X)=\sum_{k=1}^{n}[x_k-E(X)]^2p_k\ .$$

$D(X)$ 也可以用下面公式进行计算：

$$D(X)=E(X^2)-E^2(X)\ .$$

随机变量 X 的方差的算术平方根，叫作 X 的**标准差**（或称为**均方差**），记作

$\sqrt{D(X)}$.

方差（或标准差）是描述随机变量取值集中（或分散）程度的一个数字特征.方差小，取值集中；方差大，取值分散.

例 53　X 服从 0-1 分布，求其方差.

解：设 $P(X=0)=q$，$P(X=1)=p$. 则

$$E(X)=0\cdot q+1\cdot p=p,$$

$$D(X)=(0-p)^2\cdot q+(1-p)^2\cdot p=p^2q+q^2p=pq(p+q)^2=pq.$$

例 54　甲、乙两个射手在一次射击中的得分数分别为随机变量 X 与 Y，已知其分布列为

X	0	1	2	3
$P(X=k)$	0.60	0.15	0.13	0.12

Y	0	1	2	3
$P(Y=k)$	0.50	0.25	0.20	0.05

试比较他们射击水平的高低.

解：先计算均值

$$E(X)=0\times0.60+1\times0.15+2\times0.13+3\times0.12=0.77;$$

$$E(Y)=0\times0.50+1\times0.25+2\times0.20+3\times0.05=0.80.$$

因为 $E(Y)>E(X)$，所以从均值来看，乙的射击水平较高.

再计算方差

$$D(X)=(0-0.77)^2\times0.60+(1-0.77)^2\times0.15+(2-0.77)^2\times0.13+(3-0.77)^2\times0.12=1.1571;$$

$$D(Y)=(0-0.80)^2\times0.50+(1-0.80)^2\times0.25+(2-0.80)^2\times0.20+(3-0.80)^2\times0.05=0.86.$$

因为 $D(Y)<D(X)$，乙的方差较小，所以乙的射击水平比较稳定.

2. 连续型随机变量的方差

定义 21　如果连续型随机变量 X 的概率密度函数为 $f(x)$，且 $E(X)$ 存在，则称

$$D(X)=\int_{-\infty}^{+\infty}[x-E(X)]^2f(x)\mathrm{d}x$$

为随机变量 X 的方差，称 $\sqrt{D(X)}$ 为 X 的**标准差（或均方差）**.

由连续型随机变量数学期望的定义，同样可得出计算 $D(X)$ 的公式：

$$D(X)=E(X^2)-E^2(X).$$

例 55　已知 X 在 $[a,b]$ 上服从均匀分布，其密度函数为

$$f(x)=\begin{cases}\dfrac{1}{b-a} & a\leqslant x\leqslant b\\ 0 & 其他\end{cases}，求D(X).$$

解：因为$E(X)=\dfrac{a+b}{2}$，所以

$$E^2(X)=\left(\frac{a+b}{2}\right)^2=\frac{a^2+2ab+b^2}{4},$$

又因为 $$E(X^2)=\int_a^b x^2\frac{1}{b-a}\mathrm{d}x=\frac{b^2+ab+a^2}{3},$$

于是，

$$D(X)=E(X^2)-E^2(X)=\frac{b^2+ab+a^2}{3}-\frac{a^2+2ab+b^2}{4}=\frac{(b-a)^2}{12}.$$

故 $$D(X)=\frac{(b-a)^2}{12}.$$

可见均匀分布的方差与随机变量取值区间长度的平方成正比.区间长度越大，则方差越大，表示随机变量取值的分散程度越大；反之则越小.

利用同样的计算，还可得到服从正态分布的随机变量的方差，即若$X\sim N(\mu,\sigma^2)$，则$D(X)=\sigma^2$.

方差的意义是描述随机变量稳定与波动、集中与分散的状况，而标准差则体现随机变量的取值与其期望值的偏差.

方差实际上是一个随机变量函数的数学期望，因此利用数学期望的性质，可推出方差的下列性质.

性质1 $D(X)=E(X^2)-(E(X))^2$.

性质2 若a、b为常数，则$D(aX+b)=a^2D(X)$.

性质3 若X、Y相互独立，则$D(X+Y)=D(X)+D(Y)$.

特别地，当$a=0$时，有$D(b)=0$，即常数的方差为零.

例56 已知$X\sim N(1,4)$，求$E(3X-1)$、$D(2X+3)$.

解：由题意，$E(X)=1$，$D(X)=4$. 根据数学期望与方差的性质，得

（1）$E(3X-1)=3E(X)-1=3\times1-1=2$；

（2）$D(2X+3)=2^2D(X)=4\times4=16$.

3. 常见分布的期望和方差

前文介绍了几种常见的分布，即0–1分布、几何分布、二项分布、泊松分布、均匀分布、指数分布和正态分布，它们的期望和方差见表13-5，其中$q=1-p$.

表13-5

名称	记号	期望	方差
0–1分布	$X\sim(0-1)$	p	pq

续表

名称	记号	期望	方差
几何分布	$X \sim G(p)$	$\frac{1}{p}$	$\frac{q}{p^2}$
二项分布	$X \sim B(n, p)$	np	npq
泊松分布	$X \sim P(\lambda)$	λ	λ
均匀分布	$X \sim U(a, b)$	$\frac{a+b}{2}$	$\frac{(b-a)^2}{12}$
指数分布	$X \sim E(\frac{1}{\lambda})$	λ	λ^2
正态分布	$X \sim N(\mu, \sigma^2)$	μ	σ^2

综合训练 13

1. 抛一枚均匀的硬币 2 次，若 $A=\{$恰有一次是正面$\}$，求 $P(A)$.

2. 掷两颗均匀骰子 1 次，若 $B=\{$点数之和为 8$\}$，求 $P(B)$.

3. 从 1、2、3、4、5 这五个数码中，任取三个组成三位数，求所得三位数是奇数的概率.

4. 一部小说，分上、中、下三册，随机地放到书架上，问自左至右恰好按上、中、下排列的概率是多少？

5. 某小组有 7 男 3 女，需选 2 名代表参加辩论赛，求当选者为 1 男 1 女的概率.

6. 袋中有 5 个白球、3 个红球，现从中随机地取出 2 个球，求下面事件的概率：

（1）取出的是 2 只白球；

（2）取出的是 1 白 1 红.

7. 一次射击游戏规则规定，击中 9 环或 10 环为优秀. 已知某射手击中 9 环的概率为 0.52，击中 10 环的概率为 0.43，问该射手

（1）取得优秀的概率有多大？

（2）达不到优秀的概率是多少？

8. 设有一透镜，第 1 次落下时打破的概率为 0.5；若第 1 次落下没打破，则第 2 次落下时打破的概率为 0.7；若前 2 次落下没打破，则第 3 次落下时打破的概率为 0.9. 求：

（1）透镜落下 2 次没被打破的概率；

（2）透镜落下 3 次没被打破的概率.

9. 加工某产品需要经过两道工序，如果这两道工序都合格的概率为 0.95，求至少有一道工序不合格的概率.

10. 把一枚硬币掷五次，求“正面向上”不多于一次的概率.

11. 甲、乙两射手进行射击，甲击中目标的概率为0.8，乙击中目标的概率为0.85，甲、乙两人同时击中目标的概率为0.68，求目标被击中的概率.

12. 甲、乙等4人参加4×100m接力赛，每个人跑第几棒都是等可能的，求甲跑第1棒或乙跑第4棒的概率.

13. 某种灯泡使用时数在1000小时以上的概率为0.2，求三个灯泡在使用1000小时后最多只坏一个的概率.

14. 已知随机变量X的分布列为

X	-4	-1	0	1
p_k	$\frac{1}{2}$	$\frac{1}{4}$	$\frac{1}{8}$	$\frac{1}{8}$

求：（1）$P(X=0)$；

（2）$P(X\leqslant 0)$；

（3）$P(X<0)$；

（4）$P(-2\leqslant X\leqslant 1)$.

15. 掷一枚均匀骰子，出现的点数X是一随机变量，写出X的概率分布，并求$P(X>1)$，$P(2<X<5)$.

16. 某篮球运动员，每次投篮的命中率为0.8，连续投四次.设投篮次数为随机变量X，（1）问X服从哪种分布？（2）求$P(X\geqslant 1)$.

17. 若连续型随机变量X的概率密度$f(x)=\begin{cases}kx^2 & 0\leqslant x\leqslant 1\\ 0 & \text{其他}\end{cases}$，求$k$.

18. 若连续型随机变量X的概率分布函数为

$$F(x)=\begin{cases}0 & x<0\\ x^3 & 0\leqslant x\leqslant 1\\ 1 & x>1\end{cases},$$

求概率$P(X\leqslant 0.3)$，$P(X>0.7)$和$P(0.2<X\leqslant 0.8)$.

19. 若连续型随机变量X的概率密度

$$f(x)=\begin{cases}2x & 0\leqslant x\leqslant 1\\ 0 & \text{其他}\end{cases},$$

求概率$P(X\leqslant 0.3)$，$P(X>0.2)$，$P(0.1<X\leqslant 1.5)$.

20. 设$X\sim N(2,3^2)$，求

（1）$P(X<2.5)$；

（2）$P(X<-2.5)$；

（3）$P(X>2.5)$；

（4）$P(X<3.5)$；

（5）$P(-2.5 < X < 2.5)$.

21. 设电阻值 R 是均匀分布在 $800\,\Omega \sim 1000\,\Omega$ 范围内的随机变量，求 R 的概率密度及 R 落在 $900\,\Omega \sim 950\,\Omega$ 范围内的概率.

22. 设随机变量 X 的分布列为

X	-1	0	$\frac{1}{2}$	1	2
P	$\frac{1}{3}$	$\frac{1}{6}$	$\frac{1}{6}$	$\frac{1}{12}$	$\frac{1}{4}$

求 $E(X)$ 和 $D(X)$.

23. 设随机变量 X 的分布列为

X	0	1	2	3	4	5
P	0.1	0.2	0.3	0.2	0.1	0.1

求 $E(X)$ 和 $D(X)$.

思政聚焦

在自然界和人类的日常生活中，随机现象非常普遍，比如每天收到的微信条数. 概率论是从数量化的角度来研究现实世界中的随机现象及其统计规律性的一门学科，概率论可以根据大量随机试验来对某个随机现象进行规律统计，以此对某种随机现象出现的可能性做出一种客观的科学的判断，并且最终得出数量上的描述. 通过概率论的学习，为我们计算随机现象发生的概率提供了科学的计算方法.

【数学家小故事】——泊松

概率论起源于对机会游戏的思考. 在历史上，公平的骰子和洗好的牌构成了表述随机性的一种语言. 天文测量的数据组、选举程序及公众健康政策都可以用那些同样适用于各种机会游戏的思想和概率论来描述. 然而，有一些随机过程不符合这种概率论. 最早发现这一事实并给出另一种概率方法的数学家之一是法国数学家、物理学家泊松（Siméon-Denis Poisson，1781—1840 年）.

泊松出生于一个普通家庭，家人非常努力地工作以确保他在生活上有个良好的开端. 泊松的父亲在政府任

中等职位，但是，由于他支持法国大革命，这使得他在革命期间迅速得到升迁. 家人想让泊松学医，作为一个好儿子，泊松服从了家人的意愿. 他试着学习医学，但是对此兴趣寡然. 而且，他似乎极不适合学医，这一特点使他不可能成为外科医生. 他最终不再学医. 后来，泊松考入巴黎综合工科学校，在那里，他的数学和科学才能开始显露. 当时，他是拉普拉斯的学生，拉普拉斯发现了泊松的巨大才能. 泊松毕业后，拉普拉斯帮他在巴黎综合工科学校找到了一个教书的职位. 泊松是一位热情的数学家和研究者，人们常常把他作为例子，声称生活中只有两件美好的事——研究数学和教数学.